물리적 힘

물리적 힘

세상은 우리를 밀어내고, 당기고, 붙들고, 놓친다

초판 1쇄 발행 2023년 8월 11일
초판 2쇄 발행 2023년 10월 11일

지은이 헨리 페트로스키
옮긴이 이충호
펴낸이 이영선
책임편집 차소영

편집 이일규 김선정 김문정 김종훈 이민재 김영아 이현정
디자인 김회량 위수연
독자본부 김일신 정혜영 김연수 김민수 박정래 손미경 김동욱

펴낸곳 서해문집 | 출판등록 1989년 3월 16일(제406-2005-000047호)
주소 경기도 파주시 광인사길 217(파주출판도시)
전화 (031)955-7470 | 팩스 (031)955-7469
홈페이지 www.booksea.co.kr | 이메일 shmj21@hanmail.net

ISBN 979-11-92988-16-0 03400

물리적 힘

세상은 우리를 밀어내고, 당기고,
붙들고, 놓친다

헨리 페트로스키 지음
이충호 옮김

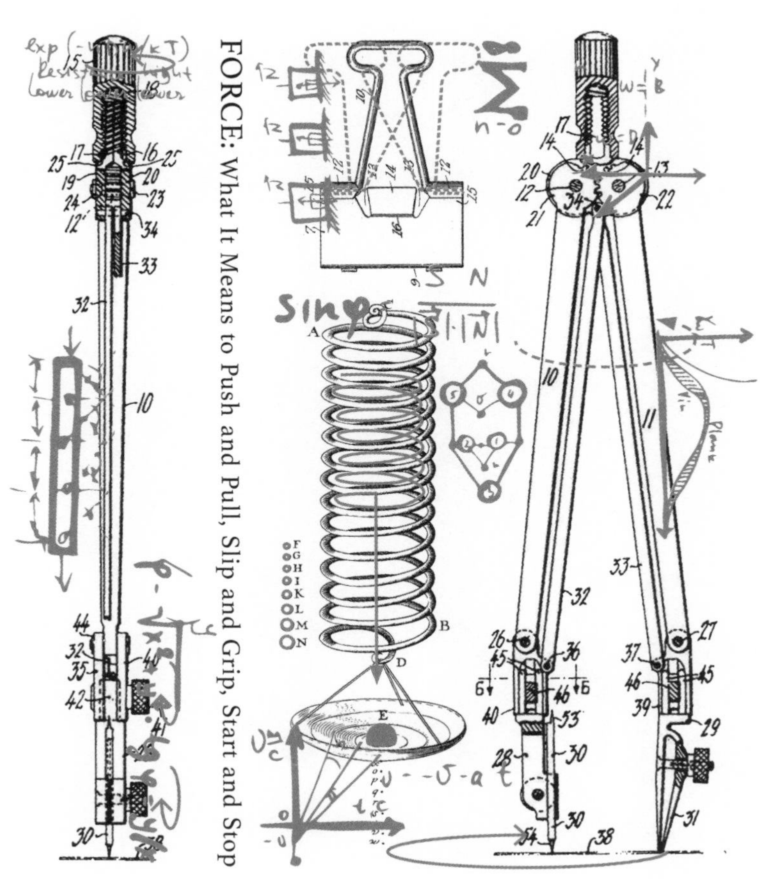

서해문집

아무리 큰 힘을 쓴다 하더라도,

아주 가느다란 끈을

정확하게 똑바른

수평선으로 잡아 늘일 수 없다.

윌리엄 휴얼,《역학의 기초》, 1819년

차례

머리말

이 책은 힘force, 즉 일상적인 물체(사람을 포함해)가 그 장소에 머물게 하거나 움직이게 하는 물리적 상호 작용을 다룬다. 이것은 우리가 일상적으로 경험하는 힘으로, 이를 통해 우리는 밀기와 당기기, 무게와 부력, 저항과 도움, 성취와 실패를 느낀다. 우리는 산을 오르거나 조수에 맞서 헤엄을 치거나 무거운 역기를 들거나 땅콩 봉지를 찢으려고 할 때 힘을 쓴다. 우리가 걷고 비행기가 하늘을 나는 것도 바로 힘 덕분이다. 자동차가 덜컹거리고 방향을 홱 바꾸거나 좌우로 흔들리거나 코너를 돌 때에도 우리는 힘을 느낀다. 커피 잔을 들어올리는 것에서부터 잼병 뚜껑을 여는 것에 이르기까지 우리는 힘을 이용해 이 모든 일을 한다. 힘과 그 효과가 없다면, 우리를 세계와 연결하는 끈이 끊어지고 말 것이다.

일상생활에서 우리가 힘을 어떻게 경험하는지 생각해보면, 힘의 본질을 이해하고 또 힘이 유용한 용도와 즐거움을 위해 어떻게 이용되어왔는지 파악하는 데 도움이 된다. 힘은 사람들 사이의 물리적 연결 고리이기도 하다. 악수의 감촉(손이 아플 정도로 꽉 쥐는 감촉이든, 죽은 물고기처럼 축 늘어진 감촉이든)은 낯선 사람이나 오랜 친구의 성격과 기분을 알려준다. 활짝 편 손으로는 격려를 위해 토닥일 수 있고, 꽉 쥔 주먹으로는 복부를 세게 때릴 수 있다. 손가락을 살짝 갖다 대거나 팔을 부드럽게 만지거나 가벼운 입맞춤 같은 접촉을 통해 우리는 상대방에게 안전함과 편안함, 사랑의 느낌을 전할 수 있다. 접촉의 힘(접촉력)은 역학적 현상이라고 말할 수도 있겠지만, 인간의 손에서 그것은 전쟁과 평화의 소재가 될 수 있다.

힘 자체는 눈에 보이지 않을 수 있지만 촉감으로 감지할 수 있다. 우리는 일상생활에서 힘을 수없이 경험하면서도 그에 너무 익숙해진 나머지 하던 일을 잠깐 멈추고 힘에 대해 곰곰이 생각할 때가 드물다. 이것이 내가 이 책을 쓴 이유다. 나는 이 책에서 물리학보다는 신체적인 것에 초점을 두었고, 감각으로 느낄 수 있는 것을 말로 표현하기 위해 애썼다. 여기서 내가 설명하는 힘들은 누구나 한 번쯤 느껴본 적 있을 것이다. 나는 사람들이 살아가면서 그 힘들을 더 강렬하게, 더 광범위하게 느끼기를 바란다. 일상 속의 활동이나 움직임 중에는 그 배경에 우리가 알아차리지 못한 힘들이 관여하는 경우가 많은데, 이런 사례들을 중심으로 우리가 제대로 알지 못한 채 경험해온 것들을 보여주고자 한다. 나는 사람들이 우리와 물질 세계의 상호 작용을 더 잘 이해할 수 있도록 힘에 대한 감수성을 높이고 싶다. 연필로 거친 종이 위에 메모를 끄적일 때 맞닥뜨리는 힘을 느끼기를 바라고, 왜 어떤 연필로는 별로 힘들이지 않고 글자를 쓸 수 있는 반면 다른 연필로는 그렇지 않은지 느끼기를 바란다. 헬륨을 채운 풍선이 손목을 끌어당기는 느낌을 떠올리기를, 아이들이 모래밭과 운동장에서 경험하는 즐거움을 다시 체험하기를 바란다. 청소년 시절 방과 후 활동에서, 어른이 되어 모험을 하면서, 노인이 되어 전혀 생각지도 않았던 일을 하면서 힘에 대한 새로운 감각을 발견했던 일을 떠올리기를 바란다. 나는 또한 여러분에게 그리스 신전의 아키트레이브architrave와 페디먼트pediment의 무게를 떠받치는 카리아티드caryatid의 위치에 자신이 서 있다고, 강을 가로지르는 현대식 다리의 중요한 부분이 자신이라고 상상해보기를 권하고 싶다.

공학자인 나는 모든 곳에서 힘을 보고, 만지는 모든 것에서 힘을 느낀다. 이건 아마도 대학 시절에 내가 좋아했던 강의들의 가르침 덕분일 것이다. 그 강의들은 구조물이나 기계의 구성 부분들 사이에 작용하는 힘, 그것들을 온전히 유지하거나 움직이게 하는 힘을 알아보는 눈을 길러주었다. 힘을 개념적으로 분리하고, 합리적으로 분석하고, 본능적으로 느끼는 법을 배움으로써 나는 경험에서 제각기 다른 부분들을 아귀가 딱 들어맞게 합쳐서 종합하는 새로운 사고 방식에 눈을 떴다.

아키트레이브(1)는 기둥머리 위에 얹혀 있는 들보를, 페디먼트(2)는 입구 위쪽에 있는 삼각형의 박공 장식 부분을 말한다. 카리아티드는 여성의 모습이 조각된 기둥이다(293쪽을 참조하라).

물리적 힘은 내 주변의 많은 것을 이해하는 데 필수적인 것으로 보이기 시작했다. 대학원에서 나는 힘이 건설과 파괴에 어떻게 관여하는지 더 깊이 이해하기 시작했다. 공학자들이 길들여 건설에 사용하는 힘은 파괴에도 사용될 수 있다.

내 몸속과 주위에서 작용하는 힘을 보는 눈이 생기자 사회에서 일어나는 사람들의 상호 작용도 그들 사이에 작용하는 일종의 힘이 빚어내는 결과로 보이기 시작했다. 이 힘들은 물리적 힘보다는 심리적 힘에 가까웠지만, 그 힘들이 움직임에 미치는 효과는 물리적 힘 못지않게 컸다. 힘이라는 개념은 내게 인간과 사회의 행동을 모두 이해하는 은유를 제공했다. 무생물 물체에 유형의 힘을 가하면 그것을 움직이거나 멈출 수 있는 반면, 반신반인의 지위에 오른 개인은 카리스마나 설득, 영향력 같은 무형의 힘을 사용해 사람들 사이에 긍정적인 사회적·정치적·문화적 운동을 일으키고 지속시킬 수 있다(혹은 악마 같은 사람은 그것을 뒤집어엎을 수 있다). 이 책은 낯선 힘이 직관에 반하는 결과를 초래할 수 있는 특이한 상황만이 아니라 평범하고 일상적인 상황에서 물리 세계가 어떻게 작용하는지 이해하는 데 도움을 주기 위해 쓴 안내서다.

일러두기

• 모든 각주는 옮긴이가 이해를 돕기 위해 붙인 것이다.

들어가면서

우리가 느끼는 것들

오래전부터 사람들은 다섯 가지 감각(청각, 시각, 후각, 미각, 촉각)을 통해 서로, 그리고 세계와 상호 작용해왔다. 원시 세계에서 살아남으려면 오감을 전부 써서 한시도 경계를 늦추지 않아야 했다. 선사 시대 우리 조상들은 덤불 아래로 다가오는 포식 동물의 소리를 듣기 위해 귀를 세우고, 포식 동물이 달려들기 전에 먼저 그것을 발견하고, 공기 중에서 다가오는 들불 냄새를 맡고, 상한 음식을 먹을 위험을 맛으로 알아차리고, 등을 타고 내려오는 독충의 존재를 감지해야 했다. 이러한 방어 감각 중 어느 하나라도 잃으면, 목숨을 잃을 위험이 커졌다.

사회화는 다른 위협들을 불러왔다. 이 위협들은 때로 이기심과 지배성, 생존 본능에서 촉발된 대인 간 폭력의 형태로 나타났다. 기만, 식인, 전쟁 같은 반사회적 행동도 나타났다. 양의 탈을 쓴 늑대의 징후를 간파하려면 수용적인 뇌에 봉사하는 감각의 진화가 필요했다. 조용히 음모를 꾸미는 소리, 의심스러운 행동을 하는 모습, 공기 중에 떠도는 수상쩍은 냄새, 물에서 나는 이상한 맛, 뭔가 기묘한 일이 벌어지고 있다는 느낌은 경계심을 불러일으켰다. 오늘날 우리가 관용구 혹은 상투적인 문구라고 부르는 말들은 감각의 직접적 경험에 뿌리를 두고 있다.

문명사회의 산업화는 혁명적인 것일 수도 있지만, 우리가 세계와 그 작용을 제대로 이해하게 된 것은 우리가 그것을 제대로 지각하도록 진화했기 때문이다. 도구, 장비, 기계, 그 밖의 인공 물체와 시스템이 확산되면서 사람은 자신의 감각을 재조정해야 했다. 기술을 사용하는 이들은 그것이 언제 위험하게 변하는지 알아야 했다. 부적절한 연료가 들어간 엔진에서 나는 노킹 소리를 듣고, 닳은 기계 부품의 마모 부분을 보고, 과열된 개스킷gasket*에서 나는 냄새를 맡고, 불타는 기름의 냄새를 맡고, 균형을 잃은 바퀴의 진동을 감지해야 했다. 이러한 징후의 의미를 이해하는 것은 관련된 힘들의 효과를 경험하고, 좋은 것과 나쁜 것을 구분하는 능력에서 나온다.

현대 의학의 발전 과정에서 우리의 감각을 향상시키려는 목표는 수술 기구의 도입과 의약품의 발전 못지않게 중요한 역할을 했다. 청진기는 심장과 폐, 소화관에서 나는 소리를 증폭시켰다. X선은 몸을 가르지 않고도 몸속을 들여다보게 해주었다. 생검이나 부검을 통한 조직 분석은 코로 부패를 감지하는 능력을 보완했다. 화학적 분석은 환자의 소변을 맛보던 의사의 수고를 덜어주었다. MRI를 비롯한 영상 진단 기술은 복부를 짚어보는 것보다 훨씬 많은 정보를 알려주었다. 하지만 이런 기술들이 개발되기까지는 오랜 시간이 걸렸다. 먼저 그런 것을 상상해야 했고, 적절한 원형을 만들어야 했고, 그런 다음에는 충분한 신뢰성을 확보할 때까지 미세 조정하면서 개선해나가야 했다.

* 실린더의 이음매나 파이프의 접합부 따위를 메우는 데 쓰는 얇은 판 모양의 패킹.

새로운 기술의 발전은 어떤 것이든 반드시 자연의 법칙 안에서 일어나야 한다. 따라서 관련된 힘이 물리적 힘이든 화학적 힘이든 전기적 힘이든 혹은 다른 어떤 힘이든 간에, 과학적 가능성의 범위를 넘어서서 그것을 이용할 수는 없다. 이를테면 뉴턴의 우주에서 영구 운동 기계를 만들려는 시도는 가망 없는 일이다. 하지만 연구와 발전은 융통성 없는 물리적 힘의 맥락을 넘어 더 거대한 맥락에서 일어난다. 윤리, 도덕, 판단 같은 더 부드러운 힘들에도 영향을 받는데, 이 힘들은 법칙과 한계로 쉽고 명확하게 정의하기가 어렵다.

2020년 초, 신체 접촉을 통한 코로나19 바이러스의 전파는 점점 더 큰 문제가 됐고, 접촉은 가급적 피해야 하는 행동이 됐다. 우리는 악수와 포옹을 비롯해 먼 옛날부터 교류, 우정, (심지어는) 사랑의 표현으로 간주돼온 행동을 삼가라는 권고를 받았다. 이러한 상호 작용 형태를 대체하기 위해 우리는 주먹을 맞부딪치고, 팔꿈치를 맞대고, 신발을 툭툭 치고, 엉덩이를 부딪치기도 했다. 동아리, 클럽, 소모임, 이웃, 공동체, 도시, 카운티, 나라, 문화 같은 개인들의 집단은 문명사회를 구성하는 것이 무엇인지 다시 생각해보아야 할 처지에 놓였다.

다섯 가지 감각은 주변에 무엇이 있는지 알려주는 신뢰할 만한 지표로 계속 남아 있었다. 감각은 첫 번째 반응 체계로, 주변에 나타나는 징후를 조기에 탐지하는 장치였다. 감염된 사람에게서는 여러 가지 징후가 나타난다. 먼저 호흡에 문제가 생기는데, 이것은 귀로 들을 수 있다. 콧물이나 오한은 눈을 통해 쉽게 볼 수 있으며, 냄새를 맡고 맛을 느끼는 감각의 상실 내지 위축은 식욕 부진과 눈에 띄는 체중 감소를 낳는다. 열은 이마에 손을 짚어보면 알 수 있다. 가끔 호흡 문제가 너무 심각해 산소 호흡기의 도움을 받아야 할 때도 있다. 병원과 그 밖의 의료시설 방문은 갈수록 통제가 심해지고 있다. 정문을 통과하려면 비접촉 온도계로 체온을 재고, 분사식 용기에 담긴 손 세정제를 사용해야 하고, 바닥에 표시된 지점에 서서 사회적 거리 두기를 유지해야 하고, 얼굴에 손을 대지 않고 마스크를 써야 한다. 이 때문에 어떤 사람들은 전반적으로 촉각이 점점 둔해진다고 느낀다.

코로나바이러스의 전파를 막기 위한 사회적·물리적 장벽의 전형적인 본보기는 마스크다. 중세 사람들은 질병이 썩은 살점이나 그 밖의 질병 감염원에서 발생하는 악취 심한 공기인 '나쁜 공기miasma'를 통해 전파된다고 믿었다. '흑사병 의사'라 불렸던 이들은 흑사병으로부터 자신을 보호하기 위해 향이 강한 허브와 꽃 따위로 속을 채운 새 부리 모양의 가면을 써서 나쁜 공기를 막았다. 이들은 검은색 망토와 모자를 쓰고 막대기를 든 모습으로 묘사되었는데, 이 덕분에 흑사병 환자를 직접 손대지 않고도 진찰할 수 있었다. 전형적인 흑사병 의사는 부리 박사Dr. Beak로, 그는 죽음과 흑사병의 상징이 되었다.

의료 현장에서 의료진의 입과 코 모두를 막기 시작한 것은 19세기 말에 이르러서다. 하지만 이 관행은 수십 년 동안 일상적인 것으로 자리 잡지 못했다. 제1차 세계대전이 발발하면서 미국과 독일에서 의료용 마스크 사용이 늘었지만, 코는 노출된 채로 남아 있는 경우가 많았다. 마스크 재질에 대한 연구는 1940년대에 세탁과 살균 처리가 가능한 마스크의 등장으로 이어졌다. 미국에서 종이와 양털로 만들어진 마스크가 사용되고 일회용 마스크가 널리 확산되기 시작한 것은 1960년대가 되어서였다. 2020년대 초에 코로나 팬데믹이 확산되는 동안 시술용 마스크나 수술용 마스크는 코와 입을 가리는 필수 장비가 되었

17세기에 흑사병 의사들은 그들 자신이 호흡해야 하는 오염된 공기를 향기로 정화하기 위해 향이 강한 꽃과 허브와 향신료를 채운 새 부리 모양의 마스크를 썼다. 또 환자와 죽은 자로부터 거리를 두기 위해 항상 막대기를 들고 다녔다. 파울 퓌르스트가 제작한 동판화(1656년경).

다. 이것은 언뜻 보기에 코로나 바이러스의 감염과 전염을 막는 합리적 보호 장치처럼 보였지만, 물리적 구조 및 기능 면에서 몇 가지 심각한 한계가 있었다.

수술용 마스크는 수평 방향으로 주름이 잡힌 다층 구조로 이루어져 있다. 크기는 대략 가로 16cm, 세로 8cm이다. 이 크기는 제조 공정 특성상 고정돼 있어 모든 얼굴 크기에 맞도록 직사각형 가장자리를 늘릴 수가 없다. 하지만 주름은 수직 방향으로 팽창해 코와 입 모두를 덮을 수 있게 해주며, 불룩하게 부풀어 올라 마스크와 얼굴 사이에 숨 쉴 공간을 만들어낸다. 더 나은 마스크는 쉽게 구부러지는 철사나 금속 띠가 위쪽에 붙어 있어서 코 윤곽에 완벽하게는 아니더라도 대강 맞게 모양을 잡을 수 있다. 마스크 양 옆에 고정된 고무 끈을 귀에 걸치면 마스크를 얼굴에 밀착시킬 수 있다. 하지만 두 고무 끈이 부착된 부분 사이의 거리가 고정돼 있어 마스크는 수평 방향으로 늘어날 수 없고 줄어들 수만 있는데, 이 때문에 마스크와 뺨 사이에 틈이 벌어질 수 있다. 이런 틈은 코 주변의 틈과 함께 마스크의 효율성을 떨어뜨린다. 마스크 착용자가 내뱉은 숨이 바깥으로 쉽게 빠져나갈 뿐만 아니라, 외부 공기가 필터를 댄 부분이 아닌 곳을 통해 들어올 수 있기 때문이다. 이런 단점을 보완하기 위해 마스크 설계를 수정하려면, 직물에 미치는 힘들을 재조정하는 작업이 필요하다. 예를 들어 마스크 양 옆 가장자리를 더 짧으면서도 신축성 좋게 만들면 얼굴이 작은 사람의 뺨에 딱 맞을 뿐만 아니라 얼굴이 긴 사람에게도 맞도록 늘어날 수 있다.

만약 표준 마스크가 모든 성인의 얼굴 크기에 잘 맞지 않고 마스크에 미치는 힘들의 재분배를 포함한 개선이 곧바로 이루어지지 않는다면, 크기가 다른 마스크들을 손쉽게 사용할 수 있어야 한다. 팬데믹 동안 나는 마스크를 여러 가지 사이즈로 제공하는 병원이나 센터나 의사를 본 적이 없다. 맞지 않는 마스크라도 없는 것보다는 낫지만, 제한된 범위(예컨대 소형, 중형, 대형) 안에서 마스크 크기를 선택할 수 있다면 효율성 개선에 큰 도움이 될 것이다. 이는 단일 사이즈 마스크의 또 다른 단점을 해결할 수 있는데, 바로 마스크가 착용자의 코에서 미끄러져 효율성이 완전히 떨어지는 경우다. 미끄러지는 원인은 물론 물리적 힘에 있다.

양 옆면이 수직 방향으로 늘어나지 않는 마스크를 코에서 턱까지 걸쳤을 때, 말을 효율적으로 하거나 음식물을 격렬하게 씹거나 크게 하품을 하기 위해 입을 벌리면 턱이 마스크 아래쪽을 끌어내리면서 마스크가 콧마루에서 미끄러져 내린다. 만약 귀에 거는 고리가 마스크를 단단히 당기지 못하면, 마스크는 콧마루를 꽉 붙드는 힘이 약해져 콧마루를 따라 미끄러져 내려가 코끝과 콧구멍을 노출시키고 말 것이다. 의료계 종사자를 비롯해 이런 결함에 짜증이 난 사람들은 마스크가 얼굴에 잘 밀착되도록 할 묘안을 생각해냈다. 한 가지 방법은 끈을 8자 모양으로 꼬거나 귀 뒤에서 매듭을 짓는 것이다. 이렇게 하면 끈이 늘어나는 길이가 길어지면서 당기는 힘이 커진다. 다른 해결책은 마스크 자체의 디자인을 바꾸는 것이다. 애초에 끈을 더 짧게 만들거나, 마스크 양 옆을 더 짧지만 신축성 좋게 만들거나, 긴 얼굴이나 입을 크게 벌리는 동작 등 큰 움직임에 대처할 수 있도록 주름을 추가하여 마스크가 수직 방향으로 더 팽창하게 만들 수도 있다. 수술용 마스크의 단점을 보완하기 위한 일부 대안은 마스크를 얼굴에 밀착시키는 데에는 효과적이지만, 다른 기계적 문제들이 남아 있다.

안경을 쓰는 사람들은 마스크가 코 주위에 딱 들어맞지 않을 때 특별한 문제에 맞닥뜨린다. 숨을 내쉴 때 따뜻하고 습한 공기가 마스크 위쪽 가장자리 틈으로 빠져나가 렌즈를 뿌옇게 만드는 것이다. 그러면 시야가 잠깐 가려지는데, 특히 길을 건너거나 섬세한 작업을 할 때에는 위험한 상황이 벌어질 수 있다. 안경 아래쪽 가장자리 위에 걸쳐지는 마스크는 문제를 더 악화시키기 때문에, 안경을 마스크 위에 걸치는 것이 중요하다. 수술실에서 김이 서려 뿌예지는 안경은 외과의들에게 오랜 골칫거리였다. 김 서림 방지 코팅을 하면 낫지만 코팅은 긁혀서 벗겨지기 쉽다. 재치 있는 외과의들은 수술용 테이프나 반창고를 사용해 마스크 위쪽을 눈 아랫부분에 부착시킴으로써 안경에 김이 서리는 것을 방지한다. 당연한 말이지만, 이 방법이 수술실 밖에서 유행하는 일은 없었다. 얼굴과 마스크 사이로 새어 나오는 공기는 콘택트렌즈를 착용하는 사람에게도 악영향을 미칠 수 있다. 따뜻하고 습한 환경이 세균 증식과 눈 감염을 촉진할 수 있기 때문이다. 특히 일회용 콘택트렌즈는 눈을 건조하게 만들어 염증을 유발하기 때문에 안과 의사를 찾아가야 하는 일이 생길 수도 있다.

때로 마스크를 2개 쓰는 것이 권장되기도 하는데, 이렇게 하면 여과 능력이 높아질 뿐만 아니라 안쪽 마스크를 얼굴에 더 밀착함으로써 틈을 막을 수 있기 때문이다. 물론 이렇게 하더라도 수염을 덥수룩하게 기른 남자나 볼이 수척한 여자에게는 별 효과가 없을 수 있다.

아마추어든 아니든 발명가는 항상 새로운 도전을 찾고 있으며, 굉장히 보편적인 장치의 개선에도 특허가 많이 발급된다. 다음 팬데믹이 닥치기 전에 수술용 마스크에 큰 개선이 일어나리라는 것은 확실해 보인다. 이렇게 개선된 새 마스크들은 이 예방 장비를 제자리에 꽉 붙드는 물리적 힘을 제어하고 활용하는 혁신적인 방법에 기댈 가능성이 매우 높다. 틀림없이 많은 발명가들은 표준 마스크에서 문제를 야기한다고 확인된 부분들, 예컨대 전체적인 형태, 늘어나지 않는 테두리, 주름, 고리 등에 초점을 맞춰 개선한 설계를 내놓을 것이다. 일부 모험적인 발명가들은 이전에 확인되지 않은 설계상의 약점을 파악해 생산비용과 판매 가격이 비싸지 않은 혁명적인 모델을 고안할지 모른다. 발명가는 늘 그런 것을 꿈꾼다.

2020년 후반에 코로나바이러스 백신이 개발되면서 중요한 항바이러스 기술이 등장했다. 백신 접종을 긍정적인 행동으로 홍보하기 위해 유명인사들과 정치인들이 주저 없이 접종 받는 모습이 영상으로 촬영됐다. 저녁 뉴스에 방영된 많은 영상은 팔에 들어가는 주사 바늘을 클로즈업해서 보여주었다. 백신 주사를 놓는 다양한 방법을 보여주는 이 영상들은 관련된 힘에 대한 속성 과외를 제공했다. 주사를 놓는 데 익숙지 않은 의료 종사자들이 주로 택하는 한 가지 방법은 바늘 끝을 천천히 밀어넣는 것이다. 그러면 팔이 바늘에 짓눌려 우묵하게 들어가는데, 이 영상은 피부가 뚫고 들어오는 바늘에 처음에는 저항하다가 결국 굴복한 뒤에 원래 상태로 복원되는 과정을 생생하게 보여주었다. 반대편 극단에는 숙련된 간호사가 사용하는 방법이 있다. 바늘을 의도적으로 빠르게 푹 찔러넣는 것이다. 손길이 너무나도 빨라서 피부 윤곽에 눈에 띄는 변화가 나타나지 않을 정도였다. 바늘을 찔러넣는 순간, 바늘은 강한 동역학적 힘으로 피부를 순식간에 꿰뚫고 들어가 피부에 눈에 띌 만한 변형이 일어날 시간이 없었다.

마스크가 얼굴 위에 잘 고정되게 하는 것도, 얼굴에서 미끄러져 틈을 만드는 것도 이 책의 주제인 역학적 힘이다. 백신 접종은 주사기로 병에 든 백신을 뽑아낸 다음, 피부를 뚫고 들어가는 바늘을 통해 근육 속으로 밀어넣는 과정인데, 이 모든 것은 바로 힘 때문에 가능하다. 인공물들로 이루어진 역학적 세계를 굴러가게 하는 핵심 요소 중 하나인 힘은 접촉과 촉각에 크게 의존해 작용한다. 우리의 다른 감각들을 촉각에 집중시키는 것은 세계를 경험하고 이해하는 새로운 방법을 제공한다.

랠프 왈도 에머슨Ralph Waldo Emerson은 〈자연〉이라는 수필에서 인간이 "우주와 원초적인 관계"를 맺어야 한다고 주장했다. 초월주의의 기초를 놓은 이 작품에서 에머슨은 자연에 대한 연구가 모든 것을 더 깊이 이해하는 길로 이어진다고 주장했다. 공학자들은 완전히 새로운 철학 운동을 발전시키는 것은 원하지 않을지 모른다. 하지만 그들은 자연의 힘들과 그 효과의 연구가 물리 세계의 작용 방식에 대한 더 넓은 이해를 낳을 수 있고, 더 나아가 사회적·문화적 구조뿐만 아니라 물리적인 것과 정서적인 것을 결합하는 은유에 대해서까지 더 깊은 이해를 낳을 수 있다고 믿는다. 또 다른 초월주의자 헨리 데이비드 소로Henry David Thoreau는 "나는 강요받기 위해 태어나지 않았다I was not born to be forced"고 단언했지만, 월든 호수에 오두막집을 짓기 위해 못을 박을 때는 주저하지 않고 망치에 힘을 주었을force his hammer 것이다. 못과 그것을 작용하게 만드는 것에 대해 생각하는 일은 자연의 더 부드러운 측면을 연구하는 것만큼이나 큰 깨달음을 줄 수 있고, 그에 못지않게 만족스러운 것이 될 수 있다.

I 장

밀기와 당기기

힘의 원천

힘이란 무엇인가? 힘은 정의를 내리기 위해 과학까지 불러와야 할 정도로 대단한 것인가? 아니면, 단순히 느끼는 것만으로도 알 수 있는 대상인가? 그런데 힘을 느낀다는 것은 정확히 무슨 뜻일까? 그 감각은 우리가 힘이라 부르는 개념의 존재를 확인시켜주는 것에 불과한가? 아니면 힘을 느끼는 경험은 우주에서 우리가 차지하는 위치와, 우리와 우주에 존재하는 나머지 모든 것의 연결(아무리 사소한 것이라 하더라도)에 대한 내면의 감각을 불러일으키는가? 힘은 존재할 때나 존재하지 않을 때나, 우리와 (우리가 그 속에서 존재하면서 일상 활동과 특별한 활동을 펼치는) 물리적 세계의 연결을 더 잘 이해할 수 있는 수단을 제공한다.

물리적인 의미에서 볼 때, 뭔가에 닿는 것은 그것에 힘을 가하는 것이다. 오케스트라 단원들은 악보에서 자신의 차례가 올 때까지 조용히 침묵을 지키며 앉아 있다. 그 순간이 오면, 하나의 바이올린 현에서부터 넓은 드럼헤드에 이르기까지 모든 것에서 진동을 유발하거나 억제하기 위해 음악가들이 밀고 당기고, 활로 켜고, 입으로 불고, 현을 뜯거나 두들기고, 음을 줄이고 섞음에 따라 현악기와 목관악기, 금관악기,

타악기가 살아나면서 웅장한 소리를 낸다. 이 행동의 목표는 힘을 움직임으로, 움직임을 공명으로, 공명을 웅장한 소리로 바꾸는 것이다. 콘서트홀을 떠난 뒤에도 교향곡의 선율은 우리 머릿속에서 한참 동안 맴돈다. 힘의 효과는 감동적이고 오래 지속된다.

사람의 목소리 역시 역학적 힘에 의존한다. 폐에서 밀어낸 공기가 성대를 지나가면서 진동시켜 음파를 방출시킨다(바람이 전깃줄을 지나면서 윙윙거리는 소리를 만들어내는 것처럼). 소리가 입을 통해 밖으로 나갈 때 혀와 입술의 모양 및 위치, 그리고 코에 영향을 받아 변형이 일어난다(진동하는 공기 기둥을 바꿈으로써 관악기에서 나는 음이 변형되듯이).

엎지른 우유가 바닥에 떨어지는 소리, 망치를 내려치는 소리, 풍선 터지는 소리에서 보듯이, 소리와 힘은 손을 맞잡고 함께 나아간다. 귀 기울여보면, 종이 위에 연필을 눌러 쓰거나, 책장에서 두 책 사이에 끼어 있는 책을 당기거나, 뺨에 까칠하게 자란 수염을 손가락으로 만질 때처럼 우리가 하는 모든 일에서 긁히고 미끄러지고 문질러지면서 나는 더 작은 소리도 들을 수 있다. 고요한 밤에 우리는 심지어 숨소리와 심장 뛰는 소리까지도 들을 수 있다.

목소리를 만들어내는 힘들은 자음과 모음을 발음할 수 있게 해주며, 우리는 그것들을 결합해 음절과 단어, 문장을 만듦으로써 햄버거와 감자튀김을 주문하거나 홈 팀을 응원하는 등 갖가지 의사소통에 사용한다. 언어 의사소통의 가장 효과적인 수단 중 하나는 잘 구성된 강연이다. 고대의 모범적인 사례로는 플라톤의 《대화편》이 있다. 이 책은 소크라테스의 사상을 훌륭하게 소개할 뿐만 아니라, 사고를 환기시키는 질문을 던짐으로써 상대방에게서 사려 깊은 반응을 이끌어내는 방법을 잘 보여준다. 르네상스 시대에 갈릴레이는 태양 주위를 도는 행성들의 운동을 다룬《두 가지 주요 세계 체계에 관한 대화》에서 소크라테스의 대화법을 사용해 이야기를 전개했다. 힘을 받는 물질이 부서지지 않으려고 어떻게 저항하며, 물체가 지구를 향해 어떻게 떨어지는지를 고찰한《두 가지 새로운 과학에 관한 대화》에서도 마찬가지였다.

선생이 강의실 앞에 서서 권위 있는 텍스트를 읽고 학생들이 그 내용을 필기하는 강의 형식은 중세 때 대학 교육의 전형이 되었다. 이 방식은 오늘날까지 계속 이어져 교수와 대학원생들이 참여하는 세미나나 학회에서 볼 수 있는데, 특히 인문학 및 사회과학 분야에서는 문자 그대로 논문을 큰 소리로 낭독한다. 이와 대조적으로, 과학 및 공학 분야에서는 전통적으로 강의자가 칠판에 다이어그램을 그리고 방정식을 도출하고 그래프를 그리는 등 즉흥적인 방식으로 강의를 진행했다. 과거에 발표 주제와 관련 있는 이미지들은 (오늘날 파워포인트 프레젠테이션의 전신이라 할 수 있는) 환등기 슬라이드로 화면에 비춰 보여주었다. 특히 19세기에 과학의 원리를 해설하거나 설명하는 공개 강연은 강연자가 서 있는 탁자 뒤에서 실시간 시연과 실험을 수반했다.

빅토리아 시대 영국에서 강연은 학계 밖에서도 큰 인기를 누렸다. 강연이 열리면 각계각층의 청중이 몰려들어 열심히 귀를 기울였다. 다윈의 진화론을 강하게 지지했던 생물학자이자 인류학자인 토머스 헉슬리Thomas Huxley는 1868년 노리치에서 노동자 계층을 대상으로 강연을 했다. 그는 목수의 분필을 집어 들고서 '분필에 관하여On a Piece of Chalk'라는 유명한 강연을 시작했고, 도버 백악 절벽과 영국 해협 아래에 묻힌 초크말Chalk Marl(백악 이회암) 지층을 포함해 영국의 지질학사에 관한 이야기를 이어갔다. 100여 년 뒤, 실험심리학자 다엘 월플Dael

Wolfle은 헉슬리의 강연을 “과학이 무엇인지에 대해 설득력 있고 쉬운 용어로 설명하는 기술”을 보여준 탁월한 모범 사례로 꼽았다. 헉슬리에게 과학은 “훈련되고 조직된 상식에 불과”했고, 따라서 과학 강연은 일반 청중이 쉽게 이해할 수 있는 것이어야 했다. 공학에 대해서도 똑같이 말할 수 있다.

과학 대중화에 나선 사람은 토머스 헉슬리뿐만이 아니었다. 전자기학 분야에 중요한 기여를 한 영국 과학자 마이클 패러데이Michael Faraday는 1825년 영국 왕립연구소에서 시작한 강연 시리즈로 유명하다. 이 크리스마스 강연은 제2차 세계대전 때 잠시 중단된 것을 빼고는 오늘날까지 계속 이어지고 있는데, 패러데이 자신은 1851년부터 1860년까지 연속으로 나선 것을 포함해 전부 열아홉 차례나 화학과 전기, 힘을 주제로 강연을 했다. 런던 시민들은 남녀노소를 불문하고 이 강연에 열광했다. 1848년, 패러데이는 촛불의 화학사에 대한 여섯 차례의 유명한 강연을 했다. 그는 자신과 청중 사이에 깜박이며 타오르는 촛불을 놓고 그 불꽃의 본질에 대해 이야기했다. 촛불의 밀랍, 심지, 연기, 불꽃에서 색이 다른 부분들에 대해서까지 자세하게. 1859~1860년 연휴 기간에는 ‘물질의 다양한 힘과 서로 간의 관계에 대한 여섯 차례의 강연’을 했다. 중력을 다룬 첫 번째 강연 서두에 패러데이는 청중 가운데 어린 사람들을 구체적으로 짚어가면서 자신은 “늙고 병약한 남자로서” 말하지만, 강연을 준비하면서 “두 번째 어린 시절로 돌아갔고, 젊은이들 사이에서 또다시 젊어질 수” 있었다고 말했다.

하지만 화학, 전기, 자기 분야에 큰 기여를 한 과학자였던 패러데이는 어른으로서 지닌 자신의 능력도 확실하게 제어했다. 이들 분야에서 그는 실험에 크게 의존했는데, 그러다 보니 필연적으로 온갖 실험 장비가 필요했다. 만약 어떤 장비가 없으면, 그것을 직접 발명했다. 1824년, 실험에 즉시 쓸 수 있는 수소가 필요해지자 그는 천연고무인 생고무로 주머니를 만들었다(탄성이 매우 뛰어난 이 물질은 오늘날 라텍스라 불린다). 즉흥적으로 만든 이 장비 덕분에 패러데이는 장난감 풍선을 발명한 사람으로 인정받는다. 일반 대중 앞에서 강연을 할 때면 그는 탁자에서 우묵하게 들어간 곳에 서서 이야기했는데, 탁자 위에는 여러 가지 소품과 장비가 놓여 있었다. 아주 복잡하거나 위협적으로 보이지는 않아도 그 목적이 무엇인지 선뜻 짐작하기 어려운 것들이었다. 사실 그것들은 강연의 필수적인 일부였고, 그 기능과 강연 주제의 연관성은 강연이 진행됨에 따라 분명하게 드러났다. 패러데이는 이러한 물리적 인공물을 이용해 자신이 말로 표현한 개념들을 소개하고 입증하고 뒷받침했다. 진지한 목적을 위한 이런 쇼맨십은 열광적인 청중을 끌어들였다.

물질의 힘에 관한 강연을 하는 동안 패러데이는 힘을 나타내는 용어로 가끔 force와 power를 번갈아 사용했다. 그는 열과 물은 변화를 일으키는 능력이 있다는 점에서 power가 있다고 생각했지만, 더 일반적인 용어는 force라고 여겼다. 패러데이는 알아야 할 힘의 수가 혼란스러울 정도로 많지는 않음을 주장하면서 이렇게 말했다. "자연의 모든 현상을 지배하는 힘이 얼마나 적은지를 생각하면 경이롭다." 그 자신의 요지를 입증하기 위한 소품도 그다지 많이 필요하지 않았다. 그가 중력을 설명하기 위해 사용한 것들은 진자, 저울, 비커, 청중에게 개념을 명확히 전달할 방법을 고안하던 "어느 날 우연히 본" 장난감 따위였다.

무게중심 개념을 설명할 때 패러데이는 아주 작은 탄알을 한 움큼

마이클 패러데이는 왕립연구소에서 크리스마스 강연을 할 때 다양한 소품과 인공물을 사용했다. 스코틀랜드 초상화가 알렉산더 블레이클리Alexander Blaikley가 그림에 담은 이 강연은 1855~1856년 시즌에 열렸다. 여기에는 앨버트 공과 그 아들 앨프리드 왕자도 참석했는데, 두 사람은 청중석 맨 앞자리 가운데에 앉아 있다.

떨어뜨렸다. 그것들이 지구의 중력에 끌려 떨어지면서 탁자 위에서 흩어지는 모습을 보여주기 위해서였다. 그는 탄알들을 다시 병 속에 주워 담아 하나의 집합체로 만든 뒤, 이것들의 중력 작용이 집중된 한 점이 있다고 말했다. 그리고 그 개념을 자신의 몸을 사용해 설명했다. "한 발로 서려고 할 때, 나는 어떻게 할까요?" 이렇게 질문을 던지고 나서 자신의 몸을 전시물로 사용해 그 질문에 답했다. 그는 왼발로 서서 몸을 왼쪽으로 기울이고 오른쪽 다리를 구부려 몸의 무게중심을 발(몸을 지탱하는 받침점)을 수직 방향으로 지나가는 중력과 일치시키려 한다고 말했다. 패러데이는 이것을 말로만 설명해서는 청중이 쉽사리 이해하지 못하리라는 것을 알고 있었고, 그래서 생생한 시범을 곁들여 설명함으로써 청중이 저녁에 집으로 돌아가 그것을 직접 이야기하고 시도해볼 수 있는 개념으로 만들었다.

두 발을 디딘 자세로 돌아온 패러데이는 청중의 관심을 얼마 전에 산 장난감 인형으로 돌렸다. 상반신은 사람의 형상인 반면 하반신은 험프티 덤프티*처럼 반구형인 인형이었다. 패러데이는 이 인형을 옆으로 눕히면 가만히 있지 않는다는 것을 보여주었다. 조성이 "균일하다면" 누운 자세 그대로 가만히 있어야 했다. 그는 이 나무 인형 속에는 바닥 부분에 납처럼 무거운 물질이 있어 무게중심이 달걀꼴 하반신에서 가장 낮은 지점 부근에 있다는 사실은 "굳이 속을 들여다보지 않아도 분명히 확신할" 수 있다고 설명했다. 인형은 밀려서 옆으로 기울어질 때마다 그 기하학적 구조 때문에 무게중심이 위로 올라간다. 그리고 미는 힘이 없어지자마자 무게중심은 더 낮은 위치로 옮겨 가려고

* 영국 전래 동요에 등장하는 달걀 모양의 캐릭터다.

중력에 관한 강연 때 패러데이는 납이 든 장난감 인형을 옆으로 눕힐 때마다(왼쪽) 그 무게중심 때문에 똑바로 선 자세(오른쪽)로 돌아간다는 것을 보여주었다. Faraday, *The Forces of Matter*

하는데, 그 결과 인형은 똑바로 서게 된다.

그러고 나서 패러데이는 핀이나 이쑤시개 같은 한 점 위에서 인형의 균형을 잡는 것이 얼마나 어려운지 보여주었다. 하지만 양 끝에 납탄이 달리고 축 늘어진 멍에처럼 생긴 철사 장비(젖 짜는 여성이 메고 다니는 멜대나 외줄타기 곡예사가 드는 기다란 막대와 비슷하게 생긴)를 "그 불쌍한 늙은 여인"에게 걸치자, 한 점 위에서 인형의 균형을 손쉽게 잡을 수 있었다. 이것이 가능했던 것은 인형과 멍에로 이루어진 전체 하중의 무게중심이 이제 접촉 지점보다 아래에 위치해, 인형이 균형을 잡을 수 있는 축 위의 한 점과 일치하는 각도로 기울어졌기 때문이다. 이 책에서 나는 패러데이의 모범을 따르려 한다. 첫 번째 강연이 끝날 때, 패러데이는 칠판에 '힘들forces'이라는 제목을 쓴 다음 그 아래에 "우리가 살펴볼 순서에 따른 그 특별한 힘들의 이름"을 적었다. 목록에 첫 번째로 오른 것, 패러데이가 다음 강연에서 자세히 이야기하고자 했던 것은 바로 중력이었다.

20세기 이스라엘 물리학자이자 과학철학자인 막스 야머Max Jammer는 "물론 힘 개념의 궁극적인 기원은 밀고 당기는 것과 연관된 근육의 감각에 있긴 하지만, 고전물리학의 힘 개념과 중력이라는 힘 개념 사이에 밀접한 역사적 연결 관계"가 있다는 사실을 알아챘다. 사실, 근육의 힘에서 비롯되는 온갖 행동(걷기, 달리기, 구부리기, 비틀기, 빙빙 돌리기, 구르기)은 모두 일련의 밀고 당기는 동작으로 해석할 수 있다. 잼병 뚜껑을 여는 일상적인 행동을 생각해보자. 우리는 보거나 생각하지 않고도 그렇게 하는 법을 배우지만, 그 과정을 자세히 살펴보면, 한 손으로는 잼병을 감싸 그것을 제자리에 고정시키고 다른 손으로는 뚜껑을 붙잡고 비틀어서 연다. 비트는 행동은 엄지와 나머지 손가락으로 뚜껑 가장자리를 붙잡고 정반대편에 있는 양쪽 가장자리에서 반지름 방향으로 안쪽으로 꽉 죄는(미는) 동시에 반시계 방향으로 접선 방향으로 밀면서 일어난다. 뚜껑이 잼병의 나사산에서 풀려나면, 위로 끌어당기는 힘에 의해 병에서 떨어져 나간다.

힘에 관한 패러데이의 강연 내용을 "세심하고 능숙한 기자"가 받아 적은 것을 편집한 화학자 윌리엄 크룩스William Crookes에 따르면, 그것은 "한 단어 한 단어 말한 그대로 인쇄되었다." 또한 크룩스는 강연이 어린이와 청소년을 겨냥한 것이었기 때문에 "전문적인 세부 내용에서 최대한 자유로웠으며" 배경지식이 전혀 필요하지 않았다고 언급했다. 하지만 강연 내용은 단순히 사소한 개념을 다루는 데 그치지 않았다.

크룩스는 자신이 쓴 서문에서 하나의 질문과 하나의 명제로 서두를 꺼냈다. "물질과 힘 중 어느 것이 먼저 나타났을까? 이 질문을 깊이 생각해보면, 힘이 없는 물질이나 물질이 없는 힘은 존재할 수 없다는 사실을 알게 된다." 사실 이 둘은 운동을 통해 연결돼 있다. 따로 있는 일정량의 물질에 힘을 가하면 우리는 그것이 움직이는 것을 보게 된다. 만약 그 물질이 직선 방향으로 일정한 속력이 아닌 다른 속력으로 움직이는 우리라면, 거기에 작용하는 힘을 분명히 감지할 수 있다. 이는 본질적으로 아이작 뉴턴이 운동의 제2법칙에서 선언한 내용이다. 가속도라고 부르는 운동의 변화를 통해 힘과 질량의 연관 관계를 밝힌 이 법칙은 F=ma라는 단순한 공식으로 간결하고 보편적으로 표현되는 자연의 법칙이다.

패러데이는 힘 개념을 일반 청중에게 전달할 때 수학 기호를 전혀 사용하지 않았고 그럴 필요성도 느끼지 않았는데, 나 역시 그럴 것이다. 하지만 빛의 속도를 통해 에너지와 질량을 연결시킨 아인슈타인의 상징적인 방정식 $E=mc^2$이 등가 개념을 시적으로 표현한 알렉산더 포프Alexander Pope의 "실수는 인간의 것To err is human"만큼 유명해졌으니, 뉴턴의 F=ma 역시 위대한 개념의 정수精髓로 간주할 수 있다. 방정식과 공식은 그저 형태가 다른 의사소통 방법일 뿐이다. 즉, F=ma는 "힘은 질량에 가속도를 곱한 것과 같다"라는 문장을 달리 표현한 것일 뿐이다. 공학engineering을 힘forces과 수numbers의 결합으로 정의한다면, 이 정의는 E=Fn으로 표현할 수 있다. 방정식이 없어도 힘과 운동을 충분히 이해할 수 있지만, 나는 방정식이 얼마나 효과적인지 보여줄 이 기회를 그냥 지나칠 수가 없다. 방정식을 상형 문자만큼이나 난해하게 여기는 사람들에게, 나는 방정식이 보편적인 개념을 최소한의 문자를 통해 전달하는 방법에 지나지 않는다는 사실을 지적하고 싶다.

존 키츠John Keats에게 미리 사과를 하며 말하자면, 그가 〈그리스 항아리에 부치는 노래〉에서 진리truth와 미beauty를 동일시한 것을 불손한 공학자는 단순히 T=B로 요약할 수 있다. 물론 T=B로 압축된 심오한 개념은 단어와 운율이 사상에 깊이를 더해주는 고전 시의 정서적 무게까지 온전히 담진 못한다. 그것은 F=ma도 마찬가지인데, 그 완전한 의미는 예시를 통해 자세히 설명할 때에만 분명하게 드러나기 때문이다. 방정식과 공식은 수를 계산하거나 문제를 풀기 위한 도구보다는 단순히 개념을 압축해놓은 것으로 볼 수 있다. 키츠가 40행에 이르는 시에 담긴 모든 이미지와 직유, 상징, 은유, 운율, 압운, 그 밖의 문학적 장치의 의미를 마지막 2행으로 요약한 것처럼 말이다. "아름다움이 진리이고, 진리가 아름다움이다—이것이 네가 이 세상에서 아는 전부이자, 알 필요가 있는 전부이다."

나는 또한 패러데이의 전례를 따라 나의 어린 시절을 다시 찾아갈 텐데, 처음으로 힘을 경험하고 그 효과를 느끼고 힘과 관계를 확립한 시기가 바로 그때이기 때문이다. 어린 시절의 몽상이 나 혼자만의 독특한 경험은 아닐 것이라고 생각한다. 내가 아기이던 시절에 어머니는 나를 유모차에 태우고 브루클린의 프로스펙트공원에 자주 갔다고 한다. 그곳에서 어머니는 아기를 데려온 다른 어머니들을 만나 수다를 떨고 의견과 정보를 교환했다. 공원에 가는 동안 유모차에 탄 내가 볼 수 있었던 것은 위쪽 방향뿐이었을 테니 우리가 지나온 길은 보지 못했겠지만, 균열이 난 도로 위를 지나가거나 연석을 오르내릴 때 유모차에 전달되는 효과를 느꼈을 것이다. 아기들의 행동을 관찰한 바로 판단하건대, 나는 여기저기 균열이 난 아스팔트를 지나면서 흔들리고 덜컹거리는 경험을 즐겼을 것이다. 어쩌면 나는 연석을 오르내릴 때 어머니가 유모차를 기울이기 위해 손잡이를 끌어당기거나 미는 모습을 보았을지도 모른다. 하지만 그런 움직임이 힘과 어떤 관련이 있는지 알게 된 것은 동생을 태운 유모차 옆에서 함께 걸을 만큼 자란 뒤였다. 더 자라면서 나는 어머니로부터 더 멀리 벗어났고, 새로운 관점으로 세상을 바라보기 시작했다. 이윽고 나는 높은 나뭇가지에서 아래를 내려다보며 함께 나무를 오르는 동료들과 정보를 주고받았다.

혼자 놀아야 할 때면 나는 상상의 친구를 만들어내 함께 놀았다. 그 애는 그네에 탄 나를 밀어주거나, 수레에 탄 나를 비탈 아래쪽으로 끌어당기거나, 발을 걸어 나를 넘어뜨리곤 했다. 부모들은 잘 알고 있었겠지만, 결국 나는 그런 작용들이 밀고 당기는 힘과 중력 등의 기본적인 힘에서 비롯된다는 사실을 알게 됐다. 아이들은 동요를 좋아하는데, 어떤 동요는 자주 듣다 보면 아예 외워버린다. 나중에야 우리는 운을 맞춘 그 동요 가사가 정확히 무슨 뜻인지 궁금해한다. 험프티 덤프티는 벽 아래로 떠밀린 걸까, 끌어당겨진 걸까? 무엇이 잭을 넘어뜨리고, 질이 그 뒤를 따라 넘어지게 한 걸까?* 런던교에는 무슨 일이 일어났던 것일까? 왜 런던교는 아무리 다시 세워도 늘 무너져 내렸을까? 우리는 종종 경험을 돌아봄으로써 우리 자신의 질문에 답할 수 있다. 어렸을 때 나는 분명히 그럴 수 있었다. 하지만 항상 준비된 답보다 질문이 더 많았다.

내 기억에 그래머스쿨(중등학교) 시절에 산수는 배웠지만 물리학은 배우지 않았다. 지리 시간에 아래로 쫙 펼쳐 보여주는 지도처럼 가장 단순한 시각적 보조 장치도 없었다. 망치나 지레, 도르래나 바퀴, 밀거나 당기는 것을 포함한 가정 실습도 없었다. 걷거나 점프를 하거나 기

* 〈잭과 질Jack and Jill〉이라는 영어 동요에 나오는 표현이다.

어오르거나 수레를 끄는 것 등 일상적인 활동에 관련된 힘을 표현하는 포스터를 만들지도 않았다. 사우스다코타주 주도가 어디이고 우리가 사는 주에서 만들어지는 공산품이 무엇인지 아는 것이 그것이 어떻게, 왜 만들어지는지 아는 것보다 훨씬 중요해 보였다. 우리의 마음은 물리적 세계가 어떻게 작용하는지 이해하라는 쪽으로 떠밀리는 대신에 단순한 사실들을 받아들이고 기계적으로 암기하라는 쪽으로 끌어당겨졌다. 물리적 세계는 힘을 매개로 항상 우리와 함께, 혹은 우리를 거스르며 작용하고 있는데도 말이다.

가족이 늘어나자 부모님은 프로스펙트공원 남서쪽 입구 근처 아파트에서 파크슬로프에 있는 집으로 이사했다. 그곳에서 어린 나는 친구들과 함께 공원까지 언덕을 걸어 올라가 공원을 빙 두른 돌담을 넘어 들어가는 것을 즐겼다. 우리는 담을 곧장 넘어가지 않았는데, 돌담 위로 걸어가는 것을 암묵적인 도전 과제로 받아들였기 때문이다. 담 위로 올라가는 데에는 상당한 노력이 필요했다. 어떤 곳에서는 친구에게 밑에서 밀어달라고 도움을 청해야 했다. 일단 담 위로 올라서면 나는 최대한 멀리까지 걸어가면서 상상의 벼랑 위에서 균형을 잡는 스릴을 만끽했다. 가끔은 한 출입문에서 다음 출입문까지 가는 데 성공하지 못했다. 부주의하게 굴다가 험프티 덤프티처럼 담에서 추락해서였다. 험프티 덤프티도 부주의로 떨어졌던 걸까? 동요는 절대 그 답을 알려주지 않는다. 아마도 동요의 매력은 여기에 있는지도 모른다. 많은 말을 하지 않음으로써 우리의 상상력을 자극하는 것.

공원 안에는 언덕과 초원이 끝없이 펼쳐져 있는 것처럼 보였다. 이러한 경험은 내게 잭과 질이 물 한 통을 길어오기 위해 왜 언덕 위로 올라갔을까 하는 궁금증을 불러일으켰다. 공원의 연못과 호수는 항상 전체 지형 중에서 낮은 곳에 있는 것처럼 보였다. 물가에 있는 길에는 육각형 보도블록이 떨어져나가 움푹 팬 곳에서 물이 솟아오르기도 했다. 우리는 파크슬로프의 배수로에서 놀며 물이 아래쪽으로 흘러가는 것을 보았다. 공원의 분수식 식수대에서 뿜어져 나온 물이 친구에게 던진 공처럼 호를 그리는 것을, 잘못 던져 빗물관에 굴러 들어간 공처럼 배수구 주위에서 소용돌이치며 흘러드는 것을 보았다. 아마 우리는 우리 시에 공급되는 식수가 북쪽 지역의 강과 하천에서 온다는 사실을 학교에서 배웠을 것이다. 여기서 북쪽은 단순히 도심 지역에서 북쪽을 의미하는 데 그치지 않고 고도가 더 높은 지역을 의미한다는 것도 배웠을 것이다. 물은 지하 송수관을 통해 뉴욕시로 내려온 뒤, 기계 펌프로 급수지나 옥상에 있는 저장 탱크로 올라갔다가 가정으로 공급되어 수도꼭지에서 상당한 압력으로 흘러나왔다. 그런데 그 힘은 무엇이었을까? 그것은 미는 힘이 분명했는데, 물을 끌어당기는 힘이 있다고는 상상하기 어려웠기 때문이다. 그건 불가능해 보였다.

세상에는 밀거나 당기거나 하는 물리적 접촉 없이 작용하는 힘들이 있다. 그중에서 우리에게 가장 익숙한 것은 중력이라는 불가사의한 힘이다. 심지어 아이작 뉴턴조차 중력이라는 개념을, 서로 닿아 있지 않은 물체들 사이에 힘이 전달되는 방식을 이해하느라 한참 동안 골머리를 썩였다. 천체들 사이에, 그리고 모든 물체 사이에 보이지 않게 서로 끌어당기는 힘인 중력은 충돌하는 두 공 사이에 작용하는 미는 힘과 근본적으로 다른 것일까? 그렇기도 하고, 그렇지 않기도 하다. 우리는 중력이 우리를 지구 표면에서 둥둥 떠올라 멀리 벗어나지 않게 하는 반면 아이가 쥐고 있는 끈 위의 풍선이 저 멀리 날아가는 것을 막을 수 없다는 사실을 알기 때문이다.

2장

중력

무게를 부여하는 힘

우리 집 지붕에 지붕널을 새로 설치하던 날, 시공자는 우리에게 다른 곳에 가 있으라고 충고했다. 그는 망치질 소리가 온 집 안에 울려 퍼질 텐데 그것은 꼭 야구공만 한 우박이 쏟아지는 듯한 굉음으로 들릴 거라고 경고했다. 하지만 아내 캐서린도 나도 충고를 듣지 않았다. 캐서린은 자신의 서재가 두 층 아래에 있는 데다 소음을 막아주는 이어폰을 끼면 문제 없을 거라고 생각했다. 내 서재는 고미다락에 위치해 지붕이 곧 내 서재의 천장이어서 시공일에 그곳은 내 개인 공간의 드럼헤드가 될 참이었다. 모든 것에서 힘을 보고 느끼고 싶어하는 성향이 강한 나는 이 일을 새로운 맥락에서 힘의 효과를 경험할 기회로 여겼다.

밖에서 진행되는 작업을 직접 볼 수는 없었다. 하지만 소리를 통해 모든 행동과 함께 관련된 힘을 상상할 수 있었다. 먼저 트럭 2대가 자갈길을 따라 들어와 우리 집 옆에 멈춰 섰다. 차문이 쾅 닫히는 소리의 횟수로 짐작하건대 적어도 4명이 차에서 내렸다. 금속이 맞닿아 미끄러지고 톱니바퀴가 돌아가는 소리로 미루어 트럭의 랙에서 알루미늄 사다리 2개를 내린 뒤 펼쳐서 처마에 대고 세운 듯했다. 삐걱거리는 소리는 짐을 진 사람의 무게 때문에 사다리가 휘어지는 상황을 알려주었다. 느릿느릿하게 위쪽으로 향하는 무거운 발걸음 소리는 일꾼들이 약 22kg의 지붕널 다발을 들고 지붕마루 쪽으로 올라가고 있음을 말해주었다. 크게 쿵 하고 울리는 소리는 근육질 남자가 다른 근육질 남자를 레슬링 매트(일종의 트램펄린) 위로 패대기치는 모습을 연상케 했다. 더 부드럽고 빠른 발걸음은 망치질이 진행됨에 따라 일꾼이 지붕널 다발을 더 가져가기 위해 경사면을 다시 내려오고 있음을 알려주었다. 공사는 그런 식으로 계속됐다.

공사가 진행되는 내내 나는 각각의 행동을 힘이라는 맥락에서 생각했다. 반복되는 소리와 함께 조용히 그 효과를 증폭시키는 동반자가 있었다. 중력은 소리 없이 사다리와 망치, 지붕널, 일꾼들 모두에게 무게를 부여하는 지배적인 힘이다. 중력은 일꾼들의 근육이 늘 맞서 싸워야 하는 힘이었다. 일꾼들과 느슨한 지붕널을 언제든 경사면을 따라 미끄러져 내려보내겠다고 위협하는 힘도 바로 중력이었다. 하지만 중력은 또한 연장들을 놓인 곳에 계속 머물게 했고, 일꾼들을 서 있는 곳에 계속 서 있을 수 있게 했는데, 지붕널의 결과 두꺼운 신발 바닥이 경사면을 꽉 붙드는 힘을 제공했기 때문이다.

일꾼들이 잠시 휴식을 취하는 동안 침묵이 이어지다가 본격적인 공사가 시작되면서 온 집 안에 커다란 소음이 울려 퍼지기 시작했다. 만약 일꾼들이 타정기를 사용했더라면 탕탕탕 (침묵) 탕탕탕 (침묵) 하는 반복적인 패턴이 지루하게 이어졌을 테고, 침묵은 그들이 새 지붕널을 얹는 동안에 일어났을 것이다. 아무리 힘을 열렬히 좋아하는 사람이라도 그 지루한 리듬에는 귀를 돌리고 말았을 것이다.

다행히도 지붕을 이는 일꾼들은 전통적인 방식대로 일했다. 즉, 나무 손잡이가 달린 망치로 한 번에 하나씩 못을 박았다. 그들은 연장을 매는 고리와 큰 못이 가득 든 주머니가 달린 벨트를 두르고 있었다. 못을 박는 작업에 들어가면 주머니 속에서 얽혀 있는 못들을 더듬어 몇 개를 꺼냈고, 그중 하나를 널에 수직 방향으로 놓았다. 이 일은 눈 깜짝할 사이에 일어났고, 이어 망치로 못을 두들겨 박는 일 또한 순식간에 끝났다.

우리 집 지붕 위에서 일하는 일꾼들 같은 남자들은 주 박람회나 기금 모금 행사에서 자신이 평소에 일터에서 하는 일을 마치 휴가를 즐기듯이 하면서 인기 있는 재주와 여흥을 보여줄 가능성이 높다. 그러한 여흥 중 하나는 최소한의 망치질로 널빤지에 못을 박는 것이다. 정해진 시간 안에 못을 최대한 많이 박는 시합도 있다. 독일어권 나라와 공동체에서는 이런 대회를 가리켜 하머슐라겐Hammerschlagen(망치질)이라 부른다. 이 대회에는 으레 많은 구경꾼이 몰리는데, 참가자들이 제각기 조금씩 다른 방식을 쓰는 데다 누구나 결정적인 한 방으로 못을 때려 박는 장사를 보고 싶어하기 때문이다.

지붕에서 일하는 일꾼들은 로봇이 아니기에 각자 자기만의 독특한 박자로 작업했는데, 그것들은 결코 정확하게 일치하지 않았다. 즉 망치질 소리는 정확하게 탕-탕-탕 울린 것이 아니라 탕-타-탕-탕이나 탕-탕-타-탕, 혹은 비슷하게 반복적이지만 완전히 반복적이지는 않은 패턴으로 울렸다. 어떤 소리든 간에 그것은 공학자인 내 흥미를 끌었다. 그것은 사람의 손길로 역학적 힘을 가하는 것이었다. 무거운 망치를 중력의 손아귀로부터 떼어내 들어올린 뒤, 중력과 함께 놀이를 하듯이 중력에 망치를 맡겨 내려놓는 것이었다.

우리는 태어날 때부터 어머니 지구의 중력에 붙들려 살아간다. 시인 앨프리드 콘Alfred Corn은 중력을 가리켜 "행성의 안락한 포옹"이라고 불렀다. 여러분은 모든 곳에 스며 있는 이 힘을 담요—우리에게 세계의 일부이자 우주의 일부라는 확신을 주는—라 생각하지 않겠지만, 실제로는 담요가 맞다. 중력은 우리 몸을 부모의 품에 안기게 하고, 우리 머리를 부모의 손에 얹게 한다. 가벼운 산들바람이 불면, 중력은 나무 꼭대기에 매달린 요람이 흔들리도록 돕는다. 우리가 자라면서 무슨 일을 하든, 중력은 항상 우리가 적절한 연습을 통해 그것을 익히도록 돕는다. 중력은 우리를 끌어당겨 제자리에 데려다놓으며, 그러면서 우리에게 날아오르는 것은 늘 아래로 내려온다는 냉엄한 현실을 가르치고 경고하고 주의를 주고 깨닫게 한다. 중력은 우리에게 하늘로 날아오르라고 부추기는 동시에 우리를 땅에 머물게 한다. 어디에나 존재하는 이 힘은 충실한 친구이자 변덕스러운 적이다.

어린 시절에는 이해하지 못했겠지만, 우리가 탁자나 의자에서 뛰어내려 예상했던 단단한 땅 위로 되돌아올 수 있었던 것은 다 중력 덕분이었다. 내게 중력은 지칠 줄 모르고 내 그네를 높이 밀어주었다가 다시 우아한 호를 그리며 내려오도록 끌어당긴, 강하고 조용한 비밀 놀이 친구였다. 중력은 간접적으로 내가 걷고 달리고 갑자기 멈출 수 있게 해주었는데, 그 강력한 본성으로 내가 치켜든 발을 항상 아래로 끌어당겼기 때문이다. 중력은 내가 희박한 꿈의 공기 속으로 풍선처럼 둥둥 떠가지(우주비행사들이 우주 유영을 통해 반복적으로 보여주다시피) 못하게 했다. 중력은 항상 내 주변에 존재하면서 겨울에는 썰매를, 여름에는 미끄럼틀을 탈 수 있게 도와주었다.

하지만 중력에는 덩치 큰 불량배처럼 도사리고 있는 어두운 면도 있다. 나는 중력을 쾌활한 그것It으로 생각하기를 멈췄다. 나는 중력을 포악한 그He로 바라보기 시작했다. 중력이 끌어당기는 힘은 갑자기 세게 미는 힘으로 변해 나를 담과 울타리, 기둥과 나무, 구름사다리와 정글짐에서 추락하게 만들고, 인정사정없이 단단한 땅바닥으로 내동댕이쳤다. 중력은 사랑스러운 얼간이가 될 수도 있지만, 다른 한편으로는 아주 크고 성질 사나운 개처럼 자신이 해야 할 일을 할 때에는 가혹해 보일 수 있다. 그래도 개는 결국 지쳐서 달리기를 그만두지만, 보이지 않는 내 친구는 결코 지칠 줄 모른다. 내가 어디를 가든, 중력은 항상 그곳에서 기다리고 있었다. 언덕이나 울타리를 올라갈 때면 중력은 내 온몸을 끌어내리면서 그곳에 나만 있는 게 아님을 깨닫게 했다. 울타리 위에서 반대편 땅으로 뛰어내릴 때면 중력은 내 어깨 위에 올라타 땅으로 떨어지는 느낌을 훨씬 강하게 만들었다. 자전거를 타고 언덕을 오르내릴 때, 기복이 심하거나 구불구불한 길을 달리면서 고도와 가속도 변화에 따른 속력 변화를 즐길 때에도 중력은 늘 자전거에 함께 올라타 나를 따라다녔다. 내가 수레를 끌고 언덕 위로 올라갈 때면 중력은 수레에 앉아 그 무게를 내가 기억하고 있던 것보다 훨씬 무겁게 만들었다. 내리막길에서 내가 수레에 앉아 내려갈 때면 이번에는 중력이 수레 앞으로 가 그것을 점점 더 빨리 끌어당겼다. 중력은 보이지 않는 친구일지는 몰라도, 단지 상상 속 친구에 불과한 존재가 아니었다. 중력은 실재했고, 언제든 그 존재를 확신할 수 있었다.

주변에 같이 놀 친구가 아무도 없을 때 함께 공놀이를 해준 것도 중력이었다. 내가 공을 높이 던지면 중력은 정점에서 공을 붙잡아 아주 잠깐 붙들고 있다가 나를 향해 도로 던져주었다. 나는 단단히 준비를 해야 했는데, 중력은 사악한 강속구와 치명적인 싱커*를 구사했기 때문이다. 자라면서 나는 공을 공중으로 비스듬히 던지는 법을 터득했는데, 그러면 중력은 그 공을 마치 거울에 비춘 모습처럼 반대 방향으로 땅을 향해 던졌다. 적절한 각도와 속도로 공을 던지면 달려가서 떨어지는 공을 붙잡을 수도 있었다. 판단을 잘못하거나 단순한 실수를 저지를 때면 나는 그것을 중력 탓으로 돌리곤 했지만 마음속으로는 내 잘못이라는 걸 알고 있었다.

어떤 종류의 힘(어쩌면 살아 있는 것일 수도 있고 아닐 수도 있는)이 정말로 존재한다는 사실이 점점 더 분명해졌다. 벽이나 계단을 향해 공을 던지면 항상 접촉 지점에서 공이 나를 향해 돌아온다고 신호를 보내는 소리가 들려왔다. 이것은 공중으로 높이 던진 공의 침묵과는 대조적이었는데, 이렇게 높이 던진 공은 궤적에서 정점에 도달해 이제 지상으로 귀환 여정을 시작한다는 신호를 전혀 보내지 않았다. 벽을 향해 다소 직선에 가까운 궤적으로 던진 공에는 뭔가 특별한 일이 일어난다. 먼저 공은 충돌이 일어났음을 알린다. 이 소리는 움직이는 물체와 정지한 표면 사이에 작용하는 역학적 힘이 내는 것이다. 신문 배달부가 구독자의 현관에 던진 신문이 땅에 떨어지면서 나는 소리나 돼지 저금통에 넣은 동전이 바닥에 부딪치면서 나는 소리와 크게 다르지 않다. 이것들은 물체들 사이에서 나는 소리다. 이것들은 우리가 들을 수는 있어도 촉각으로 느끼지 못하는 힘들이며, 우리 손안에 있지 않아 완전히 이해하거나 제어할 수 없다.

반면에 그 원인과 관련된 소리를 듣기 전에 느낄 수 있는 힘들도 있다. 제2차 세계대전 때 런던에 초음속으로 쏟아졌던 V-2 로켓이 바로

* 일직선으로 날아오다가 홈 플레이트 앞에서 갑자기 아래로 떨어지는 공을 말한다.

그런 예다. 소설가 토머스 핀천Thomas Pynchon은 호를 그리며 날아온 V-2의 궤적을 가리켜 "중력의 무지개"라고 불렀다. 사실 이것은 잘못 붙인 이름인데, 무지개는 햇빛이 구형의 빗방울에 굴절되고 반사되어 온갖 색의 스펙트럼으로 쪼개지면서 생겨나는 원호이기 때문이다. 중력이 길을 안내하는 투사체의 경로는 원이 아니라 포물선이다. 하지만 시적 허용은 물리적 산문보다 강하다.

매사추세츠주 글로스터에서 10대째 토박이로 살아온 집안 출신인 로저 워드 뱁슨Roger Ward Babson의 상상력을 사로잡은 것도 중력의 어두운 면이었다. 1890년대에 MIT에서 공학을 배우던 뱁슨은 학과장을 설득해 '경영공학' 강좌를 개설하는 데 성공했다. 얼마 후에는 주식 시장에 대한 비정통적인 이론들을 개발했는데, 경기 순환을 뉴턴이 발견한 운동의 제3법칙으로 설명한 것이었다. 운동의 제3법칙은 모든 힘에는 크기가 같고 방향은 정반대인 힘이 함께 작용한다고 말한다. 더 널리 알려진 표현을 사용하면, 모든 작용에는 크기가 같고 방향은 반대인 반작용이 존재한다. 자신의 자서전에 '작용과 반작용Actions and Reactions'이라는 제목을 붙인 뱁슨은 시장에서의 운동은 중력의 결과라고 믿었다. 다시 말해서, 올라가는 것은 반드시 내려온다고 믿었다. 시장의 힘에 관한 이 기묘한 견해에도 불구하고 뱁슨은 1929년의 주식 시장 붕괴를 정확하게 예측해 큰돈을 벌면서 경제와 사업에 대한 통찰력으로 유명해졌다.

뱁슨은 이렇게 번 돈을 다소 기이한 방식으로 썼다. 대공황 시절에 뱁슨은 실직한 핀란드계 석공들에게 글로스터의 도그타운 커먼 인근 바위에 "일자리를 구하세요"나 "빚에서 벗어나세요" 또는 "어머니를 도우세요" 같은 글귀를 새기는 일을 맡김으로써 경제적 도움을 주었다. 바위에 새겨진 이 구호들은 지금도 뱁슨 바윗길 인근에 그대로 남아 있다. 1940년, 뱁슨은 금주당 대통령 후보로 경선에 나서 프랭클린 루스벨트와 웬들 윌키, 노먼 토머스에 이어 4위를 차지했다.

MIT에서 공학을 공부하고 경영 이론가가 된 로저 워드 뱁슨(1875~1967)은 뉴턴의 작용과 반작용 법칙을 이용해 1929년의 주식 시장 붕괴를 예측했다. 20년 뒤, 그는 반중력 장치 개발을 장려하기 위해 중력연구재단을 설립했다. Library of Congress, Prints & Photographs Division, photograph by Harris & Ewing, LC-H25-31581-B.

여동생이 수영을 하다가 사고로 익사하자 뱁슨은 중력을 탓했다. 그는 중력이 "드래건처럼 다가와 동생을 붙잡고 바닥으로 끌고 내려갔다"고 주장했다. 1947년 손자가 비슷한 사고를 당하자 뱁슨은 이성을 잃었다. 그는 골절에서부터 비행기 사고에 이르기까지 모든 것을 (친구가 아닌 적으로 간주한) 중력 탓으로 돌렸다. 뱁슨은 중력을 무력화하기 위해, 그게 안 된다면 적어도 사람들을 그 해로운 효과로부터 차단하기 위해 뭔가를 해야겠다고 마음먹었다. 수익성 높은 뱁슨리포츠의 회장 조지 라이드아웃George M. Rideout은 재단을 설립하라고 조언했다. 1949년에 설립된 중력연구재단은 곧 뱁슨의 〈중력—우리의 적 1호〉라는 선언을 발표했다. 중력연구재단은 반중력 기술 개발에 연구비를 지원하고, 반중력 관련 논문 경진대회를 후원하기 시작했다.

하지만 물리학자들이 보기에 중력을 길들인다는 것은 영구 운동이나 다른 비주류 과학을 추구하는 것만큼이나 가망 없는 일이었고, 그래서 그들은 논문을 제출하지 않았다. 뱁슨이 논문 경진대회를 중력이라는 더 광범위한 주제로 확대해 개최하라는 라이드아웃의 충고를 받아들이고 나서야, (비록 재단은 조롱거리가 됐지만) 우수상에 주어지는 상금 1000달러에 혹해 스탠리 데저Stanley Deser와 리처드 아노윗Richard Arnowitt 같은 젊은 연구자들이 관심을 보였다. 두 사람은 뉴저지주 프린스턴대학교의 명성 높은 고등연구원에서 일했는데, 아인슈타인도 그곳에서 일하고 있었다. 박사 후 연구원이던 데저와 아노윗이 재미 삼아 쓴 논문 〈고에너지 핵 입자와 중력 에너지〉가 예기치 않은 우수상을 받자 그 소식이 언론에 대대적으로 보도됐다. 비록 이를 고등연구원장 로버트 오펜하이머J. Robert Oppenheimer는 탐탁지 않게 여겼지만, 논란이 가라앉자 저명한 과학자들이 상을 노리고 논문을 쓰기 시작했다. 그 후 수상자 목록에 스티븐 호킹Stephen Hawking, 프리먼 다이슨Freeman Dyson 등 유명 물리학자들의 이름이 오르자 이 연례 논문 경진대회는 명성이 높아졌다. 뱁슨은 1967년에 사망했지만 논문 경진대회는 뱁슨의 유산으로 여전히 남아 있고, 재단 이사장 자리를 물려받은 조지 라이드아웃 주니어가 맡아서 진행하고 있다.

뱁슨은 사람들을 중력의 부정적 효과로부터 차단할 방법을 찾겠다는 꿈에서는 깨어날 수 있었던 반면, 대학 캠퍼스에 반중력 기술을 상기시키는 기념물을 기부하겠다는 꿈에서는 깨어나지 못했다. 1960년대 초에 반중력 연구를 지원하는 5000달러의 연구비와 함께, 터프츠대학교 물리학과 건물 옆에 1.5m 높이의 분홍색 화강암 '중력 기념비'가 세워졌다. 묘비처럼 생긴 이 기념비는 그 목적이 "과학이 중력이 무엇이고 어떻게 작용하며 어떻게 제어할 수 있는지 밝힐 때 학생들에게 다가올 축복을 상기시키는 것"임을 선언한다. 중력 기념비는 곧 조롱거리가 되었다. 하늘로 둥둥 떠오르지 않도록 밧줄로 묶어 고정시킨 사람이 있는가 하면, 기념비가 그 앞에 파인 무덤에 (중력에 의해) 굴러 떨어지는 일이 적어도 한 번 이상 있었다. 물론 부활도 한 번 이상 했다. 터프츠대학교 우주론연구소 박사 과정 학생들은 모의 졸업식에 참여하라는 권유를 받았는데, 이 졸업식에서는 학생들이 중력 기념비 앞에 무릎을 꿇은 가운데, 뉴턴이 기술한 중력의 현실을 상기시키려는 듯 교수가 그들 머리 위로 사과를 떨어뜨렸다. 뱁슨의 반중력 꿈이 물거품으로 돌아간 뒤에도 이 전통은 계속 이어지고 있다. 중력 기념비는 2001년에 창고로 들어갔는데, 조각가 이사무 노구치Isamu Noguchi의 작품 전시와 미학적으로 충돌했기 때문이다. 그 밖에 기념비를 받은 곳은 콜비대학교, 에모리대학교, 미들베리대학교 등이 있다.

뱁슨이 중력을 공짜 에너지원으로 본 것은 본질적으로 옳았다. 웨일스 시인 딜런 토머스Dylan Thomas가 생명 자체를 "초록색 퓨즈를 통해 꽃을 이끄는 힘"으로 보았듯이, 수압관을 통해 수력발전소 터빈과 파력발전소 발전기를 돌리는 것은 바로 중력의 힘이다. 뱁슨은 반중력 장치를 추구하면서 더 신중을 기할 수도 있었다. 무중력은 사실상 허구다. 우주는 모든 별과 행성, 위성(천연 위성이든 인공위성이든), 소행성, 유성, 혜성, 우주 쓰레기가 중력을 통해 서로 연결되어 있는 거대한 계다. 행성과 그 위성 사이에 작용하는 중력은 물론 행성과 우주 가장 바깥쪽에 있는 물질 사이에 작용하는 중력보다 강하겠지만, 아무리 약하더라도 이것들은 보이지 않는 중력의 연결 고리를 통해 서로 연결되어 있다.

한 시간 반마다 지구 주위의 궤도를 한 바퀴씩 도는 국제우주정거장도 중력에서 자유롭지 않다. 만약 지구가 끌어당기는 중력이 없다면, 국제우주정거장은 저 멀리 우주 공간으로 날아가버리고 말 것이다. '무중력'이라는 잘못된 용어는 실제로는 지구의 중력이 국제우주정거장과 그 부속물, 장비, 승무원을 가차 없이 지구 쪽으로 끌어당기지만, 지구 주위를 도는 국제우주정거장의 궤도 속도와 지구로부터의 거리가 결합해 중력에 대항하는 원심력이 생기는 데서 유래했다. 이 원심력이 중력과 상쇄되기 때문에 우주비행사는 무중량 상태를 경험한다. 공학자와 과학자는 우주정거장 내부 조건을 무중량 상태나 무중력 상태라고 부르지 않는다. 대신에 '미소 중력microgravity'이라고 부른다. 이는 중력이 실제로 사라진 것은 아니지만 사실상 존재하지 않는 것이나 마찬가지인 상태여서 흥미로운 실험을 하기에 이상적인 환경이다. 지구에서는 식탁 위에 얌전히 놓여 있는 나이프나 포크 같은 물체가 우주정거장에서는 가만히 있지 않는다. 벨크로 같은 것으로 고정시켜놓지 않으면 선실 안을 둥둥 떠다닌다. 우주비행사 역시 식사를 할 때 발을 고리 같은 것으로 매어 고정시켜두지 않으면 허공을 떠다닌다. 또 지구에서는 알카셀처 같은 발포형 소화제를 물에 퐁당 빠뜨리면 피지직 하고 거품이 일지만, 미소 중력 환경에서는 그런 일이 일어나지 않는다. 물은 컵 속에 머물러 있지 않고, 고정시키지 않은 식탁도 그 자리에 가만히 있지 않는다. 우주여행에 나선 이들은 미소 중력 조건에서 살아가는 법을 배워야 할 것이다. 지구에서 아기가 중력이 작용하는 환경에서 살아가는 법을 배우듯이 말이다.

자기

3장

전화와 트리키 도그스

전화기는 촉각의 힘을 여러 차례 직접 가하는 것이 필요하던 기술이 어떻게 접촉이 선택 사항이 되는 기술로 변할 수 있는지를 보여주는 아주 좋은 예다. 19세기 말에 나와 20세기 전반까지 쓰인 촛대 전화기candlestick phone는 사용하려면 양손이 필요했다. 과거의 수많은 영화에서 볼 수 있듯이, 양분된 화면 한쪽에서는 남성이 막대 모양의 전화기에 붙어 있는 송화기에 대고 말을 하면서 별도의 수화기를 귀에 대고 상대방의 말을 들었고, 다른 한쪽에서는 여성이 똑같은 식으로 전화를 받았다. 초기 모델들은 다이얼이 필요하지 않았다. 수화기를 집어 들기만 하면 교환원이 통화를 원한다는 사실을 알아차리고 "어디로 연결해 드릴까요?"라고 물었다. 전화 사용자가 늘어나자 이런 시스템은 불편해졌다. 회전식 다이얼이 도입된 후에야 사용자는 자신이 원하는 곳에 직접 전화를 걸 수 있게 됐다.

촛대 전화기는 1920년대에 송화기와 수화기가 하나로 합쳐진 더 납작한 형태의 전화기로 대체되었다. 이제 한 손으로 전화기를 사용할 수 있어 다른 한 손으로는 자유롭게 메모를 하거나 딴짓을 할 수 있었다. 헨리 포드Henry Ford의 모델 T*처럼 탁상 전화기는 어떤 색상으

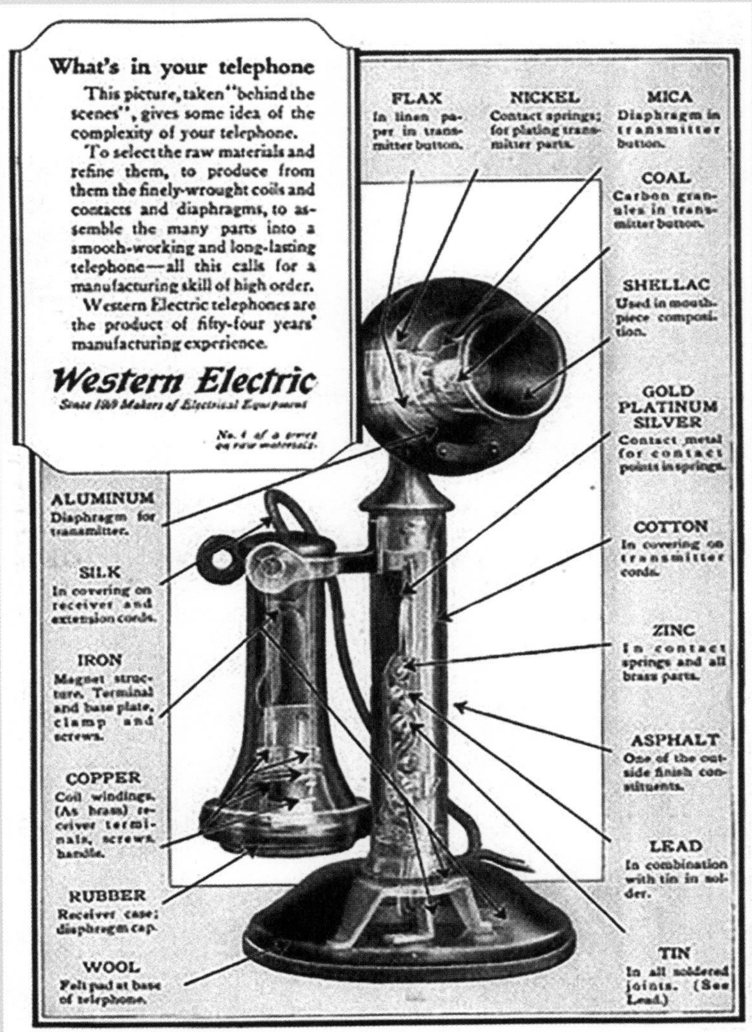

촛대 전화기는 원통형의 수직 받침대에 달린 송화기와 나팔처럼 생긴 수화기로 이루어져 있었다. 수화기는 들어서 귀에 갖다 대고, 송화기에 대고 말을 하는 방식이었다. 1923년 웨스턴일렉트릭 광고.

로도 제공할 수 있는 것처럼 보였다. 단, 검은색이기만 하다면 말이다. 1940년대에 제조 협력사인 웨스턴일렉트릭이 생산한 벨 시스템 전화기의 겉모습은 (당시 새로 생겨난 분야였던) 산업디자인의 초기 개척자 헨리 드레이퍼스Henry Dreyfuss의 손을 거치면서 확 바뀌었다. 하지만 전화기의 기본 요소는 거의 변하지 않았다. 작동하는 데에도 여전히 손힘이 필요했다. 양손은 아니더라도 손으로 송수화기를 들어야 했고, 손가락으로 다이얼을 돌려야 했다.

제2차 세계대전 이후 전자 혁명이 일어나면서 전화기 내부가 전기기계적인 것에서 전자적인 것으로 바뀌었다. 뿐만 아니라 반도체 부품의 사용으로 회전식 다이얼이 키패드로 교체되었고, 프린세스 전화기 같은 소형 모델이 나왔다. 번호를 입력하는 데 필요한 힘은 다이얼을 돌리던 회전 운동에서 번호를 누르는 병진 운동으로 바뀌었다. 터치톤touchtone(버튼식 전화기)이라는 용어는 힘과 소리 사이의 연결 관계를 강조했다. 초기 휴대전화는 크기가 화장지 곽만 하다고 묘사됐지만 결국에는 플립폰과 스마트폰 크기로 줄어들었고, 손으로 누를 필요가 없는 음성 다이얼 기능이 추가됐다. 스마트폰으로 웹을 탐색하는 것도 블랙베리의 기계식 키를 직접 누르던 것에서 아이폰 화면에 뜬 기계식 키 이미지에 손을 갖다 대는 것으로 진화했다. 일종의 인터넷 운영 체제인 구글 어시스턴트는 물리적 키보드는 물론이고 가상 키보드조차 없다. 음성 명령에 따라 작동하기 때문에 손을 댈 필요가 없다.

전화기와 관련 장비의 형태 및 사용에 일어난 이 모든 변화 뒤에서

* 1908년부터 1927년까지 포드사가 대량 생산해 판매한 자동차로, 일반 서민이 실제로 구입할 수 있는 가격대여서 미국의 자동차 시대를 연 차로 일컬어진다.

'터치톤'이라고도 하는 버튼식 전화기push-button phone.
1960년대 웨스턴일렉트릭 광고.

는 핵심적인 지위를 차지하고 있는 것이 하나 있다. 바로 자석이다. 자석은 전화기뿐만 아니라 전동기, 데이터 저장 장치, 그 밖의 많은 경이로운 기술에도 필수적이다. 음파가 송화구 진동판에 힘을 가하면 송화기의 자기장이 변하고, 이것이 전기 신호로 바뀌어 수화기에 전달되고, 수화기에 있는 자석의 도움으로 다시 소리로 재생된다. 우리는 이런 장비들을 사용할 때 자기력을 직접적으로 느끼지 못할 수 있지만, 그것을 느낄 수 있는 상황이 있다.

어린 시절에 내가 아는 전화기는 딱 하나밖에 없었는데, 벽에 붙어 있던 검은색 드레이퍼스 전화기였다. 그것은 상당히 육중하여 자기력보다는 중력을 상기시켰다. 내 또래 아이에게는 인력과 척력처럼 보였을, 그 불가사의하고 이름 모를 힘은 한 쌍의 트리키 도그스Tricky Dogs를 통해 생생하게 체험할 수 있었다. 나는 트리키 도그스를 구멍가게에서 샀다. 플라스틱으로 만든 이 작은 스코틀랜드테리어는 성냥갑에 들어 있었다. 포장을 풀면 개 두 마리가 한 덩어리가 되어 굴러나왔는데, 마치 팔과 다리가 엉킨 채 링 주위를 타이어처럼 굴러가는 두 곡예사 같았다. 내가 두 개를 떼어놓으려고 하자 둘을 결합하고 있는 놀랍도록 강한 힘이 손가락과 팔목과 팔을 통해 전해졌다. 처음에 그 결합은 극복하기 불가능한 것처럼 보였지만, 어느 순간 갑자기 끈이 끊어지는 듯한 느낌과 함께 두 개가 떨어졌다. 나는 양손에 각각 한 마리씩 목덜미를 잡고서 서로 가까이 가져갔다 멀리 떼었다 하면서 가지고 놀았다. 그러면서 둘 사이에서 미는 힘과 끌어당기는 힘을 느꼈다. 둘 중 하나가 혹은 둘 다 갑자기 내 손에서 벗어나지 않게 하려면 손으로 꽉 붙잡아야 한다는 사실도 배웠다. 둘 사이의 거리가 가까워질수록 둘을 따로 떼어놓기가 점점 더 힘들어졌고, 어느 순간에 이르면 두 개가 서로에게 달려들면서 다시 한 덩어리가 되었다. 어린아이도 자라면서 중력에 의해 떨어지는 물체나 (손가락이나 주먹, 끈, 밧줄이) 밀거나 당기는 힘에 의해 왼쪽이나 오른쪽 혹은 그 밖의 방향으로 움직이는 물체에 익숙해진다. 하지만 겉보기에는 둘 사이에 아무 힘이 작용하지 않는데도 수평의 표면 위에서 움직이는 물체를 보는 것은 색다른 경험이었다. 그 결과로 두 물체가 접촉하기도 했지만, 그 힘은 접촉에서 나오는 것이 아니었다. 그것은 뭔가 모순처럼 보였다.

내가 트리키 도그스를 손에 넣은 건 이미 친구들이 트리키 도그스 팀들을 가지고 그 능력을 시험하는 걸 본 뒤였기 때문에, 나는 내 팀을 똑같이 잘 훈련시키고 싶었다. 사실, 키가 약 2.5cm인 두 개는 각각 작은 막대자석 위에 올려져 있었는데, 이 모든 기묘한 움직임의 원동력은 바로 이 자석이었다. 한 개 밑에 있는 자석은 N극이 머리 아래쪽에, S극이 꼬리 아래쪽에 있었고, 다른 개 밑에 있는 자석은 N극과 S극이 반대로 배치돼 있었다. 반대 극끼리는 서로 끌어당기고 같은 극끼리는 서로 밀어내기 때문에, 어린 조련사는 한 개를 다른 개에게 가까이 가져가면서 힘이 작용하도록 함으로써 재주를 부리게 할 수 있었다. 나는 반반한 표면(예컨대 리놀륨 바닥이나 포마이카 카운터나 유리 테이블 윗면) 위에 개들을 올려놓으면 한 개를 움직여 다른 개를 예측 가능한 방식으로 움직이게 할 수 있다는 사실을 발견했다. 두 개를 적당한 거리에서 서로 마주 보게 한 뒤 한 개를 좌우로 움직이면 다른 개도 꼬리뿐만 아니라 몸 전체를 흔들면서 그 동작을 흉내 냈다. 안전한 거리에서 한 개를 다른 개 주위에서 원을 그리며 돌게 하면 다른 개는 마치 말뚝에 묶여 있는 것처럼 눈을 상대방에게 고정시킨 채 자리에서 빙 돌았다. 두

개는 선을 넘지 않는 한 서로 조심스럽게 놀았다. 만약 한 개가 다른 개 뒤로 살금살금 다가가다가 너무 가까워지면 다른 개가 전광석화처럼 빙 돌아 상대의 얼굴을 마주 보고는 사투라도 벌일 듯이 확 달려들었다.

나는 개들에게 내게는 새롭지만 그들에게는 그렇지 않은 재주를 가르치는 법도 터득했다. 나보다 더 어린 아이들과 참을성 많은 어른들 앞에서 내가 보인 전형적인 눈속임 마술은 첫 번째 개를 마분지(새 와이셔츠나 세탁한 와이셔츠를 접을 때 끼우는 것과 같은) 위에 올려놓고, 두 번째 개를 마분지 아래쪽에 거꾸로 집어넣는 것이었다. 아래쪽 개를 조작하는 내 손을 사람들에게 보이지 않게 할 수만 있다면, 위쪽 개가 저 혼자 저절로 움직이는 것처럼 보이게 할 수 있었다. 사람들에게 개가 움직이길 원하는 장소를 외치라고 한 뒤, 개가 실제로 사람들이 말한 곳으로 가는 것을 보여준다면 마술의 효과를 더 높일 수 있었다.

'자석 장난감'에 대한 미국 특허는 1941년 인디애나주 발명가 월터 브레이크Walter J. Brake가 처음 얻었다. 당시 브레이크가 제너럴일렉트릭에서 제도사로 일하고 있었기 때문에 특허에 대한 권리는 회사로 귀속되었다. 그는 자석이 광범위하게 사용되던 전기산업에서 일한 덕분에 자석이 어떻게 작용하는지 잘 알았고, 그 상호 작용을 이용해 어린아이도 푼돈으로 살 수 있는 장난감을 만들었다.

특허 신청서에 따르면, 브레이크가 이 발명을 통해 추구한 목표 중에는 "오락을 위한 자석 장난감"과 "겉보기에 아무 원인도 없이 이리저리 움직이는, 마술 같거나 불가사의한 자석 장난감"을 만드는 것이 포함돼 있었다. 브레이크가 재미있는 마술적 움직임을 구현하는 대상으로 상상한 것은 단지 자석으로 움직이는 스코틀랜드테리어뿐만이

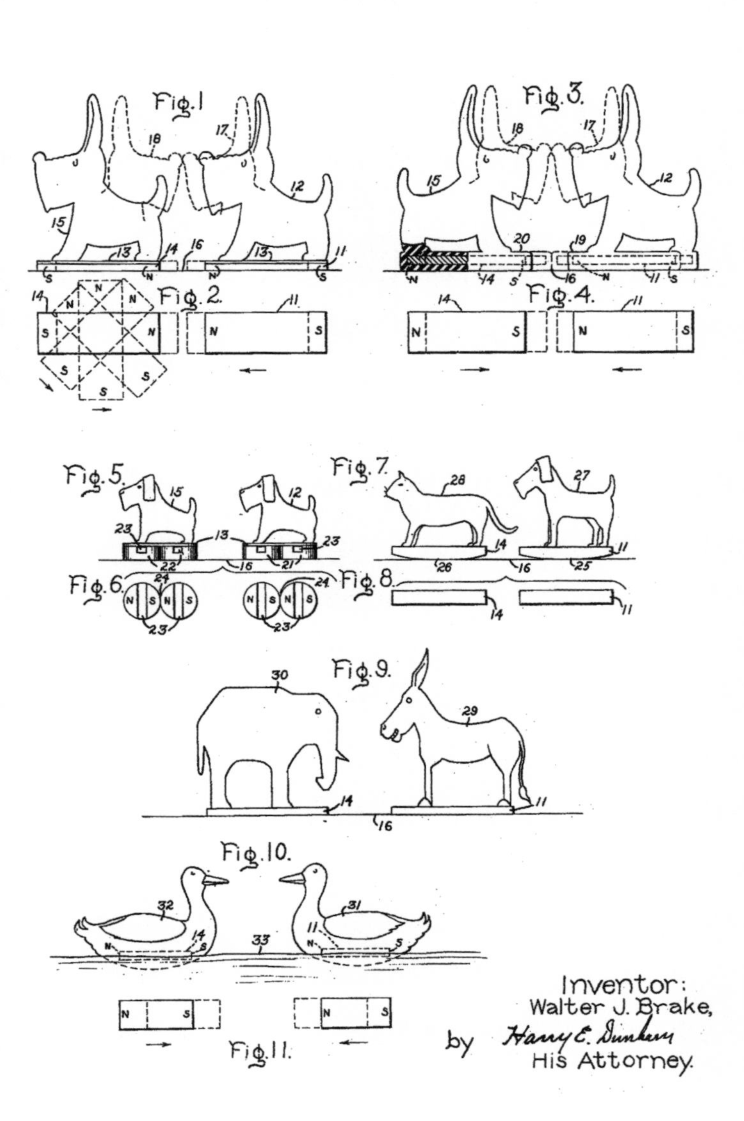

발명가 월터 브레이크가 '자석 장난감' 특허를 신청할 때 제출한 이 그림은 플라스틱으로 만든 두 스코틀랜드테리어(막대자석을 집어넣어 만든) 사이에 작용하는 인력과 척력을 보여준다. 미국 특허 제2,249,454호.

아니었다. 특허 신청서에는 으르렁거리면서 서로를 쫓는 개와 고양이를 묘사한 그림이 있는가 하면, 미국의 두 정당을 상징하는 코끼리와 당나귀를 묘사한 그림도 있었다. 브레이크에 따르면, 자석 마스코트들의 익살스러운 행동은 둘 사이의 "치열한 경쟁"을 잘 나타낼 수 있었다. 아마도 그는 어린이 시장 너머까지 생각했던 것 같다.

자기력은 초자연적 힘처럼 보일지 모르지만, 브레이크 같은 발명가에게는 초실용적 힘으로 보였다. 이 힘의 가장 매혹적인 효과를 자신의 장난감에 구현할 수 있음을 증명하기 위해 브레이크는 특허 신청서 상당 부분을 이런 종류의 "상대적으로 높은 항자력을 지닌 영구 자석 강철", 즉 일반 강철보다 몇 배나 강한 자성을 지닌 물질을 즐겨 사용하는 이유를 설명하는 데 할애했다. 이 설명에 따르면, 그런 강철을 사용하면 자석을 짧은 길이로 만들 수 있을 뿐만 아니라 "자석의 자성을 거의 영구적으로 유지"할 수 있어 어린이들에게 무한한 매력을 지닌 장난감에 쓰기 좋았다. 하물며 자성을 잃지 않는 더 진지한 장비는 말할 것도 없었다.

브레이크보다 50여 년 뒤에 활동한 사람이라면 네오디뮴이나 사마륨 같은 희토류 물질로 만들어진 자석을 선택했을지도 모른다. 희토류 자석은 철질 자석보다 훨씬 강해 어떤 것은 자기 무게의 1000배나 되는 중량을 들어올릴 수 있다. 하지만 희토류 자석은 부서지기 쉽고 부식에 취약하다. 이런 맥락에서 특정 용도에 어떤 자석을 선택해야 할지 판단하는 것은 쉽지 않을 수 있다. 특히 지구 자기장을 측정하는 인공위성처럼 기술적으로 복잡한 물체를 설계하는 공학자에게는 그런 판단이 수백 배나 어려울 수도 있다. 어릴 때 아무리 단순한 것이라도 장난감을 갖고 놀면서 그것이 어떻게 작동하는지 실험해본 공학자는 우리은하 가장자리에 이르러 광대한 우주로 계속 나아가려고 하는 성간 우주 탐사선이 어떤 성능을 지녀야 할지 상상할 때 분명히 유리한 위치에 있다.

어릴 때 나는 모든 종류의 자석에 큰 매력을 느꼈다. 초인종을 울리고, 전화를 울리고, 라디오에서 소리를 나게 하는 것이 전자석*이라는 사실을 알게 된 뒤에도, 내가 주로 갖고 논 것은 전기가 필요 없는 자석이었다. 내가 가장 좋아한 자석 중 하나는 말굽자석(한쪽은 빨간색이고 다른 한쪽은 색이 칠해져 있지 않은)이었는데, 그것으로 흩어져 있는 클립들을 사슬처럼 엮어 마치 줄줄이 매달린 공중 곡예사 가족처럼 높이 들어올릴 수 있었다. 하지만 내가 무엇보다도 즐긴 놀이는 트리키 도그스 같은 자석 한 쌍을 서로 가까이 가져가거나 멀찌감치 떨어지게 하면서 그 사이에 작용하는 힘이 거리에 따라(정비례하지는 않았다) 강해지거나 약해지는 현상을 느끼는 것이었다.

시간이 흘러 고등학교 물리 시간에 나는 자기와 중력과 그 밖의 물리적 현상에서 작용하는 힘들이 역제곱 법칙을 따른다는 것을 배웠다. 두 물체 사이에 작용하는 힘이 거리의 제곱에 반비례해 감소한다는 법칙이다. 어린 시절에 나의 호기심은 덜 정량적인 것에 쏠렸다. 자석이 끌어당기는 힘을 발휘하게 만드는 것은 어떤 물질일까? 나는 느슨하게 쥔 자석을 강철 덩어리에 가까이 가져가면서 (그것이 내 손에서 자석을 확 낚아채가기 전에 얼른 뒤로 물러날 수 있는지 알아보기 위해) 끌어당기는 힘이 점점 커지는 것을 느끼며 즐거워했다. 자기력은 촉각을 생생히 느

* 금속 막대 주위에 감은 전선으로 전류가 흐를 때 자기장이 생기는 자석.

끼게 하는 힘이었다. 나는 강한 자석 2개를 서로 닿지 않는 범위 내에서 아주 가까이 가져가면서 그 반발력 때문에 자석들이 떨리는 느낌을 좋아했다. 두 자석은 서로 밀어내고 비틀리면서 몹시 불안정한 상태를 보여주었다. 무엇보다도 나는 촉감으로 느낄 수 있지만 보이지는 않는 힘이 실재한다는 사실을 감지하는 것이 매우 즐거웠다.

사실 어떤 힘도 그 자체가 우리 눈에 보이지는 않는다. 트리키 도그스의 한 개가 다른 개를 움직이게 할 때, 우리가 보는 것은 그 사이에 작용하는 힘이 아니라 각각의 자석 주위에 보이지 않게 존재하는 자기장의 효과다. 물리학 수업에서 우리는 종이 아래에 자석을 두고 종이 위에는 쇳가루를 뿌리면 자기장을 드러나게 할 수 있다는 것을 배웠다. 쇳가루의 배열 형태를 보면 자기력선의 모양을 알 수 있다. 쇳가루는 자기력선을 따라 마치 미니 자석처럼 행동하면서 긴 수염 모양으로 늘어선다. 만약 자석을 충분히 빨리 움직이면, 곱슬곱슬한 털처럼 배열된 쇳가루가 새 떼처럼 방향을 바꾸는 것을 볼 수 있다. 지구는 자신의 역장으로 둘러싸인 거대한 자석인데, 이 지구 자기장은 나침반 바늘을 자북극으로 향하게 한다(자북극은 지리적 북극과는 다르다). 나침반 바늘은 그 자체가 소형 자석이다. 만약 작은 나침반 수백만 개를 전 세계 각지에 뿌려놓는다면, 그 바늘들은 쇳가루와 똑같은 방식으로 행동하면서 지구 자기장의 자기력선을 보여줄 것이다.

내가 어린 시절에 트리키 도그스와 쇳가루, 나침반 바늘을 갖고 논 경험은 지금과 달리 훨씬 단순했던 옛 시절의 이야기다. 오늘날 어린이들은 전자 장난감과 무선통신 장비, 컴퓨터 시뮬레이션이 도처에 널려 있는 환경에서 자란다. 스마트폰에 나침반 앱이 있어 야생에서 굳이 진짜 나침반을 들고 다닐 필요도 없다. 우리는 자기장과 전기장, 전자기장의 그물 속에서 살아간다. 이것들은 모두 보이지는 않지만 실재한다. 우리는 이따금 이 장들 사이의 간섭을 경험할 때도 있지만, 일반적으로 이 장들과 이 장들을 만들어내는 장비들은 별 탈 없이 작동하면서 우리가 즉각적인 편리함과 지속적인 경이로움으로 가득한 시대를 살아갈 수 있게 해준다.

나의 두 아이는 디지털 시대가 정점에 이른 1970년 전후에 태어났다. 당시에 가장 매력적이었던 장난감 중 하나는 피셔프라이스 스쿨 데이스 데스크Fisher-Price School Days Desk로, 작은 자석이 든 플라스틱 문자들을 금속 칠판에 붙여 단어를 만들 수 있었다. 장난감이 으레 그렇듯, 시간이 지나면서 부품이 망가지거나 사라지는 바람에 아이들은 임시방편을 써야 했다. 플라스틱 문자가 점점 줄어들자 아이들이 생각해낸 대응책 중 하나는 몇몇 문자를 냉장고 문에 붙여놓는 것이었다. 자석은 각각의 문자(쉽게 구부러졌다) 뒤쪽의 움푹 들어간 공간에 끼워져 있었기 때문에, 완전히 잃어버리지는 않더라도 자석이 빠지거나 그 위치가 변하기 쉬웠다. 자석이 빠진 문자는 당연히 냉장고 문에 달라붙지 않았고, 반대로 자석이 구멍 속에 너무 깊이 들어간 문자는 냉장고를 세게 열거나 닫을 때마다 바닥으로 떨어지기 일쑤였다. 이럴 때는 중력이 자기력보다 강한 것처럼 보였다. 이 모든 단점에도 불구하고 피셔프라이스 장난감은 아이들에게 철자법을 가르쳐주었고, 사물은 부서지게 마련이라는 사실을 알려주었고, 힘을 느끼는 감각을 발달시키는 데 도움을 주었다.

1978년, 텍사스 인스트루먼트는 집적 회로와 음성 합성기를 장착한 획기적인 장난감을 출시했다. 이 장난감은 단어를 발음하면서 아이에게 자판을 두들겨 단어 철자를 쓰게 했다. 그러면 그에 해당하는 글자들이 화면에 표시됐고, 장난감은 아이에게 축하를 하거나 정확한 철자를 알려주었다. 자판에서 글쇠가 떨어져나가기 시작하자 아들은 빈 공간에 손가락을 집어넣어 이전에는 글쇠에 덮여 숨겨져 있던 스위치를 눌렀다. 아이는 플라스틱 글쇠에 가한 힘이 글쇠를 통해 전달되어 그 아래에 있는 무언가를 작동시킨다는 사실을 직감적으로 아는 것 같았고, 이제 손가락으로 스위치를 직접 누름으로써 그것을 작동시켰다. 아들은 힘에 대한 감각을 발달시켰을 뿐만 아니라 힘이 어떤 효과를 가져오는지에 대해서도 이해하게 됐다.

놀이는 발견을 촉진한다. 중력과 자기력은 물리적 접촉 없이도 작용한다는 사실 때문에 신비감을 불러일으키고, "중력과 자기력 중 어느 쪽이 더 강한가?"라는 질문을 낳는다. 아이들의 놀이에서 멀어진 지 오래인 부모들은 말로 설명해서는 잘 모를 수 있지만, 식탁 위에서 클립과 냉장고 자석으로 할 수 있는 간단한 실험은 그 답이 "상황에 따라 다르다"는 것을 알려준다. 자석이 충분히 멀리 있는 한 중력은 클립을 식탁 위에 머물게 하는데, 이것은 자기력이 중력보다 약함을 말해준다. 하지만 클립 위에서 자석을 천천히 아래로 내리면 어느 순간 클립이 펄쩍 뛰어올라 자석에 달라붙는다. 이것은 적어도 이 순간만큼은 자기력이 중력보다 강하다는 사실을 보여준다.

더 큰 규모에서 살펴본다면, 하이퍼루프hyperloop* 기술의 중심에 아주 강한 전자석에서 나오는 힘이 자리 잡고 있다. 이 기술의 기본 개념은 100년도 더 전에 로켓공학자 로버트 고더드Robert Goddard가 처

* 출발지에서 목적지를 진공관으로 연결해 초음속에 가까운 속도로 달리는 고속 열차.

음 고안했고, 최근에는 일론 머스크Elon Musk와 리처드 브랜슨Richard Branson 같은 억만장자 사업가들이 개발에 뛰어들었다. 하이퍼루프 기술은 자기 부상 효과를 이용해 초음속 지상 여행을 약속한다. 자석의 반발력으로 열차를 선로에서 붕 떠올라 달리게 하는 자기 부상 현상을 보았더라면 로저 뱁슨은 분명 크게 흥분했을 것이다. 자기 반발력은 또한 하이퍼루프 열차가 터널 벽에 닿지 않도록 함으로써 에너지를 소모하는 접촉력과 마찰력을 제거할 수 있다. 2020년 후반에 버진 하이퍼루프*는 하이퍼루프 열차 시제품에 인간 승객을 태운 채 시운전한 최초의 회사가 되었다. 탑승했던 이들은 480m 거리를 최고 시속 160km 이상으로 달린 이 주행이 비행기를 탄 것보다 더 편안했다고 말했다.

우리가 일상생활에서 마주치는 힘들 중 대다수는 허공을 건너뛰어 작용하지 않는다. 힘은 한 물체가 다른 물체와 접촉할 때에만 자신을 드러낸다. 앞서 말한 식탁 위에서 하는 실험에서는 식탁과 클립 사이의 접촉력이 클립을 식탁 위에 머물게 한다. 이 힘은 클립의 무게와 같다. 자석과 공중에서 그것을 붙잡고 있는 손 사이에도 비슷한 힘이 작용한다. 이 힘은 자석의 무게와 같다. 그와 동시에 클립은 자신의 무게에 해당하는 힘으로 식탁을 누른다. 마찬가지로 자석의 무게는 그것을 쥐고 있는 손을 아래로 끌어당긴다. 공학자는 식탁과 클립, 자석 집단을 짝을 이룬 힘들(자석과 클립 사이의 힘을 포함해)이 상쇄되는 하나의 계로 간주할 수 있다. 하지만 식탁의 무게나 자석의 무게는 이 계 내부에

* 2022년에 하이퍼루프 원으로 이름이 바뀌었다.

있는 어떤 힘과도 짝을 짓고 있지 않은데, 이는 모든 것을 제자리에 머물게 하려면 외부의 힘이 존재해야 함을 의미한다. 이 힘은 각각의 식탁 다리를 밀어올리는 바닥과 자석을 붙잡고 있는 손에서 나오는데, 둘은 이 계 외부에 존재하는 것으로 간주한다.

이 힘들 중 어느 것도 보거나 들을 수는 없지만, 서로에게 도움을 주는 그 효과는 분명히 드러난다. 우리는 일상생활을 영위하면서 그런 힘들을 보거나 듣거나 느끼거나 생각할 필요가 없지만, 마루 위에서 식탁을 밀어 위치를 바꾸고자 할 때 작용하는 다른 힘들에 대해서는 그렇지 않다.

4장

슬리퍼와 손가락 올가미

간밤에 내가 잠을 잘 잔 데에는 중력이 한몫했다. 내 마음은 우주 공간을 떠다니는 꿈을 꾸었을지 모르지만, 내 몸은 지구에 단단히 묶여 있었다. 나는 잠시 침대에 누워 평소처럼 오늘 하루를 보내는 동안 힘들이 무슨 역할을 할지 생각했다. 딱히 특이한 일이 떠오르지 않자 나는 자리에서 일어나 침대 옆으로 다리를 내려 바닥을 디디면서 딱딱한 접촉을 느꼈는데, 그것은 모든 작용력(이 경우에는 내 발이 바닥을 미는 힘)에는 크기가 같고 방향은 반대인 반작용력(내 발을 미는 바닥)이 있다는 사실을 상기시켰다. 만약 그렇지 않다면, 바닥이나 내 발 중 어느 쪽이 더 큰 힘을 내느냐에 따라 나는 바닥을 뚫고 내려가거나 천장으로 튀어오를 것이다. 만약 꿈나라로 돌아간다면, 나는 내가 (샤갈의 그림에 등장하는 사람들처럼) 중력을 전혀 느끼지 못하고 방 안에서 둥둥 떠다니는 모습을 상상할지 모른다.

침대 옆을 더듬어 슬리퍼를 찾았다. 슬리퍼에 발을 집어넣는 동작은 단순해 보이지만 실제로는 여기에도 힘이 큰 역할을 한다. 발을 살살 집어넣느냐 너무 세게 집어넣느냐에 따라 슬리퍼가 제자리에서 살짝 움직이거나 저 멀리 밀려날 수 있다. 슬리퍼를 효율적으로 신으려면 적절한 힘을 주어 발을 앞으로 미는 동시에 아래쪽을 향하게 해 슬리퍼 안쪽으로 집어넣어야 한다. 써야 하는 힘의 크기는 많은 요소에 좌우된다. 예컨대 슬리퍼를 만든 재료의 성질, 내 발이 땀에 젖었거나 부었거나 굳은살이 많은지 여부, 또 슬리퍼가 놓여 있고 내가 발을 디디는 표면의 성질 등이 그런 요소에 포함된다.

슬리퍼를 신는 것을 가능하게 하는 동시에 복잡하게 만드는 역학적 힘은 마찰력이다. 현미경으로 관찰해보면 물체의 표면은 펄루스(미국 북서부의 구릉 지대)의 완만한 구릉 지대에서부터 로키산맥의 삐죽삐죽한 산봉우리에 이르기까지 어느 곳의 지형과도 비슷할 수 있기 때문에 충분히 상상할 수 있을 것이다. 어떤 표면의 봉우리 지점이 다른 표면의 골짜기 지점과 맞물리면, 골프 선수의 스파이크가 티잉 그라운드에 박힐 때 일어나는 일과 비슷하게 두 표면 사이의 상대 운동이 억제된다. 이러한 억제가 얼마나 오랫동안 지속되는가는 접촉 표면의 성질에 따라 달라진다. 다시 말해서, 거기에 어떤 종류의 봉우리와 골짜기가 있는지, 그리고 그것들이 어떻게 맞물려 있는지뿐만 아니라 그것들이 얼마나 강한 힘으로 서로를 미끄러져 지나가는지에 따라 달라진다.

마찰은 순간적으로 작용하는 파악하기 힘든 힘인데, 꼭 필요한 힘(이것은 필요조건이기는 하지만 충분조건은 아니다)과 잠재적 조건이 갖춰질 때에만 나타나기 때문이다. 꼭 필요한 힘은 발과 신발 깔창 같은 두 물체 사이의 접촉력이다. 잠재적 조건은 내가 슬리퍼에 발을 집어넣을 때처럼 물체들이 서로에 대해 움직이는 경향이다. 내가 걷기 위해서는 슬리퍼와 바닥이 서로 멀어져야 하는데, 그러려면 마찰력이 작용해야 한다. 실제로 내가 걸을 수 있는 것도 슬리퍼 밑창과 바닥 사이에 수평 방향으로 작용하는 마찰력 덕분이다.

내가 서 있을 때, 내 양발은 각각 체중의 절반가량을 지탱한다. 만약 내가 걷기 위해 한 발을 들어올리면, 다른 발 혼자서 (적어도 잠시 동안은) 온몸의 체중을 지탱해야 한다. 마이클 패러데이가 강연에서 보여주었듯이, 넘어지지 않으려면 나는 이 비대칭적인 지지 수단을 보완하기 위해 내 몸을 조정해야 한다. 다른 발을 옮기기 전에 들어올린 발을 얼른 앞으로 내디뎌 체중을 그곳으로 옮기지 않는다면, 틀림없이 나는 넘어지고 말 것이다. 이 동작을 교대로 반복함으로써 걸음걸이를 완성할 수 있다. 여기서 나를 추진하는 힘은 슬리퍼 밑창에 작용하는 마찰력인데, 그곳이 정지해 있는 바닥과 내가 접촉하는 유일한 지점이기 때문이다. 이 힘은 또한 한 발을 앞으로 뻗을 때 다른 발이 제자리에 머물러 있도록 도움을 준다. 만약 마찰력이 없다면, 한 발을 뻗을 때 운동량 보존 법칙 때문에 다른 발이 뒤쪽으로 미끄러지고 말 것이다. 총을 쏠 때 총이 뒤쪽으로 밀려나는 반동도 바로 운동량 보존 법칙 때문에 생겨난다. 앞으로 내뻗은 발이 바닥에 닿으면 체중이 거기로 옮겨 가면서 마찰력이 작용해 발이 미끄러지지 않게 한다. 그 발을 단단하게 디딘 나는 다시 다른 발을 앞으로 옮겨 같은 동작을 반복하면서 앞으로 나아간다. 바닥이 특별히 미끄러운 상태가 아니라면 나는 발을 다소 빠르게 움직일 수 있다. 이때 작용하는 접촉력과 마찰력은 일상생활에서 너무나도 익숙한 나머지 거의 구별하기 어렵고, 심지어는 알아차리기도 어렵다.

얻을 수 있는 최대 마찰력은 부분적으로 내가 바닥을 얼마나 세게 누르는가에 달려 있는데, 이것은 다시 내 몸무게와 내가 걸으면서 바닥을 얼마나 세게 미는가에 달려 있다. 접촉 표면의 성질과 한 표면을 다른 표면에서 떼어내는 데 드는 힘 또한 마찰력에 영향을 미친다. 이 힘은 두 표면을 달라붙게 하는 힘의 일부인데, 산과 골짜기를 얼마나 효과적으로 맞물리게 하느냐에 영향을 미치기 때문이다. 공학자들은 이 비율을 서로 맞닿은 표면의 마찰 계수라고 부른다. 슬리퍼 밑창은 가죽과 고무 등 다양한 물질로 만들 수 있고, 바닥 역시 목재와 카펫 등 종류가 다양하다. 어떤 물질을 조합하는가(가죽과 목재, 고무와 카펫, X와 Y 등등)에 따라 마찰력의 크기가 달라지고, 맞닿은 각 쌍의 표면은 특유의 마찰 계수를 갖게 된다. 예를 들어 마찰 계수가 0.6이라면, 슬리퍼와 바닥 사이에 작용하는 압력 중 최대 60%가 마찰력으로 작용할 수 있다는 뜻이다. 100kg인 사람이 가만히 서 있다면 마찰력은 0인데, 두 표면 사이의 결합을 끊기 위해 아무 노력도 하지 않기 때문이다. 하지만 그 사람의 다리 근육이 한 발을 들어올려 걷기 시작하면, 다른 발에 있는 슬리퍼는 최대 60kg의 추진력을 낼 수 있다. 이 힘이 그 사람을 밀어 앞으로 걸어가게 한다.

우리가 걸을 때 신발 밑창과 바닥 사이에 작용하는 접촉은 제자리에 가만히 서 있을 때 작용하는 접촉과 성질이 다르다. 무엇보다도 발을 아주 빠르게 쿵쿵 구르며 걷지 않는 한, 슬리퍼와 바닥 사이의 압력이 최대에 이르기까지 시간이 걸리는데, 이는 마찰력이 최대에 이르기까지도 시간이 걸린다는 뜻이다. 그동안에 우리가 다리 근육을 특별히 제어하지 않는 한, 걸음을 내디딜 때 발이 바닥 위에서 앞쪽으로 약간 미끄러지는 것을 막을 수 없다. 두 표면 사이에 미끄러짐이 발생하면 압력과 연관된 마찰력의 비율이 크게 감소할 수 있다. 엄밀히 말하자면 마찰 계수가 정적인 값에서 동적인 값으로 변하는 것이다. 이는 젖은 바닥 위에 가만히 서 있을 때는 안정감을 느낄 수 있지만 그 위를 걸어가려고 할 때는 그렇지 않은 이유를 설명해준다. 사실 우리는 (실제로 그런 일이 일어나지 않는다 하더라도) 미끄러져 넘어질 것만 같은 느낌을 받을 수 있다. 물이 얼면 아주 미끄러운 표면이 되는데, 신발과 얼음 사이의 마찰 계수가 0.2 정도로 낮아지기 때문이다. 빙판길에 모래나 재, 톱밥 등을 뿌리는 이유는 마찰력을 높여 더 안전하게 걸을 수 있게 하기 위해서다.

그런가 하면 마찰력이 작아야 좋은 상황도 있다. 무게 100kg의 상자를 완전히 반반한 창고 바닥 위로 밀어서 옮기는 상황을 생각해보라. 만약 상자 밑바닥과 창고 바닥 사이의 마찰 계수가 0.5라면, 두 표면 사이에 최대 50kg의 마찰력이 생길 수 있다. 상자를 밀기 시작하려면 마찰력을 넘어서는 힘을 써야 한다. 우리가 50kg의 힘을 들이기 전까지 상자는 꼼짝도 하지 않는다. 50kg의 장벽을 넘어서는 순간, 상자가 미끄러지면서 끼이익 하는 소리와 함께 바닥 위로 움직이기 시작한다. 우리는 이것을 아주 분명하게 느끼고 들을 수 있으며, 상자를 계속 움직이는 데 필요한 힘은 처음에 움직이게 하는 데 든 힘보다 훨씬 작다. 미끄러지는 표면들 사이의 마찰 계수는 정지한 표면들 사이의 마찰 계수보다 작기 때문이다. 우리는 또한 언덕을 오르다 갑자기 발이 미끄러질 때 정지 마찰과 운동 마찰*의 차이를 경험할 수 있다. 우리가 경사면을 올라가는 일을 돕는 정지 마찰력이 최대치에 이르렀는데 운동 마찰력은 그보다 작아 우리를 제자리에 붙들어두지 못할 때 이런 일이 일어난다. 이탈리아 베네치아에 있는 코스티투치오네 다리에서도 비슷한 일이 있었다. 건축가이자 공학자인 산티아고 칼라트라바Santiago Calatrava가 설계한 이 다리는 바닥이 유리로 된 아치교다. 한 방

* 한 물체가 다른 물체의 표면에 닿아서 운동할 때, 운동하는 물체를 정지시키려는 마찰.

문객은 이 다리 위를 걷다가 얼마나 쉽게 "자신의 샌들이 유리 위에서 미끄러지는지" 경험하고서 느낀 충격을 이야기했다. 이 다리에서 너무나도 많은 사람들이 미끄러지고 넘어지자, 결국 반투명한 바닥 패널을 도시의 거리를 까는 데 쓰이던 조면암으로 교체해야 했다.

물이나 기름 같은 액체가 있으면 그것으로 표면의 골을 채워 표면을 다소 반반하게 할 수 있다. 우리의 손발은 목욕이나 샤워를 할 때마다 자연히 젖으므로, 타일 벽이나 바닥에 미끄러져서 넘어지기 쉽다. 손가락과 손바닥, 발가락과 발바닥에 존재하는 작은 기복의 차이가 만들어내는 패턴은 개인을 식별할 수 있는 독특한 무늬, 즉 지문과 족문을 남긴다. 하지만 피부의 기복은 나이가 들면서 점점 완만해지는데, 피부염이나 화학 요법 등 여러 요인으로 그 진행 과정이 빨라질 수 있다. 범죄 성향이 있는 사람이라면 이렇게 자연적으로 지문이 닳는 현상을 반길지 모르겠지만, 대다수 사람들은 그렇지 않다. 내가 이런 현상을 직접적으로 경험한 것은 손가락을 맞비빌 때 예전보다 더 잘 미끄러지는 것을 발견했을 때였다. 나는 더 이상 손가락으로 딱 소리도 낼 수 없었는데, 이것은 손가락이 정적인 배치에서 동적인 배치로 바뀔 때 미끄러지면서 나는 소리다. 작은 물체를 엄지손가락과 집게손가락으로 집어 올리는 것도 점점 힘들어졌다. 책을 읽다가 책장을 넘기려고 할 때면 손가락은 반반한 종이 위로 미끄러졌다.

일반적인 손가락 끝의 불규칙한 표면은 욕조나 수영장에 한참 있다가 나올 때 더욱 두드러지지만, 시간이 지나면 결국은 원상 복귀된다. 아이러니하게도 젖은 손가락이 마른 손가락보다 더 바람직한 상황이 있다. 이 때문에 어떤 사람들은 책장을 넘길 때 손가락을 핥는 버릇이 있다. 마른 손가락보다는 젖은 손가락이 마른 종이와 접촉할 때 더 큰 마찰력이 생겨난다. 손으로 수많은 지폐를 세는 은행원이 물을 축인 스펀지에 손끝을 적시거나 골무 같은 것을 착용하는 것도 손가락과 종이 사이의 마찰 계수를 높임으로써 쥐는 힘을 증가시키기 위해서다. 돈을 세거나 책을 읽을 때 지폐나 종이를 세게 누르는 방법을 쓰는 사람들도 있는데, 이 방법은 연이은 종이들 사이의 마찰력을 증가시켜 종이들이 뭉칠 위험이 있다. 어떤 일을 효율적으로 해내려면 항상 적절한 크기의 힘을 가해야 한다.

접촉을 포함한 모든 행동은 궁극적으로는 밀고 당기는 힘들의 집합으로 이루어지지만, 그것들이 혼란스러운 조합으로 일어나 해석하거나 의도를 파악하기 어려운 경우가 많다. 차이니즈 핑거 트랩Chinese finger trap이라고 부르는 손가락 올가미를 생각해보자. 내가 손가락 올가미를 처음 접한 건 장난을 즐기는 사람이 지름 약 2cm, 길이 약 10cm인 대나무 관을 내게 건넸을 때였다. 그는 내게 두 집게손가락을 서로 마주 보게 하고서 대나무 관 양쪽 끝으로 집어넣으라고 했다. 나는 손가락이 관 안쪽 표면에 닿으면서 나아가는 걸 느꼈고, 이윽고 두 손가락 끝이 관 가운데 부분에서 맞닿았다. 그러자 그는 손가락을 관에서 빼라고 했다. 하지만 그렇게 시도한 지 얼마 지나지 않아 관이 길이 방향으로 늘어나면서 지름이 줄어들기 시작했다. 좁아지는 관에서 손가락을 빼려고 힘을 줄수록 관은 손가락을 더 꽉 죄었고, 그 마찰력 때문에 손가락은 올가미를 빠져나올 수 없었다. 두 손가락은 서로 줄다리기를 하는 처지가 되고 말았다. 곤경에 빠져 좌절감을 느끼던 나는 탈출 시도를 잠시 멈추었다. 손에서 힘을 빼고 다시 두 손가락을 서로를 향해 나아가게 하자, 손가락은 더 이상 관을 끌어당기지 않았고, 관도 내 손가락을 끌어당기지 않았다. 그러자 관은 길이가 약간 줄어들었고, 그에 따라 지름이 늘어나면서 손가락을 무사히 빼낼 수 있었다. 다시 말해서, 탈출 비법은 탈출하려고 애쓰지 않는 데 있다.

전형적인 손가락 올가미는 두 가지 색의 대나무 띠를 나선형으로 꼬아 아름다운 장식 패턴을 지닌 관으로 만든다. 한 띠는 시계 방향으로, 다른 띠는 반시계 방향으로 관 주위를 감고 있어 그 구조의 속성이 분명하게 드러나는데, 이는 가해지는 힘에 관이 어떻게 반응할지 시각화하는 데 도움을 준다. 대나무 띠는 아주 잘 구부러지는 성질이 있어 엮어서 원하는 모양으로 쉽게 만들 수 있지만, 강철만큼 튼튼하고 단단하며 쉽게 늘어나지 않는다. 관에서 손가락을 빼내려고 힘을 주면 각각의 대나무 띠도 자연히 끌어당겨지지만, 띠 자체는 늘어날 수 없기 때문에 관은 두 손가락이 멀어지는 상황에 대처할 다른 방법을 찾아야 한다. 바로 각각의 대나무 띠가 늘어나는 길이 방향의 거리를 늘리는 것이다. 그 결과로 관 전체의 지름이 줄어들면서 관이 손가락을 더 큰 힘으로 조이게 되고, 그 마찰력으로 손가락을 올가미 속에 가둔다.

탈구된 엄지손가락 뼈를 다시 맞추는 의료 장비도 이와 동일한 역학적 원리를 이용하는데, 탈구된 엄지손가락 뼈를 손가락 관절 부분에서 어긋난 한 쌍의 손가락으로 간주한다. 환자가 다친 엄지손가락을 관 한쪽 끝에 집어넣으면, 다른 한쪽 끝은 움직이지 않는 물체에 단단히 고정시킨다. 환자가 다친 엄지손가락을 관에서 빼내려고 하면 관이 손가락을 꽉 조이면서 분리된 뼈들 주변의 피부를 세게 압박하는데, 여기서 생겨난 큰 마찰력이 엄지손가락 관절을 잡아당겨 제자리에 가서 들러붙도록 해 뼈를 다시 맞춘다. 손가락 부상을 비침습적으로* 치료하는 이 기발한 방법에는 별다른 것이 필요 없다. 그저 환자가 그 작용을 직접 느낄 수 있는 힘들을 이해하기만 하면 된다.

길을 걸으면서 발이 땅에 닿을 때마다 나는 서로 대응하는 한 쌍의 뉴턴의 힘을 만들어낸다. 내 발이 땅을 누르는 힘은 작용으로, 땅이 내 발을 미는 힘은 반작용으로 생각할 수 있다. 바닥에 부딪쳐 튀어오르는 공도 똑같이 생각할 수 있다. 전자기파 연구 분야에 큰 업적을 세운 독일 공학자이자 물리학자인 하인리히 헤르츠Heinrich Hertz는 이런 현상들에 흥미를 느꼈다. 헤르츠는 짧은 경력(그는 36세에 세상을 떠났다) 중에도 서로 충돌하는 탄성체에 관련된 힘들의 세기를 이해하는 데 중요한 진전을 이루었다. 이것은 헤르츠 접촉 응력Hertzian contact stress이라고 불리게 되었다. 헤르츠에 따르면, 작용과 반작용의 힘은 "상호적"이며, "우리는 마음대로 어느 한쪽을 작용력으로, 다른 한쪽을 반작용력으로 불러도 상관없다." 하지만 우리는 인간 중심적 시각에서 세상을 바라보기 때문에 대부분의 상황에서 자연스레 자신을 주인공으로 간주한다. 물론 운석 같은 침입자가 우리에게 충돌하려고 한다면, 그 침입자가 반작용자가 아니라 작용자 역할을 한다는 사실은 부인하기 어렵다.

운석이 떨어지지 않는 상황에서 모래 해변이나 젖은 들판을 걷는다면 내가 지나간 흔적이 눈에 보이게 남는데, 그 발자국은 내 발이 땅을

* 비침습적 방법은 초음파 검사처럼 피부를 관통하거나 신체에 난 구멍을 통과하지 않고 질병 따위를 진단하거나 치료하는 방법을 말한다. 반면에 주사나 수술처럼 몸을 통과하는 의료 행위를 침습적 방법이라고 한다.

누르는 힘이 실재했고 표면을 움푹 들어가게 할 만큼 컸다는 증거다. 마찬가지로 겨울에 눈이 내리면 근처 숲에 사는 동물의 흔적을 추적할 수 있다. 발과 발바닥이 남긴 자국은 거기에 힘이 관련돼 있었음을 보여주는 일시적인 기록이다. 발자국 사이의 간격은 동물이 걸어갔는지 뛰어갔는지 알려준다. 발자국 화석은 멸종한 종의 움직임이 영구적인 기록으로 남은 것이다. 땅을 누르는 발의 힘이 땅이 발을 밀어내기 전에 뒤로 밀려나지 않으려고 버티는 힘보다 크지 않았더라면, 이런 기록들은 결코 남아 있지 않을 것이다.

더 빨리 움직일수록 발(그리고 몸의 다른 부분들)이 느끼는 충격력은 더 크다. 움직이면서 가해지는 힘은 세기를 증폭시키기 때문이다. 공학자들이 동적 효과dynamic effet라 부르는 이것은 도랑 위에 걸쳐놓은 널빤지를 사용해 입증할 수 있다. 만약 널빤지 위로 천천히 걸어간다면 널빤지는 우리의 체중 때문에 약간 휘어질 것이다(아마도 삐걱대는 소리를 내면서). 널빤지가 충분히 강하다면 부러지지 않을 테고, 우리는 무사히 반대편으로 건너갈 수 있을 것이다. 하지만 만약 쿵쿵거리며 건거나 널빤지 중간쯤에서 위아래로 점프를 한다면, 널빤지는 금이 가고 부러지고 말 것이다. 같은 양의 물질이라도 얼마나 빠르게 혹은 느리게 힘을 가하느냐에 따라, 또 그에 관련된 접촉 물체의 가속도에 따라 낼 수 있는 힘(그리고 효과)이 달라질 수 있다. 당연히 빠르게 움직이는 힘이 느리게 움직이는 힘보다 훨씬 큰 손상을 초래한다.

얼어붙은 연못 위를 지나갈 때 살살, 그리고 천천히 걸어가라고 충고하는 것은 이 때문이다. 마찰력 부족을 감지할 때 우리는 평소보다 보폭을 작게 하거나 발걸음을 신중하게 옮김으로써 예방 조치를 취하는 경향이 있다. 그 밖에도 일상적인 행동 중에는 마찰력의 존재에 의존하는 것이 많다. 살아가면서 경험하는 많은 것처럼, 마찰력도 있을 때보다 없을 때 그 중요성이 뚜렷하게 드러난다. 예컨대 광택지 위에는 연필로 글씨를 쓰기가 어려운데, 연필 끝과 평면 사이에 마찰력이 거의 작용하지 않기 때문이다(흑연을 닳게 하고 또 그것을 붙들어 종이 위에 그 흔적을 남겨줄 기복이 사실상 없으므로). 글자를 잘못 썼을 때 우리는 천연 고무나 합성 고무로 만들어진 지우개를 찾는데, 지우개를 반복적으로 글자 위로 문지르는 동안 충분히 큰 마찰력이 생겨나 표면의 틈 속에 들어 있는 흑연 조각들을 밀거나 당겨 끄집어낸다. 지우개를 세게 밀수록 더 큰 마찰력이 생겨 잘못 쓴 글자를 더 빨리 지울 수 있지만, 자칫하면 종이 자체를 붙들고 밀면서 찢어지게 할 수도 있다. 글자를 효율적으로 지우려면 힘을 적절한 범위 안에서 조절할 필요가 있다.

볼펜도 거친 종이 위에서 글씨가 더 잘 써지는 경향이 있는데, 펜촉 끝에 달린 아주 작은 공이 종이 위로 미끄러져 가는 것이 아니라 굴러가야 잉크가 묻어 나오기 때문이다. 둥근 물체가 잘 굴러가려면 그 물체와 표면 사이에 충분한 마찰력이 있어야 하는데, 굴러가는 움직임은 두 표면 사이의 접촉 지역에서 미끄러짐이 전혀 없어야 일어난다. 눈이나 얼음 위에서 자동차 타이어가 굴러가지 않고 제자리에서 빙빙 도는 것은 이 때문이다. 타이어가 박힌 함몰부가 아무리 작다 하더라도, 타이어를 그 가장자리 위로 들어올릴 만큼 마찰력이 충분하지 않아서 이런 현상이 일어난다. 볼펜이나 타이어, 페인팅 롤러를 비롯해 둥근 물체는 어떤 것이든 미끄러짐을 극복할 만큼 충분한 마찰력이 없다면 제대로 굴러갈 수 없다. 걷는 것과 마찬가지로 굴러가는 움직임이 제대로 일어나려면, 접촉면 사이에 약간의 울퉁불퉁함이 존재해야 한다.

하지만 다시 걷는 것에 대해 생각해보자. 가죽 밑창 신발을 신고 마른 포장도로 위로 걸으면, 반질반질한 타일 위를 맨발로 걷는 것과 같은 효과가 나타날 수 있다. 보트 슈즈*는 결이 있는 고무 밑창을 사용하는데, 젖었을 때에도 밑창과 목제 갑판이나 부두 사이의 마찰 계수가 크기 때문이다. 농구 선수들이 신는 운동화는 고무 밑창에 작용하는 마찰력을 이용해 재빨리 방향을 틀거나 속공 플레이를 하거나 갑자기 멈추는 동작 등을 용이하게 할 수 있도록 설계되었다. 이런 동작을 할 때 농구 선수는 운동화와 코트 사이에 미끄러짐이 어느 정도 일어나는 것을 자주 경험하는데, 그때 나는 끽끽거리는 소리는 경기가 치열할수록 더 크게, 자주 들린다. 하지만 밑창과 바닥 사이의 마찰력이 너무 크면 위험할 수 있으며, 발이 걸려 넘어질 수도 있다.

네발 동물은 당연히 사람과 걷는 방식이 다르지만, 동물들이 경험하는 힘은 거의 똑같다. 한 고양이의 모험은 모든 이동 동물의 보행에 마찰이 얼마나 중요한지를 보여준다. 홀리는 쭉 실내에서 살아온 네 살짜리 얼룩고양이였다. 11월의 어느 날, 주인 가족은 플로리다주 데이터너비치(집이 있는 웨스트팜비치에서 북쪽으로 300km쯤 떨어진 곳이었다)에서 열린 집회에 참석하려고 캠핑용 차량에 홀리를 태우고 갔다. 그런데 어느 날 저녁에 홀리가 차에서 빠져나가고 말았다. 홀리는 데이터너 스피드웨이 부근에 주차돼 있던 3000여 대의 비슷비슷한 캠핑용 차량 사이에서 길을 잃은 것 같았다(게다가 당시에 진행되던 불꽃놀이 쇼가 홀리에게 혼란을 더했을 것이다). 가족들은 그곳에 2주 동안 머물면서 홀리를 애타게 찾았지만, 결국은 단념하고 집으로 돌아갔다. 그런데 두 달 뒤

* 갑판 위에서 미끄러지는 것을 방지하기 위하여 고무창을 대어 만든 신발.

에 비쩍 마르고 탈수 상태에 빠진 홀리가 웨스트팜비치에 나타났다. 한 수의사가 홀리의 몸에 내장된 마이크로칩을 판독해 주인을 찾아주었고, 당연히 주인 가족은 홀리가 돌아온 것에 기뻐했다.

홀리가 한 것과 같은 행동을 고양이가 어떻게 할 수 있는지 알려주는 과학적 설명은 아직까지 없다. 하지만 한 가지만큼은 분명했는데, 집으로 돌아오기까지 홀리가 아주 먼 거리를 걸었다는 사실이다. 집에 도착했을 때, 홀리의 발바닥에는 피가 맺혀 있었고 발톱은 너덜너덜했다. 한 기사에 따르면 앞발 발톱은 이전처럼 날카로웠지만 뒷발 발톱은 "다 닳아서 남은 것이 없었다." 이것은 고양이가 걸을 때 몸을 앞으로 추진하는 방식으로 쉽게 설명할 수 있다. 고양이는 뒷발로 몸을 앞으로 밀며, 앞발은 주로 균형을 잡는 용도로 쓴다. 뒷발 발톱이 완전히 닳았다는 사실은 홀리가 포장도로나 다른 딱딱한 표면 위로 먼 거리를 걸었음을 말해준다. 발톱은 줄이 (마찰력을 통해) 손톱을 갉는 것과 같은 방식으로 딱딱한 표면에 닿아 닳았을 것이다. 고양이가 뒷발과 발톱으로 땅을 뒤로 밀면, 땅이 발과 발톱을 미는 반작용 때문에 한 걸음 뗄 때마다 발톱이 아주 조금씩 짧아진다. 물론 이 과정은 완전히 반반하고 매끄러운(그리고 그 위를 걸을 수 없는) 표면에서는 일어나지 않지만, 홀리가 집으로 돌아오는 길에 지나왔을 고속도로 갓길이나 콘크리트 보도, 자갈길에서는 일어난다. 두발 보행을 하는 우리가 그런 표면 위를 걸을 때에는 발을 보호하기 위해 신발을 착용하는데, 신발 밑창과 뒤축이 비슷한 메커니즘에 의해 닳는다.

괴팍한 힘

5장

흔들림과 미끄러짐

놀이터 그네가 일정 시간에 왔다 갔다 하는 횟수, 즉 진동수는 그네에 아이가 탔는지 여부나 아이의 체중과는 아무 상관이 없다. 최면술사가 흔드는 회중시계의 진동수도 그때가 몇 시인가와는 아무 상관이 없다. 뉴턴이 발견한 운동의 제2법칙에 따라 단순 진자의 진동수는 오직 진자가 매달린 실의 길이와 중력에 의해 결정된다. 만약 최면술사가 달에 있다면, 그의 시계는 지구에 있을 때보다 40%에 불과한 진동수로 왔다 갔다 할 것이다. 단순한 것이든 복잡한 것이든 모든 물리계는 자유롭게 움직이게 했을 때 고유 진동수로 진동한다. 다시 말해서 금줄에 매달린 회중시계든 텅 빈 흔들의자든 소리굽쇠든 각자 고유 진동수로 진동한다. 음파는 진동수가 다양한데, 북 가죽이나 실로폰 막대, 종의 몸체, 목장에서 식사 시간을 알리는 트라이앵글 등에서 나오는 진동의 진동수가 제각기 다르기 때문이다. 일부 진동은 그 양상이 눈에 보이게 드러나기도 하는데, 강한 바람에 전선이나 소나무, 다리가 흔들릴 때 그것을 볼 수 있다.

우리는 익숙한 환경에서 서 있거나 걷거나 달리거나 점프를 할 때 우리 몸이 어떻게 움직이는지 그리 깊이 생각하지 않는다. 우리는 그런 동작에 숙달되어 다르게 움직이는 방법을 생각하는 와중에도 그런 동작을 할 수 있는데, 예컨대 댄스나 수영, 무술 수업 등을 받을 때 그렇다. 하지만 설계 중인 다리의 고유 진동수와, 다리와 사람들 사이에 일어나는 상호 작용을 충분히 고려하지 않는 공학자는 사람들을 위험에 빠뜨리는 동시에 자신의 명성도 나락으로 굴러떨어지게 만들 수 있다.

행진하는 군인들의 리드미컬한 발소리는 그들이 동시에 내딛는 발걸음이 표면에 증폭된 힘을 가할 수 있다는 사실을 상기시킨다. 만약 이들의 발걸음이 다리 상판의 고유 진동수와 일치한다면, 다리는 심하게 흔들리다가 무너질 수 있다. 과거에 이런 사고가 일어난 전례가 있기 때문에, 런던의 앨버트교(많은 사람들이 지나갈 때 심하게 흔들려 덜덜 떠는 여인이라는 뜻의 '트렘블링 레이디Trembling Lady'라는 별명이 붙은)에는 지금도 군대가 다리를 건널 때 발을 맞추지 말라는 경고 표지판이 서 있다. 비슷한 이유로 브루클린교가 건설될 당시에 양쪽 타워 사이에 설치된 보행자용 통로에는 노동자와 방문객에게 "달리거나 점프를 하거나 빨리 걷지" 말라고 경고하는 표지판이 서 있었다. 또한 "발을 맞춰 걷지 마시오!"라는 경고에는 수석 공학자 워싱턴 로블링Washington Roebling이 서명을 했는데, 그는 브루클린교 건설이 구체화되기 전에 이미 여러 현수교를 설계하고 건설한 아버지 존 로블링John Roebling으로부터 힘과 운동에 관해 많은 것을 배웠다.

런던 밀레니엄교의 설계는 엔지니어링회사 에이럽, 포스터앤드파트너스의 건축가들, 그리고 조각가 앤서니 카로Anthony Caro로 구성된 위원회가 맡았다. 건축가들과 조각가가 유서 깊은 세인트폴 대성당과 템스강 건너편의 뱅크사이드발전소 자리에 들어선 테이트현대미술관을 연결하는 보행자 다리의 미학을 강조한 것은 충분히 이해할 만하다. 미학을 강조한 결과 예외적으로 낮은 현수교가 탄생했는데, 공학자들은 이 특이한 양식의 다리에 가해질지도 모를 비정상적인 힘에 특별히 주의를 기울였을 것이다.

밀레니엄교 설계에 참여한 공학자들은 다리를 걷거나 달리는 사람들의 발걸음이 보조가 맞아 상하 방향으로 작용하는 힘의 진동수가 구조물의 고유 진동수와 일치하지 않도록 하는 데 각별히 신경을 썼다. 만약 둘이 일치한다면, 상판이 발걸음 박자에 맞춰 위아래로 출렁이기 시작해 그 진폭이 위험한 수준으로 커질 수 있기 때문이다.

하지만 공학자들이 미처 생각지 못한 것이 있었으니, 우리는 걸을 때 위아래 방향으로만 바닥을 밀지 않는다는 사실이다. 한 발에서 다른 발로 발걸음을 옮길 때 균형을 잡기 위해 좌우 방향으로도 바닥을 민다. 이 좌우 방향의 움직임은 스피드 스케이팅에서 극적으로 나타나는데, 선수들은 진행 방향에서 크게 빗나간 각도로 스케이트를 밀면서 균형을 잡기 위해 양 팔을 큰 호를 그리며 흔든다. 정상 상황에서는 신발이 다리 상판을 좌우 방향으로 살짝 미는 것이 별 효과를 나타내지 않겠지만, 보행자 통로가 마치 진자처럼 매달려 있는 밀레니엄교에서는 좌우 방향 운동의 고유 진동수가 우연히도 보행자들이 상판에 가하는 좌우 방향 힘의 진동수와 아주 가까워서 문제가 되었다. 다리가 좌우로 흔들리기 시작하자 (아무리 약한 흔들림일지라도) 보행자들은 그것을 느끼고 무의식적으로 그 흔들림과 보조를 맞춰 움직이기 시작했다. 그 결과 그들이 상판에 좌우 방향으로 가하는 힘이 더 커졌고, 그러자 더 많은 사람들이 본능적으로 그 움직임에 보조를 맞추기 시작했다. 다리는 동시에 작용하는 힘을 더 많이 받으면서 더 심하게 흔들

세인트폴 대성당과 템스강 건너편의 테이트현대미술관을 잇는
보행자 다리인 런던 밀레니엄교는 발걸음과 관련된 힘 때문에
심하게 요동치는 바람에 결국 폐쇄해야 했다.

렀다. 동역학계에 특별한 관심을 가진 마이클 매캔Michael McCann은 이 일이 일어나던 날 우연히 밀레니엄교에 있었는데, "사람들은 의식적으로 발을 맞춰 행진한 게 아니라 단지 균형을 잡으려고 했을 뿐"이라고 말했다. 그는 이 경험을 "좌우로 요동치는 배에서 앞뒤 방향으로 걷는 것"에 비유했다.

아이가 탄 그네를 밀어주는 부모도 동일한 강화 현상을 활용한다. 의식적으로 그네의 고유 진동수와 일치하는 타이밍에 그네를 미는 것이다. 밀레니엄교를 설계한 공학자들은 자신들이 좌우 방향 운동의 고유 진동수가 보행자가 가하는 좌우 방향 힘의 진동수와 아주 가깝도록 다리를 설계했다는 사실을 알아채지 못했던 게 분명하다. 다리를 건너던 사람들이 공명 현상에 크게 놀라자, 이 다리는 즉각 폐쇄되었다.

공학자들은 예기치 못한 행동을 보인 다리에 일련의 실험을 한 뒤 그 고유 진동수를 바꾸기 위해 버팀대를 덧붙여 보강했다. 이러한 구조 변경은 자연히 애초 설계의 예술적인 라인에 영향을 미칠 수밖에 없었다. 이런 변화는 다리 아래를 지나는 배에서 볼 때 특히 눈에 띄었지만, 이제 와서는 미학보다 안전이 우선이었다. 다리에 감쇠 장치도 설치했다. 차량의 완충기처럼 원치 않는 움직임을 완화하는 장치였다. 감쇠 장치 중 일부는 새로 보강한 구조에서 지나치게 튀었지만, '올드 워블리Old Wobbly'('흔들거리는 늙은이'라는 뜻으로 별명을 좋아하는 영국인이 흔들거리는 이 다리에 붙인 별명)가 공개 망신을 당한 걸 감안하면 변화에 대한 반대는 사실상 나올 수 없었다.

공학자들이 무엇보다 피하고 싶었던 것은 흔들거리는 다리를 건너던 사람들이 균형을 잃고 쓰러지면서 다칠 가능성이었다. 발밑의 보도가 움직이지 않더라도 반반하고 평평하지 않은 표면 위를 걸을 때 우리는 불안을 느낀다. 우리 이웃에 사는 70대 여성은 나무뿌리 때문에 불쑥 솟아오른 보도 가장자리에 발이 걸려 넘어지면서 손으로 땅을 짚다가 손목이 부러지고 말았다. 물론 넘어지면서 골절상을 입는 일은 흔하게 일어난다. 1638년, 갈릴레이는 《새로운 두 과학》(정식 명칭은 《새로운 두 과학에 대한 논의와 수학적 논증》)에서 과장법을 약간 가미하여 "3~4큐빗 높이에서 떨어지는 말은 뼈가 부러지는 데 반해 같은 높이에서 떨어지는 개나 8~10큐빗 높이에서 떨어지는 고양이는 전혀 다치지 않는다는 사실을 모르는 사람이 있는가? 탑 위에서 떨어지는 메뚜기나 달만큼 높은 곳에서 떨어지는 개미도 마찬가지로 전혀 다치지 않을 것이다"라고 말했다.

1큐빗은 전통적으로 아래팔 길이(내 팔꿈치에서 가장 먼 손가락 끝까지의 길이로 판단한다면 약 50cm)를 가리키는데, 3배 더 높은 높이에서 떨어진 고양이보다 말의 다리뼈가 부러질 가능성이 높다는 주장은 충분히 설득력 있다. 갈릴레이가 한 말의 요지는 사실상 "몸이 더 클수록 떨어질 때 더 큰 충격을 받는다"는 것이었다. 그리고 르네상스 시대에 옳았던 것은 오늘날에도 여전히 옳다. 중력의 세기는 그때나 지금이나 동일하고, 그동안 뼈의 강도도 크게 변하지 않았다. 다만 갈릴레이가 하지 않은 말은, 살아 있는 동물은 모두 어느 정도 높은 곳에서는 본능적으로 떨어지려 하지 않는다는 것이다.

동물들은 더 높은 장소에서 뛰어내릴수록 바닥에 닿을 때 더 큰 충격을 받는다는 사실을 안다. 우리가 키우는 얼룩 고양이 테드는 여러 단으로 된 주방 카운터 주변을 돌아다니기를 좋아했고, 가장 낮은 단에서 바닥으로 뛰어내리는 것은 더 좋아했다. 또 타일이나 단단한 나무 바닥보다는 부드러운 양탄자 위로 뛰어내리기를 좋아했다. 다리가 부러질까 봐 두려워서 그러는 건 아니었는데, 턱시도 고양이 리언에게 겁을 먹거나 쫓길 때면 훨씬 높은 곳에서도 바닥으로 뛰어내렸기 때문이다. 나는 테드가 낮은 높이에서 뛰어내리기를 좋아한 것은 바닥에 닿을 때 충격을 덜 받기 때문이라고 믿는다. 다시 말해서, 나머지 조건이 모두 똑같다면, 테드는 불편을 피하려고 한 것이다. 사람도 똑같다. 우리는 사다리 꼭대기에서 뛰어내리는 대신에 단을 밟고 내려오는 쪽을 택한다. 체조 선수는 자신의 몸을 매트 위로 내던진다. 우리는 고통을 주고 심지어 해를 입힐 수도 있는 불필요하게 큰 힘을 피해야 할 때에는 적어도 고양이만큼 분별 있다.

체조 선수가 올바른 자세로 착지할 때처럼 깔개나 매트 위에 똑바로 떨어지면, 힘은 매트와 발 사이에서 완전히 수직 방향으로 작용하게 된다. 수평 방향의 힘은 전혀 작용하지 않으므로 매트가 바닥 위에서 이리저리 움직이지 않는다. 하지만 고양이가 조금 떨어진 곳에서 깔개 위로 점프를 할 때는 비스듬한 각도로 착지하기 때문에, 발바닥과 깔개 사이의 마찰력으로 깔개가 약간 미끄러지면서 움직이고 심지어 일부가 접히기까지 한다. 우리가 맨바닥에서 깔개로 걸어갈 때에도 같은 일이 벌어진다. 이런 일을 피하고 싶다면 깔개를 패드 위에 깔거나, 깔개와 바닥 사이의 마찰력을 높여 제자리에 붙들어주는 도구를 사용하면 된다. 그런데 패드는 깔개의 높이를 높임으로써 발이 걸려 넘어질 위험이 생긴다. 또 패드가 부서져버린다면 그 효과가 사라지고 만다. 위험과 효용을 비교한 끝에 캐서린과 나는 집에서 깔개 패드를 쓰지 않기로 했다. 결과적으로, 깔개의 위치와 조건은 그것이 받는 힘에 대해 많은 것을 알려주었다.

몇 년 전 일이다. 아침마다 나는 서재와 가장 가까운 욕실 사이에 놓인 작은 깔개가 삐뚤어져 있는 걸 발견했다. 나는 한동안 이를 의아하게 여겼는데, 매일 밤 자러 가기 전에 깔개를 똑바로 놓았기 때문이다. 간밤에 무엇이 깔개를 움직였단 말인가? 낮 동안에 깔개 위를 지날 때마다 그것이 조금씩 돌아간다는 사실은 알고 있었다. 서재에서 욕실로 가는 길은 직각으로 구부러져 있었고, 최단 경로로 가려면 왼쪽으로 방향을 홱 틀어야 했다. 신발과 깔개 사이의 마찰력이 깔개와 바닥 사이의 마찰력보다 크기 때문에, 나는 깔개에 반시계 방향으로 비틀림 힘을 가하게 된다. 욕실에서 서재로 돌아올 때는 반대로 시계 방향의 비틀림 힘을 가하므로 두 효과가 상쇄될 것이라고 생각하기 쉽지만, 깔개 윗면의 털이 이에 관련된 힘을 왜곡시킨다. 그래서 나는 밤마다 비대칭적으로 틀어진 위치를 바로잡기 위해 깔개를 똑바로 놓아야 했다. 그런데 아침이 되면 깔개가 비틀어져 있는 것은 도대체 무슨 영문이란 말인가? 내게 몽유병 증세가 있는 것은 아니었으니 다른 원인을 찾아야 했다. 설령 유령이 존재한다 해도 유령의 짓이라고는 볼 수 없었는데, 유령은 질량이 없는 존재로 간주되므로 뉴턴의 법칙에 따라 지나가는 자리에 아무 힘도 가할 수 없기 때문이다. 테드가 유력한 용의자로 떠올랐다. 나는 테드가 뒤뜰에서 이리저리 뛰어다니다가 갑자기 멈춘 다음 다시 다른 곳으로 뛰어가는 모습을 자주 보았다. 테드는 낮 동안에는 대부분의 시간을 자면서 보내지만, 놀라면 벌떡 일어나 날렵하고 민첩하게 획획 방향을 바꾸면서 집 안 곳곳을 뛰어다녔다. 테드는 이 방 저 방을 뛰어다녔는데, 뚜렷한 목적 없이 그저 달리는 행동 자체를 즐기는 것 같았다. 나무 바닥 위에서 모퉁이를 돌 때는 스피드 스케이팅 선수가 트랙에서 질주하다가 그러는 것처럼 구심력 때문에 곡선 바깥쪽으로 미끄러졌다. 테드가 여기서 접지력을 잃은 것은 발바닥 살과 나무 사이의 마찰력이 충분히 크지 않아서였다. 테드가 카펫 위에서 달리거나 급회전을 할 때에는 효과적인 뒷발톱은 말할 것도 없고 발바닥과 카펫 털 사이의 마찰력이 카펫에 미는 힘과 도는 힘을 가해 바닥에서 미끄러져 위치가 틀어지게 했다. 테드가 유난히 바쁜 밤을 보내고 난 다음 날 아침에는 서재 앞의 깔개가 책장 앞으로 밀려나 있었고, 간밤에 내가 가지런하게 놓아둔 위치에서 크게는 45°까지 방향이 돌아가 있었다.

힘과 운동은 함께 손을 잡고 나아가며, 둘을 연결하는 고리는 질량이다. 과학자와 공학자는 이러한 연결 관계를 (일종의 소형 계산기로 간주할 수 있는) 운동 방정식으로 정식화한다. 만약 물체의 질량과 가속도에 해당하는 수치를 F=ma라는 계산기에 입력하면, 운동을 초래하거나 운동이 초래한 힘의 크기가 결과로 나온다. 이런 종류의 지식은 가설을 세우거나 검증하는 기반이 될 뿐만 아니라, 실험을 개발하고 해석하는 기반이 되어 여러 가지 현상이나 사물(자연적인 것이든 인공적인 것이든)의 불가사의한 작용을 이해하는 데 도움을 준다. 과학자는 자연 현상을 연구하고, 공학자는 사물과 그 작용을 만들어낸다. 공학자는 우주비행사와 인공위성, 로봇, 무인 탐사선, 로봇 탐사차 등이 지구 주위를 돌고, 화성에 착륙하고, 그 표면을 탐사하고, 우주 공간으로 멀리 여행하게 해주는 로켓을 개발하기 위한 첫걸음을 내디딜 때 F=ma 같은 기본적인 계산기를 사용한다. 만약 목성에 뛰어다니는 고양이와 미끄러지는 깔개가 있다면, 동일한 운동 법칙으로 고양이가 깔개를 얼마나 많이 틀어지게 할 수 있는지 예측할 수 있다.

하지만 큰 규모로 일어나는 깔개의 움직임을 목격하기 위해 태양계에서 가장 큰 행성까지 갈 필요는 없다. 아부다비에 있는 셰이크 자이드 모스크는 세상에서 세 번째로 큰 모스크로, 약 4만 1000명을 수용할 수 있다. 면적이 약 5600m^{2}로 7000명 이상이 들어갈 수 있는 중앙 기도실에는 세상에서 가장 큰 페르시아 카펫이 깔려 있다. 이란에서 조각조각 옮겨 와 자리를 잡은 뒤 조심스럽게 꿰매 한 장으로 만든 이 거대한 카펫은 제자리에서 미동도 하지 않을 것이라고 생각하기 쉽다. 하지만 2007년에 처음 설치된 이래 그 위를 걸어가면서 기도한 수많은 방문객과 신자들로 인해 카펫이 옆으로 조금 밀려났고, 카펫과 기둥 하부 사이(딱 들어맞도록 기둥 모양에 맞춰 카펫을 잘라낸 부분)에 틈이 생겼다. 이 효과를 완화하기 위해 관광객 집단이 걷고 모이는 장소를 정기적으로 바꾸고 있다. 결코 움직이지 않을 것처럼 보이는 물체도 움직일 수 있다. 충분히 큰 힘이나 반복적인 힘이 작용한다면.

지레와 외팔보

6장

한 손만으로 작용하는 힘

고등학교 시절에 친구들과 나는 많은 것이 셋씩 짝을 이루어 나타난다는 것을 배웠다. 삼각법에서는 세 변과 세 각을 가진 도형의 성질을 배웠다. 또 삼각형에는 직각삼각형, 둔각삼각형, 예각삼각형의 세 종류가 있다는 것도 배웠다. 사회 과목에서는 미국 정부가 입법부, 행정부, 사법부라는 독립적인 세 기관으로 이루어져 있다는 것을 배웠다. 라틴어 수업에서는 율리우스 카이사르가 쓴 《갈리아 전기》의 서두를 번역했는데, 그 문장은 "Gallia est omnis divisa in partes tres"로, "모든 갈리아는 세 부분으로 나누어져 있다"는 뜻이었다. 물리학 시간에는 뉴턴의 세 가지 운동 법칙을 배웠다. 지레에는 세 종류가 있고, 각각 힘점, 작용점, 받침점이라는 세 요소로 이루어져 있으며, 세 요소의 상대적 위치에 따라 지레의 종류가 달라진다는 사실을 배웠다.

투키디데스에 따르면, 트리에레스라는 3단 노가 달린 갤리선은 기원전 7세기에 코린트 사람들이 개발했다. 노 젓는 사람들을 세 층에 세 집단으로 배열했기 때문에 이런 이름이 붙었다. 고대 그리스 문헌 《메카니카Mechanica》는 노의 작동에 관한 역학을 주요 탐구 주제로 다룬다. 35개의 문제와 풀이가 실려 있는 이 문헌은 한때 아리스토텔레

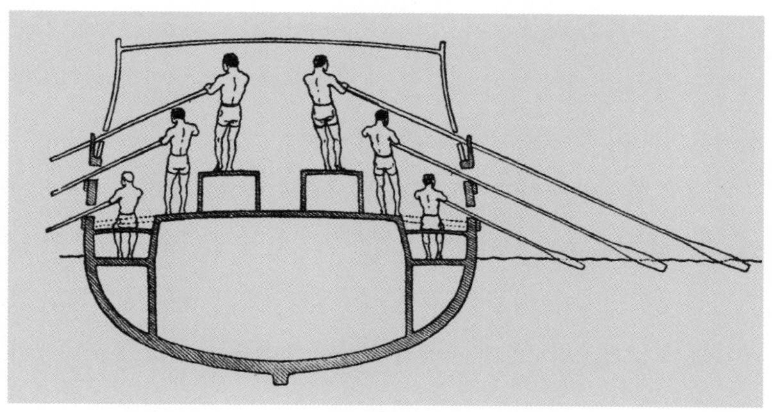

트리에레스에서 노 젓는 사람들을 배열한 이 그림은 뱃전에서 안쪽으로 가장 먼 곳에 위치한 사람이 지레의 팔이 가장 긴 노를 젓는다는 것을 보여준다.
Elson, *Modern Times and the Living Past*

스가 쓴 것으로 알려졌으나, 학자들은 그것이 "[아리스토텔레스의 잡다한 저술들을 엮은 로브 고전 총서에 실려 있으니] 소요학파의 산물일 수는 있어도 아리스토텔레스의 저술은 아니라고" 거의 확신하게 되었다.

진짜 저자가 누구든 간에, 문제 3의 첫 문장은 "지레를 사용하면 어떻게 작은 힘으로 큰 중량을 움직일 수 있는가?"라고 묻는다. 여기서 질문은 "그것이 가능한가?"가 아니라 "그런 일이 일어나는 메커니즘이 무엇인가?"다. 이와 비슷하게 문제 5의 첫 문장은 기원전 4세기에는 트리에레스를 움직이는 것이 아주 중요한 문제였음을 분명히 보여준다. "왜 배 중앙에서 노 젓는 사람들이 배의 움직임에 가장 큰 기여를 할까?" 잠정적으로 제시한 답은 노가 지레처럼 작용한다는 것이다. 놋좆*은 받침점, 배의 움직임에 저항하는 물은 작용점, 노 젓는 사람은 물의 저항을 극복하려는 힘점에 해당한다. 당시 사람들도 받침점에서 힘점이 멀수록 노의 효율이 커진다는 사실을 알고 있었다. 배는 가운데 부분이 폭이 가장 넓기 때문에, 배 중앙부에서 가장 안쪽에 위치한 사람들이 배의 움직임에 가장 많이 기여한다.

지레의 힘은 분명하게 알려져 있었으므로 아르키메데스가 자신에게 아주 긴 지레만 있으면 지구 전체를 움직일 수 있다고 믿었던 건 합리적인 생각이었다. 지구는 그 후로도 오랫동안 우주의 중심으로 간주됐는데, 코페르니쿠스가 자신의 정신적 지레를 사용해 그 위치에서 끌어내렸다. 아르키메데스의 묘기를 묘사한 그림들은 지구를 움직이려고 아르키메데스가 밟고 선 장소를 대개 얼버무리고 넘어간다. 약 2000년 뒤에 갈릴레이는 석조 건축물에서 삐죽 튀어나와 있는 나무 기둥이 그 끝에 매달린 상당한 크기의 암석은 지탱할 수 있지만, 암석을 거대한 바위로 바꾸면 왜 부러지고 마는지 지레의 원리를 이용해 설명했다. 갈릴레이는 기둥이 부러질 때 벽에서 부러진다고 가정하고서 분석을 시작했는데, 그것은 분필을 한쪽 손(움직이지 않는 벽에 해당)으로 단단히 쥐고 다른 손(암석에 해당)으로 반대쪽 끝을 아래로 끌어내림으로써 확인할 수 있는 합리적 가정이었다. 갈릴레이는 나무 기둥을 비스듬히 놓인 지레(외팔보**)로 생각했는데, 받침점은 기둥 바닥이 벽 가장자리에 붙어 있는 부분이라고 보았다. 만약 기둥이 이 점에서 자유롭게 회전할 수 있다면, 암석의 무게 때문에 기둥 끝 부분이 아래로 내려가면서 그 반대쪽 끝이 벽에서 떨어져나갈 것이다. 하지만 기둥은 벽에 단단히 박혀 있기 때문에 나무 기둥을 단단히 뭉치게 하는 응집

* 뱃전에 자그맣게 나와 있는 나무못. 노 허리에 있는 구멍에 이것을 끼우고 노질을 한다.

** 한쪽 끝이 고정되고 다른 끝은 받쳐지지 않은 상태로 되어 있는 보.

갈릴레이의 외팔보를 묘사한 상징적인 이 그림은 외팔보 끝에 암석이 매달려 있는 상황을 보여주는데, 외팔보가 지탱할 수 있는 암석의 최대 무게는 목재의 크기와 방향에 따라 달라진다. 갈릴레이, 《새로운 두 과학》

력이 그러한 회전에 저항할 것이다. 갈릴레이는 상반된 이 두 효과를 동일시함으로써, 장선長線* 이나 지붕 서까래가 그러하듯이 긴 나무 기둥(목재 적재장에서 흔히 볼 수 있는 가로 25cm, 세로 5cm짜리 기둥)의 단면적이 더 큰 쪽을 수직으로 놓았을 때 더 많은 무게를 떠받칠 수 있다고 결론 내렸다. 이 분석은 오늘날까지도 공학도에게 가르치는 합리적인 구조 해석의 기초가 되었다. 갈릴레이의 문제라 알려진 이 문제의 두드러진 특징은 아령을 든 채 쭉 뻗은 팔에서 볼 수 있다. 근육과 힘줄에서 제공된 힘이 팔을 수평으로 유지한다.

어떤 형태든 모든 지레는 고전적인 단순 기계 중 하나로, 그 기본 원리는 시소에 구현되어 있다. 우리가 어린 시절에 배우듯이, 몸무게가 똑같은 두 아이가 중심점에서 동일한 거리만큼 떨어진 위치에 앉아 있으면 시소는 거의 균형을 이룬다. 이는 두 아이가 큰 힘을 들이지 않고 다리로 땅을 밂으로써 시소를 계속 움직이게 할 수 있다는 뜻이다. 만약 두 아이의 몸무게에 상당한 차이가 난다면 가벼운 아이가 중심점에서 조금 더 멀리, 무거운 아이가 중심점에 조금 더 가까이 앉으면 균형을 맞출 수 있다. 이것이 지레의 기본 원리다. 과학자들과 공학자들은 한 아이의 무게에 받침점까지의 거리를 곱한 값이 다른 아이의 무게에 받침점까지의 거리를 곱한 값과 같을 때 균형이 잡힌다는 사실을 오래전부터 이해하고 있었다. 이처럼 힘의 크기에 힘의 작용점과 축 사이의 거리를 곱한 값을 '모멘트moment'라고 한다. 모멘트가 클수록 그 힘이 일으키는 회전 효과가 크다.

쇠지레는 작용점 부분이 눈에 띄게 구부러진 갈고리 모양을 하고

* 마루 밑에 가로 대어서 마루청을 받치는 나무.

있다. 이 모양은 보기에는 썩 아름답지 않지만 실용적이다. 갈고리 곡선 중 볼록한 부분을 무거운 물체 가장자리에 가까운 바닥에 갖다 대면 쇠지레는 자체 받침점이 있는 지레가 된다. 곡선이 클수록 쇠지레에 가한 힘이 아래로 이동하는 거리가 더 커지고, 물체의 가장자리가 올라가는 높이가 더 높아진다. 노루발장도리의 구부러진 머리 역시 같은 기능을 한다. 박힌 못을 장도리 머리의 갈라진 틈에 끼우고 손잡이에 힘을 가해 구부러진 머리 겸 받침점을 중심으로 장도리를 돌리면 못을 쉽게 뺄 수 있다. 지레를 더 가파르게 구부려 L자 모양으로 만들 수도 있다. 배달원들이 사용하는 손수레(바퀴들을 연결하는 축이 받침점 역할을 한다)처럼 말이다. 갈릴레이는 외팔보를 바로 그런 모양의 지레로 보았다.

매일 나는 지레를 많이 사용한다. 서재에 들어가려면 지레(레버) 손잡이를 눌러 문의 죔쇠를 연다. 불을 켜려면 벽에 붙은 스위치를 눌러야 하는데, 스위치는 지레처럼 작용하면서 내 손가락이 누르는 힘으로 전기 회로를 연결시킨다. 내 책상 위의 제도용 램프를 조정하려면 전구가 달린 외팔보 팔과 그것을 하부에 연결하는 지레 사이의 각도를 바꿔야 한다. 이 팔들은 그것을 바람직한 위치에 있게 하는 용수철을 통해 받침점에 연결돼 있다. 지레는 힘을 필요한 작용으로 전환하는 데 필수적이며, 이 단순한 기계가 쓸모를 잃는 날은 결코 오지 않을 것이다. 아무리 잘 위장하고 있더라도 우리는 지레가 어떤 용도로 쓰이고 어디에 있는지 알아야 한다. 또 그것이 사용하는 힘을 느낌으로써 그 능력을 이해해야 한다.

책상 위에 소다 캔이 놓여 있다고 생각해보자. 20세기 중엽이라면 나는 그것을 딸 특별한 도구를 가까이에 두었을 것이다. 없어서는 안

될 이 도구는 대개 길이 10cm, 폭 1.8cm, 두께 0.3cm가량의 강철 조각으로, 한쪽 끝은 맹금의 발톱처럼 생겼다. 그 끝의 돌출부를 캔 가장자리에 갖다 대고 반대쪽 끝을 세게 밀어 올리면 발톱 같은 끝부분이 캔을 뚫고 들어간다. 반대쪽 끝에 계속 힘을 가해 밀면 발톱이 더 깊이 들어가 마침내 삼각형 모양의 구멍이 뚫렸고, 그곳으로 액체가 흘러나왔다. 분명히 지레의 한 형태인 이 흥미로운 도구를 사용하면 힘과 저항을 생생하게 느낄 수 있었다. 처음에 구멍을 뚫을 때 가장 큰 힘이 들기 때문에 깡통 따개를 사용하기 시작할 때나 힘들지, 일단 구멍이 뚫리면 그 움직임을 계속하는 것이 갈수록 수월해지는 느낌이 들었다. 이러한 '깡통 따개'는 일리노이주 엘름허스트의 디윗 샘슨DeWitt Sampson과 뉴욕시 브루클린의 존 호서솔John Hothersall이 발명하여 1935년에 특허를 얻은 것으로, 지레의 원리를 간단하게 응용한 것이었다.

1962년에 슐리츠 양조회사는 혁신적인 맥주 캔을 광고했다. 윗부분을 전통적인 강철 대신에 구멍을 뚫기 훨씬 쉬운 알루미늄 '소프톱Softop'(soft top, 즉 '부드러운 윗부분')으로 만든 것이었다. 하지만 광고에 실린 사진들은 힘과 지레의 역학에 대해 참담한 수준의 무지와 감각을 드러냈다. "이전의 어려운 방식"을 보여주는 사진에서는 한 여성이 왼손으로 라벨이 없는 캔을 단단히 움켜쥔 채 오른손으로 깡통 따개를 조르듯이 감싼 자세로 깡통을 따고 있는데, 이런 자세는 지레의 역학적 이득을 최소화하기 때문에 그렇게 해서는 일반적인 깡통을 따기가 정말로 어려웠다. 반면에 "새로운 슐리츠 방식"을 보여주는 사진에서는 맥주 캔을 마치 찻잔을 붙잡듯이 조심스레 붙잡고 있었고, 깡통 따개는 깡통을 뚫는 부분에서 멀찌감치 떨어져 있었다. 이 광고는 "언젠가 모든 맥주 캔이 이렇게 아주 쉽게 열릴 것입니다!"라고 호언장담했

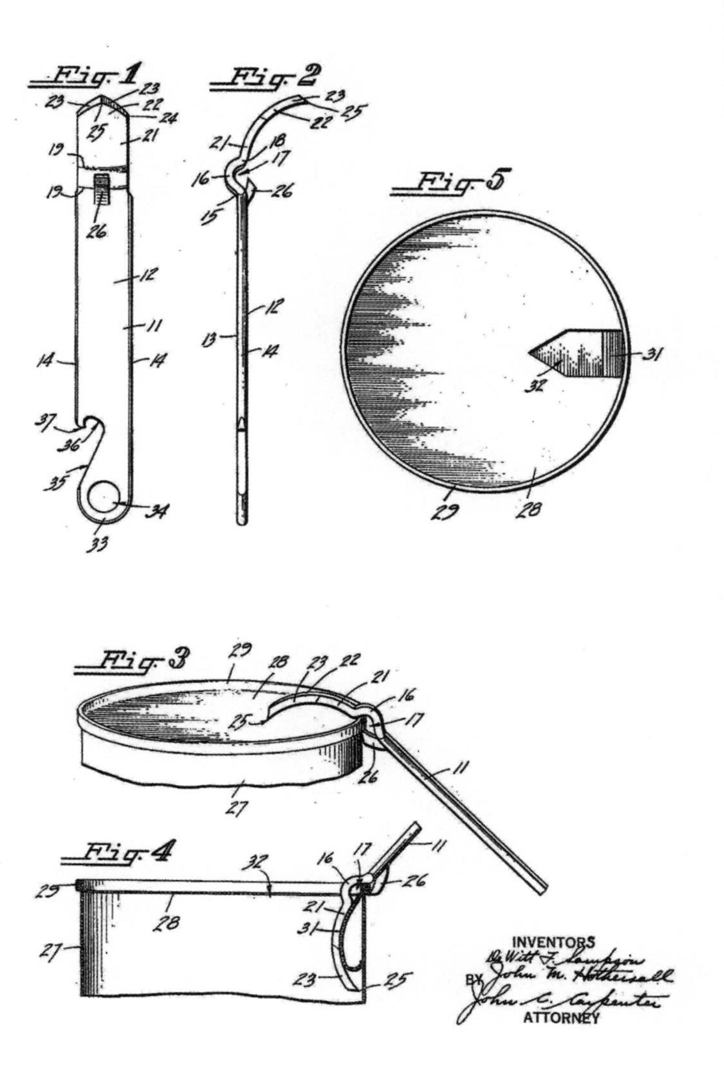

'깡통 따개' 특허 신청서에 실린 이 그림은 따개가 지레처럼 작용해 음료 캔에 구멍을 뚫는 원리를 보여준다. 미국 특허 제1,996,550호.

다. 실제로 그런 날이 오긴 했다. 캔 윗부분에 소형 지레를 부착해 그 지레 끝에 힘을 가해야만 열 수 있는 캔이 나온 뒤에 말이다.

제2차 세계대전 참전 군인들은 다른 종류의 깡통 따개를 기억한다. G.I. P-38은 길이 4.3cm, 폭 1.6cm, 두께(접혀 있을 때) 0.3cm의 깡통 따개로, 오늘날 깡통에 붙어 있는 고리 모양의 따개만큼이나 작았다. 군인들 사이에서 전설적인 도구가 되었고, 나중에 그들이 전역한 뒤에도 오랫동안 소중한 추억으로 간직했던 P-38은 가지거나 보기에 아주 경이로운 물건이었다. 무게가 5g 정도밖에 나가지 않아 모든 군인이 목에 두르는 군번줄에 매달아도 티가 나지 않을 정도로 가벼웠다. 움직이는 한 부품은 접었다 폈다 할 수 있는 칼날로, 소형 쟁기 보습을 연상케 했다.

한 참전 용사는 내게 보낸 글에서 C-레이션이라 알려진 전투 식량 통조림 12개가 든 상자마다 P-38이 여러 개 들어 있었다고 말했다. 깡통 따개 사용 설명서에는 이렇게 적혀 있었다. "따개를 깡통 윗부분 가장자리 안쪽에 갖다 대고 비틀면서 눌러 구멍을 뚫는다. 따개를 앞뒤로 흔들면서 전진시켜 깡통 윗부분을 자른다. 한 번에 조금씩 물면서 나아가라." 작은 지레의 아랫부분 옆쪽에는 C자 모양의 홈이 나 있었는데, 이것을 깡통 윗부분 가장자리에 갈고리처럼 걸면 받침점이 되었다. 이 받침점을 중심으로, 한 손으로는 지레를 위아래로 움직이는 동시에 다른 손으로는 깡통을 붙잡고 래칫처럼 돌려 (특허 신청서의 설명처럼) "칼날과 만나게 함으로써" 깡통을 딸 수 있었다. 물론 여기에 필요한 힘은 군인의 손가락에서 나왔다.

이 깡통 따개가 캠벨 수프 깡통만 한 크기의 C-레이션 깡통 뚜껑 가장자리를 한 바퀴 도는 데에는 "38개의 구멍"이 필요하다고 알려졌는

1962년 슐리츠 양조회사가 내놓은 광고. 하단에
"세상에서 가장 따기 쉬운 맥주 캔!"이라는 문구가 실려 있다.

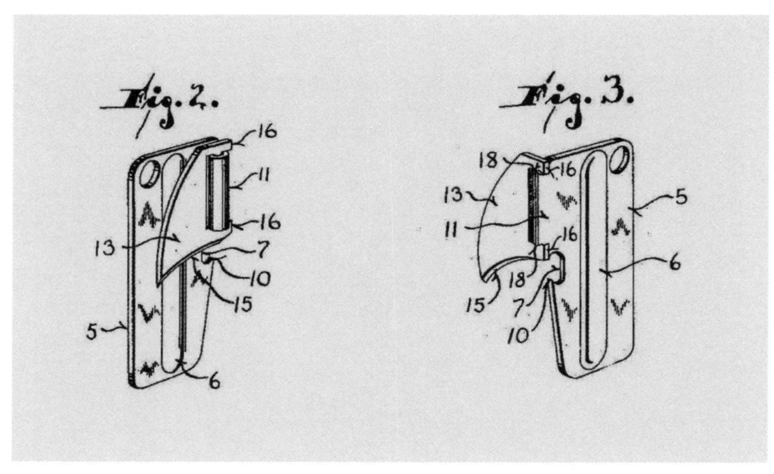

제2차 세계대전 때, 군인들은 P-38이라는 작은 도구로 C-레이션 깡통을 땄다. 그 형태는 이 특허 신청서에서 안전하게 닫힌 상태(왼쪽)와 사용을 위해 열린 상태(오른쪽)를 보여준 '포켓형 깡통 따개' 그림과 아주 비슷했다. 미국 특허 제2,413,528호.

데, 그래서 이 작은 도구에 P-38이라는 이름이 붙여졌다. 이것이 필요한 지레 동작의 정확한 횟수든 아니든 간에, 지레를 움직이는 손가락은 매번 분명하게 그 힘을 느꼈을 것이다. 이 도구의 이름이 약 38mm에 이르는 길이에서 나왔다는 설도 있다. 일부 해병들은 P-38을 '존 웨인'이라고 불렀는데, 군사 훈련 장면이 나오는 한 영화에서 존 웨인이 P-38을 사용했기 때문이다. 하지만 참전 용사들이 즐겨 하는 이 이야기들은 1942년 여름 시카고에 있던 미 육군 식량보급연구소의 토머스 데니히Thomas Dennehy 소령이 38일 만에 이 깡통 따개를 개발했다는, 오랫동안 사실처럼 전해진 이야기와 마찬가지로 사실이 아닐 가능성이 높다.

"군용 깡통 따개의 집"인 P-38.net에 따르면, 제2차 세계대전 훨씬

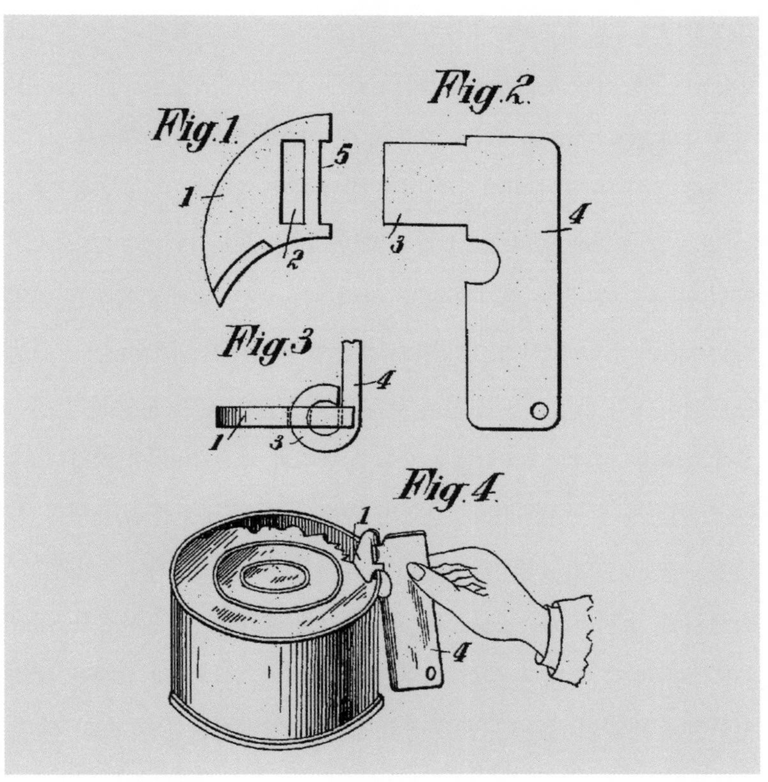

1913년에 에티엔 다르케가 발명한 통조림 따개.

이전에 P-38과 비슷한 도구가 발명됐다. 실제로 그러한 도구에 대한 최초의 미국 특허는 1913년 프랑스인 에티엔 다르케Etienne Darqué가 'tin-box opener(통조림 따개)'라는 이름으로 얻었다. 이 따개는 접을 수 있어서 "다칠 위험 없이 편리하게 호주머니에 넣고 다닐 수" 있었다. P-38.net에는 1922년부터 1946년 사이에 아주 비슷하게 생긴 도구들이 얻은 미국 특허가 열 가지 더 소개돼 있다. 웹사이트 운영자는 "어떻게 … 이들 발명품 모두가 특허를 얻을 수 있었을까?"라고 놀라움을 표시했다. 그 답은 비록 각각의 발명품은 다르케의 설계를 아주 약간 변형한 것에 지나지 않았지만, 그런 변화가 도구의 성능을 개선시키고 사용자의 만족감을 높인다고 충분히 주장할 수 있었다는 데 있다.

예를 들어 1928년 미시간주 발명가 듀이 스트렌버그Dewey Strengberg는 받침점 표면에 골을 넣어 깡통 테두리 아래의 옆면을 미끄러지지 않고 붙잡을 수 있는 접지력을 더 많이 제공하는 설계로 특허를 얻었다. 1946년 후반에 시카고 발명가 새뮤얼 블룸필드Samuel Bloomfield는 스트렌버그의 발명품을 개선해 특허를 얻었는데, C자 모양의 받침점 홈에 예리한 첨단이 붙어 있어 깡통 테두리를 꽉 붙잡을 수 있었다. 그는 또 지레의 길이 방향으로 단단한 홈을 파 전체 구조를 보강했다. 블룸필드가 '포켓형 깡통 따개'에 대한 특허를 얻은 지 불과 1주일 뒤, 밀워키의 존 스피커John Speaker도 특허 승인을 받았다. 내가 가진 P-38은 'US 스피커'에서 대량 생산한 것으로, 스피커의 특허에 묘사된 것과 정확하게 똑같이 생겼다. 스트렌버그의 설계를 개선한 이 P-38은 홈이 지레팔의 전체 길이를 따라 뻗어 있는 대신에 힘을 가하는 부분인 지레팔의 양쪽 가장자리 바로 앞까지만 뻗어 있다. 홈이 여기서 멈추기 때문에, 이 부분이 구부러져서 접힐 가능성이 줄어들 뿐만 아니라 형태를 유지하면서 계속 사용하기에 적합하다.

알루미늄 캔의 고리에서부터 강철 차체에 이르기까지 다양한 구조를 납작하게 만드는 대신에 성형하여 입체적으로 만드는 것도 비슷한 이유 때문이다. 우리는 이렇게 작은 도구에서도 중요한 교훈을 얻을 수 있고, 따라서 자세히 살펴볼 가치가 있다. 깡통이나 병을 따는 일상 속의 단순한 행동을 다시 살펴봄으로써(그리고 그 과정에 관련된 힘들을 느낌으로써) 기초 역학이 더 수준 높은 공학과 설계 원리와 어떻게 연결되는지 되돌아볼 수 있다.

어멀 프레이즈Ermal Fraze는 오하이오주 데이턴에서 기계 공구 사업을 운영하는 공학자였다. 1959년 어느 날, 소풍에 나선 프레이즈는 목이 말라 음료수를 찾았지만 갈증을 해소할 수 없었다. 아무도 깡통 따개를 가져오지 않아서였다. 편리한 지레 도구가 없는 상황에서 그것을 아쉬워하는 것은 고문이나 다름없었다. 하지만 프레이즈는 갈증을 달래지 못한 것에 짜증만 내는 대신에 아예 따개가 달린 캔을 만들기로 결심했다. 그는 고리를 잡아 뜯어 여는 캔을 발명하는 데 성공했고, 이것이 오늘날 우리에게 익숙한 알루미늄 팝톱pop-top 캔의 전신이다. 이 혁명적인 발상을 바탕으로 한 초기 모델들은 캔 뚜껑에 사용법이 새겨져 있었다. 오늘날 우리가 사용하는 캔에 인쇄된 문구가 있다면, 그것은 재활용을 권하거나 재활용 반환 보증금에 대한 내용일 것이다.

팝톱 캔을 여는 데 필요한 여러 동작을 단계별로 실행에 옮기면 힘과 저항, 강성剛性*을 직접 느끼고 경험하면서 배우는 단기 속성 과정을 밟는 것이나 마찬가지인데, 이것들은 제대로 그리고 신뢰할 수 있게 열리는 캔 뚜껑을 만들 때 신중하게 고려해야 하는 것이다.

첫째, 캔을 한 손으로 꽉 붙잡고 다른 손 집게손가락으로 고리 끝을 잡고 들어올려 그것과 캔 윗부분 사이에 손가락 끝이 들어갈 만큼 충분한 간격을 만들어야 한다. 둘째, 그 손가락으로 고리 끝을 계속 위로 들어올려 고리의 반대쪽 끝(훨씬 짧은)이 캔 뚜껑에 칼금처럼 새겨진 윤곽선 안의 금속 부분에 닿게 해야 한다. 이때 고리는 지레 역할을 하는

* 물체가 외부로부터 압력을 받아도 모양이나 부피가 변하지 않는 단단한 성질.

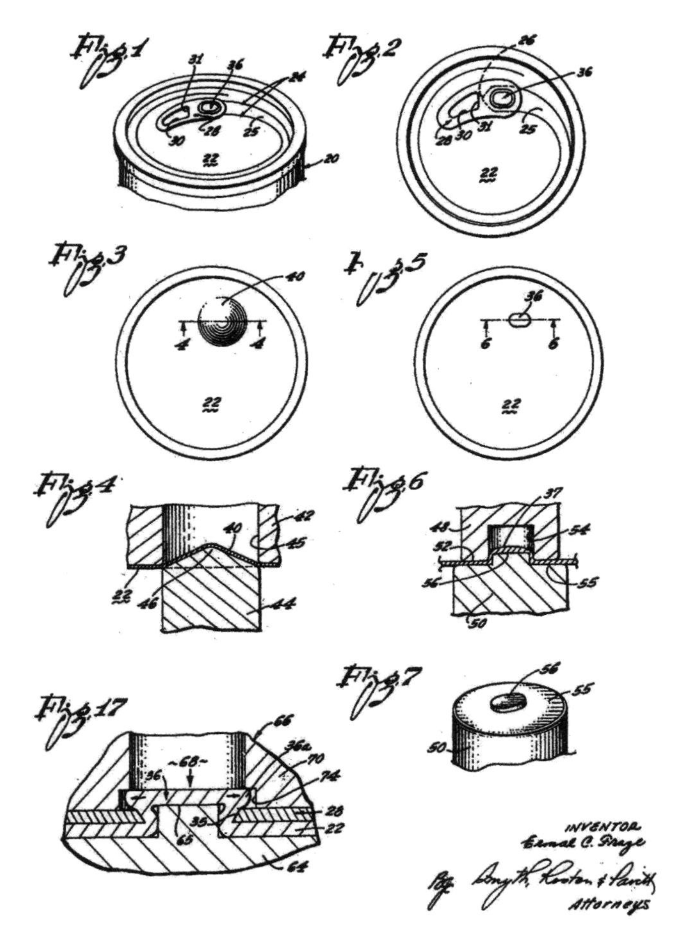

어멀 프레이즈가 처음 고안했던 따개 달린 캔. 따개가 나선을 그리는 구조를 보라. 이러한 방식에는 입이 닿는 부분이 날카롭고, 캔을 연 뒤 따개가 쓰레기로 남는 등의 문제가 있었다. 오늘날과 같은 방식, 즉 따개를 위로 들어올려 캔을 여는 팝톱 캔은 1970년대에 발명된다.

데, 받침점은 그것을 뚜껑에 고정시키고 있는 리벳이다. 셋째, 손가락으로 고리를 세게 당겨 윤곽선을 따라 떨어져나가지 않으려 하는 금속 부분의 저항을 극복해야 한다. 탁 하는 소리와 함께 캔에서 탈출하는 탄산가스 소리가 성공을 알려준다. 넷째, 손가락을 계속 당겨 분리 과정을 계속 진행하면서(이제 더 작은 힘으로도 가능하다) 구멍을 완전한 크기로 벌린다. 다섯째, 고리가 음료가 흘러나오는 구멍을 거추장스럽게 가리지 않도록 엄지손가락을 사용해 고리를 리벳 뒤쪽으로 민다. 이 과정에서 집게손가락과 엄지손가락은 미는 힘과 당기는 힘만 경험한다.

팝톱과 함께 자란 세대는 캔을 본능적으로 연다. 어떤 사람들은 한 손가락만으로 이 모든 일을 해내며 다른 손으로는 리모컨을 누르거나 간식거리를 집어 든다. 일단 따고 나면, 아주 얇게 만들어진 오늘날의 알루미늄 캔은 놀랍도록 약해서 그것을 움켜쥔 손으로 쉽게 찌그러뜨릴 수 있다. 숙련된 사용자들은 적절한 힘으로 캔을 쥐어 그런 불상사가 일어나는 걸 막는다.

외팔보는 오래전부터 많은 곳에 사용돼왔다. 네덜란드 운하를 따라 늘어선 건물들 꼭대기에서 튀어나와 있는 호이스트* 기둥과 미국 외양간의 건초 다락에서 튀어나와 있는 기둥, 책장을 지지하는 까치발, 랩톱 컴퓨터 옆면에 튀어나와 있는 메모리 스틱, 아파트 건물의 넓은 발코니는 모두 외팔보다. 비행기 날개, 범선 돛대, 자동차 안테나, 깃대, 굴뚝 역시 외팔보다. 신체 부위 중에도 여러 가지 활동을 할 때 외팔보를 이루는 것이 많은데, 예컨대 계주에서 배턴을 건네주기 위해

* 비교적 가벼운 물건을 들어 옮기는 기중기의 하나.

손을 뻗거나 악수를 하기 위해 손을 뻗을 때 그렇다.

식당에서 한 손으로 옮기는 식판도 외팔보이다. 식판에 담긴 음식과 국은 하중(갈릴레이의 바위)에 해당한다. 식판의 짧은 쪽 옆면을 붙잡으면, 긴 쪽 옆면을 붙잡을 때보다 식판이 손에서 더 멀리 튀어나온다. 식판이 텅 비어 있을 때에도 짧은 쪽 옆면으로 붙잡으면 그것을 운반하는 데 더 많은 힘이 드는데, 식판과 그 내용물의 무게중심이 손에서 더 멀리 떨어져 있기 때문이다. 식판에 음식을 더 담으면 하중이 커지고, 따라서 손이 써야 하는 힘도 커진다. 물체가 손에서 더 먼 곳에 있을수록 우리 손은 그 영향(그 모멘트)을 더 많이 느낀다. 만약 식판을 수평으로 유지해야 한다면, 손은 식판과 그 내용물의 무게와 동일한 힘을 위쪽 방향으로 내야 하며, 식판이 뒤집혀 음식이 쏟아지지 않도록 충분한 모멘트를 제공해야 한다. 나는 카페테리아에서 무거운 그릇들이 힘과 모멘트에 대한 고려 없이 마구잡이로 쌓인 식판을 힘겹게 들어 나르는 이들을 자주 보았다. 식판을 옮기는 데 필요한 힘은 그것을 붙잡는 방식에도 영향을 받는다. 두 손으로 짧은 양 옆면을 붙잡으면 그것은 더 이상 외팔보가 아니다. 양손으로 양 옆면의 중간 지점을 붙잡으면 그것은 수평 방향으로 움직이는 시소 비슷하게 행동할 것이다.

그 밖의 수많은 일상 상황에서 이와 비슷한 힘들이 작용한다. 어린 학생에게 양장본 책을 건네주는 상황을 상상해보라. 자연스럽게 책을 건네는 방법은 앞표지가 위를 향하게 하여 엄지손가락을 앞표지 위에 얹은 채 쥐는 것이다. 나머지 손가락들은 앞표지 위의 엄지손가락보다 뒤표지 아래로 더 멀리 뻗어 있다. 이때 손가락 끝들이 받침점 역할을 하고 엄지손가락이 책의 무게를 지탱하면서 책은 외팔보가 된다. 이러한 배열의 역학은 얇은 책을 수평 방향으로 들고 표지를 누르는 엄지손가락 힘을 천천히 풀면 생생하게 체험할 수 있다. 그러면 책이 점점 더 아래로 기울어지는데, 책을 수평으로 유지하는 비결은 엄지손가락이 적절한 힘을 가해 아래로 누르는 데 있다. 뷔페에서 쟁반을 들고 걸어가거나 카운터 너머의 셰프에게 쟁반을 건넬 때, 한 손으로 든 쟁반에도 이와 똑같은 방식으로 힘이 작용한다.

뒤표지를 받치는 손가락들의 역할은 앞표지를 누르는 엄지손가락의 역할과 비슷하지만, 위쪽으로 미는 힘은 책의 무게를 떠받칠 뿐만 아니라 엄지손가락이 아래로 미는 힘에도 대항한다. 엄지손가락과 나머지 손가락들은 함께 적절한 힘의 조합을 이뤄 책이 기울어지거나 바닥으로 떨어지지 않게 한다. 엄지손가락과 나머지 손가락들이 책을 지탱하는 역할을 더 잘 이해하려면 엄지손가락을 나머지 손가락들 바로 위 지점까지 옮겨보면 된다. 양쪽 다 필요한 힘이 점차 커져서 더 이상 책을 들고 있기가 힘들어진다. 아래쪽 손가락들을 엄지손가락 쪽으로 옮겨도 같은 일이 일어나는데, 엄지손가락 바로 아래까지 옮기려고 하면 거기에 필요한 힘이 우리가 낼 수 있는 힘을 넘어서게 된다. 우리의 손가락은 대다수 도마뱀붙이 종들이 표면에 들러붙어 나아갈 때 끌어당기고 밀면서 내는 것만큼 강한 힘을 내지 못하기 때문이다.

두 힘이 크기는 같지만 방향은 정반대로 작용하는 상황은 장비와 구조의 설계와 사용에서 너무나도 자주 나타나기 때문에 특별한 이름까지 생겨났는데, 그런 한 쌍의 힘을 짝힘이라 부른다. 일상적인 활동에는 짝힘으로 작용하는 힘이 넘쳐난다. 짝힘은 테트아테트tête-à-tête라는 S자 모양 소파에서 서로 마주 보고 앉아 있는 일란성 쌍둥이로 생각할 수 있다. 두 쌍둥이가 파티에서 군중과 따로 분리되어 이 흥미로운 소파에 앉아 있는 것처럼, 역학적 짝힘은 비슷한 힘들이 파티에서 각자 나름의 즐거움을 추구하도록 내버려둔 채 그러한 힘들의 집단에서 따로 분리될 수 있다. 그렇다고 해서 짝힘이 파티에 전혀 기여하지 않는 것은 아니다. 다만 이들이 실제로 할 수 있는 일이라곤 그저 대화의 방향을 다른 데로 돌리는 것뿐이다. 나중에 문손잡이를 돌리거나 병뚜껑을 돌릴 때 작용하는 힘을 다룰 때 역설처럼 보이는 이 이야기를 다시 자세히 다룰 것이다.

짝힘은 타이어가 터졌을 때 큰 도움을 줄 수 있다. 문제가 생긴 바퀴를 빼내는 한 가지 일반적인 방법은 팔이 4개 달린 십자 모양의 러그 렌치lug wrench를 사용하는 것이다. 한 팔의 끝에 있는 구멍을 러그 너트(자동차 바퀴용의 큰 너트)에 끼우면, 직각 방향에 놓인 다른 두 팔이 외팔보 역할을 하면서 너트를 푸는 과정에 역학적 이득을 제공한다. 너트가 아주 세게 조여져 있을 때 그것을 움직이게 하려면 대개 양손을 써야 하는데, 한 손으로 렌치의 한 팔을 누르면서 다른 손으로 반대쪽 팔을 끌어올려야 한다. 그러면 렌치의 두 팔에 의해 분리된 힘들이 짝힘을 이루어 바퀴 자체를 돌릴 필요 없이 너트를 풀 수 있다.

많은 사람들에게 책을 든 채 편안하게 독서하기란 쉬운 일이 아니다. 작은 책이나 중간 크기의 책은 단 세 손가락만으로 펼쳐서 들 수 있다. 엄지손가락은 펼친 책 사이로 밀어넣어 펼친 상태를 유지하고, 집게손가락은 뒤표지 아래쪽과 책등 주변에서 책을 적당한 각도로 받친다. 가운뎃손가락은 책등 아래쪽과 앞표지를 지나가도록 구부려 책의 무게 중 일부를 안정적으로 떠받치는 힘을 제공한다. 책을 이렇게 들면 거기에 작용하는 힘들을 느낄 수 있는데, 같은 동작을 계속 유지하기가 힘들 수 있다.

책을 편 채로 드는 것을 도와주는 도구는 많다. 요리사들은 이젤을 특히 선호하는데, 양손을 자유롭게 쓸 수 있기 때문이다. 양 옆이 오목한 마름모꼴인 조금 낯선 도구도 있다. 연과 비슷하게 생긴 이 도구는 가운데에 구멍이 나 있는데, 여기에 엄지손가락을 끼워 이 도구를 펼쳐진 책 사이에 얹을 수 있다. 그러면 마름모꼴 면이 펼쳐진 책의 양 페이지를 눌러 고정시킨다. 한 제품은 엄지손가락 하나로 여러 손가락 역할을 할 수 있는 '목제 고리 페이지 고정대wooden ring page spreader'라고 광고했다. 비슷한 도구들 중에는 추를 단 끈과 가죽을 씌운 납추가 있는데, 주로 희귀 도서 소장 도서관에서 사용한다. 이런 도구들을 사용하려면 책이 탁자나 독서대 위에 놓여 있어야 하고, 독자는 앉거나 똑바로 서 있어야 한다. 그리고 이런 식으로 독서하는 것은 오락보다는 노동에 가까워 보일 수 있다.

양손으로 책을 들더라도, 두꺼운 책을 읽을수록 점점 더 무거워지는 것처럼 느껴질 수 있다. 마치 책장을 오른쪽에서 왼쪽으로 넘기면 무게가 늘어나기라도 하는 것처럼 말이다. 만약 독서용 의자에 팔걸이가 있다면 책의 무게를 아래팔과 팔꿈치를 통해 의자로 전달할 수 있지만, 그러면 장시간 독서를 할 때 자세를 이리저리 자세를 바꾸는 데 불편이 따른다. 물론 무거운 책은 무릎 위에 올려놓아 그 무게를 떠받칠 수 있지만 시간이 지나면 다리를 움직일 필요가 생기고, 무거운 책은 혈액 순환을 방해할 수 있다. 어떤 독자들은 누워서 책을 가슴이나 배 위에 올려놓고 읽기를 선호하는데, 날카로운 책 모서리가 배를 찌르는 불상사가 생길 수 있다.

전자책은 이러한 인체공학적 문제들을 많은 부분 해결해주리라 기대되었다. 하지만 킨들, 누크, 서피스, 다른 태블릿 컴퓨터, 스마트폰, 그 밖의 유사한 장비를 사용할 때에도 그것을 오랫동안 편안하게 들 방법을 찾는 것은 아직까지도 해결되지 않은 문제다. 대부분의 전자책 단말기는 모서리와 가장자리가 둥글거나 부드러워 이 부분이 살을 파고드는 문제를 어느 정도 해결해준다. 무게는 여전히 문제점으로 남아 있는데, 커다란 태블릿이 특히 그렇다. 그리고 어떤 형태의 전자책이든, 그것 역시 책을 들 때와 마찬가지로 손과 손가락으로 들어야 한다. 다른 사람에게 건네줄 때에도 여전히 엄지손가락과 나머지 손가락들의 협응에 의존하는 외팔보 형태의 손동작을 취해야 한다.

가위(사실상 공통의 받침점에 연결돼 있는 한 쌍의 지레)를 비롯해 움직이는 부분이 있는 기계들은 하나의 단단한 부분으로 이루어진 식사용 도구보다 구조와 작동 방식이 훨씬 복잡하지만, 모두 동일한 기본 역학 원리를 사용한다. 그래서 단순한 것을 이해하면 더 복잡한 것을 이해하는 데 큰 도움이 된다. 공학자는 가장 단순한 물체와 기계를 사용할 때 작용하는 힘에 대한 감각을 익힘으로써 더 복잡한 체계에서 작용하는 힘들을 확인하고 이해하는 능력을 발전시킬 수 있다. 아리스토텔레스에서부터 갈릴레이, 뉴턴, 아인슈타인에 이르기까지 위대한 철학자와 자연철학자, 과학자는 이 사실을 본능적으로 알았던 것처럼 보인다. 이들이 쓴 가장 위대한 저술은 아주 단순한(혹은 적어도 아주 쉽게 이해할 수 있는) 문제나 질문, 사고 실험으로 시작하는 경우가 많은데, 그것은 해당 주제를 요약해 제시할 뿐만 아니라 독자에게 그 내용을 이해하기에 적절한 사고방식을 소개하는 출발점이 되었다. 가장 좋은 예는 기울어진 탑에서 두 물체를 떨어뜨리는 실험과 나무에서 떨어지는 사과, 역에서 출발하는 기차 이야기다. 과학자와 공학자는 이러한 이야기를 은유로 보지 않고 간단명료한 모습의 자연으로 보며, 그것을 바탕으로 보편적인 물리학 가설과 이론과 법칙으로 일반화할 수 있다.

포크든 젓가락이든 간에 손으로 쥐는 식사용 도구는 사실상 외팔보다. 미국에서 숟가락이나 포크를 쥐는 일반적인 방법은 쟁반을 잡는 방법과 놀랍도록 비슷하다. 관련된 모든 힘은 본질적으로 피부와 도구 사이에서 미는 힘에 불과하지만, 이 미는 힘들이 어떻게 상호 작용하느냐에 따라 우리는 그것을 서로 다르게 지각한다.

아주 어린 아이들은 물체를 붙잡으려는 본능에 따라 반사적으로 식사용 도구의 손잡이를 쥐는데, 그것은 우리가 맛있는 스튜나 마법의 묘약을 휘젓기 위해 나무 주걱을 쥐는 방식과 비슷하다. 아이가 이렇게 도구를 쥐는 방식은 그 도구가 접시에 담긴 음식물을 두들겨 곤죽으로 만들어버리는 곤봉으로 사용될 수도 있음을 암시한다. 많은 사회적 상황에서 어른이 식사용 도구 손잡이를 쥐는 방식은 귀엽지도 세련되지도 않다. 숟가락 손잡이를 쥐는 느낌은 밧줄이나 야구 방망이, 혹은 막대처럼 생긴 다른 물체를 쥐는 느낌과 별반 다르지 않다. 우리는 손으로 물체 주위를 꽉 누르는 감촉과 그 물체가 짓누르는 힘에 저항하는 것을 느낄 수 있지만, 힘이 넓은 면적에 분산되어 각각의 손가락이 어떤 역할을 하는지 자세히 구별하기 어렵다.

아주 어린 아이는 연필을 제대로 쥘 만큼 섬세한 운동 기술이 없을 수 있지만, 시간이 지나면 어른과 마찬가지로 연필을 쥐고 쓰는 법을 터득한다. 즉 연필심에 가까운 지점을 엄지손가락과 그다음 두 손가락 사이의 공간에 집어넣고 안정성 확보와 지레 작용을 위해 연필 축을 집게손가락 윗부분으로 떠받친다. 여기에 작용하는 힘들은 여전히 본질적으로 미는 힘(그리고 미는 힘에서 유래한 끌어당기는 힘)이다. 연습을 통해 연필은 흡사 손가락과 손의 연장 부위가 되어 직선뿐만 아니라 곡선과 원도 쉽게 그릴 수 있다. 관련된 힘들에 더 익숙해져서 그것들을 능숙하게 다룰 수 있게 되면, 마치 이전부터 그랬던 것처럼 그에 대해 더 이상 생각하지 않게 된다. 글을 쓰는 과정의 물리적 힘을 느끼려면 노력이 필요하지만, 이를 통해 결국 우리는 문명의 필수 요소 중 하나—종이 위에 표시되어 문자와 단어, 문단, 장, 책을 이루는 특정 표시들을 통한 커뮤니케이션—에 관여할 수 있다.

한때 나는 나무 연필로만 글을 썼지만 연필 끝이 닳으면서 촉감이 변하는 게 신경에 거슬렸다. 물론 연필 끝은 다시 뾰족하게 만들 수 있었다. 그러면 연필이 약간 짧아져 무게와 균형이 감지하기 어려울 만큼 미세하게 변했다. 연필 끝을 반복해서 날카롭게 다듬다 보면 그 효과가 누적되어 완전히 다른 느낌을 주는 연필이 되긴 하지만, 연필이 변화함에 따라 우리도 그에 적응한다. 새로 날카롭게 벼린 연필 끝을 부러뜨리고 싶지 않다면 가하는 힘을 조절할 필요가 있다. 우리는 가느다란 선을 그을 수 있는 연필의 새 능력을 환영하겠지만, 연필심은 부러지기 쉽기 때문에 그런 불상사를 방지하려면 아주 조심스럽게 손을 놀려야 한다. 연필은 조금만 사용해도 끝이 딱 알맞게 닳아 매끄럽고 단단한 느낌을 준다. 그러나 그런 느낌은 늘 잠시 동안만 지속될 뿐이다. 연필 끝을 뾰족한 상태로 유지하려면 연필깎이를 반복적으로 사용해야 한다. 이런 불만 때문에 나는 샤프펜슬을 사용하게 됐는데, 가느다란 샤프심은 만족스러운 굵기를 유지하는 데다 심이 샤프펜슬 전체에서 차지하는 비율이 아주 작아 반복적으로 사용해도 촉감이 변하지 않으며, 따라서 그것을 쥐는 힘을 다시 조절해야 할 필요도 없다.

식사용 도구도 이와 비슷하다. 아이든 어른이든, 포크 끝으로 음식 한 점을 집어 먹거나 그릇에서 수프를 한 숟가락 떠먹은 뒤에 도구를 사용하는 힘이 변한 것을 거의 느끼지 못한다. 플라스틱으로 만들어진 게 아니고서야 포크가 음식물보다 훨씬 무거워서 무게중심이 거의 변하지 않기 때문이다. 손과 포크, 더 일반적으로는 벽과 외팔보 사이의 힘을 분석하는 공학자가 포크 끝에 걸려 있는 음식물의 무게 혹은 바위에 감긴 밧줄의 무게를 무시하는 것은 이 때문이다. 힘들의 계가 지닌 본질을 파악하려는 공학적 모형을 만들 때에는 분석에서 '무엇을 제외할 것인가'가 '무엇을 포함할 것인가'만큼이나 중요하다.

텅 빈 스푼이나 포크를 드는 데 관여하는 힘들의 계조차 다소 미묘할 수 있다. 전형적인 미국 방식에서는 가운뎃손가락 옆쪽이 받침점 역할을 하고, 반대편에서 손잡이를 누르는 엄지손가락의 힘이 받침점 건너편의 무게중심에 작용하는 포크의 무게를 떠받친다. 엄지손가락이 누르는 힘은 포크 손잡이를 나머지 손가락들과 접촉하게 만드는데, 그 압력으로 생겨나는 마찰력이 포크가 손에서 미끄러지지 않게 한다. 집게손가락 끝은 대개 손잡이 옆면에 살짝 붙어서 언제든지 그것을 누를 태세를 갖춘 채 예기치 않게 일어날 수 있는 옆 방향 움직임에 대비한다. 이런 것들에 주의를 기울여 생각해보면 우리는 여기에 작용하는 힘들을 느낄 수 있다.

포크를 너무 오랫동안 꽉 쥐고 있으면 손과 손가락이 피로해져서 포크를 쥐는 게 불편해질 수 있다. 그래서 우리는 포크를 너무 느슨하게 쥐면 손에서 떨어져 창피한 상황이 벌어질 위험이 있다는 걸 잘 알면서도, 포크를 다소 느슨하게 쥐는 경향이 있다. 앞에서 걷거나 상자를 미는 사례에서 보았듯이, 접촉한 두 표면 사이에 압력이 작용할 때마다 두 표면을 서로 미끄러져 지나가게 하려는 시도는 마찰 저항에 부닥치게 되는데, 도구를 꽉 쥐는 경우에는 마찰 저항이 도움을 준다.

포크 손잡이를 손가락에 대고 누르면 포크가 손에서 빠져나가려는 움직임에 대한 저항이 커진다. 반짝반짝 윤을 낸 은식기를 젖은 손으로 만지면 이러한 저항이 줄어든다. 일반적으로 우리는 마른 손으로 포크를 쥐기 때문에, 주로 엄지손가락이 손잡이에 가하는 압력과 그 결과로 나머지 손가락에 생겨나는 압력 및 마찰력에 의존해 포크를 꽉 붙잡는다.

만약 지표면에서 가장 유익하고 어디에나 존재하는 힘 중 하나인 마찰력이 없다면, 접시 위에 놓인 음식을 입으로 넣기 위해 집고 들어올리고 방향을 바꾸는 일련의 동작을 하는 동안 포크를 떨어뜨리지 않도록 천천히, 신중하게(혹은 다른 어떤 방식으로든) 사용해야 할 것이다. 한편, 입에 들어간 포크를 충분히 큰 힘으로 당기지 않으면 포크와 으깬 감자가 입에 붙은 외팔보 상태로 남게 된다. 아래쪽 앞니는 받침점, 입천장은 힘점, 포크 손잡이는 지렛대가 되는 것이다. 포크를 떨어뜨릴 때와 다를 바 없이 우스꽝스럽고 창피한 상황이 벌어지겠지만, 역학적으로는 그저 외팔보가 작용하는 현상이 또 한 번 나타난 것뿐이다.

손으로 쥐고 사용하는 나이프도 외팔보지만 그것을 지지하는 방법은 다르다. 포크와 달리 나이프는 손을 주먹 모양으로 쥐어야 제대로 잡을 수 있는데, 집게손가락을 칼날 윗부분으로, 엄지손가락을 손잡이 옆쪽으로 뻗고, 나머지 세 손가락으로는 손잡이 끝부분을 쥐어 손잡이가 지나갈 공간을 만든다. 질긴 고기를 자를 때 나이프가 손에서 빠져나가지 않도록 하려면 손잡이와 손 사이의 마찰력이 중요하다. 경험을 통해 쉽게 알 수 있듯이, 단순히 칼날을 고기 속으로 밀어넣는 것만으로는 고기가 잘리지 않는다. 제대로 자르려면 칼날을 밀어넣는 동시에 앞뒤로 움직이면서 써는 동작도 해야 한다. 칼날 윗부분으로 뻗은 집게손가락의 기능적 목적은 아래로 미는 힘을 제공하기 위한 것인데, 지레의 원리에 따라 칼날을 고기 속으로 더 세게 밀어넣음으로써 고기가 잘 썰리도록 돕는다.

식탁에서 불필요한 동작과 사교적 실례를 피하려면 항상 힘들과 그 모멘트의 균형을 유지해야 한다. 공학자들은 이러한 균형 상태를 평형이라고 부른다. 공학의 주특기는 무엇이 중요하고 무엇이 중요하지 않은지 판단하는 것이다. 비록 우리는 한 도구를 내려놓고 다른 도구를 집어 들 때 힘의 균형을 깨야 하고, 만찬 식탁에서 한 코스에서 다른 코스로 옮겨 갈 때 도구에 작용하는 힘의 균형을 다시 잡아야 하지만, 이에 관련된 움직임은 대개 느린 편이어서 동역학적 효과를 무시할 수 있다. 게다가 포크나 스푼으로 집어 드는 음식물은 비교적 가벼운 편이기 때문에 공학 분석에서는 그것 역시 무시할 수 있다. 식사용 도구 사용에 관여하는 힘과 운동은 필요 이상으로 많아 보일 수 있지만, 대다수 사람들은 코스 요리가 나올 때 어떤 도구를 언제 집어야 할지 아는 것보다 훨씬 더 쉽게 이해할 수 있다.

모든 곳에 존재하는 힘

7장

옷을 입고 외출하기

부엌에서 나는 다양한 힘을 경험할 기회를 얻는다. 냉장고를 열 때, 나는 자성 개스킷의 봉인을 해제하기 위해 냉장고 문을 일부러 세게 당긴다. 그렇다고 해서 손잡이가 내 손에 딸려 떨어져 나오지는 않는다. 나사로 문에 단단히 고정되어 있기 때문이다. 나사는 내가 잡아당기는 힘에 대항하는 반작용력을 제공한다. 냉장고 속 물건들은 어젯밤과 똑같은 위치에 놓여 있는데, 결코 잠들지 않는 중력이 어둠 속에서 물건들이 마음대로 떠돌아다니지 못하게 붙들고 있기 때문이다(만약 지진이 일어난다면 선반과 함께 모든 물건이 뒤흔들려 뒤죽박죽이 되고 말 테지만).

나는 왼팔을 냉장고 안으로 깊숙이 집어넣어 머핀 봉지를 더듬은 뒤 적절한 종류와 크기의 힘으로 들어올려 오른팔 아래에 끼워넣는다. 그런 다음 문에 붙어 있는 칸에서는 왼손을 버터 용기 아래로 밀어넣어 그것을 들어올린다. 이때 엄지손가락을 뚜껑 위에 올려놓고 나머지 손가락으로 아래를 받쳐 클램프처럼 용기를 고정시킨 뒤 오른손으로 옮겨 든다. 그리고 다시 왼손으로 딸기잼 병 뚜껑 가장자리를 붙잡은 뒤(단단히 닫혀 있을 거라고 예상하고서) 이 모든 것을 들고 방을 가로질러 식탁으로 향한다. 식탁에서는 더 다양한 힘을 사용한다. 유통 기한이 적힌 플라스틱 꼬리표를 비틀어 머핀 봉지를 뜯은 뒤, 머핀을 하나 꺼내 서로 마주 보는 두 엄지손가락을 사용해 위아래 두 조각으로 쪼갠다. 나머지 손가락으로는 머핀 전체를 제자리에 붙들어둔다. 이어 두 머핀 조각을 토스터에 넣고 레버를 눌러 용수철을 준비 상태로 맞춘다. 용수철은 적당히 구워졌을 때 머핀을 탁 튀어나가게 하는 힘을 제공한다.

머핀이 구워지는 동안 나는 버터 용기 뚜껑을 열어 뜨거운 머핀에 올려놓을 버터를 얇게 잘라낸다. 잼은 새로 산 것이어서 진공 밀봉 상태인 뚜껑을 열려면 손으로 뚜껑을 감싸고 강한 힘으로 돌려야 한다. 병이 열리면 스푼을 쥐고 버터 위에 올려놓을 잼을 퍼낸다. 나는 경험을 통해 이 모든 일을 하는 데 필요한 힘의 세기가 정확히 어느 정도인지 터득했고, 손가락과 손과 팔이 그것을 기억하기 때문에 머릿속으로 기억을 더듬을 필요가 없다. 이런 동작들을 묘사하는 데 쓰이는 다양한 동사는 회사에 출근하기도 전에 일상생활에서 마주치는 힘의 다양성을 알려준다.

시계를 쳐다보면서 나는 중력을 극복하기에 적절한 크기의 힘으로, 하지만 이 끈적끈적한 아침 식사가 코로 가거나 바닥으로 떨어지지 않도록(떨어질 경우, 머피의 법칙에 따라 항상 버터와 잼을 바른 면이 바닥을 향하는 경향이 있다) 천천히 머핀을 집어 입에 넣는다. 일부만 입에 집어넣은 채 앞니로 적절한 힘을 가해 한 입 베어낸다. 그것을 입 옆쪽으로 밀어 어금니로 씹으면서 덩어리로 만들어 삼키면 식도의 연동 운동이 그것을 밀어 위로 보내며, 위로 간 음식물은 화학적 힘을 통해 소화된다.

음식을 먹는 행동에는 입속에서 녹는 초콜릿 트러플을 삼키는 것에서부터 아주 질긴 고기를 힘들게 씹는 것에 이르기까지 온갖 종류의 힘에 대한 감각이 필요하다. 음식물을 삼키는 행동과 힘을 경험하는 감각은 함께 손을 잡고 나아간다. 맛을 제대로 설명하기란 불가능할 수 있지만, 맛있는 것에서부터 맛없는 것에 이르기까지 모든 것을 우리가 어떻게 먹는지 정량적으로 측정하는 것은 가능하다. 가령 트러플과 아주 질긴 고기를 먹을 때 몇 번을 씹는지(트러플의 경우는 0번) 셀 수 있다. 하지만 우리는 대개 입속에 든 음식의 맛과 느낌이 주는 질적(정성적) 행복감을 즐긴다. 부드러운 것에서부터 아삭아삭한 것과 단단한 것에 이르기까지 우리는 어릴 때부터 음식물을 이가 부서지지 않게 하면서 삼킬 수 있는 덩어리로 해체하기 위해 이로 가하는 힘을 조절하는 법을 배운다. 단단한 견과를 아주 큰 힘으로 깨무는 것보다 더 고통스러운 느낌도 없을 것이다.

우리는 힘에 의존해 살아가지만, 힘 때문에 죽을 수도 있다. 부엌 조리대에 놓인 칼은 좋은 목적으로도 나쁜 목적으로도 쓰일 수 있다. 칠면조 고기를 발라내는 데 쓰일 수도 있고, 사람을 찌르는 데 쓰일 수도 있다. 칼이 발명되기 이전에 손에 꽉 쥔 돌은 사냥을 위한 부싯돌을 떼어내는 데 쓰이거나 복수를 위해 머리뼈를 바수는 데 쓰일 수 있었다. 힘을 사용해 반복적으로 두드리는 움직임을 만들어낼 경우, 그 힘은 곡물을 갈거나, 오벨리스크를 조각하거나, 청동 솥을 만드는 데 쓰일 수도 있지만, 몽둥이로 사람을 패 죽이는 데 쓰일 수도 있었다. 도구나 무기를 쥐고 어떻게 움직이느냐에 따라 나타나는 힘의 종류가 결정되고, 그 힘을 어디에 쓰느냐에 따라 결과가 결정된다. 인류는 좋은 쪽으로든 나쁜 쪽으로든, 문명적인 것이든 야만적인 것이든, 모든 것을 항상 힘에 의존해 해결해왔다.

머핀을 먹고 사색을 하면서 아침 식사를 마치고 나면 위층으로 올라가 샤워와 면도를 한다. 현대적인 배관 기술 덕분에 압력에 의해 파이프로 뿜어져 나오는 따뜻한 물을 맞는 상쾌한 기분을 즐길 수 있는데, 압력은 표면 위에 분산되어 가해지는 힘이지만, 너무 가느다란 노즐을 통해 매우 큰 압력으로 분출되는 물은 고통스럽거나 치명적일 수 있다(아주 강하게 집중시킨 물줄기는 강철도 자를 수 있다). 면도는 예리한 칼날을 사용하기 때문에 피부를 베기 쉽다. 헨리 데이비드 소로의 형 존 소로는 면도날을 갈다 손가락을 베인 지 며칠 만에 세상을 떠났다. 그 무렵에 발명된 안전면도기는 면도날에서 노출된 부분이 최소화되어 사용하는 데 정교한 기술이 덜 필요했다. 가장 현대적인 버전의 안전면도기는 면도날이 다중 트랙으로 각이 져 있어 피부가 베일 위험이 매우 적고, 깊게 베일 위험은 사실상 거의 없다. 면도날의 예리한 가장자리는 수염을 붙잡아 그 힘을 채 느낄 새도 없이 슥삭 (적어도 면도날이 새것일 때에는) 베고 지나간다. 아이러니하게도 무딘 날일수록 베일 위험이 커지는데, 수염 위로 면도날을 이리저리 움직이는 데 필요한 힘을 예측하기가 더 어렵기 때문이다. 마찬가지로, 새 면도날을 사용할 때에 필요한 힘이 줄어든 것을 알아차리지 못하면 피를 보기 쉽다. 상처 없이 일상생활을 영위하려면 힘을 제대로 이해해야 한다.

내가 하는 모든 신체적 행동에는 힘이 관여한다. 아침을 먹은 뒤 의자에 편안히 앉아 하루 일과를 구상할 때에도 내 몸에는 많은 힘이 작용한다. 심장 근육은 수축하면서 혈액을 펌프질한다. 폐는 팽창했다 수축하면서 산소를 들이마시고 이산화탄소를 내보낸다. 생각을 하는 동안에도 (와이퍼가 자동차 앞유리를 닦듯이) 눈꺼풀이 깜빡이면서 각막을 깨끗이 한다. 하루 종일 나는 문과 자동차 핸들, 컴퓨터 자판, 조명 스

위치, 온갖 종류의 전자 장비에 붙어 있는 버튼을 밀거나 끌어당긴다. 어떤 물건은 목소리로 제어할 수 있지만, 이때에도 역학적 힘이 관여한다. 횡격막(가로막)이 폐를 압축해 후두를 통해 공기를 밀어내야 목소리를 낼 수 있다. 만약 소리를 증폭시켜야 한다면, 음파가 확성기의 기계적 횡격막, 즉 진동판을 밀어야 한다.

옷을 입는 데에도 여러 가지 힘이 필요하다. 옷은 효율성의 적이다. 팔과 다리와 발을 셔츠, 바지, 양말, 신발에 집어넣은 뒤에도 단추, 버클, 고리, 호크, 똑딱단추, 지퍼, 레이스 등등 신경 써야 할 것이 계속 이어진다. 바지를 입는 것만 해도 최소한 서너 종류의 힘이 필요한데, 정확한 가짓수는 여러분이 두 성격 중 어느 쪽인가에 따라 달라진다. 여러분은 까탈스러운 펠릭스와 말썽꾸러기 오스카 중 어느 쪽에 더 가까운가? 먼저 우리는 바지를 옷장에서 꺼내거나 바닥에서 집어 올린다. 그러고 나서 한 번에 한 다리씩 바지에 집어넣는데, 의자에 앉아서 그럴 수도 있고 방 안에서 외발로 뛰어다니면서 그럴 수도 있다. 바지를 똑바로 입었는지 신경을 쓰느냐 쓰지 않느냐에 따라 다음 단계가 있을 수도 있고 없을 수도 있다. 펠릭스에 가까운 사람이라면 거울 앞에 서서 주름이 제대로 잡혔는지, 허리 단추가 배꼽 아래 정중앙에 오는지 확인할 것이며, 셔츠 자락이 끼이지 않도록 주의하면서 신중하게 지퍼를 올릴 것이다. 마지막으로 허리띠나 멜빵을 착용할 때는 고리를 잘못 끼우거나 띠가 꼬이지 않았는지, 버클이나 똑딱단추가 가운데에 있는지 조심스럽게 살필 것이다. 반면에 오스카에 가까운 사람은 거울 따위는 안중에도 없을 것이다. 구겨진 바지에는 똑바른 기준선 역할을 할 주름이 없기 때문이다. 버클이 바지 앞섶과 배꼽 사이의 중앙에 위치하지 않거나 멜빵이 꼬였다 한들 누가 신경이나 쓰겠는가?

나는 매일 일정한 시간에 약을 먹어야 한다. 알약은 플라스틱 용기에 담겨 있는데, 병이나 단지처럼 보이지 않는다. 그것을 무엇이라 부르든 간에 거기에는 푸시다운&턴(뚜껑 제조사)의 지시 사항이 새겨진 뚜껑이 붙어 있다. 이 뚜껑을 열려면 먼저 직관에 반하여 뚜껑을 아래로 누르면서 비틀어야 한다. 여기에는 두 가지 마찰력이 필요한데, 뚜껑을 세게 쥘수록 더 큰 힘을 줄 수 있다. 뚜껑 옆면에는 일련의 오돌토돌한 골이 패여 있어 손가락과 뚜껑 사이의 미끄러짐을 방지해 큰 회전력을 낼 수 있게 해준다. 약통을 여는 데 관여하는 이 복잡한 힘들의 계는 어린이가 성인 의약품에 쉽게 접근하는 것을 막기 위해 고안됐을 테지만, 관절염이 있는 노인은 강한 힘으로 밀면서 비틀어야 하는 뚜껑을 열기 위해 이따금 손자의 도움을 받아야 한다.

약을 복용하는 데에는 놀랍도록 많은 힘과 움직임이 관여한다. 한번은 점안제를 처방 받았는데, 점안제가 담긴 작은 플라스틱 병은 다시 마치 러시아 인형처럼 어린이가 열기 힘든 용기 속에 들어 있었다. 이 용기 뚜껑을 누르면서 비틀어 여는 데 성공한 다음에는 점안제 병마개를 비틀어 연 뒤에 옆 부분을 눌러 짜 점안제가 나오게 해야 했다. 물론 이 모든 동작은 병을 한 눈 위에 거꾸로 든 채 해야 했는데, 그동안 점안제가 눈꺼풀이 아닌 눈에 정확하게 떨어지도록 하기 위해 다른 손의 손가락들로 열린 병을 붙잡고 있어야 했다.

우리는 이 모든 힘과 움직임을 조절하는 법을 어떻게 배울까? 날 때부터 그런 능력이 없다는 것은 분명한데, 이는 아기를 관찰함으로써 확인할 수 있다. 갓난아기는 젖꼭지를 짜고 빠는 데 필요한 일련의 필수적인 입 근육을 제외하고는 음식물을 먹기 위한 근육의 협응과 미세 운동 조절은 말할 것도 없고 자신의 머리를 들 힘조차 없다. 아기가 제 몸을 뒤집는 법을 배우기까지만 해도 꽤 긴 시간이 걸린다(기거나 걷는 것은 말할 것도 없다). 우리의 발달 과정과 그 후에 세상을 돌아다니고 살아가는 데 필요한 것 중 많은 것은 역학적 결과를 수반하는 역학적 행동을 할 수 있는 능력이 있어야 가능하다. 우리는 다 컸다고 인정받을 만큼 힘을 조절하는 근육을 자유자재로 제어할 수 있을 때까지는 남들에게 의존해 살아가야 한다. 근위축증과 뇌성마비가 신체를 극도로 쇠약하게 만드는 이유가 여기에 있는데, 이 병을 앓는 사람은 건강한 사람들이 당연하게 여기는 많은 일상 활동을 제대로 수행할 수 없기 때문이다.

동그란 손잡이가 달린 문을 여는 방법은 누구나 어릴 때부터 배운다. 만약 작은 손 하나로 손잡이를 완전히 감싸 쥘 수 없다면, 양손으로 감싸 쥘 수 있다. 어느 경우든 그것은 촉각에 의존하는 움직임으로, 청각에도 약간 도움을 받는다. 우리는 손잡이를 돌리면서 걸쇠 볼트가 문설주에 붙어 있는 스트라이크 플레이트에서 미끄러지며 풀려나는 것을 촉감으로 느끼고 그 소리를 듣는다(모든 것의 모든 부분은 저마다 이름이 있다). 그러면 우리는 손으로 비트는 움직임을 밀거나 당기는 움직임으로 바꿈으로써 문을 연다. 그 역학은 어린이의 접근을 막는 약통 뚜껑을 여는 것과 비슷한데, 두 경우 모두 우리는 돌리는 움직임과 밀고 당기는 움직임을 만들어내는 힘들 사이에서 재빨리 옮겨 가야 한다. 시간이 지나면 우리는 시행착오를 거치며 어떤 것이 효과가 있는지 터득함으로써 이런 행동을 본능적으로 하게 된다.

사실, 우리는 아주 보편적인 일상 활동들을 본능적으로 하기 때문에 그것들이 문화에 종속적이라는 사실을 알아채지 못하는 경향이 있다. 케임브리지대학교를 처음 방문했을 때, 나는 초대한 사람의 안내에 따라 트럼핑턴 거리의 수위실을 찾아가 도착을 알렸다. 수위는 내가 묵을 곳이 버로스 건물이라고 말해주었다. 그곳으로 가려면 올드 코트를 가로질러 부속 예배당을 지난 뒤, 정문까지 계단을 올라가 자물쇠에 열쇠를 꽂아야 했다. 지시 사항은 단순했고, 거리도 멀지 않았다. 열쇠는 자물쇠에 쏙 들어가 잘 돌아갔다. 하지만 문을 아무리 세게 당겨도 열리지 않았다. 나는 제 열쇠가 아닌가 보다 생각하고서 확인을 위해 수위실로 돌아갔다. 그런데 수위는 그게 제 열쇠라고 하면서 무엇이 잘못됐는지 알아보기 위해 나와 함께 버로스 건물로 갔다. 수위가 자물쇠에 열쇠를 꽂고 한 바퀴 돌리고 나서 문을 **미니**, 쑥 열리는 것이 아닌가! 나는 창피한 행동을 비행 시간의 피로 탓으로 돌렸다.

어떤 이유에서인지 나는 영국에서는 모든 것이 미국과 반대라는 생각이 머릿속에 박혀 있었다. 심지어 나는 영국에서는 차가 도로에서 왼쪽으로 달린다든가, 책등에 제목이 아래에서 위로 인쇄되어 있다든가(적어도 오래된 책에서는), 영국인이 포크를 뒤집은 채 음식을 먹는다든가 하는 예로 이 가설을 시험하고 확인할 수 있었다. 하지만 가설에 들어맞는 사례가 아무리 많아도 그 가설이 옳다는 것을 완전무결하게 증명하지 못하는 반면, 단 하나의 반례만 있어도 가설은 무너지고 만다. 나의 잘못된 생각은 버로스 건물 정문에서 틀렸음이 입증되었다. 나중에 안 사실이지만, 세계 어느 곳이든 바깥문은 집 안쪽으로 밀고 들어가도록 만드는 게 관례다. 경첩 너클을 지나가는 핀*과 그 주위를 회전하는 날개에 잠재적 침입자가 접근하는 것을 막기 위해서라고 한다. 만약 이것들이 문 바깥쪽에 있으면 노출된 경첩 핀을 부숴 날개를 해체하고 문 전체를 떼어냄으로써 쉽게 침입할 수 있다.

집 안으로 들어가는 출입문이 바깥쪽으로 열리지 않는 또 한 가지 이유는 문 바깥쪽에 방충망이나 덧문이 있을 가능성 때문인데, 이 경우 문을 바깥쪽으로 열면 방충망이나 덧문을 손상시키게 된다. 같은 이유로 방충망이나 덧문은 바깥쪽으로 열려야 한다. 하지만 적어도 추운 지역에서는 쌓인 눈이 덧문을 열지 못하게 막아 화재 같은 긴급 상황이 발생했을 때 집 안에 갇힐 위험이 있다. 반면에 학교, 극장, 그 밖의 공공건물은 출구가 바깥쪽으로 열리게 돼 있으며, 탈출하려고 애쓰는 군중이 힘껏 밀면 잠쇠가 풀리는 비상용 빗장도 붙어 있다. 폭설 예보가 있으면 수업이나 행사가 취소되므로 이런 건물들은 비어 있을 가능성이 높긴 하지만.

공공건물 복도에 있는 문은 또 다른 문제를 제기한다. 예컨대 교실 문이 밖으로 열린다면 다음 수업을 위해 복도를 지나가는 학생들을 향해 열릴 수 있다. 이런 이유로 교실 문은 창문이 붙어 있거나 벽감 형태로 만들어진다(특히 신축 학교 건물에서). 일반 가정집에서는 방충망이나 덧문 건너편이 잘 비쳐 보이기 때문에 주인이 만찬에 참석하기 위해 온 손님을 향해 방충망이나 덧문을 홱 열어젖힐 가능성이 거의 없다. 하지만 여독에 찌들어 침대가 기다리고 있는 영국 건물로 얼른 들어가려는 미국인이 이 모든 것을 고려해 올바른 판단을 내리리라고 기대하는 것은 무리였다.

* 경첩의 축을 '핀', 핀을 둘러싼 관부를 너클이라 한다.

문손잡이는 문 어느 쪽에 달려 있든 간에 그것을 돌리는 힘에 대해 무언가를 알려줄 수 있다. 오랫동안 수많은 손이 붙잡았던 문손잡이에는 마찰력을 사용해 문을 여닫은 흔적이 선명하게 남아 있다. 예컨대 황동 문손잡이는 왼손 엄지손가락과 나머지 손가락들이 가장 많이 붙잡는 부분인 4시 방향과 10시 방향(30분 정도의 오차는 있을 수 있다), 그리고 오른손 엄지손가락과 나머지 손가락들이 가장 많이 붙잡는 부분인 1시 방향과 7시 방향이 반들반들할 것이다. 많은 사람들은 붙잡는 동작과 비트는 동작을 아주 능숙하게 결합하여 문손잡이를 돌리기 때문에, 그것을 붙잡자마자 이미 비틀기 시작한다. 그 결과로 이 손가락들이 문손잡이 둘레를 따라 다소 미끄러지면서 일부 호弧를 문질러 닳게 만든다. 많은 사람들의 사용으로 문손잡이에 남은 밝은 부분은 한 개인이 손잡이를 붙잡는 패턴을 보여주는 것이 아니라 그것을 만진 모든 사람이 남긴 기록이며, 이는 우리 모두가 거의 같은 방식으로 문손잡이를 잡고 돌린다는 것을 증언한다.

때로는 우리가 아무리 강한 압력으로 붙잡고 돌리더라도 문손잡이가 돌아가지 않을 수 있다. 피부와 문손잡이 사이에 마찰력이 충분하지 않을 때, 가령 손이나 문손잡이가 젖어 있다든지 기름기가 묻어 있다든지 하면 이런 일이 일어날 수 있다. 나이가 들어서, 아니면 관절염이 있어서 문손잡이를 충분히 강한 힘으로 붙잡고 돌리지 못할 수도 있다. 보편적인 장비가 제대로 작동하지 않는 사태까지 가지는 않더라도, 이처럼 흔히 맞닥뜨리는 불만에서 일상적인 발명품이 태어나고 삶을 편리하게 만들어주는 기술이 발전한다(이와 함께 관습도 변하는 경우가 많다). 어떤 문제를 해결하는 초기의 시도는 대개 기존의 기술에 임시방편용 부속품을 추가하는 식이었다. 많은 경우, 이런 해결책은 개인들이 자기 집에서 사용할 목적으로 생각해낸다. 예를 들면 손과 문손잡이 사이의 마찰력을 높이는 한 가지 방법은 문손잡이 둘레를 고무 밴드로 감싸는 것이다. 비록 미학적으로 우아한 해결책은 아니지만, 미끄럼 방지 고무 밴드는 손가락들이 꽉 붙잡을 수 있는 표면을 제공함으로써 손잡이 자체를 효율적으로 돌릴 수 있게 해준다. 사업가 기질이 있는 사람이라면 적절한 크기와 색상의 고무 밴드에 '문손잡이 밴드 도우미'든 뭐든 적절한 이름을 붙여 상업적으로 판매할 방법까지 생각할지도 모른다.

심지어 이보다도 미적 감각이 더 떨어지지만 문손잡이를 접착 테이프나 절연 테이프로 감싸는 방법도 있다. 그러나 이런 해결책들은 손과 문손잡이 사이의 회전력을 증가시킬 방법이 구조적으로 내장된 발명품을 요구한다. 문손잡이를 약병 뚜껑처럼 골이나 돌기가 나 있는 것으로 교체하는 것도 한 방법이다. 오래된 집에서 볼 수 있는, 성형 유리로 만들어진 다면체 문손잡이가 매력적일 뿐만 아니라 매우 효율적인 장비인 것은 바로 이 때문이다.

손과 문손잡이 사이에 충분한 접지력(그리고 거기서 생겨나는 충분한 마찰력)이 생기지 않는 문제는 문손잡이를 완전한 원기둥이나 구형이 아닌 럭비공처럼 길쭉한 모양으로 만듦으로써 해결할 수 있다. 이렇게 타원체에 가까워진 문손잡이는 마찰력 대신에 윙너트*를 돌리거나 십자형 수도꼭지를 돌릴 때처럼 길쭉한 손잡이 양 옆을 서로 반대 방향으로 밀어서 돌릴 수 있다. 연속적으로 이어진 모양을 한 문손잡이는 어떤 것이든 간에 그 축이 받침점 역할을 하는 지레 연속체로 간주할 수 있

* 돌리기 쉽게 날개 부분 같은 것이 붙어 있는 너트.

다. 문손잡이에 접선 방향의 힘을 가하는 것은 각각의 작은 지레를 정의하는 반지름 방향 직선에 수직인 방향으로 힘을 가하는 것과 같다. 이를 감안하면, 눈길을 별로 끌지 않는 문손잡이와 달리 많은 문에 레버(지레)가 눈에 잘 띄는 곳에 붙어 있는 것은 전혀 놀라운 일이 아니다(만약 집 안의 둥근 문손잡이를 모두 직선형 개폐 장치로 교체하는 비용을 부담하는 것이 내키지 않는다면 직선형 레버를 둥근 문손잡이에 붙일 수 있는 키트도 있다). 도어 레버는 장식이나 마감재에 따라 종류가 아주 다양하지만, 모두 손의 크기나 힘, 유연성이 문손잡이를 붙잡기에 충분치 않은 사람이 문을 쉽게 열 수 있도록 도와준다.

힘과 그 효율성 또는 비효율성은 공공 정책에 영향을 미칠 수 있고, 그것은 다시 기술 발전을 자극할 수 있다. 미국에서는 1990년 미국 장애인법이 통과되기 전까지 다년간 발명가와 제조업자들은 도어 레버를 문손잡이의 대안으로 진지하게 고려하기 시작했다. 대부분의 입법 절차와 마찬가지로, 이 법 또한 장애인 문제에 대한 대중의 관심이 점점 높아진 것이 계기가 되었다. 예를 들면 1970년대에 장애인의 불편에 대한 인식이 높아짐에 따라 연방 기금을 지원받는 곳들에서는 신체장애인을 차별하는 것이 금지되었다. 연방 정부의 지침에 따라 공공 건물 출입문에는 (미국접근성위원회의 표현을 빌리면) "한 손으로 쉽게 붙잡을 수 있고, 강한 힘으로 붙잡거나 쥐거나 비틀지 않아도 작동할 수 있는 모양"의 장치가 붙어 있어야 했다.

샌프란시스코 발명가 유진 페리Eugene Perry는 1985년에 제출한 '레버 문손잡이' 특허 신청에서 "장애인이나 병약한 사람, 노인에게 공공 건물과 대중교통과 도로에서 실질적으로 정상적인 삶을 영위할 수단을 제공해야 한다는 법이 제정된 것은 비교적 최근의 일"임을 지적했다. 실제로 주택 개조용품점에는 회전축에서 손잡이 끝까지 길이가 약 10cm인 직선형 문손잡이 제품이 점점 더 늘어나고 있었다. 이 제품은 길이와 폭이 편안하게 붙잡기에 적합하고 다루기도 훨씬 쉽다. 물론 레버 손잡이는 길수록 다루기 쉬워지겠지만, 어느 지점을 넘어서면 그것을 사용하는 사람뿐만 아니라 역학적 및 기계적 기능에도 부담을 주게 된다.

내 기억이 맞다면 10cm 길이의 도어 레버(지름이 약 5.5cm인 문손잡이의 흔적을 전혀 찾아볼 수 없는)를 처음 본 곳은 병원이었다. 이 장치는 손으로 조작하도록 설계되었겠지만, 팔꿈치로 밀거나 아래팔로 끌어당기거나 심지어 새끼손가락으로 당겨서도 작동시킬 수 있었다. 어쨌든 간에 손가락으로 손잡이를 붙잡지 않고도 병실 문을 열 수 있었고, 그 덕분에 병균의 전파를 최소화할 수 있었다. 검사실에 홀로 앉아 주변을 관찰할 시간이 있는 사람이라면 누구나 알 수 있듯이, 병원에는 곳곳에 지레가 널려 있다. 일반적으로 혀누르개 병과 기다란 면봉 외에 배관 설비도 지레로 작동한다. 싱크대에는 일반 가정집에서 흔히 볼 수 있는 수도꼭지 대신 기다란 패들 모양의 레버가 달려 있어 의료진은 손을 씻으면서 팔꿈치로 밸브를 잠글 수 있다. 수도꼭지 비슷한 것이 전혀 없는 경우도 있는데, 발로 밟는 페달로 물을 틀고 잠글 수 있다. 이 페달 장치 역시 지레의 일종이다. 발로 밟는 지레를 수도 밸브와 연결하는 메커니즘은 대개 싱크대 아래에서 생생하게 볼 수 있다.

미국 가정에서 도어 레버가 확산된 이유는 위생적 측면보다는 실용성과 유행으로 설명할 수 있다. 하지만 내가 다른 곳에서 언급한 것처럼 세상에 완벽한 설계란 없다. 비록 도어 레버가 전통적인 문손잡이보다 이점이 많긴 하지만 단점도 있다. 가장 성가신 단점 중 하나는 돌출된 레버에 와이셔츠 소맷부리나 외투 소맷자락, 바지 호주머니 같은 것이 걸리기 쉽다는 것이다. 이 문제는 축 쪽으로 되돌아가 레버와 문 사이의 틈을 최소화하는 U자 레버로도 완전히 해결되지 않는다. 틈이 아무리 좁다 하더라도 여전히 물체가 걸릴 수 있다. 틈이 아주 좁을 때에는 레버를 잡은 손가락이 거기에 집힐 때도 있다. 도어 레버의 또 한 가지 단점은 이보다 더 큰 문제가 될 수 있는데, 아이러니하게도 너무 쉽게 작동한다는 점이 단점이다. 아이들은 문손잡이를 다루는 법을 일찍 배우기는 하지만 도어 레버를 다루는 법은 더 일찍 터득할 수 있다. 막 걸음마를 뗀 아이가 그렇게 문을 열게 되면, 위험한 공간인지 구분할 수 있기도 전에 지하실 계단이나 창고 또는 바깥으로 나갈 수 있다.

아이들이 자랄 때 우리가 살던 집의 문들에는 전통적인 문손잡이가 달려 있었다. 아이들이 집을 떠나고 나서 얼마 지나지 않아 캐서린과 나는 문에 레버가 붙어 있는 집으로 이사했다. 이 집에는 새로운 특징이 한 가지 더 있었다. 바로 동물 출입용 문이었다. 무겁고 투명한 플라스틱으로 만들어진 덮개였는데, 아래쪽에 붙어 있는 자성 띠가 문틀에 붙어 있는 상호 보완적인 띠와 함께 작용해 평소에는 덮개를 닫아놓음으로써 바람이나 비, 다른 불청객을 막을 수 있었다. 손잡이 같은 것은 전혀 없었다. 고양이나 개가 덮개를 누르면 자성 걸쇠가 풀려서 그저 문을 밀고 나가기만 하면 됐다. 동물이 집 밖으로 완전히 나가고 (혹은 집 안으로 들어오고) 나면, 자성 띠에서 찰칵 하는 소리가 나면서 문이 닫힌 위치로 되돌아왔음을 알렸다.

우리 집의 두 고양이가 이 문을 조작하는 법을 터득하기까지는 그리 오랜 시간이 걸리지 않았다. 두 고양이는 각자 나름의 비법을 터득했다. 처음에는 테드와 리언 둘 다 약간 머뭇거리면서 덮개 한쪽을 천천히 밀고 조심스럽게 몸을 움직이며 지나갔다. 하지만 얼마 지나지 않아 두 고양이는 단 한 번의 의도적인 움직임으로 문을 밀고 지나갔다. 거리에서 다른 개나 고양이를 피해 달아나려고 할 때에는 덮개를 향해 돌진해 조금의 지체도 없이 안전한 곳으로 돌아왔다. 테드는 쏜살같이 달려와 곧장 머리를 덮개에 부딪치며 돌진했지만, 리언은 문을 지나가기 전에 발로 한쪽 구석을 눌러 자성 봉인을 해제했다. 밤에 고양이들이 집 안에 있을 때에는 우리는 대개 유연한 덮개 뒤쪽을 단단한 플라스틱 패널로 막음으로써 다른 고양이나 개, 너구리, 주머니쥐의 침입을 봉쇄했다.

테드와 리언이 그 문을 사용하는 방식의 차이는 각자의 개성과 일치하는 측면이 있다. 테드는 호기심이 지나치게 많은 편이다. 어릴 때뿐만 아니라 조금 자라고 나서도 테드는 열린 부엌 찬장 속으로 뛰어들어가 깡통과 상자, 병 사이를 능숙하게 돌아다녔다. 아주 어렸을 때 테드가 보이지 않자 우리는 테드를 찾으려고 모든 캐비닛 문을 열어보고 불을 비추며 모든 벽장 속을 들여다보았다. 어디선가 작은 울음소리가 들려왔지만, 테드가 어디에 있는지 도무지 알 수가 없었다. 결국 잡다한 소음을 줄이고 모든 문에 귀를 갖다 댄 끝에 냉장고 속에 갇혀 있는 테드를 발견했다. 테드에게 냉장고는 탐사해야 할 또 하나의 동굴에 지나지 않았을 것이다. 혼자 힘으로 냉장고 문을 당겨서 열 수는 없었을 테니 문이 잠깐 열린 사이에 들어간 게 분명한데, 막상 들어가고 나서는 안에서 문을 밀어 열 수도 없었다.

테드는 여전히 열린 문을 또 하나의 탐구 기회로 여겼지만, 그사이에 다른 집착이 생겨났다. 집 안으로 들어오고 싶지만 고양이 문이 닫혀 있을 때, 테드는 훌쩍 뛰어올라 우리 집 뒷문의 레버 손잡이를 앞발을 구부려 붙잡고 마치 이단 평행봉을 시작하는 체조 선수처럼 레버에 매달려 그것을 아래로 내렸다. 테드가 레버를 붙잡은 앞발을 풀고 바닥으로 내려오면, 손잡이에 가해졌던 무게가 갑자기 사라지면서 레버는 쾅 하는 큰 소리와 그에 뒤따른 반향과 함께 수평 위치로 되돌아갔다. 테드는 자신이 그곳에 있으며 들어오려 한다는 것을 우리에게 알리기 위해 사실상 노크를 한 셈이었다. 소음을 사용하는 이 능력은 테드에게 큰 도움이 되었는데, 평소에 테드는 다소 조용한 고양이여서 울음소리를 거의 내지 않았기 때문이다.

옥외 테라스로 이어지는 프랑스식 문의 경우는 사정이 달랐다. 창문이 없는 뒷문과 달리 이 문에는 여러 장의 창유리가 끼워져 있어 밖에서 들어오려고 하는 사람이나 동물이 있는지 쉽게 볼 수 있었다. 테드는 이 문 바깥쪽 레버에는 절대 매달리지 않았다. 테드와 리언은 그저 가장 낮은 유리창을 통해 불쌍한 표정을 지어 보이면서 우리에게 자리에서 일어나 문을 열어달라는 신호를 보냈다. 우리가 곧바로 반응하지 않으면 앞발로 유리와 나무를 긁어댔다.

우리 집의 프랑스식 문은 대개 잠겨 있다. 오른쪽 문은 위와 아래에 데드볼트(열쇠나 손잡이를 통해 열리는 개폐 장치)가 붙어 있고, 왼쪽 문은 작은 손잡이로 열게 돼 있다. 문이 잠겨 있을 때에는 레버 손잡이를 움직일 수 없어서 테드는 거기에 매달려 쾅 소리를 낼 수 없었다. 잠겨 있지 않을 때에는 레버를 아래로 내려 안쪽으로 당기기만 하면 문을 열 수 있다. 두 고양이는 우리가 그렇게 하는 것을 자주 봤을 터였다. 어느 날 저녁, 나와 캐서린은 각자 뭔가를 읽고 있다가 옥외 테라스 문이 열려 있는 걸 발견했다. 우리는 문을 제대로 잠그지 않아 바람에 문이 열리면서 고양이들이 밖으로 나갔다고 생각했다. 하지만 이후에 문을 확실히 닫았는데도 그런 일이 또 일어나자, 다른 설명을 찾아야 했다.

우리는 뒷문에서 그랬던 것처럼 테드가 스스로 문제의 해결책을 발견하는(리언은 결코 그러지 않았지만) 장면을 목격했다. 테드는 훌쩍 뛰어올라 문손잡이를 앞발로 감싸고 거기에 매달렸다. 문이 잠겨 있지 않으면 몸무게 때문에 레버가 아래로 내려오면서 걸쇠가 풀렸다. 손잡이에 매달린 테드는 뒷발로 기어오르는 동작을 했는데, 우연히 오른쪽 뒷발이 오른쪽 프랑스식 문을 밀면 그 반작용으로 테드의 몸이 뒤로 밀렸고, 그와 함께 앞발도 뒤로 밀려나면서 문이 빼꼼 열렸다. 그리고 테드는 그 틈으로 빠져나갔다. 이 모든 것은 작용과 반작용의 법칙에 따라 일어났다. 시간이 지나자 테드는 한 가지 기술을 더 터득했다. 레버가 자신의 몸무게로도 내려가지 않자, 오른쪽 앞발로 레버에 매달린 채 왼쪽 앞발을 작은 손잡이를 향해 뻗었다. 이 방법은 대개 통하지 않았지만 계속 시도하다 보면 직사각형 모양의 손잡이를 돌려 걸쇠뿐만 아니라 문까지 열 수 있었다. 나는 어느 날 밤에 문가에서 책을 읽다가 이 모습을 보았다. 인터넷에 '문을 여는 고양이'를 검색해보니 이런 행동을 하는 고양이는 상당히 많았다. 그리고 고양이가 도어 레버를 조작할 뿐만 아니라 심지어 어떤 고양이는 둥근 문손잡이를 (아이가 두 손으로 그러듯이) 두 앞발로 완벽하게 돌려서 연다는 사실을 알게 됐다.

매일 저녁 나는 고양이들이 실내에 있고 문이 잠겼음을 확인한 뒤, 양치질을 하면서 잠자리에 들 준비를 한다. 여기에는 하루 종일 손으로 하는 동작 중 가장 까다로운 것이 몇 가지 포함된다. 치약을 튜브에서 짜 칫솔에 묻히는 것만 해도 그렇다. 먼저 치약 튜브를 들어올리고,

뚜껑을 열어 내려놓고, 칫솔을 집어 튜브 입구에 갖다 대고, 튜브를 짜 치약을 약간 나오게 하고, 뚜껑을 닫고, 튜브를 내려놓는 과정을 거쳐야 한다. 그런 다음에는 칫솔을 쥐고 입속에서 앞뒤, 위아래 방향으로 움직여야 하며, 수도를 틀어 쏟아져 나오는 물에 칫솔을 이리저리 돌려가며 씻은 뒤 칫솔꽂이에 도로 걸어놓아야 한다.

다시 말해서, 내 손은 붙잡고 비틀고 짜고 집고 밀고 당기는 동작을 연속적으로 수행해야 하는데, 이 모든 동작이 내가 생각하지도 않는 사이에 일어난다. 심지어 나는 칫솔질을 얼마나 힘껏 해야 하는지도 생각할 필요가 없는데, 에나멜질을 손상시키지 않을 정도로 약하게, 하지만 치아 사이와 잇몸 주변에 낀 음식물 찌꺼기를 제거할 만큼 강하게, 그리고 치아가 반들반들 윤이 나게 칫솔모와 에나멜질 사이에 충분한 마찰력이 생기도록 칫솔질하는 법을 배웠기 때문이다.

복도를 걸어 침실로 가면서 나는 발, 다리, 턱, 어깨, 팔, 손목, 손, 손가락 등 여기저기서 온갖 힘이 작용한 하루를 되돌아본다. 체육관에 가지 않았는데도 나는 내 몸이 운동을 했다고 느끼며, 심지어 운동이 완전히 끝나지 않았다고 느낀다. 나는 잠옷으로 갈아입기 위해 몸을 뒤틀면서 침대로 갈 준비를 한다. 그러면서 고양이들이 자기 몸을 깨끗이 하려고, 또 필요한 경우 문을 열려고 어떻게 몸을 뒤트는지 생각한다. 만약 고양이들이 여전히 우리와 함께 있었더라면 몸을 동그랗게 말고 따뜻함과 위안을 얻기 위해 서로에게 가까이 다가갔을 것이다. 테드는 잠귀가 밝은 반면, 리언은 잠을 깊이 잤다. 침대로 갈 때면 리언이 베개 위까지는 아니더라도 베개에 기대 있는 모습을 발견할 때가 많았다. 나는 리언의 몸 주위로 양손을 둥글게 말아 마치 빨래를 세탁기에서 건조기로 옮기듯이 리언을 들어올려 침대 위의 다른 곳으로 옮겼는데, 리언은 그곳에서 깰 때까지 계속 잤다. 잠에서 깨면, 리언은 조깅을 준비하는 사람처럼 유연한 몸을 쭉 뻗으며 스트레칭을 했다. 앞다리를 앞으로 쭉 뻗었다가 뒤로 당기면서 등을 둥글게 말아 평소 높이의 2배까지 솟게 한 다음, 뒷발을 고정시킨 채 앞발을 앞으로 내디뎠는데, 그 바람에 배가 땅에 닿을 정도로 뒷다리가 쭉 늘어났다. 그러고 나서 마침내 침대에서 뛰어내려 밤의 어둠 속으로 사라져갔다. 침대의 절반을 차지한 나는 늪에 빠진 통나무처럼 시원한 시트와 부드러운 매트리스 위로 푹 꺼지면서 잠을 푹 자리라는 사실을 알았다.

몇 해 전 봄, 테드와 리언은 며칠 간격으로 사라졌다. 우리는 지역 커뮤니티에 이 사실을 알렸고, 올라오는 목격담을 일일이 추적했다. 안타깝게도 아무리 차를 몰고 돌아다니고 아무리 많이 이름을 외쳐도, 두 고양이는 영영 나타나지 않았다. 우리는 겁 많은 리언이 인근의 건축 공사 소음에 두려움을 느껴 떠났고, 충성스러운 동반자 테드가 뒤따라갔을 거라고 생각했다. 목격담마저 끊긴 지 몇 개월이 지나자 우리는 고양이들을 다시 볼 수 있으리라는 기대를 접었다. 2년이 지난 뒤에는 홀리가 데이터너비치에서 웨스트팜까지 돌아왔듯이 두 고양이가 아무리 멀리 떨어진 곳에서도 결국에는 집으로 돌아올 것이라는 희망을 버렸다.

우리 블록에는 테드 같은 주황색 얼룩 고양이가 두 마리 더 있어서 이따금 테드를 닮은 고양이가 우리 집 테라스를 지나갔다. 그 고양이들은 크기와 색이 테드와 비슷했지만, 줄무늬나 귀나 걸음걸이는 우리가 기억하는 테드와 같지 않았다. 테드가 그랬듯이 걸음을 멈추고 프랑스식 문을 들여다보지도 않았다. 그러다가 자동차 앞유리창에서 발자국이 발견되기 시작했다. 테드가 높은 곳에서 진입로를 내려다보기 위해 자동차 지붕 위로 올라가면서 남기던 것과 같은 종류의 발자국이었다. 어느 날 캐서린은 주황색 얼룩 고양이가 테라스를 가로질러 차고로 들어가 한 자동차 밑으로 숨는 것을 보았다. 캐서린이 땅에 무릎을 대고 부드럽게 "테드야"라고 부르자 그 고양이는 꼬리로 바닥을 한 번 치고 떠났다. 이런 식의 조우가 점점 더 자주 일어나자, 그 고양이는 더 유심히 뒤를 돌아보면서 더 천천히 걸어갔다. 캐서린과 나는 그 고양이가 정말로 테드가 아닐까 하는 생각이 들었다.

어느 날 오후, 캐서린은 밖에서 배회하던 주황색 얼룩 고양이가 잠깐 동안 테라스 문을 들여다보는 것을 알아챘다. 이 행동은 이틀에 한 번씩 반복적으로 일어났고, 문을 들여다보는 시간도 점점 길어졌다. 울음소리는 들리지 않았지만 돌아서서 차고로 가기 전에 입이 그 소리를 내는 모양으로 움직이는 것을 볼 수 있었다. 캐서린이 뒷문을 열고 "테드야"라고 부르자 그 고양이는 분명한 울음소리를 냈고, 문으로 천천히 다가와 신중하게 집 안으로 들어오더니 사료와 물을 조심스럽게 먹었다. 그러고 나서 이제 그만 떠나겠다는 의사를 표시했다.

8장

대중교통과 질량의 이동

팬데믹 이전에 뉴욕시 지하철은 매일 500만 명 이상의 승객을 실어 나르면서 많은 사람에게 통근과 관련된 힘을 경험할 기회를 제공했다. 서류 가방이나 승강장 같은 무생물 물체 사이에 작용하는 힘은 알아채기 힘들 수 있지만, 러시아워에 지하철 속으로 꾸역꾸역 밀려 들어온 신체들 사이에 작용하는 집단적인 힘은 너무나도 생생하게 느낄 수 있다. 내가 도시 외곽에서 로어맨해튼으로 출퇴근을 할 때는 빈 좌석을 찾기 어려워서 내내 서서 가야 할 때가 많았다. 그 상태에서는 버스나 지하철의 모든 움직임이 증폭되어 전해졌고, 한 역에서 출발하거나 다음 역에 정차하기 위해 속도를 늦출 때 앞뒤 방향으로 작용하는 가속도에 맞서 내 몸을 지탱해야 했다.

운동의 제1법칙에 따르면, 외부 힘이 작용하지 않는 한 정지한 물체는 계속 정지해 있으려 하고, 일정한 속력으로 일직선으로 움직이는 물체는 계속 그렇게 움직이려고 한다. 정지 상태나 등속 직선 운동을 유지하려는 이 경향을 관성이라고 한다. 헤르츠는 이 현상을 "경험에서 유추할" 수 있는 "기본 법칙"이라고 했다.

지하철이 직선 구간을 일정한 속력으로 달리는 한, 우리는 단단한 땅 위에 서 있는 것처럼 가만히 서 있을 수 있다. 하지만 지하철이 가속되면, 객차 바닥과 신발 밑창 사이에 작용하는 마찰력 때문에 신발 밑창도 함께 가속된다. 나머지 몸은 바닥과 직접 접촉하고 있는 것이 아니기 때문에 같은 힘을 직접 느끼지 못한다. 따라서 나머지 몸은 제자리에 머물러 있으려 하기 때문에 진행 방향의 반대인 뒤쪽으로 구부러진다. 만약 지하철이 너무 빨리 가속되면 승객은 몸이 옆 사람에게 기울어지며 부딪치게 되고, 가까이에 받쳐주는 사람이나 붙잡을 만한 것이 없다면 가속되는 힘에 밀려 바닥에서 발이 떨어질 수 있다. 그래서 서서 가는 승객은 불가피한 가속이 일어날 때 밀거나 당겨서 자신의 위치를 유지하기 위해 손잡이나 막대나 기둥 같은 물체를 붙잡는다.

손잡이를 잡는 데 숙련되어 그 상태로 신문을 읽는 사람조차 지하철이 한 선로에서 다른 선로로 옮겨 갈 때 일어나는 좌우 방향의 갑작스런 흔들림이나 곡선 구간을 지날 때 나타나는 원심력 때문에 화들짝 놀랄 수 있다. 통근할 때 나는 앞에 뭐가 있는지 쉽게 알 수 없었는데, 창밖 풍경은 대부분 어두운 터널이었기 때문이다. 하지만 앞에 뭐가 있는지 안다고 하더라도 가속의 힘은 쉽게 내 몸의 균형을 무너뜨릴 수 있었다. 물론 모든 승객이 같은 힘을 받지만, 빽빽한 객차에서 서로 바싹 붙어 있을 때에는 뭔가를 잡을 필요가 없다. 옆에 있는 사람들이 받쳐주기 때문이다. 맨 끝에 있는 사람이 뭔가를 붙잡거나 그것에 기대고 있는 한, 그들은 함께 이리저리 휩쓸려 흔들리기만 할 뿐 넘어지지는 않는다.

만원 버스에서도 동일한 경험을 할 수 있지만, 승객은 그런 일이 다가오는 것을 볼 수 있다. 내가 다닌 고등학교는 집에서 10마일쯤 떨어져 있었는데, 둘 다 뉴욕에서 인구 밀도가 높은 퀸스 자치구에 속했다. 집에서 학교까지 최단 거리로 오가는 방법은 1마일 정도 걷거나 차를 타고 정류장까지 가서 버스를 탄 뒤, 다시 다른 버스로 환승해 학교에서 가까운 정류장에서 내려 걸어가는 것이었다. 반 친구들 중 20여 명이 같은 버스를 타고 다녔다. 우리는 앉을 자리를 차지하기 위해 다른 통근자들과 경쟁했다. 아마도 버스를 타고 통근하는 이들을 달래기 위해서였던 것 같은데, 교통 당국은 하루에 한 번 우리 학교를 종착지로 하는 특별 급행 노선을 편성했다. 그 버스는 아주 편리했고, 같은 집단이 매일 같은 버스를 탔기 때문에 우리는 곧 버스가 학교에 도착하는 시간을 늦출 방법을 궁리하기 시작했다. 등교 도중에 생긴 교통 사정을 핑계로 내세우면 우리는 한두 시간 수업에 빠지더라도 처벌을 받지 않으리라고 생각했다.

그 노선에 배정된 버스들은 새 차가 드물었고, 운전기사는 규정을 엄격하게 지키는 사람이 아니었다. 이러한 상황은 누구나 제어할 수 있는 힘을 이용하는 장난을 낳았다. 그 버스의 문제점 중 하나는 서스펜션(자동차에서 차체 무게를 받쳐주는 장치)이 매우 약하다는 것이었는데, 우리는 버스가 모퉁이를 돌 때마다 한쪽으로 크게 기울어진다는 사실을 알아챘는데, 운전기사는 모퉁이를 돌 때 속도를 높이며 그것을 즐기는 것 같았다. 그럴 때마다 우리는 바깥쪽으로 몸이 쏠렸는데, 원심력 외에 버스가 한쪽으로 기울어진 것도 한몫했다. 그러면 우리는 운전기사에게 환호를 보내며 또다시 그렇게 해달라고 부추겼다. 우리는 교실에서처럼 버스 뒤쪽에 앉아 있었는데, 우리의 무게와 집단적인 노력만으로는 버스의 기울어짐을 과도하게 만들기에 충분치 않았다. 차체가 타이어에 맞닿아 마찰을 일으키거나 땅에 끌리는 일은 일어나지 않았다. 그래도 우리는 얼마나 버스가 더 기울어져야 티핑 포인트*에 이를지 궁금했다.

모두가 장차 과학자나 공학자가 될 사람은 아니었지만, 얼마 지나지 않아 우리 모두는 작용하는 힘을 느꼈고 또 그것을 증폭시킬 방법을 알게 됐다. 우리는 모두가 버스 한쪽으로 몰리면 그쪽 서스펜션에 가중되는 하중이 2배로 늘어날 거라고 생각하고서 그렇게 했다. 처음 몇 번은 버스의 기울기가 조금 커지는 데 그쳤다. 하지만 우리가 하중을 한쪽으로 더 집중시키는 법을 터득하자, 버스가 지면을 긁고 타이어가 휠하우스를 긁었다. 모퉁이를 돌 때 우리 중 절반이 통로를 가로질러 돌진하면 서스펜션이 바닥을 치는 것을 느낄 수 있었다. 마침내 어느 날 아침, 섀시에서 뭔가가 탁 하고 부러지는 소리가 났다. 버스는 영구적으로 멈추고 말았고 우리는 승리를 자축하며 환호했지만, 그것은 상처뿐인 승리였다. 우리는 대체 버스가 올 때까지 기다려야 했고, 그 때문에 등교가 너무 늦어져서 우리의 장난은 그저 의심을 사는 데 그치지 않았다. 교통 당국은 우리의 행동이 공공 기물 파손에 해당한다고 선언했다. 학교 측은 우리를 무단결석으로 처리했다. 우리는 일주일 동안 방과 후에 학교에 남아야 했을뿐더러 저녁 러시아워 때 집으로 갈 방법을 각자 알아서 마련해야 했다. 우리는 버스를 망가뜨릴 수 있는 힘에 대해 많이 배우기는 했지만, 창피한 행동과 인프라에 대한 책임에 관해 더 큰 교훈을 얻었다.

대도시에서 대다수 통근자들은 고층 건물에서 일한다. 건물 내에서

* 그동안 유지되던 균형이 갑자기 깨지면서 되돌리기 힘든 상황이 걷잡을 수 없이 시작되는 지점.

는 엘리베이터라는 수직 운송 체계에 의존하는데, 너무 많은 사람의 탑승을 막는 안전장치가 있어도 엘리베이터는 매우 혼잡할 수 있다. 하지만 좌우 방향 움직임이 전혀 없기 때문에 탑승자는 무엇을 꽉 잡을 필요가 없다(다만 배에 힘을 꽉 주어야 할 수는 있는데, 엘리베이터가 위로 가속될 때에는 배 속이 밑으로 내려가는 듯한 느낌이 들고, 엘리베이터가 너무 빨리 감속될 때에는 배 속이 위로 솟구치는 느낌이 들기 때문이다). 그럼에도 어떤 엘리베이터는 깜짝 쇼를 보여주곤 한다.

몇 년 전 우리는 라스베이거스로 가족 여행을 떠나 럭소호텔에 묵었는데, 이곳은 라스베이거스 스트립에 피라미드 모양으로 지어진 호텔이다. 30층짜리 건축물의 기하학적 구조와 기울어진 네 면 내부에 객실 2500개를 배치한 구조 때문에 자연히 엘리베이터는 건물의 네 모퉁이 부근에 설치되었다. 당연히 엘리베이터 통로는 수직이 아니라 피라미드 옆면을 따라 39°쯤 기울어져 있다. 이 '인클라이네이터 inclinator'*는 관광객의 기억에 남을 만한 경험 중 하나지만, 겨울 폭풍을 뚫고 날아와 밤늦게 도착한 우리에게는 호텔의 기하학적 특이성이 인상 깊게 각인되지 못했다. 우리가 탄 엘리베이터 내부에는 그다지 특별한 것이 없었다. 이전에 탔던 무수한 엘리베이터와 마찬가지로 수직 벽으로 연결된 수평의 천장과 바닥이 놓여 있었다. 하지만 엘리베이터가 움직이기 시작하자 이전에 경험하지 못한 느낌이 확 들면서 우리는 금방 균형을 잃었다. 수직에서 비스듬히 기울어진 각도로 움직여서 가속도가 사선 방향으로 작용했다. 마치 일반적인 엘리베이터에 (공항 같은 곳에서 볼 수 있는) 무빙워크를 결합한 것 같은 느낌이었다. 우리

* 엘리베이터가 옆으로 기울어진 채 오르내린다는 뜻으로 붙여진 이름이다.

는 잠시 불안감을 느꼈지만 곧 힘의 특이한 조합에 익숙해졌다. 그 경험은 모든 것은 처음에 본 겉모습과 다를 수 있다는 사실을 새삼 깨닫게 해주었다.

우리 가족이 라스베이거스에서 경험한 것은 1965년에 오리건주 유진의 일부 주민이 느낀 것과 비슷했다. 별 의심 없이 무료 눈 검사를 수락한 사람들은 새로 생긴 시각연구센터로 오라는 지시를 받았다. 그곳에서 수속을 밟은 피험자들은 창문이 없는 검사실로 안내를 받았는데, 그곳은 사실 운동 모의실험 장치로, 사전에 정해진 방식에 따라 방을 흔드는 유압식 장비로 제어되는 기계 장치 위에 장착된 상자였다. 피험자들은 바닥에 표시된 자리에 서서 벽에 비친 삼각형의 높이를 추정하라는 지시를 받았다. 할당된 과제를 수행하는 동안 아무런 사전 예고도 없이 방이 움직이기 시작했는데, 움직임이 커지자 몇몇 피험자들은 그것을 감지하고 그 사실을 이야기했다. 감지하지 못한 사람들은 무엇을 느꼈느냐는 질문을 받았다. 이렇게 수집된 데이터는 초고층 건물이 바람에 흔들릴 때 사람이 그것을 어느 정도까지 견뎌낼 수 있는지 평가하는 데 쓰였다.

이 실험을 고안한 사람은 뉴욕 세계무역센터의 쌍둥이 빌딩 설계에 참여하고 있던 구조공학자 레슬리 로버트슨Leslie Robertson이었다. 쌍둥이 빌딩은 세상에서 가장 높은 건물로 탄생할 예정이었지만, 높이와 강철의 효율적 사용을 감안해 다소 유연하게 만들어져야 했다. 문제는 얼마나 유연하게 만들어야 적절한가였다. 오리건주 실험에 따르면 전체의 10%는 4~10cm의 흔들림을 감지할 수 있는 반면, 평균적인 사람은 약 12.5cm의 흔들림을 감지할 수 있는 것으로 나타났다. 실제 건물의 흔들림을 일정 범위 이내로 제한한다면 최소한의 사람만 흔들림에 영향을 받을 것이다. 이 같은 결론을 정성적으로 내리는 데에는 그런 실험이 필요하지 않았겠지만, 로버트슨은 그 범위가 얼마인지 정량화했다. 건설된 쌍둥이 빌딩은 실제로는 꼭대기에서 최대 90cm나 흔들렸음에도 불구하고 구조 설계에 포함된 감쇠 장치가 건물 거주자의 불편을 최소화했다.

쌍둥이 빌딩에서 근무한 사람은 약 5만 명이나 되었고, 업무나 관광 목적으로 방문하는 사람도 하루에 약 20만 명이나 되었다. 평일 근무 시간에 이 건물에 머문 사람의 수는 세상에서 가장 큰 경기장의 수용 인원과 비슷했을 것이다. 경기장에서 경기가 벌어지는 운동장에 가장 가까이 앉은 사람들은 경기 장면을 세세한 것까지 볼 수 있겠지만, 가장 높은 곳에 앉은 사람들은 경기의 전체적인 양상과 공격과 방어의 흐름을 훨씬 잘 파악할 수 있다. 그것은 초고층 건물에서도 마찬가지다. 낮은 층에 있는 사람들은 보도에 나뒹구는 낙엽과 쓰레기에 바람이 어떤 일을 하는지 볼 수 있고, 소용돌이 사이를 걸으면서 바람의 힘을 느낄 수 있겠지만, 가장 높은 층에 있는 사람들은 폭풍이 생겨나고 다가오는 것을 보고, 허리케인의 힘이 건물 자체에 어떤 일을 하는지 느낄 수 있다.

많은 관객이 동일한 운동 경기를 보면서 일제히 같은 행동을 할 때도 있다. 듀크대학교 남자 농구팀 듀크 블루스 데블스의 홈 경기장인 캐머런 인도어 스타디움에서 바로 그런 일이 일어난다. 이 경기장은 약 9000명을 수용할 수 있는데, 관객은 거의 다 농구 광팬이다. 군중의 소음은 당연히 코트에서 벌어지는 경기 양상에 따라 달라진다. 경기가 평소처럼 흘러갈 때에는 환호와 야유가 일어났다 사라졌다 한다. 몬스터 덩크 슛처럼 극적인 플레이가 펼쳐질 때에는 관중이 일제히 환호하지만, 그러고 나서는 초고층 건물의 감쇠 진동처럼 잦아든다. 경기가 소강상태에 빠지면 관중들도 소강상태에 빠지는 경향이 있다—어떤 마스코트나 전체를 단결하게 만드는 사람이 그들의 사기를 일깨우기 전까지는. 캐머런 스타디움에서는 크레이지 타월 가이Crazy Towel Guy라는 열렬한 팬이 오랫동안 그런 역할을 했다. 관중 중 상당수를 차지하는 시즌 티켓 보유자들은 크레이지 타월 가이가 어디에 앉아 있는지 알았고, 팀의 사기를 진작시킬 필요가 있으면 그에게 자리에서 일어나 타월을 빙빙 돌리며 팬들의 성원을 이끌어내라고 촉구했다. 한 개인이 다수에게 영향을 미치는 것은 보편적인 현상이다. 일부 미식축구 경기장은 수용 인원이 최대 10만 명에 이른다. 단 한 사람 혹은 몇몇 사람으로 이루어진 집단이 일어섰다 앉았다 하며 일으키는 잔물결만으로도 경기장 전체를 빙 두르는 파도를 만들어낼 수 있다. 움직임의 시작과 지속은 최면적일 수 있고, 나아가면서 가장 냉담한 관객조차 전염시킬 수 있다.

중역의 책상을 장식하는 장난감으로 자주 쓰이는 뉴턴의 요람(뉴턴의 진자라고도 부른다)이 이와 관련된 현상을 잘 보여준다. 한 모형은 낚싯줄에 매달린 여러 개의 쇠공으로 이루어져 있고, 낚싯줄은 크롬 도금 틀에서 아래로 늘어져 있다. 내 책상 위에서 정지해 있는 5개의 진자는 지하철에서 일렬로 늘어서 있는 손잡이를 연상시킨다. 내가 손으로 틀을 살짝 흔들면, 진자들은 지하철이 출발하거나 멈출 때 발생하는 힘에 반응하는 승객처럼 반응한다. 만약 한쪽 끝의 공을 옆쪽으로 들어올렸다가 탁 놓으면, 비유가 끝나고 재미있는 일이 시작된다. 움직이는 공은 줄지어 정지해 있는 공들을 향해 호를 그리며 날아가 부딪치고는 돌연히 멈춰 선다. 땅 하고 일련의 금속성 소리가 이어지고,

뉴턴의 요람을 그린 19세기 삽화. 이 장치는 운동량과 에너지의 보존을 보여준다. Emile Desbeaux, 1891.

그동안 매달려 있는 공들은 그 자리에 멈춰 있는 것처럼 보이지만 반대쪽 끝에 있는 공이 호를 그리며 높이 올라간다. 그 공은 정점에 이른 뒤, 다시 호를 그리며 되돌아와 기다리고 있는 4개의 공에 부딪친다. 앞서와 마찬가지로 움직이던 공은 돌연히 멈춰서고, 중간에 있는 세 공은 그 자리에서 땅 하는 소리를 내고, 처음에 움직였던 공은 호를 그리며 높이 올라가는데, 처음에 출발한 위치와 거의 차이가 나지 않는 지점까지 올라간다. 그러고 나서 처음부터 다시 같은 패턴이 반복되는데, 공들이 부딪치는 충격으로 땅 하는 소리가 이어지다가 마지막 공이 무리에서 떨어져 높이 올라갔다가 되돌아오는 동안에만 잠깐 소리가 멈춘다. 간헐적인 침묵과 함께 반복적으로 일어나는 이 운동은 최면적이어서 힘의 효과를 눈으로 보고 귀로 듣는 전환적 경험을 제공한다. 공과 공의 연속적인 충돌은 접촉을 통해 선명하게 일어나는 운동에 인간의 감각을 결부시키는데, 이것은 "역학의 가장 기본적인 현상"이라고 묘사되었다.

17세기에 자연철학자 아이작 뉴턴은 이 장난감이 보여주는 힘과 운동 사이의 관계를 설명하는 법칙(자신의 이름이 붙은)을 공식화했다. 뉴턴의 제2법칙을 나타내는 F=ma에 담긴 한 가지 의미는 질량을 가진 물체가 자유 낙하를 할 때 그 가속도는 중력으로 인해 나타난다는 것이다(중력은 관례적으로 g로 표기한다). 여기서 이 방정식은 무게 W와 질량 m이 W=mg라는 공식을 통해 연관돼 있음을 알려주는데, 이는 동일한 질량을 가진 물체가 어떻게 중력이 다른 행성에서 무게가 달라지고 다르게 움직이는지를 설명해준다.

물체에 가해지는 힘이 전혀 없으면 가속이 일어나지 않는다. 이는 물체가 정지 상태로 머물거나 가속 없이 등속 직선 운동을 해야 한다는 것을 의미한다. 운동하는 질량은 운동량을 가지는데, 그 크기는 질량 m에 속도 v를 곱한 것과 같다. 높이 들어올린 공이 나머지 네 공 중 가장 가까이 있는 것에 충돌하려는 순간, 그 공의 운동량은 mv인 반면 정지해 있는 공들의 운동량은 0이다. 충돌이 일어나면 첫 번째 공의 운동량이 충돌한 두 번째 공에 전달되고, 두 번째 공의 운동량은 다시 그다음 공으로 차례로 전달된다. 맨 마지막 공은 처음에 연쇄 반응을 시작하게 한 공과 같은 속도를 갖게 된다. 이 공은 더 이상 운동량을 전달해야 할 공이 없기 때문에, 그 운동량으로 호를 그리며 위로 움직이다가 결국 자신의 무게에 저항을 받게 된다. 그러면 그 공은 동일한 호를 그리며 제자리로 내려와 한 줄로 늘어서 기다리고 있는 네 공에 충돌하고, 앞서와 같은 운동이 반복된다.

공들을 이상적으로 배치한 이 장난감은 에너지 보존 법칙이 성립한다는 것을 보여준다. 어떤 계의 전체 에너지는 일정하다는 법칙이다. 그런 계에서 역학적 에너지는 위치 에너지와 운동 에너지라는 두 종류로 존재한다. 위치 에너지는 공의 무게와 위치한 높이에 좌우되고, 운동 에너지는 공의 질량과 속도의 제곱에 좌우된다. 5개의 공이 모두 정지해 있을 때 전체 에너지는 0이다. 첫 번째 공을 높이 들어올리면 이 공은 위치 에너지를 갖게 되는데, 이 위치 에너지는 두 번째 공에 충돌할 때 운동 에너지의 형태로 변해 전달된다. 중간에 있는 세 공은 이웃한 공에 끼어 있어 움직이지 않지만, 이 공들을 통해 전달된 에너지가 마지막 공을 첫 번째 공과 같은 속도로 움직이게 한다. 그리고 같은 과정이 반복된다. 이렇게 공들이 왔다 갔다 하는 움직임이 요람을 흔드는 모습과 비슷해서 뉴턴의 요람이라는 이름이 붙여졌다.

뉴턴의 요람에서 공들 사이에 상호 작용이 일어나는 동안 중간에 있는 공들 사이에도 분명히 힘이 작용하지만, 크기는 같고 방향은 반대인 이 힘들은 계 내부에 머물면서 상쇄된다. 그 힘은 마지막 공에 이를 때까지 미는 힘과 운동량과 에너지를 한 공에서 다음 공으로 전달하는 것으로만 나타날 뿐이다. 만약 진자의 추가 쇠공이 아니라 스펀지 공이나 달걀 껍데기라면, 이 장난감은 제대로 작동하지 않을 것이다. 스펀지 공은 충돌할 때 에너지를 아주 빨리 흡수해버려 요람이 거의 흔들리지 않을 것이다. 달걀 껍데기는 부서지면서 계의 역학적 에너지를 소모하고 말 것이다. 쇠공은 단단하면서 탄성이 크기 때문에 충돌할 때 서로 손상을 입지 않고 탄력적으로 부딪치고 튀어나가면서 운동 에너지를 잘 전달한다. 따라서 가해진 힘뿐만 아니라 물체의 재질도 결과에 큰 영향을 미친다. 덜 이상적인 계에서는 공들이 결국 멈춰 서고 마는데, 충돌이 일어날 때마다 운동 에너지 중 일부가 소리 에너지로 전환되면서 계의 역학적 에너지가 감소하기 때문이다.

굳이 에너지와 운동량 개념을 빌리지 않더라도, 적절하게 만든 뉴턴의 요람은 일반적인 역학적 인과 관계에 대해 감을 잡는 데 도움을 준다. 쇠공 2개만으로 이루어진 단순한 뉴턴의 요람을 상상해보자. 왼쪽 공을 높이 들어올렸다가 놓아 정지해 있는 오른쪽 공에 충돌시킨다. 움직이는 공을 언덕을 내려가는 자동차와 운전자로, 정지해 있는 공을 아래쪽 교차로에 정지해 있는 자동차와 운전자라고 상상해볼 수 있다. 여기에 더해, 질주하는 자동차의 운전자가 문자 메시지에 열중하느라 정지한 자동차를 보지 못하고 그 후미를 들이받았다고 상상해보자. 충돌의 결과로 질주한 자동차는 멈춰 서고, 정지한 자동차는 앞으로 튕겨나가면서 바닥에 스키드 마크를 남기는데, 스키드 마크는 자동차가 얼마나 멀리 나아갔는지 알려준다. 만약 운전자들이 안전띠를 매고 있었다면 탑승한 자동차와 함께 멈추거나 움직였을 것이다. 질주한 자동차의 운전자는 관성 때문에 앞으로 튀어나가면서 안전띠가 자신을 붙드는 힘을 느꼈을 것이다. 정지한 자동차의 운전자는 의자 뒷부분이 몸을 앞으로 미는 힘을 느꼈을 테고, 만약 머리 받침대 위치가 어긋났다면 목뼈 손상을 입을 수도 있다. 안전띠를 매지 않았다면 에어백에 충돌하거나 앞유리창을 뚫고 튀어나갈 수도 있다. 차 뒤쪽을 들이받힌 운전자의 상태는 의자 뒷부분과 머리 받침대의 효능에 크게 좌우된다. 뉴턴의 요람은 충돌의 역학이 어떤 것인지 감을 잡을 수 있게 해주지만, 사람들이 쇠공만큼 단단하지 않은 현실 세계에서는 치명적인 결과가 나타날 수 있다.

이와 유사한 작용과 반작용은 스포츠에서도 볼 수 있다. 많은 스포츠에서는 한 물체나 선수가 다른 물체나 선수와 충돌하는 일이 일어난다. 이를테면 당구대에서 큐볼은 세모꼴로 배열된 10개의 공을 서로 부딪치게 해 불꽃놀이 쇼의 피날레처럼 사방으로 흩어지게 한다. 이와 비슷하게 야구 방망이는 야구공을 때리고, 발은 축구공을 차고, 라켓은 테니스공을 친다. 이 모든 사례에서 공과 그것이 부딪치는 물체의 성질에 따라, 그리고 얼마나 똑바로 충돌해 상호 작용하느냐에 따라 그 이후의 운동이 결정된다. 농구 선수는 공에 회전을 약간 줌으로써 슛의 성공 확률을 높이는데, 회전은 공이 백보드에 맞고 튀어나오거나 농구 골대 가장자리에 맞고 튀어나오는 방식에 영향을 미친다. 축구 선수는 공이 자신과 골대 사이를 가로막은 장애물을 빙 돌아가도록 하기 위해 바나나킥을 찬다. 노련한 포켓볼 선수는 큐볼을 점프하게 하거나 중간에 있는 다른 공을 빙 돌아서 표적구를 맞히는 곡구를 친다. 이 모든 기술은 물체가 힘과 모멘트에 반응하는 성질을 이용한다. 뉴턴 역학을 잘 알든 모르든, 그런 묘기를 구사하는 사람은 경기와 거기에 관련된 힘들에 대한 감각이 고도로 발달했다.

스포츠 장비의 성능도 다른 물체를 치거나 다른 물체에 얻어맞을 때 힘을 전달하거나 흡수하는 방식에 크게 의존한다. 야구 포수의 미트는 시속 160km에 가까운 공이 날아와 충돌하는 충격에서 포수의 손을 보호하기 위해 두툼한 패드를 댄다. 1루수의 글러브는 포수 미트만큼 패드가 두툼하진 않지만, 내야를 가로질러 날아오는 공을 손가락 부상 없이, 그리고 베이스에서 발을 떼지 않고도 잘 받을 수 있도록 포켓이 길쭉하다. 이와 비슷하게 미식축구 선수는 경기 중에 충격을 흡수하기 위해 헬멧과 어깨 보호대를 비롯해 여러 가지 보호 장비를 착용한다. 미식축구에서 리시버는 실리콘이나 그 밖의 미끄럼 방지 재질로 코팅되었거나 접지력이 높은 재질로 만든 장갑을 착용하는데, 이는 한 손으로 공을 잡는 묘기를 부리는 데 도움을 준다. 그런 장갑의 질감은 물에 불어 쭈글쭈글해진 손가락 끝의 주름을 닮았다. 생물학자들은 그런 주름이 젖은 물체를 붙잡는 능력을 높여준다는 사실을 발견했는데, 그런 성질은 우리의 먼 조상에게 진화적 이점이 되었을 것이다.

타자의 능력 역시 장비의 성질과 그것을 홈 플레이트에서 휘두르는 방법에 크게 의존한다. 메이저 리그 선수들은 나무 배트만 사용하는데 물푸레나무, 때로는 단풍나무 같은 경재로 만든 배트를 선호한다. 베이브 루스 시절에는 히커리로 만든 배트를 사용했지만, 히커리는 밀도가 높아 더 무겁고 휘두르기도 더 힘들었다. 속을 파내고 코르크를 채우는 불법적인 관행은 배트를 가볍게 해 휘두르기는 더 쉽지만 무게가 줄어들어 배트에 맞아 날아가는 공의 속도에 부정적인 영향을 준다. 이것은 빠른 스윙 속도에서 얻는 이점을 상쇄시킨다. 어떤 재질이든 간에 야구 배트는 공을 칠 때 특유의 소리를 내는데, 이 소리의 성격은 공이 내야로 날아갈지 외야로 날아갈지 아니면 더 멀리 날아갈지 알려주는 신호가 된다.

야구공을 치는 움직임은 뉴턴의 요람에서 한 공이 다른 공에 부딪치는 움직임과 비슷하지만, 배트의 길쭉한 모양이 상황을 좀 더 복잡하게 만든다. 타자가 배트를 쥐는 방식과 배트에 공이 맞는 위치에 따라 타자의 손은 확실한 홈런을 쳤다는 만족스러운 느낌에서부터 불편하게 진동하는 배트에서 전해지는 따갑고 얼얼한 느낌에 이르기까지 다양한 느낌을 경험할 수 있다. 메이저 리그가 아닌 경기에서는 속이 빈 알루미늄 배트가 큰 인기를 끈다. 배트 속의 텅 빈 공간은 공에 더 많은 에너지를 전달하는 데 유리한, 더 가볍고 유연한 배트를 만드는 데 도움이 된다.

어떻게 시작하든, 모든 운동은 병진 운동과 회전 운동의 두 가지 기본 성분으로 분해할 수 있다. 병진 운동은 움직이는 물체의 운동 방향이 항상 원래 위치에 대해 평행으로 유지되는 운동을, 회전 운동은 운동 방향에 각도의 변화가 일어나는 운동을 말한다. 고요한 대기 속을 날아가는 비행기는 동체가 향하는 방향으로 병진 운동을 한다. 만약 일정한 속도로 부는 옆바람을 받으며 날아간다면, 비행기는 엔진의 추력이 제공하는 진행 방향의 힘과 바람이 옆으로 미는 힘이 결합돼 나타나는 방향으로 병진 운동을 한다. 비행기의 회전 운동이 진동하는 일이 일어날 수 있는데, 여기에는 여러 가지 방식이 있다. 기수가 위아래로 흔들림에 따라 꼬리 부분이 아래위로 흔들리는 움직임을 피치pitch(비행기의 앞뒤 방향 흔들림)라고 한다. 또, 기수가 좌우로 흔들림에 따라 꼬리도 좌우로 흔들리는 움직임을 요yaw(비행기의 좌우 방향 흔들림)라고 하며, 왼쪽 날개와 오른쪽 날개가 교대로 위아래로 흔들리는 움직임을 롤roll이라고 한다. 비행기에서 회전 운동이 가장 두드러지게 나타나는 것은 방향을 틀기 위해 기체를 한쪽으로 기울일 때다. 비행기나 다른 물체의 전체적인 운동은 그것에 작용하는 힘으로 발생한 병진 운동과 회전 운동이 결합되어 나타나는데, 예민한 승객은 이 힘들의 효과를 느낄 수도 있다.

배의 움직임 역시 힘들의 결합에 좌우되며, 다양한 종류의 운동이 나타날 수 있다. 에버기븐호는 선수에서 선미까지 길이가 400m에 이르는 화물선이다(이는 엠파이어스테이트빌딩 높이와 비슷하다). 2021년 초봄에 중국에서 출발한 에버기븐호는 네덜란드로 가는 길에 수에즈 운하를 지나게 됐다. 그날은 강한 옆바람이 불었고, 배는 운하에서 가장 좁은 지역을 통과하고 있었다. 그 자체만으로도 거대한 배는 갑판에 9층으로 쌓인 컨테이너 때문에 더욱 거대해 보였다. 이 때문에 강한 옆바람을 받는 표면적이 매우 커졌다. 강한 바람 때문에 배는 반대편 제방으로 밀려갔다. 이런 움직임은 자연히 물을 두 갈래로 나누었고, '제방 효과' 현상이 일어났다. 더 좁은 제방 옆 수로를 흐르는 물의 속도가 빨라지면서 선체에 가하는 압력이 낮아졌고, 이것은 다시 배를 제방 쪽으로 더 가까이 끌어당기는 효과를 냈다. 양분된 물줄기 사이로 나아가는 배는 사실상 양분된 공기의 흐름 사이를 지나는 비행기 날개와 비슷하다. 키를 움직여 제방 효과를 상쇄하려는 시도 때문이었는지 아니면 바람이 잠잠해졌기 때문인지 배는 통제할 수 없이 좌우 방향으로 흔들리기 시작하더니 뱃머리가 좌초하고 말았다.

에버기븐호 길이가 운하 폭과 거의 같았기 때문에 좌초한 에버기븐호를 다시 물 위에 띄우려고 애쓰느라 거의 일주일 동안 모든 선박의 운항이 멈추었다. 초기 시도들은 실패로 돌아갔지만, 사리*가 국면 전환에 도움을 주리라는 기대가 높았다. 강력한 예인선 13척을 동원한 끝에 마침내 에버기븐호는 좌초 상태에서 벗어났다. 만약 이 시도가 실패했더라면 배를 더 가볍게 하기 위해 하나당 무게가 최대 40톤에 이르는 1만 8000개의 컨테이너 중 일부를 하역해야 했을 것이다.

* 음력 보름과 그믐 무렵의 밀물이 가장 높은 때. 대조大潮라고도 한다.

이 문제와 해결책은 물리적 힘으로 설명할 수 있지만, 세계 교역에 미친 영향은 경제적 힘에서 나왔다. 수에즈 운하는 아시아와 유럽을 잇는 중요한 해상 교역로다. 운하가 막히면 전 세계 공급망에 큰 차질이 생긴다. 대체 경로는 아프리카 남단의 희망봉을 돌아가는 것인데, 그러면 2주일이 더 걸린다. 하주와 해운 회사는 대체 경로를 택할지 아니면 운하가 다시 열리길 기다려야 할지 위험과 편익을 따지며 계산기를 두들겨야 했다. 대기 중인 선박들 중에는 시리아로 원유를 운송하는 유조선들과 유럽으로 화장지를 운반하는 컨테이너선들이 있었다. 보이지 않게 작용하는 공급과 수요의 힘이 효력을 발휘하기 시작하자, 물자 부족에 대한 두려움 때문에 배급제까지 시행되었다.

이 문제는 2021년 가을에 다시 불거졌다. 이번에 문제가 생긴 곳은 운하가 아니라 거대한 화물선들의 최종 목적지인 항구였다. 항구에서는 화물을 하역하는 데 오랜 시간이 걸리는데, 팬데믹으로 인한 경기 둔화에서 벗어나 태평양 횡단 교역이 회복되자 너무 많은 선박들이 미국 서해안에 도착하는 바람에 그중 다수가 먼저 도착한 화물선들이 하역 작업을 마칠 때까지 길게는 열흘 동안이나 닻을 내리고 기다려야 했다. 미국으로 오는 전체 컨테이너 중 40%가 통과하는 로스앤젤레스와 롱비치의 항구로 들어가려고 그 앞에서 75척의 화물선이 대기한 적도 있었다. 이에 영향을 받은 공급망 중에는 출판 산업도 있었다. 인쇄가 화려한 책들 중 상당수가 아시아에서 인쇄되었기 때문이다. 출판사는 3만 5000권의 책이 든 컨테이너 하나를 태평양을 건너 운반하는 데 2만 5000달러의 비용을 이미 지불했는데, 연말연시에 맞춰 책을 서점에 배포하지 못하면 짭짤한 수입을 안겨줄 베스트셀러가 큰 손실을 낳는 실패작으로 바뀔 수 있었다. 선박과 선박에 실린 컨테이너에 미치는 물리적 힘도 중요하지만, 경제적 힘은 기업의 성패를 가르는 결정적 요소가 될 수 있다.

컨테이너 수천 개를 배에서 부두로 내렸다고 해서 문제가 다 끝나는 건 아니다. 한번은 미국에서 세 번째로 큰 컨테이너 하역항인 서배너 항구에 컨테이너가 8만 개나 쌓이는 바람에 더 이상 새로운 컨테이너를 하역할 수 없는 지경에 이르렀다. 수많은 컨테이너를 수용하기 위해 컨테이너를 5단까지 쌓았는데, 이 때문에 컨테이너를 대기 중인 트럭에 싣는 데 걸리는 시간이 크게 늘어났다. 정상적인 상황이라면 컨테이너 운반이 신속하게 이루어졌겠지만 팬데믹 때문에 트럭 운전기사가 부족했다. 일부 큰 컨테이너는 창고로 옮겨졌지만 그곳도 거의 포화 상태에 이르렀다. 이런 상황은 전 세계 공급망에 큰 지장을 초래했다. 어느 한 가지 문제를 해결한다고 해서 전체 공급망 체계가 회복될 수 있는 상황이 아니었다. 공급망의 모든 연결 고리가 과부하 상태에 처한 것처럼 보였다. 그것은 실패를 연구하는 공학자들에게는 익숙한 상황이었다. 다리나 건물이 단 한 가지 원인으로 무너지는 일은 드물다. 한 기둥이나 들보에 너무 큰 힘이 가해지는 것이 방아쇠 역할을 할 수는 있지만, 부주의한 건축이나 충돌 및 부식 때문에 특정 부분이 약해져서 원래는 버텨내도록 설계된 힘을 버티지 못했을 가능성이 있다.

대관람차는 병진 운동과 회전 운동을 결합해 사람들에게 즐거움을 주는 움직임을 만들어낸다. 대관람차가 높은 곳에 위치한 축 주위를 도는 힘은 엔진이나 모터로부터 나와 벨트, 바퀴, 사슬, 톱니바퀴 등을 통해 전달된다. 거대한 바퀴에 붙어 있는 방들은 작은 축을 통해 바퀴

테두리에 붙어 있는 것으로 볼 수 있다. 만약 거대한 바퀴가 일정한 속도로 천천히 돈다면 자유롭게 매달려 있는 방들은 원을 그리며 병진 운동을 하는데, 바닥은 항상 지면에 평행한 상태를 유지할 것이다. 만약 이렇게 얌전한 움직임이 마음에 들지 않는다면, 탑승객은 앞뒤로 몸을 흔들어 방이 큰 원을 그리며 병진 운동을 계속하는 가운데 축을 중심으로 회전하게 만들 수 있다. 대관람차는 방의 다양한 움직임으로 많은 탑승객에게 다양한 경험을 선사할 수 있다. 하지만 우리가 움직임을 직접 제어할 수 없다면 불편해지거나 심지어 불안해질 수도 있다. 어떤 사람들이 조수석에 앉아 있을 때보다 직접 차를 몰 때 편안함을 느끼는 건 이 때문이다.

하지만 제어를 포기하는 쪽을 선호하는 사람들도 있다. 이들은 놀이공원에서 대관람차 대신에 롤러코스터나 더 격렬한 놀이기구를 선호한다. 그런 놀이기구 중 하나는 버지니아주 윌리엄스버그에 있는 부시가든스의 다빈치 요람이다. 다분히 오해를 불러일으킬 수 있는 이름을 가진 다빈치 요람은 거대한 곤돌라로, 한 줄에 4명씩 앉을 수 있는 벤치가 10열로 배치돼 있다. 곤돌라는 거대한 진자 같은 연결 장치를 통해 구조적 뼈대로부터 지지를 받으며, 커다란 도르래와 벨트(기능을 하는 것도 있고 하지 않는 것도 있다)로 장식돼 있다. 다빈치 요람이 움직이는 동안 곤돌라 바닥은 수평을 유지하는데, 따라서 바닥은 순전히 병진 운동만 한다. 지지점이 내려갔다 올라갔다 하면서 상당한 가속력이 생겨나고, 그에 따라 요람과 탑승객은 큰 호를 그리며 움직인다. 이런 움직임에 연관된 원심력의 가속 때문에 탑승객은 빠른 속도로 오르내리는 엘리베이터에 탔을 때와 비슷하게 배 속을 요동치게 하는 힘을 경험한다.

다빈치 요람에서 경험하는 움직임은 수직 방향의 평면에 국한되지만, 롤러코스터에서 경험하는 움직임은 단일 평면에서 벗어난 회전과 비틀림까지 포함한다. 그래서 롤러코스터 탑승객들은 상하 방향 움직임뿐만 아니라 좌우 방향 움직임과 심지어 거꾸로 뒤집히는 움직임까지 경험하며, 그 결과로 몸이 다양한 방향으로 휙휙 쏠리는 스릴을 즐길 수 있다. 놀이공원의 모든 놀이기구는 이런 테마를 여러 가지로 변형시킨 것에 지나지 않는다. 놀이기구 설계자들이 직면한 과제는 놀이기구의 움직임이 불규칙적인 것처럼 보이게 하면서도 항상 완전히 제어할 수 있게 만드는 것이다. 이 목적을 달성하려면 놀이기구의 움직임과 관련된 힘들을 구조 자체가 견뎌내야 할 뿐 아니라 스릴을 추구하는 탑승객도 그것을 견뎌낼 수 있도록 설계해야 한다.

어린 시절에 우리는 빙글빙글 돌다가 어지러워 땅에 쓰러지고서도 깔깔대고 웃으며 순수한 회전 운동에 가까운 것을 경험한 적이 있다. 어쩌면 우리는 많은 연습을 통해 무용수나 스케이트 선수처럼 끝없이 빙빙 도는 비법을 터득할 수도 있었겠지만, 그들이 어떻게 그렇게 할 수 있을까 하고 생각하는 데서 그쳤다. 스케이트와 얼음 사이에 작용하는 힘은 아주 작기 때문에, 일단 회전이 시작되면 스케이트만을 이용해 회전 속도를 높이거나 낮출 수 있는 방법은 거의 없다. 하지만 스케이트 선수는 자기 몸의 질량을 재분배함으로써 회전 속도를 조절할 수 있는데, 그것도 단순히 팔다리 위치를 바꿈으로써 아주 쉽게 해낼 수 있다. 회전하는 동안 팔을 머리 위로 들어 몸을 축 방향으로 홀쭉하게 만들면 회전 속도를 더 빠르게 할 수 있다. 반대로 팔을 수평 방향으로 쭉 뻗으면 회전 속도를 늦출 수 있다. 첫 번째 경우에는 질량을

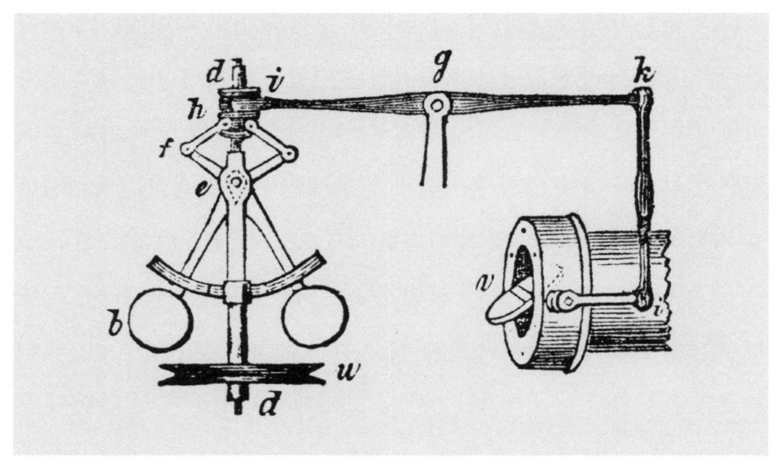

구형의 원심 조속기(왼쪽)는 그것이 연결된(그림에는 나와 있지 않음) 증기 기관의 속도 변화에 따라 공들의 회전 속도가 변했고, 그러면 전체적인 배열 형태와 질량 분포가 변했다. 그러면 이음고리(h)가 수직축과 연결 장치를 따라 움직이면서 초크 밸브(v)의 위치를 조절해 증기압과 증기 기관의 속도를 제어할 수 있었다.

압축시켰고, 두 번째 경우에는 질량을 분산시켰다.

아이스 링크 위를 돌아다니는 스케이트 선수의 자유롭고 우아한 움직임은 연기를 내뿜으며 직선 방향으로 달리는 원시적인 증기 기관차와 아무런 공통점이 없는 것처럼 보이지만, 공통의 특성이 한 가지 있다. 만약 증기 기관을 너무 높은 압력으로 가동하면 보일러가 폭발할 수 있다. 증기 기관에는 작동 속도와 압력을 제한하는 원심 조속기가 붙어 있었는데, 이 장치는 톱니바퀴를 통해 전달되는 증기 기관 자체의 힘으로 회전하는 수직 축으로 이루어져 있었다. 회전축이 돌아가면 거기에 연결된 무거운 금속 공 2개가 함께 돌아갔고, 두 공을 잇는 연결 장치의 설계에 따라 두 공은 속도 변화에 따라 더 큰 원이나 더 작은 원을 그리며 돌았다. 연결 장치는 그 움직임에 따라 열리거나 닫히는 밸브에도 연결되어 있어 밸브를 통해 증기 기관의 실린더에 들어가는 증기의 양을 조절할 수 있었다.

줄 끝에 매단 물체를 머리 위로 빙빙 돌리면 원심력을 쉽게 느낄 수 있다. 물체가 원을 그리며 더 빠르게 돌수록 그 경로는 수평에 가까워지고, 줄에 가해지는 힘이 커지는 것을 손으로 느낄 수 있다. 만약 힘이 줄의 강도를 넘어서면, 줄이 툭 끊어지면서 물체는 빙빙 돌던 원에 대해 접선 방향으로 날아갈 것이다. 줄이 끊어지기 전에 손에서 탁 놓아도 동일한 현상이 일어난다. 해머 던지기 육상 경기에서는 해머 선수가 121.5cm(여자는 119.5cm) 길이의 강철 케이블 끝에 매달린 7.25kg(여자는 4kg)의 해머 추를 들고 빙빙 돌다가 탁 놓으면, 해머 추가 약 90m나 날아갈 수 있다.

어색한 이름에 어쩌면 혼란스럽기까지 한 관성 모멘트라는 개념은 물체의 질량이 회전축 주위에 어떻게 분포돼 있는지를 나타낸다. 관성 모멘트는 힘의 모멘트와 비슷한 용어임에도 불구하고 전혀 다른 개념이다. 힘의 모멘트는 단순히 힘에 회전축까지의 거리를 곱한 값인데, 회전 운동에 가장 큰 영향을 미치는 것은 힘 자체보다도 힘의 모멘트다. 아이들이 굴렁쇠를 굴릴 때, 힘의 모멘트는 막대로 굴렁쇠 테두리를 비스듬히 때리는 행동에서 나온다. 힘이 F=ma라는 법칙에 따라 질량을 직선 방향으로 가속하듯이, 힘의 모멘트는 물체의 회전 운동을 가속한다. 바로 여기서 관성 모멘트(기호로는 I로 표기)가 나타난다. 공학자는 힘의 모멘트와 관성 모멘트 사이의 관계를 M=Iα로 나타내는데, α는 각가속도(시간에 따른 각속도*의 변화량. 각속도는 그리스 문자 ω로 표시한다)

* 회전 운동을 하는 물체가 단위 시간에 움직이는 각도.

볼레아도라boleadora 또는 볼라bola라고 부르는 남아메리카 원주민의 사냥용 무기 역시 원심력을 이용한 것이다. 하나의 줄 또는 서로 연결된 여러 개의 줄 양 끝에 추를 매단 이것을 머리 위에서 빙빙 돌리다 탁 놓으면, 볼라는 휙 날아가 무리에서 벗어난 소나 사냥감의 다리를 휘감는다.

를 가리킨다. 간결한 공식 $M=I\alpha$는 일반인에게 $E=mc^2$이 익숙한 만큼이나 공학자에게 익숙한 공식인 $F=ma$와 비슷하다. 만약 회전하는 물체에 가해진 모멘트가 전혀 없다면, 각가속도도 전혀 없어 그 각속도는 변화가 없고, 그 각운동량 $I\omega$ 역시 변화가 없다. 굴렁쇠나 바퀴처럼 대칭적인 물체는 중심축을 중심으로 회전할 때 관성 모멘트가 변하지 않기 때문에, 각속도는 마찰이나 다른 힘이 그 속도를 늦추거나 멈춰 서게 할 때까지 일정한 속도를 유지한다.

관성 모멘트 개념은 곡예사와 자동차 바퀴, 자이로스코프처럼 서로 이질적으로 보이는 물체들의 행동을 이해하는 데 꼭 필요하다. 관성 모멘트 개념은 기다랗고 납작한 물체가 회전하다가 뚜렷한 이유 없이 회전 방향이 바뀌는 불가사의한 현상도 설명할 수 있다. 이런 일은 테니스 라켓을 면이 지면에 평행하도록 든 뒤 헤드를 손잡이 위로 가도록 하여 공중으로 던지면 헤드가 지면에 수직 방향을 한 채 내려올 때 일어난다. 이러한 방향 변화는 모든 3차원 물체는 주 회전축이 3개 있고, 그 각각에 관성 모멘트가 관여한다는 사실로 설명할 수 있다. 테니스 라켓의 경우, 그 축들은 (1) 손잡이 선을 따라 뻗어 있는 선(많은 선수가 서브를 기다리는 동안 그것을 중심으로 라켓을 빙빙 돌리는), (2) 라켓 면에 수직이면서 무게중심을 지나가는 선, (3) 처음 두 축에 수직인 선이다. 만약 이 마지막 축을 중심으로 회전시키면서 라켓을 위로 던지면 한 바퀴 회전한 뒤에 손잡이가 선수의 손으로 돌아오지만, 헤드는 좌우 방향을 향하게 된다.

이것은 순전히 역학적 현상이기 때문에 수천 년 전에도 특정 기하학적 구조를 가진 물체에서 같은 현상이 나타나는 것을 관찰할 수 있었다. 선사 시대의 도끼와 자귀 머리에 관심을 가진 고고학자들이 특정 형태의 돌에서 그런 물체를 발견했다. 켈트석celt이라고 부르는 그 돌은 강가의 자갈이 물의 흐름에 침식되어 변하는 것처럼 닳아서 반반한 모양으로 변했다. 먼 옛날의 돌과 현대에 제조한 물체가 동일한 종류의 행동을 나타낸다는 사실은 운동의 법칙이 시간을 초월해 자연에 본질적으로 내재한다는 것을 말해준다. 과학자들은 지구뿐만 아니라 태양계 천체들의 운동을 관찰한 끝에 운동의 법칙을 발견했다. 그 법칙은 과학자들이 만들어낸 것이 아니다.

공학역학에 관한 고전적인 교과서 제3판의 출간을 알리는 광고 편지에는 플라스틱으로 만든 켈트석이 딸려 있었다. 래틀백rattleback이라고 부르는 그 켈트석은 길이가 9.6cm, 폭이 2cm, 높이가 1cm이고, 윗면은 반반하고 바닥은 타원체면이며, 바닥의 장축은 반반한 윗면의 장축에 대해 약간 구부러져 있다. 이런 형태는 이 장난감을 반시계 방향으로 회전하도록 편향시킨다. 만약 구부러진 면을 평평한 표면 위에 놓고 시계 방향으로 회전시키면, 래틀백은 달가닥거리면서(이 소리를 영어로rattle이라고 하는데, 그래서 래틀백이라는 이름이 붙었다) 그 방향으로 몇 바퀴 돌다가 잠깐 멈춘 다음, 손을 대지 않았는데도 자신이 선호하는 반시계 방향으로 돌기 시작한다. 이 현상은 자니베코프 효과라고 부르는데, 러시아 우주비행사 블라디미르 자니베코프Vladimir Dzhanibekov가 발견했기 때문이 아니라 그가 국제우주정거장의 미소 중력 환경에서 이 현상이 일어나는 사례를 영상으로 촬영했기 때문에 붙여진 이름이다. 그가 촬영한 영상은 나사산에서 돌면서 떨어져 나온 T형 손잡이가 공중에서 빙빙 돌다가 다른 물체와 아무 접촉이 없었는데도 회전 방향이 바뀌는 장면을 보여준다.*

관성 모멘트 개념은 지루한 역학 현상 분석으로 간주될 수 있는 일에 엉뚱한 농담을 던질 기회를 준다. 공학자는 유머 감각이 떨어진다고 알려져 있지만 때로 (기술적인 것에 치우쳐 있기는 해도) 가벼운 농담을 즐긴다. 공학자의 농담을 이해하는 핵심 비결은 전문 용어를 얼마나 잘 아느냐에 달려 있다. 한 가지 농담은 사자 사냥에 나선 두 공학자에 관한 이야기다. 두 공학자는 사자가 자신들보다 강하고 빠르다는 사실을 알고 있으므로, 사자가 올가미로 자신을 잡으려는 공학자들을 보기 전에 사자를 잡을 방법을 논의한다. 한 공학자는 멀리서 사자를 지켜보다가 사자가 잠이 들면 사자의 관성 모멘트 중 하나one of his moments

* 다음 링크를 참조하라. https://rotations.berkeley.edu/a-tumbling-t-handle-in-space/

of inertia를 이용해 잡자고 제안한다. 이런 유머에 어떤 공학자들은 박장대소를 하겠지만, 다른 사람들은 이해하지 못하거나 웃더라도 그렇게 크게 웃지는 않을 것이다.*

자전거는 어린이에게 힘과 운동과 균형에 대한 입문 코스를 제공할 수 있다. 대다수 어린이들은 바퀴가 2개 달린 탈것을 타는 법을 익히는 데 어려움을 겪는데, 관련된 힘들이 낯설 뿐만 아니라 직관에 어긋나기 때문이다. 어린이(와 걱정이 많은 부모)는 페달을 천천히 밟는 것으로 시작하려는 경향이 있다. 하지만 자전거를 안정시키는 힘은 속력이 높을수록 더 효과적이다. 자전거 앞바퀴를 직선 경로로 나아가게 하고, 핸들에서 손을 떼고도 자전거를 똑바로 나아가게 하는 힘은 자이로스코프 효과**에서 나온다. 사실 핸들을 잡은 손은 자전거를 직선 방향으로 나아가게 할 때보다 방향을 바꿀 때 더 중요하다. 아이들은 자전거를 움직이는 불가사의한 힘에 자신의 안전을 맡기는 법을 터득한 뒤에야 비로소 자전거 타기의 기술에 통달할 수 있다(또 점프를 하거나 앞바퀴를 들거나 그 밖의 서커스 묘기 같은 재주를 부림으로써 그것을 능가하는 경지에 이를 수 있다).

어린이가 자전거를 탈 뿐만 아니라 소유하고 유지하는 것이 더 보편적이었던 시절에 다리의 힘으로 추진하는 이 기계가 각운동의 변덕을 몸으로 배울 기회를 제공했다. 펑크 난 타이어를 수리하려면 아이

* moment of inertia는 공학 용어로는 관성 모멘트이지만, 일반적인 영어로 풀이하면 '무기력한 순간'으로 해석할 수도 있다. 그러니 이 농담은 영어권 공학자들의 아재 개그인 셈이다.

** 회전하는 물체의 회전축에 모멘트를 가했을 때 모멘트의 회전 방향대로 회전축이 움직이지 않고 그 직각 방향으로 회전하는 현상.

는 핸들 양 끝과 좌석을 삼각대 삼아 자전거를 거꾸로 뒤집었다. 그리고 바퀴 축을 자전거 포크에 고정된 볼트를 풀고 바퀴를 떼어냈다. 펑크를 때우고 나서 바퀴를 다시 결합하기 전에 호기심 많은 어린 기계공은 그것을 가지고 실험을 하곤 했다. 축 양쪽 끝을 붙잡고 바퀴를 든 채 바닥에 대고 비비면 바퀴를 회전시킬 수 있었다. 빠른 속도로 도는 바퀴는 회전 관성을 갖는데, 이 때문에 바퀴가 회전 평면에 머물러 있는 한 회전축을 변경하기 어렵다. 이것이 바로 자이로스코프 효과인데, 물리학 수업 시간에 학생들은 수평 방향으로 도는 회전대 위에 놓인 스툴에 앉아 회전하는 바퀴를 잡음으로써 자이로스코프 효과를 체험할 수 있었다. 만약 바퀴를 수직 방향에서 벗어나게 하려고 하면 방향 변화에 저항하는 두 가지 힘을 느낄 것이다. 그 결과로 생겨나는 토크torque*가 실험 참여자를 통해 회전대로 전달되고, 그러면 회전대가 돌기 시작한다.

펑크 난 타이어를 수리하고 바퀴를 다시 자전거에 끼운 뒤, 어린 기계공은 바퀴가 제대로 결합됐는지 확인하고 싶었을 것이다. 타이어 중 일부가 자전거 포크에 닿아 마찰이 일어날 경우, 그것을 고치려면 개개 바퀴살을 정확한 순서에 따라 선택적으로 조여야 하는데, 아주 중요하고 시간을 많이 잡아먹는 이 작업에서 어린이는 긴장감을 보상으로 얻었다. 만약 마찰이 바퀴 전체에서 일어난다면 자전거 포크 구멍들에 축을 다시 집어넣어야 했다. 모든 것이 제자리를 잡고 모든 너트를 조이고 나면, 단순히 즐기기 위해 바퀴를 가능한 한 빠른 속도로 굴러가게 하고 싶은 충동을 억누르기 힘들었다. 최대 각속도와 각운동량

* 물체를 회전시키는 능력을 나타내는 물리량으로, 돌림힘이라고도 한다.

을 얻으려면 회전하는 바퀴를 한 손으로 반복적으로 밀어야 했는데, 손바닥과 타이어 접지면 사이의 마찰력으로 바퀴 축에 모멘트를 전달하기 위해서였다. 바퀴를 멈추게 하는 것도 바퀴를 최대한 빨리 돌게 하는 것만큼이나 재미있었다. 한 손을 캘리퍼 브레이크처럼 사용해(노파심에 덧붙이자면 장갑이나 헝겊으로 손을 보호하는 것이 좋다) 바퀴를 멈출 수 있는데, 타이어 옆면을 재빨리 붙잡고는 손이 화상을 입기 전에 또는 살라미 소시지가 슬라이스 기계에 들어가듯이 펜더로 휩쓸려 들어가기 전에 놓으면 된다. 수리를 마친 현명한 기계공은 모든 것이 제대로 작동하는지 확인하기 위해 자전거를 타고 온 동네를 쏘다녔다.

의식하든 의식하지 않든, 우리는 늘 접촉하는 모든 것에 힘과 운동을 가하고 그 효과를 되돌려받는다. 이런 다양한 경험을 통해 우리는 물리 세계와 그 방식에 익숙해진다. 경험의 도서관 밖에 존재하는 힘과 운동을 맞닥뜨릴 때 우리는 크게 놀라게 되는데, 거기서 해를 입기도 하고 이득을 보기도 하며 즐거움을 얻을 때도 있다.

힘을 천연 자원으로 이용하는 것은 실험실의 과학자나 사무실이나 현장의 공학자만 누릴 수 있는 특권이 아니다. 누구든지 재미로 힘을 이용할 수 있으며, 그런 짓은 어른다운 행동이 아니라는 생각은 정신 건강에 해로울 수 있다. 일만 하고 놀 줄 모르는 어른은 따분한 부모가 되고 만다. 아버지가 어린 아들 잭과 딸 질을 데리고 조부모 댁을 방문했을 때, 놀이에서 사람을 분리하고, 힘에서 힘을 가하는 사람을 분리하는 전자 장난감이 등장하기 이전 시대에 조부모들이(그리고 나중에는 아버지와 그 친구들이) 얼마나 재미있게 놀았는지 들려준다면 얼마나 신선하게 들리겠는가! 그들은 굴렁쇠를 어떻게 굴렸는지, 그들 자신도 어떻게 함께 언덕을 굴렀는지, 꼭 어딘가를 가기 위해서가 아니라 단지 페달을 밟아 앞으로 나아가는 즐거움을 얻기 위해 자전거를 탄 경험을 들려줄 수 있었다. 손주들에게 그들의 아버지가 어렸던 시절에는 아이들이 장바구니에서 깡통을 꺼내 경사진 바닥에 놓고 굴리면서 그 모습을 지켜보았고, 외부의 기하학적 형태가 동일한 깡통도 내용물의 종류에 따라 굴러가는 속도가 다르다는 사실을 관찰했다고 말해줄 수 있었다. 또 친구들과 함께 수프가 든 깡통으로 경주를 벌인 이야기도 들려줄 수 있는데, 예컨대 야채 수프 깡통과 토마토 수프 깡통이 경주를 벌인 이야기를 들려줄 수 있었다. 승패는 수프의 맛이 아니라 깡통에 든 내용물의 밀도에 좌우되었고, 결국에는 깡통과 그 내용물의 관성 모멘트에 좌우되었다.

전자오락 게임에서 시뮬레이션하는 가상의 힘과 토크를 보거나 느낄 수 있는 사람이 있을까? 조이스틱이나 액션 버튼을 만지는 느낌이 아무 변화가 없다면, 자전거 핸들을 붙잡거나 땅에 닿은 뒤 뒤로 되돌아오도록 농구공에 역회전을 줄 때의 제어감을 전혀 경험할 수 없다. 조이스틱이나 액션 버튼은 볼링화가 파울 라인 바로 앞에서 돌연 우리 몸을 멈춰 세우면서 주는 충격을 전혀 주지 못한다. 또한 볼링공을 레인 위에 부드럽게 내려놓으면서 그것이 커브를 그리며 포켓으로 굴러가 모든 핀을 쓰러뜨리는 모습을 지켜보기 위해 무게 7.2kg의 볼링공을 들어올리고 비틀면서 회전을 주는 느낌을 전자오락 게임에서는 전혀 경험할 수 없다. 축구에서 헤딩이나 시저스 킥으로 골을 넣으면서 중력을 거스르는 짜릿한 즐거움도 경험할 수 없다. 문화에 따라 놀이 도구는 다를 수 있지만, 힘을 가지고 놀면서 경험하는 보편적인 즐거움은 따로 번역이 필요 없다.

9장

학교와 스폴

힘에 대한 착각

마술에서부터 줄타기 곡예에 이르기까지 놀라운 공연 기술은 힘의 역학을 바탕으로 펼쳐진다. 예부터 곡예사들이 많이 보여준 재주 중에는 많은 접시를 가늘고 유연한 긴 막대 위에 올려놓고 빙글빙글 돌리는 묘기가 있다. 이는 흔들거리며 도는 접시들이 수평 방향에서 너무 빨리, 너무 멀리 벗어나지 않도록 해주는 자이로스코프 효과의 힘에 크게 의존하고 있다. 하지만 자이로스코프 효과보다도 더 크게 의존하는 것은 바로 운동량 보존 법칙이라는 개념이다. 많은 마술과 서커스, 무대 공연과 마찬가지로 접시 돌리기 묘기에서도 특별한 장비를 사용하는 경우가 많다. 가령 접시는 바닥에 원뿔 모양으로 움푹 파인 곳이나 홈이 있어 막대가 접시 중심에 위치하도록 도와준다.

접시(때로는 우묵한 그릇을 사용하기도 한다)를 막대 끝에 올려놓고 가장자리를 손바닥으로 빠르게 살짝 쳐주면 계속 돌게 할 수 있다—착륙하는 비행기 바퀴를 스쳐 지나가는 활주로가 바퀴를 계속 돌게 하는 것처럼. 혹은 탁자 위에 세워놓은 막대 위에 접시를 올려놓고, 막대를 흔듦으로써 접시가 돌게 할 수도 있다. 접시와 그릇은 크기에 비해 관성 모멘트가 크기 때문에, 일단 돌기 시작하면 플라이휠처럼 한참 동안 계속 돌 수 있다. 많은 접시가 돌고 있을 무렵에는 처음에 돌기 시작한 접시들은 자연히 속도가 느려져 비틀거리기 시작할 것이다. 그러면 곡예사는 처음 접시들로 되돌아가 손으로 가장자리를 살짝 치거나 막대를 흔듦으로써 다시 빨리 돌게 하고는 새로운 접시를 추가해 돌리기 시작했다. 결국은 어지러울 정도로 많은 접시가 동시에 빙빙 도는 지경에 이르렀고, 항상 일부 접시는 비틀거리기 시작했으므로, 곡예사는 무대를 바쁘게 돌아다니면서(객석에서 터져나오는 관객의 탄성에 놀란 것처럼 연기하면서) 접시가 막대에서 떨어지지 않게 했는데, 막대의 유연성은 긴장의 강도를 한 단계 더 높였다. 이 묘기는 대개 곡예사가 각각의 접시를 회전하는 프리스비를 잡듯이 손으로 붙잡아 멈추게 함으로써 끝났는데, 분주한 식당에서 직원이 카운터 아래에 빈 접시를 보충하기 위해 깨끗한 접시를 한 팔 가득 들고 옮기는 모습과 비슷했다.

이보다 덜 열광적인 오락도 많다. 파티에서 자주 등장하는 도전 과제는 이쑤시개 하나만으로 포크 2개를 유리잔 가장자리에 걸쳐서 균형을 잡는 것이다. 모르는 사람에게는 이 과제가 도저히 불가능한 것처럼 보인다. 하지만 힘을 잘 아는 사람에게는 초보적인 수준의 과제에 불과하다. 비결은 두 포크의 끝을 얽히게 해 포크 손잡이들을 V자 모양으로 만드는 것이다. 이렇게 결합된 두 포크의 무게중심은 두 포크 사이의 각을 양분하며 지나가는 직선 위에 있다. 바꿔 말하면, 무게중심은 두 손잡이 사이의 텅 빈 공간에 있다. 포크의 갈래들 사이로 집어넣어 무게중심이 있는 직선을 따라 배치한 이쑤시개는 무게중심을 지나가므로, 전체를 유리잔 가장자리에서 균형을 잡게 할 수 있다. 두 포크는 유리잔에 닿지도 않은 채 밖에 걸쳐져 있는데, 이 모습은 마치 중력을 거스르는 것처럼 보이지만, 사실은 이 트릭을 가능하게 만드는 것이 바로 중력이다. 불을 붙인 성냥을 가장자리 안쪽의 이쑤시개 끝에 갖다 대 이쑤시개를 촛불 심지처럼 타게 함으로써 분위기를 한층 더 고조시킬 수 있다. 불은 가장자리에 이르면 저절로 꺼지는데, 이 마법의 기구는 마치 유리잔에서 외팔보가 떠받치고 있는 것처럼 보인다. 여기에 작용하는 힘은 포크와 이쑤시개 결합체의 무게와 그 반작용으로 유리잔 가장자리가 위로 떠받치는 힘뿐인데, 둘 다 동일한 하나의 접촉점을 지나간다. 그 결과는 패러데이가 장난감 인형으로 보여준 것과 비슷하다. 이것은 또한 외줄타기 곡예사가 긴 막대로 어떻게 균형을 잡는지도 설명해준다.

관련된 역학적 원리를 알고 나면 감탄을 자아내는 마술 공연을 가리고 있던 착각의 베일이 걷힌다. 또한 정량적 추론을 사용해 분석하면 불가사의한 현상에서 불가사의가 사라진다(그렇다고 해서 꼭 재미까지 사라지는 것은 아니다). 내가 서커스에서 언제나 가장 흥미롭게 본 묘기는 여자 곡예사가 반짝이는 긴 머리카락만으로 공중 높이 매달려 빙빙 도는 것이었다. 나는 왜 머리카락이 뽑히지 않는지 궁금했다. 저 높은 곳에 매달려 빙빙 도는 동안 두피가 얼마나 아플지도 상상해보았다. 그러다가 공학자처럼 생각하기 시작하자(이는 무엇보다도 모든 것을 수를 사용해 생각하는 태도를 포함한다) 곡예사가 그다지 큰 고통을 느끼지 않으며, 대머리가 되지도 않으리라는 걸 깨닫고서 안도했다. 그런 묘기를 부리는 곡예사들은 대개 체격이 작고 마른 여성이므로 몸무게가 45~50kg에 불과할 것이다. 어딘가에서(아마도 일요일 신문 만화 코너에서 열심히 읽었던 '리플리의 믿거나 말거나'였을 것이다) 나는 사람의 머리카락 수가 10만 개에서 14만 개에 이르며, 금발인 사람들은 대개 머리카락 수가 많은 쪽이라는 이야기를 읽었다. 따라서 평균적인 머리카락 수를 12만 개로 잡고 (수학적 편의와 역학적 보수주의를 위해) 곡예사의 몸무게를 50kg으로 잡는다면, 그리고 그 몸무게가 모든 머리카락에 골고루 분산된다고 가정한다면, 머리카락 한 가닥이 감당해야 하는 무게는 0.4g에 불과하다. 보통 사람은 감지하기조차 힘들 정도로 아주 작은 무게다. 정량적으로 생각해보면 확실한 답을 얻는 데 도움이 된다. 실험 결과에 따르면, 머리카락 한 가닥이 버틸 수 있는 무게는 약 84g이다. 따라서 모든 머리카락으로 지탱할 수 있는 무게는 거의 1만 kg에 육박한다. 이는 몸무게가 50kg인 곡예사 200명이나 코끼리 두 마리에 해당하는 무게다.

이와 관련이 있는 한 가지 문제는 못이 박힌 침대에 눕는 고행자다. 그는 심지어 못 박힌 침대에 누워 가슴 위에 사람을 올려놓기까지 한다. 이번에도 이 문제를 정량적으로 분석해보면 실제로 일어나는 일을 명확하게 설명하고 수수께끼를 쉽게 풀 수 있다. 그가 마른 체형이어서 키는 약 180cm, 몸무게는 70kg쯤이라고 하자. 그런 체형이라면 가슴 폭은 45cm쯤일 것이고, 다리 폭은 넓적다리 부근에서는 약 12.5cm, 발꿈치 부근에서는 약 7.5cm일 것이다. 전신의 피부 표면적은 약 5000cm^{2}에 이를 텐데, 여기에 못들의 힘이 분산된다. 못들을 2.5cm 간격으로 촘촘히 박는다면 그가 눕는 침대에는 약 750개의 못이 박혀 있을 것이다. 따라서 평균적으로 못 하나당 가해지는 무게는 약 90g이다. 못 끝에 집중되는 이 힘은 피부를 꿰뚫기에 충분한 압력을 만들어내기 어렵고, 따라서 고행자는 통증을 거의 느끼지 않고 아무 생각 없이 못 침대 위에 누울 수 있다. 물론 최종 자세를 잡기 전에 너무 적은 못에 많은 몸무게가 실리지 않도록 주의를 하면서 누워야 할 필요는 있다(만약 어떤 이유로 한 못이 다른 못보다 더 높이 솟아 있다면, 고행자는 우리가 안락의자에서 용수철 하나가 솟아 있는 것을 느끼듯이, 그리고 동화 속 공주가 여러 개의 매트리스 밑에 놓은 완두콩을 느끼듯이 그것을 느낄 수도 있다).

비록 신비로움이 떨어지는 부작용이 있긴 해도 관련된 힘들의 성격과 규모, 그리고 그것들을 길들이는 데 필요한 기술을 파악하면 서커스를 비롯해 신기한 재주를 더 잘 이해할 수 있다. 많은 서커스 묘기는 정확한 타이밍에 크게 의존하는데, 여러 사람이 팀을 이루어 운동과 관련된 묘기를 펼칠 때에는 특히 그렇다. 예를 들어 공중그네를 타는 곡예사를 생각해보라. 한 곡예사가 그네를 타고 앞으로 나아가고, 반대쪽에서도 동시에 다른 곡예사가 그네를 타고 다가온다. 여기서 첫 번째 곡예사가 그네를 잡은 손을 놓는 것과 동시에 파트너가 뻗은 손을 붙잡는 타이밍이 매우 중요하다. 허공을 나는 곡예사도, 그를 붙잡으려는 파트너도 상대방의 손이나 손가락만 붙잡으려고 하지 않는다. 팔의 해부학적 구조 중에서 가장 약한 부분에 의존하는 시도에 따르는 위험은 말할 것도 없고, 그것은 너무나도 작은 표적이어서 실수를 할 위험이 크기 때문이다. 대신 두 사람은 손을 뻗어 상대방의 아래팔을 붙잡으려고 하며, 접촉이 일어나는 순간 붙잡은 손이 상대방의 손목을 향해 미끄러져 내려가게 한다. 기다란 아래팔은 더 크고 튼튼한 표적을 제공할 뿐만 아니라 조준과 타이밍에 일어나는 약간의 불일치도 허용할 수 있다. 그네를 건너뛰는 순간은 대개 두 곡예사가 가장 높은 지점에 이르렀을 때 일어나는데, 진자가 정점에 이르렀을 때와 마찬가지로 두 사람은 잠깐 동안 위로도 아래로도 전혀 움직임이 없는 상태를 맞이해 중간 지점에서 눈 깜짝할 사이에 자세를 조정할 기회를 얻는다. 능숙한 솜씨로 재빨리 해치우면 숨을 죽이고 바라보는 청중은 전혀 눈치채지 못한다. 물론 비결을 이해했다고 해서 공연에서 느끼는 감흥이 떨어지는 것은 아니다. 오히려 우발적 사고의 가능성을 알고 나면 공연이 더욱 인상적으로 보인다.

세 가지 묘기를 한꺼번에 펼치는 서커스의 모든 행위는 관련된 힘과 운동을 현명하고 조심스럽게 사용하고 존중해야 한다. 긴 팔을 뻗는 공중그네 곡예사, 긴 막대로 균형을 잡는 외줄타기 곡예사, 강철 막대를 구부리는 차력사는 모두 작용하는 힘들 사이에서 언제 수동적이 되어야 하고, 언제 청중의 감탄을 자아내는 힘과 움직임을 능동적으로 만들어내야 할지 잘 안다. 이와 비슷하게 외발자전거를 타는 사람, 인간 포탄, 작은 자동차에 꾸역꾸역 올라타는 수많은 광대도 공연의 성공이 힘을 다루는 방식에 달려 있다는 사실을 잘 안다. 널뛰기판 한쪽 끝에 서서 다른 사람이 반대편 끝으로 뛰어내리는 힘을 받아 위로 솟구친 뒤 층층이 쌓인 곡예사들 꼭대기에 있는 사람의 어깨 위로 날아가길 기다리는 곡예사도 그 사실을 잘 안다. 이 모든 것은 타이밍과 길들이기에 달려 있다. 즉, 일어서야 할 때와 걸어야 할 때와 달려가 점프를 해야 할 때가 언제인지 알고, 힘에 나머지를 맡기는 것에 달려 있다.

힘을 느끼는 것은 힘에 대한 감각이 생기는 것과는 다르다. 주의 산만이나 속임수, 이중성이 관련된 상황에서는 특히 그렇다. 야구 포수는 강속구의 충격을 느끼겠지만, 공을 홈 플레이트를 향해 원하는 대로 날아가도록 하기 위해 힘에 대한 감각이 뛰어나야 하는 사람은 투수다. 야구공을 잘 던지려면 손에 쥔 공에 대한 감각이 뛰어나야 한다. 포수의 사인을 기다리며 등 뒤에서 공을 붙잡고 있을 때, 투수는 투구를 하기에 적절한 방향이 될 때까지 손 안에서 소가죽을 돌린다. 투수는 맹인이 오톨도톨한 점자를 느끼듯이 손끝을 스치는 공의 꿰맨 자국을 느낀다. 추가적인 이점을 누리려고 하는 투수는 공에 손톱으로 자국을 내거나 긁혀서 흠집이 난 부분을 찾는다. 손 안에서 강속구나 느린 공, 높은 공, 낮은 공, 커브, 싱커, 슬라이더, 로브, 스핏볼, 빈볼 등 원하는 구종을 던지기에 정확한 위치를 잡았다고 느꼈을 때, 투수는 와인드업을 한 뒤에 그에 알맞은 힘으로 공을 던진다.

타자가 공을 잘 치려면 홈 플레이트로 공이 어떻게 날아올지 예상해야 한다. 투수에게 많은 선택지가 열려 있는 상황에서 타자가 날아오는 공을 제대로 예상하기는 쉽지 않다. 강타자는 마운드에서 홈 플레이트까지 18m를 날아오는 데 걸리는 시간인 0.5초(눈을 한 번 깜빡이는 시간) 안에 구종을 파악하는 선구안을 가져야 한다. 그사이에 타자는 상황에 적절한 방식으로 손, 팔, 어깨, 몸통, 다리의 근육을 긴장시킨다. 잘 맞은 공을 잡으려면 내야수와 외야수는 디지털 컴퓨터의 도움 없이 재빨리 계산할 수 있어야 한다. 평범한 선수도 공이 날아가는 지점으로 달려가는(아이스하키 선수 웨인 그레츠키의 유명한 조언을 빌리면, 퍽이 있을 장소로 스케이트를 타고 달려가는) 법을 알지만, 그것을 항상 정확하게 해내는 것은 아니다. 타고난 재능을 연습으로 갈고닦은 선수는 공이 떨어지는 장소로 달려갈 뿐만 아니라 적시에 그곳에 도착해 점프를 하거나 쭈그리거나 다이빙을 해 공이 정확하게 글러브 속으로 들어가게 한다.

스포츠마다 사용하는 공의 종류가 다른데, 개중에는 공 모양이 둥글지 않은 것도 있다. 미식축구에서 사용하는 공은 긴회전타원체라는 길쭉한 타원체 모양이다. 야구공은 꿰맨 자국 아래에 단단한 심이 들어 있지만, 끈으로 졸라맨 미식축구 공의 가죽 속에는 공기를 집어넣어 부풀리는 고무주머니가 들어 있다. 야구 투수는 구종에 따라 공을 제각각 다르게 쥐지만, 미식축구 쿼터백은 일반적으로 다운필드(공격팀이 공격하는 방향의 경기장)를 향해 온갖 패스를 할 때 거의 같은 방식으로 공을 쥐고 던진다. 센터가 공을 건네주면 쿼터백은 손가락이 끈에 닿았는지 확인한다. 만약 닿지 않았다면 닿을 때까지 손에 쥔 공을 돌린다. 이렇게 쿼터백은 최적의 위치에 손가락들을 두고 공을 쥔 뒤에 장축을 따라 회전시키면서 던지는데, 이 회전 운동 덕분에 흔들림이 줄어들어 공을 받기가 쉽다. 일련의 패스나 돌진으로 퍼스트다운first down(네 번의 공격 기회 중 첫 번째 공격 기회)을 새로 얻어내지 못하면, 펀트punt(손에서 공을 떨어뜨려 땅에 닿기 전에 차는 것)나 필드골 기회를 요구할 수 있다. 그럴 경우, 공을 펀터나 홀더에게 건네주면, 펀터나 홀더는 키커의 발에 끈이 닿지 않도록 재빨리 공의 방향을 바로잡는다. 만약 차는 순간 끈에 발이 닿으면, 공이 예측할 수 없는 방향으로 날아갈 수 있다.

쿼터백의 패스는 손으로 공을 쥔 위치뿐만 아니라 던지는 힘을 적절히 전달하기 위해 얼마나 단단하게 공을 쥐느냐에도 영향을 받는다. 어린이가 플라스틱 미식축구공보다 스펀지 미식축구공을 더 잘 쥘 수 있는 것처럼 프로 미식축구 쿼터백도 공기가 꽉 찬 공보다는 공기가 덜 찬 공을 쥐기가 더 쉽다. 경기의 공정성을 위해 내셔널 풋볼 리그(NFL)는 경기용 공의 공기압이 $1in^2$당 약 13파운드여야 한다고 규정하고 있다. 2015년에 아메리칸 풋볼 리그 챔피언을 가리는 경기가 뉴잉글랜드 패트리어츠와 인디애나폴리스 콜츠 사이에 벌어졌을 때, 패트리어츠가 공기가 덜 들어간 공을 사용했다는 비난을 받았고, 쿼터백 톰 브레이디Tom Brady는 네 경기 출장 정지를 받을 위기에 처했다. 브레이디는 그 징계가 부당하다며 약 18개월 동안이나 맞서 싸우다가 결국 징계를 받아들였다.

축구공은 둥글지만 겉으로 드러난 끈이나 꿰맨 자국이 전혀 없다. 이 점은 아무 문제가 되지 않는데, 골키퍼를 제외하고는 선수들은 손을 사용해 공의 위치를 바꿀 수 없기 때문이다. 그렇다고 해서 축구 선수가 공에 가하는 힘의 종류를 선택할 수 없다는 말은 아니다. 축구화 옆쪽으로 공을 비껴 차면, 공이 커브를 그리며 수비수들을 지나 골대로 날아갈 수 있다. 슛의 성공은 강한 추진력 외에도 그 추진력을 가하는 방식에 달려 있다. 이것은 볼링에서부터 당구에 이르기까지 많은 스포츠에서도 마찬가지다.

스포츠 분야 밖에서도 비슷한 모양의 많은 물체 사이에서 특정 물체를 찾아내고 그것이 향한 방향을 알아내려고 할 때 힘에 대한 예리한 감각이 도움이 되는 경우가 많다. 자판기 앞에 선 사람은 호주머니에 뒤섞여 있는 동전들 중에서 꼭 필요한 금액의 동전을 찾아 꺼내야 한다. 물론 통화의 종류는 많고, 제각각 크기와 모양이 다르다. 가장 흔한 것은 원반 모양이지만, 다각형 모양이나 구멍이 뚫린 것도 있고, 재료로 쓰인 금속은 밀도가 클 수도 있고 작아서 가벼울 수도 있다. 숙련된 손은 촉감과 무게감만으로 동전을 구별할 수 있다. 미국의 10센트짜리 동전과 25센트짜리 동전은 크기와 무게만으로 쉽게 구별할 수 있으며, 이 둘은 가장자리가 오톨도톨해 가장자리가 반반한 1센트짜리 동전과 5센트짜리 동전과 구별된다. 잔돈이 가득 든 호주머니 속으로 손을 집어넣어 25센트짜리 동전을 꺼내 동전 투입구에 딱 맞게 집어넣는 것은 결코 마술이라고 할 수 없다.

공학자들은 깜깜한 곳에서 촉감과 느낌만으로 물체를 찾을 수 있다. 구조공학자는 들보와 기둥을 어떻게 배열하면 기존 도시 풍경에 생긴 공백을 새로운 초고층 건물로 채울 수 있는지 안다. 기계공학자는 연결 장치와 톱니바퀴를 어떻게 배열하면 자동차 엔진과 구동륜 사이의 공간에 딱 들어맞는지 안다. 새로운 상황에 맞닥뜨리면, 공학자는 머릿속에 담고 다니는 경험의 보고에서 지금까지 자국 동전들 사이에 섞인 외국 동전처럼 보였던 기묘한 아이디어를 끄집어내야 한다. 공학자는 심상心像이 어떻게 땅 위에 들어서거나 도로를 달리거나 하늘을 날거나 우주 공간으로 솟아오르는 실제 구조물이나 기계로 번역될지 알아야 한다. 그는 그것이 자연의 힘인 중력과 바람, 지진 등과 맞닥뜨렸을 때 어떻게 움직일지 느낄 수 있다. 심지어 만들어지기도 전에 공학자의 마음속에서는 그 물체와 관련된 힘과 강성, 운동을 경험할 수 있게 해주는 제2의 감각이 발달한다.

공과대학교가 설립되기 이전인 19세기 초의 미국에서 공학자가 되는 방법은 크게 세 가지가 있었다. 첫 번째는 뉴욕주 웨스트포인트에 있는 육군사관학교에 들어가는 것이었는데, 교과 과정 중에 토목공학이 있었다. 두 번째는 과거의 대규모 공학 계획에 관한 자료를 읽고 현재 진행되는 공학 계획의 진전을 참고하면서 독학하는 방법이었다. 세 번째는 고차원 공학 계획이 진행되는 곳에서 말단 일자리를 얻어 재능과 책임감을 증명하면서 차례로 단계를 밟으며 위로 올라가는 것이었다. 이리 운하Irie Canal* 건설이 바로 그런 기회를 제공했기에 이 계획은 미국 최초의 공과대학교라 일컬어진다. 공과대학교들이 많이 세워

* 뉴욕주 북부 개척사에서 중요한 운하로, 길이가 약 584km에 이른다. 1827년에 완공됐다.

져 공학자가 되는 지름길을 제공하기 시작한 것은 19세기 중엽이 지나서였다.

100년 뒤에 제2차 세계대전으로 제트기, 레이더, 원자력 같은 발명을 통해 첨단 기술의 중요성이 부각되면서 공학 분야가 급성장했다. 군에서 전역한 남녀가 제대 군인 원호법의 혜택을 누리면서 대학교 캠퍼스로 몰려들었고, 건물마다 학생들로 넘쳐났다. 갑작스러운 학생 수 증가에 대처하기 위해 건물들로 둘러싸인 사각형 안뜰의 보도 옆과 그 너머의 땅 위에 강의실과 기숙사 건물들이 속속 들어섰다. 입학생 급증이 잦아들 때까지만 유지할 목적으로 지어진 이 건물들은 촘촘하게 들어선 퀀셋Quonset과 배럭barracks으로 이루어진 경우가 많았다.* 하지만 일부 캠퍼스에서는 이 건물들이 수십 년간 사용됐다. 나는 대부분의 공학 강의를 그런 건물들에서 들었는데, 이름에 대한 상상력이 부족했던 우리는 그 건물들을 그냥 배럭이라고 불렀다. 다른 학생들이 담쟁이덩굴로 뒤덮인 고전 양식의 벽돌 건물에서 현대 교육의 편의 시설까지 누리면서 인문학과 과학을 공부하는 동안, 우리 공학자들(우리는 그저 공학을 공부하는 학생에 불과했는데도 사람들은 우리를 그렇게 불렀다)에게는 판잣집처럼 허름한 이 건물들이 배정되었다는 사실은 누가 봐도 도가 지나쳐 보였다. 민간 항공 여행과 텔레비전 방송, 위성 통신 부문에 획기적인 기술 도약을 가져올 직업에 진출할 준비를 하는 우리가 가장 허름한 강의실에서 공부를 하는 반면, 영문학이나 철학을 전공하는 학생들은 안락한 환경에서 이미 오래전에 폐기된 순진한 힘과 운동 개념을 옹호하는 문학 작품을 토론하고 있다는 사실은 아이

* 퀀셋은 길쭉한 반원형 건물을, 배럭은 군인들을 수용하기 위해 지어진 건물을 가리킨다.

러니해 보였다.

하지만 신입생을 곯려주는 일주일이 지나고 나자 우리 공학자들은 칠판에 온 신경을 집중하게 되어 지위의 상징 따위는 생각할 시간조차 없었다. 대신에 미적분학, 물리학, 공학 교수들이 칠판에 방정식을 쓰면서 무심코 사용하는 그리스 문자를 익히는 데 몰두했다. 필체는 교수에 따라 큰 차이가 있었는데, 한 수학 교수는 강의 첫날에 이름을 말하고 칠판에 그 철자를 쓰면서 자신을 소개했다. 내 귀에는 그리스 문자 크시(χ)를 발음하는 것처럼 들렸지만, 분필로 쓴 것은 '21A'처럼 보였다. 수업이 끝난 뒤 학생들 사이에서 교수의 이름이 정확히 무엇인지를 놓고 토론이 벌어졌지만 의견 일치가 이루어지지 않았다. 강의 요강을 참고한 끝에 우리는 교수의 이름이 지아Zia라는 사실을 알았다. 너무나도 명백한 철자를 우리 공학도들이 간과한 것은 우리가 Z를 2와 구별하기 위해 선을 하나 더 그어 Ƶ로 쓰는 데 너무 익숙해져 있었기 때문이다. 비슷한 이유로 우리는 0을 대문자 O와 구별하기 위해 Ø으로 쓰라고 배웠고, 소문자 l 역시 숫자 1과 혼동될 것을 피해 필기체 ℓ로 썼다.

몇몇 교수들의 필체는 모범적이었다. 나는 텅 빈 강의실에 홀로 서 있는 교수를 본 적이 있는데, 그는 태도 불량으로 칠판 앞에 불려나가 "수업 중에 떠들지 않겠습니다"를 100번쯤 쓰는 학생처럼 뭔가 중요한 것을 한 줄 한 줄 쓰고 있었다. 자세히 보니 그건 그리스 문자였다. 나중에야 나는 그가 칠판에 쓰는 필체에 자부심을 가진 사람이라는 것, 강의 전에 짬이 나면 그리스 문자 쓰는 법을 연습한다는 것을 알게 되었다. 그 모습을 보며 나는 파머 방식Palmer Method에 따라 필기체 쓰는 법을 배우던 때를 떠올렸는데, 파머 방식은 서로 연결된 고리와 타원을 손가락만이 아니라 팔 전체를 움직여서 쓰라고 가르쳤다. 우리는 글씨 쓰는 것을 신체 활동으로서, 근육으로 느낄 수 있는 것으로서, 힘의 문제로서 배웠다.

화이트보드와 빔 프로젝터가 널리 보급되기 전의 교실에는 웨일스에서 채굴된 점판암으로 만들어진 칠판과 도버의 화이트클리프스 같은 곳에서 채굴된 백악으로 만들어진 분필이 있었다. 할 줄 아는 언어가 영어밖에 없고, 도시에서 살아온 우리가 가진 한 가지 재능은 분필을 사용하는 법이었는데, 즉흥적으로 스틱볼* 경기를 하느라 거리에 홈플레이트와 베이스와 파울 라인을 무수히 많이 그려봤기 때문이다. 우리는 무르면서도 잘 부서지는 이 물질을 아주 잘 알았다. 분필이 부러지지 않게 하려면 어떻게 붙잡고 얼마나 세게 눌러야 하는지 알았고, 선생님이 칠판에 무언가를 적다가 분필을 부러뜨리거나 1950년대 공습경보 사이렌보다도 더 높은 음의 거슬리는 소리를 내면 그가 거리에서 스틱볼 같은 걸 해본 사람이 아니라는 걸 알 수 있었다. 우리는 끼이익거리는 그 소리가 분필이 점판암에 접촉했다가 미끄러지는 일이 교대로 일어날 때 난다는 사실을 알고 있었다. 포장도로 위에 처음 베이스를 그릴 때 그 소리를 듣고 느꼈기 때문이다. 아마추어처럼 끼이익거리는 소리를 내지 않는 비결은 분필을 길이 방향으로 높은 지점을 잡고 칠판에서 약 45° 각도로 기울인 뒤, 칠판에 자국을 남기되 분필을 부러뜨리지 않을 만큼 충분히 큰 힘으로 밀거나 당기면서 글씨를 쓰는 것이다. 우리는 경험을 통해 그 재주를 터득했지만, 나중에 힘과 운동에 관한 역학을 배우기 전까지는 그것을 설명하는 이론을 알지 못했

* 막대기와 고무공으로 하는 야구 비슷한 놀이.

다. 19세기의 박학다식한 지식인 윌리엄 휴얼William Whewell이 '힘의 과학'과 '기계의 과학'이라고 부른 역학은 내가 가장 좋아하는 분야가 되었다.

공학자들이 가장 먼저 배우는 것 중 하나는, 거의 모든 기술 분야는 나머지 모든 기술 분야와 비슷하다는 것이다. 그리고 물리학 중에서 가장 오래된 분야인 역학은 일종의 패러다임 역할을 한다. 힘(단어뿐만 아니라 개념까지)은 내가 배운 화학공학, 전기공학, 심지어 핵공학 분야에서도 반복적으로 등장했다. 아주 큰 힘 앞에서 부러지는 것은 분필뿐만이 아니다. 모든 것은 부러지는 지점이 있다. 하지만 휴얼은 "모든 실패는 성공을 향한 발걸음이다"라고 말했다. 이는 내가 얻은 또 하나의 교훈이었다.

공학자의 대학생 시절은 할 일이 무지하게 많지만, 그런 환경에서 살아남은 우리는 그 기준과 가치를 고수하려는 경향이 있었다. 사실, 우리 중에는 학교생활을 너무나도 좋아한 나머지 졸업을 미루기 위해 온갖 수를 다 쓰는 이도 있었다. 졸업 후에는 취직하는 대신에 대학원에 진학해 학업을 이어갔고, 석박사 학위를 딴 뒤에는 교과서에서 배운 것만으로는 성에 차지 않아 학생들을 가르치는 일을 했다. 불행하게도 그중 많은 사람들이 강의실에 가지고 간 것은 책에서 배운 지식에 불과했다. 우리는 익숙한 힘과 운동에 대한 감각이 있었을지 몰라도, 모두가 산업 규모의 힘과 운동에 관해 아주 정교한 감각이 발달한 것은 아니었다. 책에서 배운 것을 새로운 기계 발명과 새로운 기반 시설 건설에 적용했던 19세기 공학자들과 달리 오늘날 학계의 많은 공학자들은 책에서 배운 것을 책을 쓰는 데 적용하고 있다. 처음에 나는 새로 얻은 일자리에서 책으로만 가르쳤다. 휴일이나 여름휴가 때 맡은 공학 관련 일에서 얻은 제한적인 경험과 대규모 공사 계획에 관한 글을 읽은 간접적 경험에 기대 느리게나마 나 자신과 학생들을 책에 국한된 지식에서 해방시킬 수 있었다.

하지만 9년 동안 강의실에서 공학을 공부하고, 11년 동안 공학을 가르치고, 결코 구체화되지 못한 개념들을 연구하느라 5년을 더 보낸 뒤에도, 더 넓은 의미에서 정확하게 공학이 무엇인지, 공학자는 어떤 일을 하는지 모른다는 사실을 인정하지 않을 수 없었다. 혹은 적어도 공학자가 아닌 사람들에게 내 직업이 더 큰 사물의 전체 구도에서 어디에 위치하는지 알려줄 만큼 잘 알지 못한다는 사실을 인정하지 않을 수 없었다. 나는 자격증이 있는 전문 공학자였지만, 여전히 도제인 듯한 느낌이 들었다. 논문과 칠판에서 힘과 운동과 변형에 관한 방정식들을 다루었지만, 더 넓은 맥락에서 그것들의 진정한 의미와 중요성을 이해한다고 자신할 수 없었다. 대학 시절 배운 과목 중에 과학철학도 있었기 때문에 자연히 내 독서 영역은 과학사 쪽으로도 뻗어나갔지만, 우주와 우주에서 작용하는 힘들의 본질을 이해하는 데에는 여전히 어려움을 겪었다.

나는 공학의 역사와 철학을 깊이 파고들려고 했다. 하지만 도서관이나 서점에는 관련 자료가 부족했다. 내가 찾을 수 있었던 책들은 과학 분야 책들에 비하면 턱없이 부족했다. 이런 상황에서는 공학을 과학의 하위 분야로 간주하는 게 타당하다고 결론 내리기 쉽지만, 그런 견해는 면밀한 검토 앞에서 무너지고 만다. 산업 혁명 때 일어난 혁신들은 순전히 과학에서만 나온 것이 아니었다. 과학이 새로운 아이디어에 영감을 제공하고 그 한계를 지적했을 수는 있지만, 곧 실용적인 형태의 지식과 지성과 과정이 나타나면서 과학을 뒷전으로 밀어냈다. 통념에 따르면 과학은 어떤 면에서 공학보다 우월한 것처럼 보인다. 이를 뒷받침하는 증거가 부족함에도 불구하고 과학자들은 그런 통념을 기정사실로 여겼고, 계속 그렇게 주장했다.

이것은 새로운 현상이 아니다. 이해를 위한 탐구 과정에서 내가 손에 넣은 책 중에는 1894년에 사후 출판된 하인리히 헤르츠의《새로운 형태로 제시한 역학의 원리》가 있었다. 물리학자 헤르만 폰 헬름홀츠 Hermann von Helmholtz(헤르츠는 베를린대학교에서 헬름홀츠 밑에서 배웠고, 박사 학위를 딴 뒤에도 그의 조수로 일했다)가 쓴 추천사는 젊은 물리학자의 삶과 경력을 간략하게 소개하면서 이렇게 말했다. "(뮌헨대학교에서) 공부를 마친 뒤 헤르츠는 어느 분야로 나아갈지 결정해야 했는데, 그는 공학자의 길을 택했다. 훗날 헤르츠의 성격을 특징 지었던 겸손함은 이론 과학에 대한 그 자신의 재능을 의심하게 만들었던 것 같다." 헤르츠는 공학자인 동시에 과학자였다. 그가 공학 분야에서 이룬 업적은 거의 알려지지 않은 반면, 과학 분야에서 이룬 업적이 널리 알려진 것은 놀라운 일이 아니다. 심지어 과학 분야의 업적을 기려 진동수를 나타내는 국제단위에까지 그의 이름이 남아 있다. 1초에 한 번 진동하는 것을 1헤르츠hertz라고 하는데, 기호는 Hz이다. 라디오와 텔레비전 방송은 정해진 킬로헤르츠(kHz)와 메가헤르츠(MHz) 범위에서 전파를 내보낸다.

힘과 힘이 운동에 영향을 주는 방식을 연구하는 분야는 한때 자연철학의 일부로 간주되었다. 자연철학natural philosophy이라는 용어는 아이작 뉴턴이 활약한 시대인 17세기에 과학science이라는 용어로 대체되기 시작했다. 물리학의 하위 분야인 역학mechanics이라는 용어는 고대 그리스 철학자들이 사용했다. 현대 공학자들은 철학자가 아니지만, 일부 공학자들은 스스로를 과학자로 간주한다. 관찰에서 가설로, 문제에서 해결책으로 나아가기 위해 사용하는 방법론이 과학자나 공학자나 매우 유사하기 때문에 그렇게 생각해도 무방하다. 어쨌든 전문 공학자는 두 부류가 있는데, 자신을 과학자(혹은 공학과학자)로 생각하고 그렇게 내세우는 사람들과 공학자를 그냥 공학자로 부르길 선호하는 사람들이다. 후자는 공학자가 기관차를 모는 사람이나 큰 공장의 가동 및 보수 유지를 감독하는 사람이라는 말을 들으면 기겁한다(물론 기관차를 몰거나 건물 냉난방이 제대로 되도록 관리하는 것은 매우 만족스럽고 보람찬 일이다). 어떤 공학자들은 자신의 일이 역학mechanics이라는 용어와 연관이 있다는 사실을 불만스럽게 여긴다. 역학이라는 용어가 힘과 운동을 연구하고 이해하여 강력한 디젤 기관과 에너지 효율이 높은 용광로와 소음이 덜한 에어컨을 설계하는 전문 공학자가 아닌 자동차 정비공을 연상시키기 때문이다.* 하지만 대다수 공학자들은 역학을 그렇게 자신을 깎아내리는 의미로 받아들이지 않고 그저 효과적인 분석 도구로 여긴다.

공학자들이 관심을 갖는 역학적 힘은 익숙한 것에서부터 기이한 것까지 다양하다. 그 효과도 무시할 만한 것에서부터 폭발적인 것까지 다양하다. 공학자가 평범한 보행자 다리에서부터 복잡한 우주정거장까지, 생명을 구하는 의료 장비에서부터 생명을 앗아가는 대량 살상 무기까지 모든 것의 구조를 설계하려면 힘의 역학과 그 결과에 대한

* 영어에서 mechanic은 정비공이나 기계공을 뜻한다.

이해가 필수적이다. 그러한 것들로 이루어진 물리적 세계의 본질과 한계, 그리고 그 형이상학적 의미까지 이해하려는 사람들에게도 힘에 대한 감각은 필수적이다. 그것이 없다면, 세상은 펑 하고 끝나버릴 수도 있다.

역사는 힘에 관한 감각과 감수성의 한계를 보여주는 교훈으로 가득 차 있다. 가까운 예로는 1981년 미주리주 캔자스시티의 하얏트리젠시 호텔에서 높은 곳에 설치한 보행자 통로가 무너진 사고가 있다. 구조적 결함의 원인은 겉보기에 사소해 보이는 연결 부위의 변경에 있었던 것으로 드러났는데, 그 때문에 설계할 때 예상한 것보다 2배나 큰 힘이 가해지자 연결 부위가 버텨낼 수 없었다. 여기에 관련된 기술적 문제는 1~2학년 공학도에게 숙제로 내줄 만큼 간단한 것이었다. 그것을 풀려면 미적분이나 고등 역학까지 사용할 필요도 없이 단지 관련된 힘들을 이해하기만 하면 된다.

또 다른 예는 1986년에 폭발한 우주왕복선 챌린저호의 사고 원인을 조사하던 대통령위원회가 보여준 중요한 순간과 관련이 있다. 캘리포니아공과대학 이론물리학 교수였던 리처드 파인먼Richard Feynman과 한 위원은 공청회 도중 탁자 위에서 단순한 실험을 보여주었다. 실험 장비 중에는 얼음물이 든 컵과 C형 클램프가 있었는데, 파인먼은 C형 클램프로 O링이라는 작은 고무 개스킷을 조였다. O링은 우주왕복선 부스터 로켓의 핵심 부품 중 하나였는데, 그 결함이 사고 원인으로 의심받고 있었다. NASA 관리자들은 챌린저호 부스터에 쓰인 O링이 탄성이 매우 뛰어나 팽창하면 어떤 틈도 메울 수 있다고 주장했다. 파인먼은 이 실험으로 발사 당시의 혹한 상황에서는 왜 그런 일이 일어날 수 없었는지를 보여주었다. 얼음물에 담겨 있던 O링을 꺼내 클램프로 힘을 가하자, 고무는 변형된 상태 그대로 남아 있었다. 실제 로켓에서도 O링이 제 역할을 못 하는 바람에 틈을 통해 뜨거운 가스가 빠져나오면서 결국 폭발 사고가 났다. 이렇게 간단한 실험을 통해 복잡한 현상을 명료하게 밝힐 수 있었다.

대다수 교수들은 자신이 청중 앞에서 공연을 하는 공연자라는 사실을 안다. 교수로 일하던 시절 나는 공학자가 설계에 관련된 힘들을 알아야 할 뿐만 아니라 느껴야 한다는 사실을 강조하기 위해 소품을 자주 사용했다. 그러고는 작은 역학 연극이라고 부를 만한 공연을 펼쳤는데, 거기서 가끔 놀라운 결과가 나와 학생과 공학자와 일반인의 눈을 번쩍 뜨이게 했다. 강의를 하다 보니, 물리학 강좌를 여럿 수강한 사람조차 진공 속에 단 하나의 벡터만 존재하는 것보다 아주 조금 더 복잡한 상황이 주어지면 단순한 물체에 단순한 힘을 가할 때 어떤 일이 일어날지 예측하는 데 큰 어려움을 겪는다는 사실을 알게 됐다.

나는 실제 실험을 곁들인 강연에서 커다란 목제 케이블 스풀을 보여주는데, 이것은 인터넷 서비스 공급업체가 광섬유 케이블과 그 밖의 첨단 통신 장비를 개선하는 공사를 벌이는 곳에서 흔히 볼 수 있는 물체다. 첫 번째 슬라이드는 검은색 케이블이 감긴 스풀을 여러 개 보여주는데, 그중 하나는 주차된 트레일러에 실려 있다. 이 스풀에서 케이블을 풀면, 스풀은 제자리에서 빙빙 돈다. 만약 바닥에 놓여 있는 스풀에서 같은 방식으로 케이블을 풀면, 그 스풀은 굴러가고 말 것이다. 두 번째 슬라이드는 도랑 옆의 풀밭 위에 놓여 있는 주황색 케이블 스풀을 보여준다. 배경에 보이는 삽은 스풀에서 풀린 케이블을 땅속에 묻기 위해 도랑을 파는 일이 최근에 일어났다는 것을 말해준다. 나는 이것과 같은 계에 작용하는 힘과 그 결과로 일어나는 운동의 1차적 분석을 원하는 공학자는 상관없는 세부 내용, 예컨대 케이블의 색이나 스풀의 재질, 케이블을 설치한 목적 같은 것을 무시한다는 사실을 상기시킨다. 여기서 중요한 것은 케이블에 작용하는 힘과 스풀의 기하학적 구조, 지표면의 기울기이다. 내가 청중에게 던지는 질문은 아주 간단하다. 만약 지표면이 평평하고, 스풀이 원형이고, 작용하는 힘이 지면에 평행하고 스풀에서 멀어져간다면, 스풀은 어느 방향으로 굴러갈까?

슬라이드를 보여준 뒤에 나는 전에는 스테레오 스피커 전선을 감는 용도로 쓰였지만 지금은 무명실을 감아놓은 지름 10cm짜리 플라스틱 스풀을 들어올린다. 나는 실패나 요요를 가져올 수도 있었지만, 그러면 뒷줄에 앉아 있는 학생들이 보기 힘들 것이라고 말한다. 그리고 학생들에게 탁자 위에 놓인 장치의 실을 잡아당기는 상황을 상상하라고 한다. 실을 끌어당길 때 스풀이 어느 방향으로 굴러갈지 예측해보라고 말하면, 평소에 물리학과 오락과 게임에 뛰어난 학생들도 예상치 못한 질문에 당황하며 제대로 대답하지 못했다.

스풀을 탁자 위에 올려놓기 전에 나는 학생들을 대상으로 여론 조사를 한다. 만약 내가 실 한쪽 끝을 붙잡고 탁자에 평행한 방향으로 힘을 주면서 끌어당긴다면 어떤 일이 일어날까? 스풀이 내 손 쪽으로 굴러올까, 아니면 반대쪽으로 굴러갈까? 그것도 아니면, 얼음 위에서 구르는 자동차 바퀴처럼 제자리에서 빙빙 돌까? 그리고 그 답은 내가 실을 스풀 꼭대기에서 끌어당기느냐 밑에서 끌어당기느냐에 따라 달라질까?

먼저 나는 실이 꼭대기에서 풀려나올 때 스풀이 어느 방향으로 굴러갈지 손으로 방향을 표시해보라고 요구한다. 거의 모든 학생이 스풀이 내 손이 움직이는 것과 같은 방향으로 움직일 것이라고 생각한다. 투표가 끝난 뒤, 나는 그들의 생각이 옳다는 것을 보여준다. 실을 잡아당기면, 실이 풀리면서 스풀은 비록 내 손이 멀어져가는 것보다 느린 속도이긴 하지만 내 손 쪽으로 굴러온다. 얼마 지나지 않아 내 손은 스풀에서 너무 멀어져서 스풀을 직선 방향으로 계속 움직이게 하기가 어려워진다. 그러면 실험을 멈추고, 스풀을 반대 방향으로 돌리면서 실을 다시 감은 뒤에 1막이 시작될 때 있었던 장소에 다시 갖다놓는다.

스풀 밑에서 실을 끌어당길 경우에는 거의 모든 학생이 실이 스풀에서 풀리지만 스풀은 내 손과는 반대 방향으로 굴러갈 것이라고 예측한다. 뒤에 앉아 있는 몇몇 학생은 혼란스러운 표정을 지으며 어느 쪽에 손을 들지 망설인다. 투표 결과는 양쪽으로 갈린다. 어떤 학생은 함정 질문이 아닐까 의심하고서 다수와 반대되는 길을 택한다. 어떤 학생은 이중의 함정 질문일 거라고 생각하고서 처음 판단을 고수한다. 실제로는 내 손이 실을 잡아당기는 것보다 더 빠른 속도로 실이 스풀 주위에 감기며 스풀이 내 손 쪽으로 움직인다는 것을 보여주면, 모든 학생이 놀라 탄성을 내뱉으며 믿을 수 없다는 표정을 짓는다. 어떤 학생은 눈앞에서 펼쳐지는 광경을 믿지 못해 "무슨 비밀 장치가 있는 거죠?"라거나 "무슨 트릭을 쓰신 거죠?"라거나 "탁자가 보이지 않게 기울어 있어 스풀이 그 빗면 위에서 손 쪽으로 굴러가는 게 아닌가요?" 라고 묻는다. 나는 아니라고 대답하면서 내 말을 입증하기 위해 스풀을 돌려 실을 존재하지 않는 빗면 '위쪽으로' 끌어올린다. 또다시 실이 스풀에 감기면서 스풀이 내 손 쪽으로 다가오는 것을 보고서도 일부

학생은 여전히 믿지 못하겠다는 표정을 짓는다. 나는 학생들에게 자신의 방에서 어떤 크기의 스풀을 사용해도 좋으니 같은 실험을 직접 해보면서 다른 결과가 나오는지 보라고 권한다. 다음 강의 시간에 다른 탁자 위에서 다른 스풀을 가지고 한 실험에서 다른 결과가 나왔다고 말하는 학생은 아무도 없다. 2막의 미니 미스터리 드라마가 시작될 때, 나는 칠판에 "뉴턴의 제2법칙: 물체는 가해진 힘의 방향으로 움직인다. F=ma"라고 쓴다. 힘과 가속도는 관련된 질량에 상관없이 항상 똑같은 방향으로 작용한다. 여러분은 그것을 느낄 수 있는가?

나는 스풀 강의에 대해 생각하던 중 우연히 《뉴요커》에서 '종이 경로 공학자'에 관한 기사를 읽었다. 종이 경로 공학자들이란 프린터와 복사기에 종이가 걸리는 문제를 해결하는 사람들이었다. 기사는 한 인쇄 공장에서 일어난 문제를 놓고 씨름하는 팀을 다루고 있었다. 상황은 이랬다. 종이는 한 컨베이어벨트에서 더 높은 컨베이어벨트로 나아가야 했다. 잉크가 묻은 다음 실린더에 접촉할 면을 바꾸기 위해서였다. 하지만 종이는 목표 지점에 도달하지 못했다. 이 시스템, 즉 진공으로 종이를 빨아들여 두 번째 컨베이어벨트로 옮기는 시스템을 시뮬레이션한 컴퓨터 모형 전문가는 종이가 한 벨트에서 다음 벨트로 갈 때 그 귀퉁이들이 아래로 처진다는 사실을 보여주었다. 그것은 피로가 쌓인 공중그네 곡예사가 파트너가 뻗은 팔까지 도달하지 못하는 상황과 비슷했다.

종이를 빳빳하게 유지하는 방법을 광범위하게 논의한 끝에 책임자는 "베르누이!"라고 외쳤다. 그가 생각한 아이디어는 아래로 처지는 종이 귀퉁이 위로 공기를 분사해 종이를 위로 띄우는 것이었다. 그거였다! 기사를 쓴 사람은 베르누이의 원리가 공기의 속도와 압력의 관계에 관한 것이라고 정확하게 설명했다. 빠르게 움직이는 공기는 컨테이너선 에버기븐호를 수에즈 운하에서 좌초시키는 데 기여한 제방 효과와 비슷한 방식으로 종이 위쪽에 아래쪽보다 낮은 압력을 만들어내는데, 그 결과로 항공공학자들이 양력揚力이라고 부르는 힘이 생겨난다. 안타깝게도 기사를 쓴 사람은 베르누이의 원리를 설명하다가 도를 넘고 말았다. "비행기 날개 윗면은 평평한 반면에 아랫면은 구부러져 있기 때문에, 날개 위쪽을 지나가는 공기는 아래쪽을 지나가는 공기보다 더 빨리 움직이고, 그 결과로 날개가 위로 떠오르게 된다."

나는 이것이 우리가 문장을 타이핑할 때 흔히 저지르는 단순한 종류의 실수가 아닐까 하는 생각을 먼저 했다. 하지만 만약 그렇다면, 어떻게 이 문장이 자신의 원고를 다시 읽어보면서 교정하는 단계와 편집자의 펜 끝을 지나는 단계, 사실을 확인하는 단계, 교열 전문가의 검토 단계를 무사히 지날 수 있었을까 하는 의문이 들었다. 그들은 모두 철자와 문법에만 신경 쓰고 단어에 너무 매몰된 나머지 문장의 뜻을 제대로 파악하지 못했던 것일까? 어쩌면 그들 가운데 물리학 강의를 들은 사람이 아무도 없었을지도 모르지만, 세계에 대한 지식은 단지 정규 교육에서만 얻을 수 있는 것이 아니다. 물리 현상에 대한 이해는 관찰에서도 나올 수 있다. 혹시 기사를 쓴 사람은 창가 좌석에 앉아 비행기 날개를 본 적이 한 번도 없었을까? 봤을 가능성이 높은데, 그때 그는 무엇을 봤을까? 아니면 날개를 봤는데 그것을 아주 자세히 보지 않았을 수도 있고, 자세히 봤다 해도 본 것을 정확하게 기억하지 못했을 수도 있다. 진짜 비행기 날개는 윗면이 평평하지 않다. 만약 윗면이 평평하다면 앞에서 뒤로 가는 공기에 지름길을 제공하게 되는데, 그 결과로 날개 위아래로 갈려 지나가는 두 줄기의 공기 중에서 아랫면을 지나가는 공기가 윗면을 지나가는 공기보다 더 빠르게 움직여 뒤쪽에서 다시 합쳐지게 된다. 다니엘 베르누이Daniel Bernoulli가 수학을 유체역학에 적용해 1738년에 출간한《유체역학》에서 소개한 이 원리에 따르면, 표면을 지나가는 유체의 속도가 느릴수록 그것이 미치는 압력은 더 커진다. 따라서 윗면이 평평한 날개는 아래쪽으로 누르는 힘이 발생한다! 만약 그런 비행기가 어떻게 하여 이륙을 했다 하더라도, 날개에 작용하는 압력 때문에 금방 지상으로 추락하고 말 것이다. 고등학교를 다 마치지 못한 라이트 형제도 이 사실을 이해했고, 플라이어호의 평면 날개 모양을 조절 가능하게 만들어 날개를 적절한 형태로 구부림으로써 제어 비행에 성공할 수 있었다.

《뉴요커》에 실린 이 글의 오류는 오리건주 아스토리아에 살던 짐 스토퍼Jim Stoffer의 예리한 눈을 피해 가지 못했다. 스토퍼는 비행학교 시절에 비행기 날개는 윗면이 구부러져 있다고 배운 것을 기억하고 있었다. 그는 또한 범선이 "바람을 이용해 방향을 바꿀" 수 있는 것도 베르누이 효과 때문이라고 지적했다. 기하학적 측정을 포함한 양과 그 비교를 통해 사고하는 능력인 '수리적 사고 능력'은 문자 해독 능력에 대응하는 과학적 사고 능력이다. 어떤 것을 바라보면서 그것을 있는 그대로 보지 못한다면, 소설에 나오는 단어들의 의미를 이해할 어휘 능력이 충분치 않을 때 전체 이야기를 이해하는 데 애로가 있는 만큼이나 물리 세계의 작용 방식을 이해하는 데 큰 장애가 될 수 있다. 심지어 사물의 실제 모습을 재빨리 간파하는 예리한 눈을 가져야 하는 화가조차 나무 연필처럼 평범한 물체를 묘사할 때 놀랍도록 많은 실수를 저지른다. 나는 이미《연필》에서 그런 사례를 자세히 다루었기 때문에 여기서는 실제 연필을 쥐고 그렸는데도 연필이 부정확하게 묘사된 예가 아주 많다는 사실이 매우 아이러니하다는 점만 언급하고 넘어가기로 하자. 물론 화가가 연필의 모습에 대한 자신의 선입견을 과신한 나머지, 비행기 날개 윗면이 평평하다고 여겼던 사람처럼 자신의 손에 쥔 실제 연필을 그런 모습으로 보았을 수도 있다.

예전에 공학도들이 가장 먼저 배우는 과목 중에는 제도mechanical drawing가 있었는데, 구조물과 기계의 모습을 T자와 직각삼각형, 운형자(곡선자)를 사용해 그리는 과목이었다. 아마도 mechanical drawing(직역하면 '기계적 데생')이라는 이름은 이 기계적 도구(많은 공학적 그림의 소재와 함께)에서 유래했을 테지만, 이것은 잘못 붙인 이름이다. 적어도 디지털 컴퓨터가 등장하기 이전 시대에는 학생들이 그림을 그릴 때 기계가 아니라 손으로 그렸기 때문이다. 또 공학도들은 필요할 경우 그림만으로 그 물체를 만들 수 있어야 할 정도로 그림이 실제 물체와 정확하게 일치해야 한다고 배웠다. 만약 어떤 장비나 구조물에 대한 개념을 사실적으로 묘사하지 못하면 공장이나 건설 현장에서 그것을 제대로 구현하지 못할 수 있다. 오늘날 그림은 디지털 방식으로 그려지는데, 이는 수작업보다 기계적 작업에 더 가까우며, 디지털 기계를 만지는 사람들은 실제 물체를 한 번도 본 적이 없거나 그림에 함축된 의미를 계산해본 적이 없을 수도 있다. 만약 옆에 시제품이 놓여 있다 하더라도, 그들은 그것을 한 번도 만져보지(혹은 그럴 생각을 전혀 하지) 않았을 가능성이 높다.

10장

물리학에서 신체적인 것으로

실제 느낌

1773년, 프랑스의 박학다식한 지식인 피에르-시몽 라플라스Pierre-Simon Laplace는 만약 어느 순간에 모든 물체의 질량과 속도와 그것에 작용하는 힘을 안다면, 미래의 우주 배열 상태를 완벽하게 예측할 수 있다고 주장했다.《확률에 관한 철학적 시론》에서 라플라스는 이것을 다음과 같이 표현했다. "현재의 우주 상태는 과거의 결과이자 미래의 원인으로 간주할 수 있다. 어느 순간에 자연을 움직이는 모든 힘과 자연을 이루는 모든 물체의 위치를 아는 지성이 있고, 또 이 지성이 그 데이터를 분석할 수 있을 만큼 매우 광대하다면, 우주에서 가장 큰 물체들의 움직임과 가장 작은 원자의 움직임을 단 하나의 공식으로 나타낼 수 있을 것이다. 그러한 지성에게 불확실한 것은 아무것도 없을 것이고, 과거와 마찬가지로 미래도 그의 눈앞에 펼쳐질 것이다."

모든 것을 아는 이 지성은 '라플라스의 악마'라 불리게 되었다. 오늘날 우리는 그것을 하이퍼울트라슈퍼컴퓨터로 부를지도 모르는데, 그 숫자들을 일일이 적는다면 수많은 책을 가득 채울 만큼 유례없이 방대한 데이터를 처리할 능력이 있는 컴퓨터에 해당하기 때문이다. 아주 큰 수를 간단히 나타내기 위해 공학자와 과학자와 수학자는 지수 표기법을 사용하는데, 1,000,000을 이 표기법으로 나타내면 10^6(즉, 10의 6제곱)이 된다. 영어에서는 큰 수들 중 일부를 가리키는 고유명이 있다. 예컨대 10^6을 밀리언million(100만), 10^9을 빌리언billion(10억)이라고 부른다(1974년까지 영국에서는 billion을 million에 million을 곱한 수, 곧 10^{12}(1조)를 가리켰기 때문에, 미국인을 헷갈리게 만들었다). 1 다음에 0이 100개 붙은 10^{100}은 1920년에 미국 수학자 에드워드 캐스너Edward Kasner의 아홉 살 조카 밀턴 시로타Milton Sirotta가 구골googol이라는 단어를 만들어내기 전까지는 전문가들 사이에서 텐 듀오트리진틸리언스ten duotrigintillions라고 불렸다. 이 단어를 잘못 듣고 철자를 잘못 쓰는 바람에 오늘날 지배적인 검색 엔진을 가리키는 구글Google이라는 이름이 탄생했는데, 구글은 "인터넷에서 거의 무한해 보이는 막대한 양의 정보를 조직"하는 것을 사명으로 여긴다.

하지만 단어는 값싼 반면, 슈퍼컴퓨터는 평범한 것조차 아주 비싸다. 덜 야심적인 과학자와 공학자는 라플라스의 악마와 경쟁하는 대신에 완전한 우주의 복잡성을 보여주기 위해 적은 수의 물체로 이루어진 우주(예컨대 지구와 달과 태양의 삼체三體만으로 이루어진 우주)를 가지고 생각해보았다. 하지만 이 삼체 문제의 근사해를 푸는 것조차 아주 복잡하고 방대한 계산이 필요하다. 오직 지구와 달처럼 연결된 두 물체의 운동을 포함하는 이체 문제만 닫힌 형태로(즉, 아주 정밀하지만 정확하지 않은 디지털 출력의 형태가 아니라 정확한 수학 방정식으로) 풀 수 있다. 단 한 가지 힘과 그것이 단 하나의 물체에 미치는 영향을 포함하는 문제는 정확하게 풀 수 있는 문제의 범주에 속한다.

대형 컴퓨터 모형을 열렬히 옹호하는 사람들은 충분한 저장 용량과 기억 용량만 있으면, 컴퓨터가 라플라스의 악마처럼 사실상 어떤 문제라도 풀 수 있다고 믿는다. 경험 많은 공학자는 그런 주장을 경계한다. 나는 유명한 구조공학자 윌리엄 르메쉬리어William LeMessurier와 레슬리 로버트슨을 각자 따로 만난 적이 있는데, 두 사람 다 젊은 동료가 가져오는 컴퓨터 시뮬레이션 결과를 곧이곧대로 받아들이는 법이 절대로 없다고 말했다. 그들은 단순한 모형을 바탕으로 직접 손으로 계산을 해본다고 했다. 예를 들면, 고층 건물 설계의 초기 단계에서는 제안된 구조 개념이 강풍이 불 때 건물의 흔들림을 어느 정도까지 허용하는지 아는 게 중요하다. 힘과 그 효과에 대한 감각이 있는 경험 많은 공학자는 땅에 수직 방향으로 고정된 외팔보에 단일한 힘이 수평 방향으로 작용하는 계를 생각해 종이 위에서 연필로 계산함으로써 그 정도를 추정할 수 있다. 만약 종이와 연필로 계산한 결과가 컴퓨터 시뮬레이션 결과와 가깝다면 베테랑 공학자는 블랙박스 컴퓨터 모형이 옳다고 확신하지만, 만약 두 결과가 일치하지 않으면 수습 공학자를 디지털 제도판으로 되돌려보낸다.

내가 대학원에서 탄성(물체에 가한 힘이 물체의 모양과 강성과 어떤 관계가 있는지 탐구하는 분야)에 대해 가르치는 동안 띠 모양의 물질을 잡아당길 때(지난번보다 체중이 증가한 사람이 허리띠를 맬 때 허리띠가 늘어나는 방식으로) 거기에 난 원형 구멍의 응력 집중 계수를 계산하는 문제를 숙제로 내준 적이 있다. 정확한 해는 수업 시간에 배운 방법을 사용해 수학적으로 계산해 구할 수 있었는데, 대다수 학생은 그렇게 해서 정답을 얻었다. 하지만 항공우주 산업에서 몇 년간 일하다 석사 과정을 밟기 위해 돌아온 한 학생은 컴퓨터 모형을 사용해 답을 구했다. 내가 정답인 3을 맞힌 학생들을 칭찬하자, 컴퓨터를 사용한 학생이 이의를 제기했다. 그는 디지털 계산으로 구한 값인 2.541이 더 정확하다고 생각했다. 나는 구멍이 뚫린 띠를 컴퓨터 모형으로 만드는 과정에서 입력한 수치를 좀 더 정교하게 해보라고 권했다. 다음 수업 시간에 그는 입력 값을 더 정교하게 할수록(즉, 모형을 실제에 더 가깝게 할수록) 컴퓨터가 내놓는 값이 더 커졌다고 의기양양하게 말했다. 그러고는 사실 답이 3에 근접하는 것처럼 보인다고 고백했다.

정답이야 무엇이든 간에 그 결과는 낡은 가죽 띠를 세게 잡아당기면 왜 구멍들을 가로지르는 쪽으로 찢어지는지, 종이가 찢어질 때에는 왜 죽 늘어선 구멍들을 따라 잘 찢어지는지 설명해준다. 또한 비행기 동체가 과도한 압력을 받을 때 왜 리벳 구멍들이 늘어선 방향을 따라 파열이 일어나는지도 설명해준다. 예리한 균열 말단의 응력 확대 계수는 3보다 훨씬 크기 때문에, 균열 말단에 작은 구멍을 뚫어 예리한 균열을 뭉툭하게 만들면 자전거 펜더의 균열이 길이 방향으로 확대되는 것을 막을 수 있다. 이는 노련한 사이클리스트와 항공기 정비공이라면 누구나 잘 아는 방법이다.

공학자가 힘과 그 효과에 대해 생각하는 방식은 일반적인 사물들에 대해 생각하는 방식에, 그중에서도 사람과 사물의 상호 작용을 포함해 특정 사물들의 상호 작용을 생각하는 방식에 영향을 미친다. 공학자의 눈에 힘은 적어도 물리적 차원에서는 세상을 움직이게 하고 그 작용 방식을 설명하는 것으로 보인다. 힘은 관용구와 밈, 은유의 언어를 통해 우리가 정신적인 것과 형이상학적인 것을 생각하는 방식에도 영향을 미칠 수 있다. 미국 연방 대법원 판사 올리버 웬델 홈스 주니어Oliver Wendell Holmes Jr.는 "모든 세부 사항 뒤에 숨어 있는 거대한 힘들이 철학과 잡담의 차이를 빚어낸다"라고 쓴 적이 있다. 공학적으로 설계된 구조들이 넘쳐나는 세계에서 힘들은 구조의 행동 방식에 영향을 줄

만큼 지나치게 커서는 안 된다. 작은 구멍에 생긴 작은 균열을 알아채지 못하고 지나치면 비행기가 추락할 수 있다. 새 비행기의 부품들은 개별적으로 시험을 거쳐 구조에서 맡은 역할을 수행할 만큼 튼튼하다는 판정을 받을 수 있지만, 완전히 조립된 비행기의 무결성과 작동 가능성을 입증하는 데에는 충분치 않을 수 있기 때문에 조립된 비행기는 반드시 시험 비행을 거쳐야 한다. 흥미롭게도 힘과 세부 사항에 관한 대법원 판사 홈스의 사색은 19세기에 의사이자 시인으로 활동했던 그 아버지 올리버 웬델 홈스 시니어가 먼저 생각한 적이 있었다. 그가 쓴 '부제副祭*의 걸작'이란 시는 '한 필의 말이 끄는 이륜마차'라는 별명으로도 불리는데, 부제가 주문한 마차에 관한 이야기를 시로 쓴 것이다. "항상 어딘가에 있는 약한 부분" 때문에 "마차가 **닳아 없어지는** 게 아니라 **부서진다는**" 사실을 알고 있던 부제는 모두 똑같이 튼튼하게 만든 부품으로 마차를 제작하게 한다. 그 마차는 "그렇게 논리적인 방식으로" 제작되어 "100년 동안 별 탈 없이 굴러가다가 어느 날" 갑자기 전체가 와르르 무너지고 말았다.

공학자는 설계나 분석을 의뢰받은 계가 얼마나 복잡하든 그것을 모형으로 만들 수 있고, 인접 부분들에서 받는 힘과 그 결과로 그것이 인접 부분들에 미치는 힘을 통해 각 부분을 분석할 수 있다. 공학자는 들보와 기둥 사이 또는 바퀴와 차축 사이에 작용하는 힘을 확인하고 이해하고 계량화함으로써 그것들을 특정 방식으로 선택하고 배열하여 특정 구조나 기계로 만든 결과가 사람들이 사용하기에 충분히 튼튼하

* 부제품을 받은 성직자로, 사제를 도와 세례 및 혼인 성사를 집전하고 강론, 장례 예절, 성체 분배 등을 할 수 있다.

고 안전한지 평가할 수 있다. 각 힘의 정확한 값을 알면 좋겠지만, 안전을 보장하기 위해 여러 종류의 힘을 사용하기 때문에 훌륭한 근사치만으로도 충분하다. 안전 계수는 상황에 따라 큰 차이가 난다. 엘리베이터 케이블은 안전 계수가 5 또는 그 이상일 수 있다. 비행기는 안전 계수가 1.5 이상이면 생산 비용이 너무 비싸거나 너무 무거워서 날 수가 없다.

이러한 세부 사항은 공학자에게 아주 중요한데, 공학자는 늘 지나칠 정도로 안전에 만전을 기하는 쪽을 선호한다. 공학적으로 설계된 구조나 제품을 사용하는 일반인은 경험을 통해 그것들이 매우 안전하다는 것을 알게 된다. 실제로 공학자는 "시민의 안전과 건강, 안녕을 무엇보다 최우선시"하라고 요구하는 윤리 강령을 고수하는데, 이것은 "무엇보다도 환자에게 해를 주지 않겠다"라고 선언한 히포크라테스 선서를 지키려는 의사들의 태도와 비슷하다. 사람들은 자신의 목숨을 다루는 전문가를 신뢰하는 데 익숙하다.

그 위에 앉거나 기댈 때 가구가 왜 사람의 몸을 옥죄거나 무너지지 않는지 이해하고 싶다면, 의사가 제안한 약이나 치료, 수술의 세부 사항을 많은 환자가 들여다보는 것과 같은 방식으로 가구의 설계를 살펴보면 된다. 어떤 메커니즘의 개개 부분이 그에 가해지는 힘과 운동에 어떻게 반응하는지 대충 파악하면 크게 안심이 될 것이다. 예컨대 등받이가 뒤로 젖혀지는 안락의자가 작동하는 부분은 일반적으로 강철 막대, 볼트, 리벳, 용수철 같은 기본적인 부품으로 이루어져 있다. 여기에 작용하는 힘은 중력과 그 위에 앉는 사람이 미는 힘, 그리고 그 메커니즘을 이루는 나머지 부분들과의 연결에서 나온다. 사실 어떤 물건이든 그것이 전체의 일부로서 자신의 기능을 수행하는 능력, 나아가 안전하고 신뢰할 수 있게 수행하는 능력을 좌우하는 것은 사용자를 포함해 다른 물체와 접촉할 때 나타나는 힘이다. 이것은 우리와 접촉하는 모든 물체에서 성립한다.

우리는 문손잡이를 잡고 돌리고, 쇼핑카트를 밀고 당기고, 장바구니를 채우고 비우고, 신용카드를 집고 긁는 일에 너무나도 익숙한 나머지, 이 모든 행동을 할 수 있을 뿐만 아니라 성공적으로 해낼 수 있는 것은 우리가 당면한 과제를 해결하기 위해 적절한 종류의 힘을 적절한 만큼 가할 수 있기 때문이라는 사실을 생각하지 못하거나 심지어는 알아차리지도 못할 때가 많다. 부엌에서 특정 기구를 작동시키거나, 식탁에서 고전적인 식사용 도구를 다루거나, 콘서트 무대에서 악기를 연주하거나, 디지털 장비의 화면을 터치하거나, 골프 코스에서 5번 아이언을 휘두르거나, 악수를 하면서 거래를 성사시키거나, 무엇을 가지고 그 밖의 어떤 일을 하든 간에, 우리가 그런 일을 할 때에는 특정 방식으로 배열된 힘이 꼭 필요하다. 그리고 우리는 당면한 일을 해내려면 적절한 힘을 가해야 한다는 것도 배운다. 운반하는 상자를 너무 살짝 붙잡으면 상자를 떨어뜨려 계단 밑으로 굴러떨어지게 할 수 있다. 망치를 느슨하게 쥐면 망치가 발에 떨어지거나 공중으로 날아가 뒤에 있는 사람을 칠 수도 있다. 반대로 꽉 쥔 주먹으로 창문을 너무 세게 치면 유리가 깨지면서 파편에 손이 베일 수 있다. 드릴 날을 잘못 사용하면 날이 부러지면서 다른 사람의 눈을 향해 날아갈 수도 있다. 우리의 손가락과 발가락, 팔, 다리, 머리뼈, 목, 등을 포함해 모든 것은 적절한 용도가 있고, 마음껏 사용할 수 있는 한계(한계점)가 있다. 각각의 뼈는 견뎌낼 수 있는 힘의 크기에 한계가 있다.

제조물 책임법 소송에서는 결국 부상을 초래한 원인에 설계나 사용자의 잘못이 있었느냐 여부가 핵심 쟁점이 된다. 즉, 공학자는 제품을 사용하기 위해 가해지는 힘을 예상하고 그 결과를 충분히 고려했는가? 사용자가 제품을 사용하기 위해 가한 힘은 권장된 한계나 합리적인 한계 내에 있었는가? 그런 재판에는 공학자가 전문가 증인으로서 자주 부름을 받지만, 전체 재판의 진행과 흐름을 주도하는 사람은 변호사와 재판관이다.

살아오면서 나는 발가락이 다른 물체에 부딪치는 일을 많이 겪었고, 발가락이 부러진 일도 몇 차례 있었다. 작은 힘으로 부딪칠 때에는 잠깐 동안 통증을 느끼는 것에 그쳤다. 그 힘이 크면 골절이 일어나기도 했는데, 때로는 통증에 정신이 팔린 나머지 뼈가 붙을 때까지 발가락이 변형됐다는 사실을 모르고 지나가기도 했다. 부러진 발가락으로 몇 주일 동안 걸어다니다 보면 신발이 가하는 힘에 발가락 형태가 변했다. 수리생물학자 다시 톰슨D'Arcy Thompson은《성장과 형태에 관하여》에서 물리적 힘을 고려하는 것만으로 생물들의 형태를 설명할 수 있다는 것을 보여주었다. 강한 바람이 부는 해안에서 자라는 나무는 줄기가 바다에서 육지 쪽으로 비스듬히 기울어 있고, 나뭇가지와 잎이 비대칭적 모양을 하고 있다. 톰슨은 이 책 서문에서 "힘은 운동을 만들어내거나 변화시키는 작용으로, 혹은 운동의 변화를 방해하거나 정지 상태를 유지시키는 작용으로 인정된다"라고 주장하면서 그 물리적 개념에 대한 자신의 생각을 서술하는데, 이 주장은 사실상 뉴턴의 제1법칙과 생물이 관련이 있다는 사실을 인정하는 것이나 다름없다. 계속해서 톰슨은 "힘은 물질과 달리 독립된 객관적 실재가 없다"고 말한다. 바꿔 말하면, 우리는 힘을 그 존재 자체로 아는 것이 아니라, 그것이 하는 일을 통해 안다. 실제로 공학자들은 손에 잘 잡히지 않는 이 개념을 이런 식으로 생각하도록 배운다. 게다가 톰슨은 독자에게 "물리학자들이 간결성을 위해 늘 그러는 것처럼" 자신의 책에서 힘이라는 용어를 사용할 때에는 원자력 시대 이전의 의미로 사용한다고 주의를 환기한다. 공학자도 똑같이 하는데, 이 책에서 사용하는 힘이란 용어와 개념도 톰슨이 사용한 것과 동일하다.

우리는 힘 자체에 대해 생각하지 않을지 몰라도 그 효과는 늘 우리의 관심을 끈다. 침대에 누워 있는 아기는 천장에 매달려 천천히 움직이는 모빌을 응시하면서 웃는다. 나는 심리학자가 아니고 아동심리학자는 더더욱 아니지만, 아기가 느끼는 즐거움을 안다. 흥미로움에 가득 차 반짝이는 두 눈은 모빌에서 떨어질 줄을 모른다. 모빌의 움직임은 매력적이고 만족감을 주고 흥미롭지만, 혼란스러운 측면도 있다. 공기의 미세한 움직임, 심지어 아기가 내쉰 숨이나 자그마한 손이 움직이면서 생겨난 움직임만으로도 모빌을 움직이게 하거나 움직임을 변화시킬 수 있다. 이는 힘이 작용하는 것인데, 아기는 곧 자신의 움직임과 모빌의 움직임 사이의 연결 관계를 파악하게 된다. 모빌을 잡으려고 손을 뻗으면 그것은 손에 밀려 오히려 더 멀어진다. 하지만 움직임이 주는 기쁨은 소유한다는 생각만큼이나 즐거울 수 있다.

좀 더 나이 많은 아이들은 배트나 공을 잡는 법, 배트로 공을 치는 법, 상대방이 배트로 치지 못하도록 공을 던지는 법을 터득하기 위해 손이나 손가락을 어떻게 움직여야 할지 깊이 생각하지 않는 것처럼 보이지만, 이 모든 기술을 제각각 나름의 수준으로 익힌다. 공을 잘 다루는 사람이 공을 잘 다루는 방법을 더 깊이 생각하는지 여부는 논란의 여지가 있는 문제지만 많은 사람들은 자연스럽게(혹은 부자연스럽게)

일어나는 일을 너무 깊이 생각하다가 역효과를 본 경험이 있다. 행동의 역학을 과도하게 분석하다 보면 공을 던지거나 치거나 잡기가 더 어려워질 뿐만 아니라 그런 행동 자체에서 얻는 즐거움이 줄어들 수 있다. 하지만 다른 사람이 하는 행동을 관찰하고 분석하면 그것이 겉보기만큼 불가사의하거나 고통스럽지 않다는 사실을 이해하는 데 도움이 될 수 있다. 그렇다 하더라도 걷기와 껌 씹기를 동시에 하는 것과, 그런 행동의 역학을 설명하는 것은 전혀 다른 문제다.

힘과 운동을 단순하게 일반인의 상식 수준에서 이해하는 것을 심리학자들은 '순진한' 물리학이나 '통속' 물리학이라고 부른다. 그런 개념들 중에는 아리스토텔레스와 고대 철학자가 주장한 것과 놀랍도록 비슷한 것도 있다. 예를 들면, 물리 현상의 본질을 파악하려고 애쓴 고대 철학자들은 공기 중에서 움직이는 물체가 그 운동을 계속하는 것은 어떤 종류의 힘이 그것을 계속 밀기 때문이라고 믿었다. 심지어 오늘날에도 물리학 강의를 한두 번 들은 대학생들 중에 그런 식의 사고를 하는 이가 있다. 힘이라는 개념이 쉽지도 명백하지도 않다는 것은 그 개념이 발전하기까지 수천 년이 걸렸고, 일부 물리학자들은 지금도 그 개념이 계속 진화하고 있다고 믿는다는 사실에서 알 수 있다. 오늘날 우리가 알고 있는 힘과 운동, 관성 개념을 정립하는 데에는 갈릴레이와 뉴턴 같은 천재의 힘이 필요했다.

개체 발생은 계통 발생을 반복한다는 생물학의 발생 반복설처럼 개개 어린이가 이해하는 힘의 개념은 문명이 이해한 힘의 개념이 성장한 것과 같은 방식으로 성장할 수 있다. 내가 이해한 힘과 운동의 개념(만약 어린이로서 그것을 표현해보라는 말을 들었다면)은 틀림없이 통속 물리학의 범주에 들어갔을 것이다. 친구들과 나는 우리 손을 떠난 공이 왜 그 같은 궤적을 그리며 날아가는가와 같은 질문을 깊이 생각해본 적이 없다. 공은 그저 그런 식으로 날아갔다. 우리는 공이 고무공에 불과하고 배트가 빗자루 손잡이를 자른 것이라 하더라도, 즐겁게 공을 던지고 받고 배트로 치면서 그 기술을 익히려고 노력했다. 야구나 스틱볼처럼 평범한 활동을 하면서 좋은 장비는 물론이고 거기에 관여하는 힘이나 운동에 대한 지식이 거의 또는 전혀 없어도 많은 것을 이룰 수 있다는 사실은 놀랍다.

아이들이 수십 미터 떨어져 있는 친구에게 공을 정확하게 던지는 법을 얼마나 빨리 배우는지 생각해보라. 손을 밀어 공에 적절한 속력과 기울기를 줌으로써 친구가 한 발자국도 떼지 않고 공을 받을 수 있도록 정확하게 공을 던질 수 있다. 호를 그리며 날아오는 공을 받는 동작 역시 감탄할 만한데, 손이나 글러브를 공이 내려오는 궤적의 끝 지점에 아주 가까이 가져가야 하고, 와서 부딪치는 공이 멈출 만큼 충분히 강하게 미는 힘을 가해야 하기 때문이다. 움직이는 공을 배트를 휘둘러 맞히는 것 역시 눈과 손과 근육의 조화로운 협응이 필요한 놀라운 묘기이다. 이런 과제들에서 정확도를 높이는 능력은 캐치볼 놀이나 야구를 하기 훨씬 전부터 발전했다. 잽싸게 달아나는 토끼에게 돌을 던지거나, 날아가는 새를 붙잡거나, 개울에서 헤엄치는 물고기를 창으로 찔러 잡아야 했던 선사 시대의 조상 어린이들도 비슷한 힘과 운동에 숙달되어야 했기 때문이다.

중력이라는 보이지 않는 친구가 있었는데도 불구하고, 고등학교와 대학교에서 물리학을 배우기 전까지 힘과 운동에 대한 내 인식은 순진한 수준에 머물러 있었을 것이다. 고등학교와 대학교에 가서야 과학의 공식 언어가 이 개념들을 뭐라고 부르는지, 현상을 설명하고 그에 관련된 양을 계산하기 위해 머릿속과 종이 위에서 이 개념들이 어떻게 다뤄지는지 배웠다. 힘과 운동의 철학적 의미에 대한 탐구는 거의 없었는데, 그냥 처음부터 주어진 것(철학자라면 프리미티브primitive, 즉 원초적인 것이라고 부를)으로 여겼다. 우리는 힘과 운동을 방향이 있는 선, 즉 벡터로 시각화하는 법을 배웠다. 벡터는 수학적 양을 가지고 있어 벡터끼리 더할 수 있을 뿐만 아니라, 한 벡터를 다른 벡터 또는 벡터들의 결과와 비교하거나 연관 지을 수 있다. 물리학 수업의 내용은 단순하지 않았지만, 그렇다고 특별히 구체적인 것도 아니었다. 그것은 수학적이고 추상적이었다. 수학적 점을 공격하는 화살표의 힘은 화살표의 운동을 만들어냈다.

공학 강의에서는 힘과 운동이 더 구체적이고 실재적인 의미를 지녔다. 힘은 한 점을 미는 화살표에 불과한 것이 아니었다. 우리 공학도는 힘이 운동 이상의 결과를 낳는다는 것을 배웠다. 물리학 교과서에서는 물체를 완벽한 구형의 공(점으로 이상화된)으로 나타냈지만, 공학 교과서에서는 물체를 감자처럼 불규칙한 모양을 가진 것으로 묘사했으며, 그것으로 길을 벗어난 소행성에서부터 정밀 기계 부품에 이르기까지 어떤 것이라도 나타낼 수 있었다. 경계 없이 무한한 물리학 우주는 유한한 공학의 세계 속으로 팽창해갔다. 그리고 새로운 기하학과 함께 새로운 언어가 따라왔다. 물체는 더 이상 구와 끈으로 이상화되지 않았다. 이제 그것은 공과 사슬로 묘사되었다. 우리는 이 부분들이 서로 연결된 방식에 따라 서로에게 힘을 미치는 방식이 결정된다고 배웠다. 힘은 전류와 추진력은 말할 것도 없고, 들보와 기둥, 볼트와 너트, 와셔, 용수철, 코터 핀처럼 유형의 물체를 공학적으로 추상화한 개념이 되었다. 우리는 구조와 기계를 종이 위에서 해체해 각각의 부분을 말

끔한 그림으로 표현하는 법을 배웠는데, 그 그림에는 서로 힘을 주고 받는 인접 부분들이 표시돼 있었다. 그러한 그림을 공학자들은 '자유 물체도free body diagram'라고 부른다. 여기서 '자유'라는 단어는 비록 그림에서는 그 부분이 나머지 우주와 분리돼 있는 것처럼 나타냈음을 의미하지만, 그것은 자신에게 미치는 힘(화살표로 나타낸)을 통해 여전히 나머지 우주와 연결돼 있다.

많은 공학 문제의 목표는 물체들을 연결하는 힘들의 크기를 계산하는 것이다. 그 값을 알아내는 것은 곧 실제 구조나 기계에서 부품이 얼마나 강해야 하는지 알아내는 것이다. 공학자에게 힘은 단순히 추상적인 개념에 불과한 것이 아니라 문제의 핵심이기도 하다. 일단 힘을 알고 나면 들보나 볼트, 용수철, 핀의 크기를 결정할 수 있다(비록 때로는 우회적인 방식이긴 해도). 문제가 복잡해지는 경우는 계산한 힘이 감당할 수 없을 만큼 너무 클 때다. 더 강한 부분으로 대체하려면 대개 더 무거운 것을 써야 한다. 그러면 연결하는 힘들도 변하기 때문에 처음부터 계산을 다시 해야 한다. 다시 계산한 힘들은 다른 부분들에 영향을 미친다. 겉보기에 단순한 설계 계산처럼 보이던 것이 끝없는 반복 계산으로 변하는데, 이 지루한 작업은 인간 컴퓨터보다는 디지털 컴퓨터에 더 어울린다.

물리학의 주요 과제는 이미 조립된 채로 주어진 우주를 설명하는 것이지만, 공학의 주요 과제는 설계되고 제작되기 전까지는 우주의 어느 구석에도 존재하지 않는 것을 만들어내고, 그럼으로써 힘과 기능을 짝짓는 것이다.

빗면에 작용하는 힘

II 장

평평하지 않은 운동장

기자의 대피라미드 옆면은 수평면에 대해 약 52° 기울어져 있다. 그 기울기를 높이 대 거리 비율로 나타낸 값은 약 14 대 11로, 국제건축법에서 일반 가정의 계단에 허용하는 기울기보다 거의 2배나 가파르다. 우리는 하루에 여러 층을 여러 차례 오르는 것이 얼마나 힘든지 안다. 피아노를 같은 거리만큼 옮기는 것도 충분히 힘든데, 무게 2톤짜리 돌덩어리들을 150m 높이의 피라미드 옆면을 따라 옮기는 것은 사실상 불가능해 보인다. 이는 이집트 건축가들이 어떤 방식으로든 경사로를 사용했을 것이라는 데 공학자들의 의견이 일반적으로 일치하는 이유 중 하나다. 피라미드는 위로 갈수록 점점 폭이 좁아지는 네 경사로가 꼭대기에서 만나는 건축물로 생각할 수 있지만, 가파른 기울기를 감안하면 경사로를 무거운 바위 블록을 밀거나 끌어당기는 빗면으로 직접 사용했을 가능성은 희박하다. 그렇게 해서는 적어도 바위 블록을 쉽게 끌어올리지 못했을 것이다.

공학자는 빗면을 중력을 어느 정도 길들일 수 있는 단순 기계로 간주한다. 빗면은 미끄럼틀과 휠체어용 경사로처럼 다양한 형태로 나타난다. 빗면 위에 올려놓은 물체는 물체 밑바닥과 평면의 표면이 충분

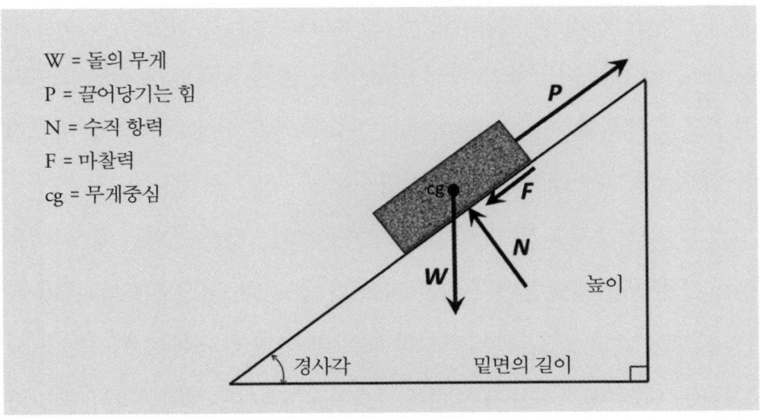

빗면 위로 끌어올리는 돌덩어리를 추상화한 공학자의 그림에는
이 과정에 작용하는 모든 힘이 포함돼 있다.

히 거칠고 기울기가 너무 크지 않은 한 계속 그 자리에 머문다. 이 현상은 널빤지 위에 벽돌을 올려놓고 한쪽 끝을 천천히 올림으로써 확인할 수 있다. 널빤지와 바닥 사이의 각도가 점점 커지다가 마침내 벽돌과 평면 사이의 마찰력이 빗면에 작용하는 중력보다 작아지기 전까지 벽돌은 널빤지 위에 그대로 머물러 있다.

공학자는 빗면의 기하학을 직각삼각형으로 이상화하고, 빗면 위로 끌어올리는 물체에 세 종류의 힘이 작용한다고 보는데, 그 세 힘은 물체의 무게와 끌어당기는 힘과 반발력이다. 반발력은 표면이 물체의 무게에 대항하여 물체를 위로 밀어올리는 힘과 물체의 움직임에 저항하는 힘이다. 계산의 편의를 위해 공학자는 반발력을 수직 항력(물체의 접촉면에 수직 방향으로 작용하는 항력)과 마찰력(접촉면에 수평 방향으로 작용하는)으로 나눈다. 앞에서 보았듯이, 수직 항력과 마찰력은 접촉면의 성질에 좌우되는 마찰 계수를 통해 서로 밀접한 관계에 있다. 빗면으로 역학적 이득을 얻을 수 있는 것은 돌덩어리를 경사면 위쪽으로 옮길 때 무게 중 일부만 감당하면 되기 때문이다. 물론 움직임에 저항하는 마찰력도 극복해야 하지만, 현실에서는 윤활제를 사용해 표면을 미끄럽게 함으로써 마찰력을 줄일 수 있다.

빗면 위로 물체를 밀어올리거나 끌어올리는 것은 계단을 통해 같은 높이로 올리는 것만큼이나 많은 힘이 들 수 있다. 빗면 위로 밀거나 끌든, 들고서 계단을 오르든, 동일한 물체를 동일한 높이로 올리는 데에는 같은 양의 에너지가 필요하다. 그런 수고를 덜어주는 것이 발명가들이 환영하는 종류의 도전 과제다. 계단 자체가 움직여서 가만히 서 있기만 해도 위로 올라갈 수 있다면 근사하지 않겠는가?

지금은 일상이 된 에스컬레이터에 대한 미국 최초의 특허는 1859년 매사추세츠주 소거스에 살던 발명가 네이선 에임스Nathan Ames가 받은 '회전 계단'이다. 많은 발명이 그렇듯 에임스의 발명 뒤에 많은 개선이 일어나면서 다른 발명가들이 후속 특허를 얻었지만, 그중 대부분은 (에임스의 발명과 마찬가지로) 당시에 실제로 건설되지는 않았다. 뉴욕 시민 제시 리노Jesse W. Reno가 발명해 1896년 코니아일랜드에 설치된 '무한 컨베이어 또는 엘리베이터'만큼은 예외였다. 하지만 에스컬레이터escalator라는 단어를 만든 사람은 리노도 다른 발명가도 아닌 오티스엘리베이터회사다. 수직 방향으로 움직이는 장치, 즉 엘리베이터와 비스듬하게 움직이는 장치를 구별하기 위해 그런 이름을 지은 것으로 보인다. 처음에 미국 특허청은 이 신조어를 기술적記述的 용어로 인정하지 않았지만, 오티스사가 1900년 파리박람회에 최초의 에스컬레이터를 선보이면서 이 이름을 상표로 등록했다. 아마도 오늘날 가장 눈길을 끄는 에스컬레이터는 파리의 조르주퐁피두센터에 있는 게 아닐까

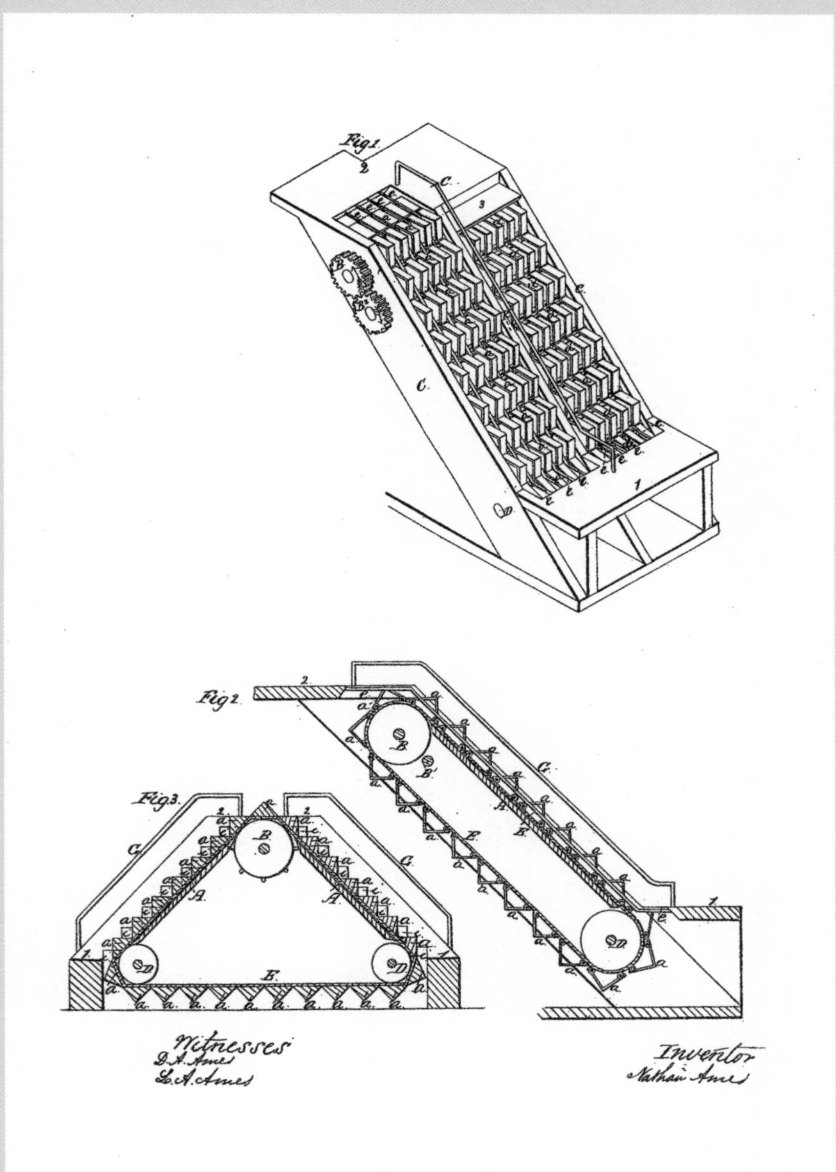

1859년 네이선 에임스가 낸 특허 신청서에 묘사된 '회전 계단'.

싶은데, 투명한 관 속에서 폭포처럼 움직이는 이 에스컬레이터는 건물 정면에서 뻗어나온 외팔보가 지지한다.

니컬슨 베이커Nicholson Baker의 단편 소설 〈메자닌〉에는 현대식 에스컬레이터가 배경으로 등장하는데, 하위Howi라는 젊은 회사원이 주인공이다. 하위는 매일 점심 식사를 한 뒤에 움직이는 계단을 타고 한 층 위의 사무실로 올라간다. 이야기가 시작되는 날, 하위는 에스컬레이터를 탄 다른 사람들이 관심을 갖지 않을 일상적인 일들에 대해 생각한다. 그는 에스컬레이터 핸드레일이 얼룩과 병균을 운반하는 컨베이어 벨트처럼 움직이는 동안, 계단 아래에 서 있는 청소부가 걸레로 핸드레일을 감싸 쥐는 것만으로 핸드레일 전체를 닦을 수 있다는 사실을 경이롭게 여긴다. 만약 정지해 있는 계단 난간을 닦는다면 청소부는 난간을 따라 일일이 걸어다녀야만 같은 목적을 이루면서 같은 힘을 느낄 수 있었을 것이다. 이것은 상대 운동의 본질이자, 늘 짝을 지어 존재하는 작용과 반작용의 결과다.

에스컬레이터를 이용하는 사람들(특히 휴대전화를 사용하는 사람들)은 대개 스쳐 지나가는 주변 풍경과 마찬가지로 에스컬레이터의 세세한 부분이나 작동 방식에 대해 아무 관심이 없다. 에스컬레이터를 자주 이용하는 이들은 심지어 그것을 타고 오르내릴 때 감각적으로 느끼는 유일한 차이가 올라타는 동작과 내려서는 동작의 차이뿐이라는 점을 알아채지 못할 수도 있다. 에스컬레이터를 타고 올라갈 때에는 중력을 거스르며 움직이고, 내려올 때에는 다시 중력과 보조를 맞춘다는 사실을 영영 깨닫지 못할 수도 있다. 에스컬레이터를 타고 가는 동안은 단단한 땅 위에 서 있는 것처럼 아무 움직임 없이 서 있을 수 있다. 사람들은 에스컬레이터를 타고 내릴 때 느끼는 돌연한 변화를 무시할지도 모르지만, 신체는 그에 수반되는 힘을 느끼며, 무의식적으로 그런 변화에 대비하지 않으면 일시적으로 균형을 잃을 수도 있다.

무빙워크는 최초의 에스컬레이터가 출품된 파리박람회에 설치됐다. 이 정교한 장치는 평행한 3개의 보도로 이루어졌는데, 첫 번째 보도는 땅 위에서 보행자가 정상적으로 걷는 것과 같은 속도로 움직였고, 두 번째 보도는 세 번째 플랫폼으로 옮겨 가는 행동을 돕기 위해 기차 플랫폼처럼 고정돼 있었으며, 세 번째 보도는 정상 보행 속도의 약 2배로 움직였다. 오늘날 흔히 볼 수 있는 무빙워크는 그것이 움직이는 방향으로 우리가 걸어가서 올라타지만, 파리에 처음 설치된 무빙워크는 옆에서 올라타게 돼 있었다. 움직이는 전차나 케이블카, 회전목마에 올라타고 내리는 데 익숙해 있던 사람들에게 그런 식으로 무빙워크에 올라타고 내려서는 것은 그다지 어려운 일이 아니었다. 거대한 대관람차인 런던아이를 방문했을 때, 나는 그러한 경험 중 어느 것에도 익숙하지 않았지만 대관람차에 오르내리는 데에는 그와 동일한 기술이 필요했다. 대관람차는 몸이 불편한 사람이 타고 내릴 때 잠깐 멈추는 것 외에는 계속 빙빙 돈다. 움직이는 방이 들어오고 출발하는 속도가 빠를수록 이 관광 명소가 수용할 수 있는 사람의 수가 늘어난다.

어릴 적부터 나는 움직이는 계단에 접근할 때 다소 머뭇거렸다. 에스컬레이터에 처음 올라탔을 때, 테라초* 바닥에서 움직이는 바닥으로 발걸음을 옮기는 순간 누가 발밑의 양탄자를 확 잡아당기는 듯한 느

* 대리석 따위의 부스러기를 다른 응착재와 섞어 굳힌 뒤에 표면을 닦아 대리석처럼 만든 돌.

낌이 들었다. 내 뒤에 서 있던 쇼핑객과 여행객은 분명히 짜증이 났을 텐데, 내가 움직이는 장치에 올라타기 전에는 걸음걸이가 흐트러지면서 잠깐 멈춰 서고, 거기서 내릴 때에는 머뭇거렸기 때문이다. 마찬가지로 나는 바퀴 달린 짐을 내 뒤로 끌고 올 때에도 머뭇거렸다. 하지만 여행객이 이러한 전환에 작용하는 힘을 너무 깊이 생각하는 것은 운동선수가 자기 행동의 역학을 너무 깊이 생각하는 것만큼 위험할 수 있다. 일상 활동에 관여하는 힘에 대해 생각하는 거야 큰 문제가 되지 않지만, 그 힘의 영향 속으로 휩쓸려 들어가 그것을 너무 분석적으로 생각하면 게임을 망치고 재앙을 초래할 수 있다.

사람을 이동시키는 장치에 타고 내리는 문제는 일반적으로 에스컬레이터를 극복하고 나면 더 쉽게 대처할 수 있지만, 긴 비행기 여행을 마치고 땅 위를 다시 걸으려고 할 때 그 문제가 눈에 띄게 드러날 수 있다. 이 문제는 시속 800km가 넘는 속도로 달리는 비행기의 여압실(기압이 낮은 고도를 비행하는 항공기에서 지상 기압에 가깝게 공기의 압력을 높인 방)에서 오랜 시간 여행한 사람들에게서 두드러지게 나타나는데, 이들은 정상적인 걸음걸이에 몸과 마음을 적응시키는 데 어려움을 겪는다. 이들은 공항 주차장까지 최대한 빨리 이동해 얼른 집으로 가길 원한다.

내 고향의 공항에 있는 무빙워크 중 일부는 완전히 평평하지 않은데, 군데군데 경사진 곳이 있는 중앙 홀을 지나갈 때에는 경사로가 이동을 편리하게 해주기 때문이다. 단단한 땅 위를 걷는 사람들은 이러한 경사로를 눈이 쌓이거나 얼음이 얼 일 없는 여름철에 경사진 진입로를 지나가는 것만큼이나 수월하게 지나갈 수 있다. 하지만 공항의 무빙워크 위에 멍하니 서 있는 여행객은 수평면과 빗면의 전환이 일어나는 지점을 만나면 깜짝 놀랄 수 있다. 한번은 수하물을 내 뒤에 그냥 놓아두었는데, 경사면이 시작되는 지점에 이르자 그것이 넘어지고 말았다. 흥미롭게도 평평한 무빙워크 끝 지점에 이르면 경고음이 울리지만, 기울기에 변화가 생기는 지점에 이를 때에는 아무런 경고음이 없다. 나는 다른 여행객들이 관성과 지지력의 변화를 동시에 경험하면서 나처럼 균형을 잃는 모습을 여러 차례 목격했다.

탑승교는 기본적으로 빗면이다. 탑승교는 소형 통근 비행기부터 점보제트기까지 비행기 크기에 따라 그 각도를 조절해야 해서 그 기울기가 가파른 것부터 평평한 것까지 다양하다. 여행을 자주 하는 승객조차 여기서 맞닥뜨린 또 하나의 어려운 전환 문제에 약간 당황할 수 있다. 아무런 지지대 없이 뻗어 있는 탑승교 중에는 상당히 긴 것도 있어 그 위로 걸어가는 동안 어느 정도 흔들릴 수 있다. 창문이 없는 탑승교는 접었다 폈다 하는 터널로 생각할 수도 있는데, 승객들은 소 떼처럼 터벅터벅 걸어 이 터널을 지나 혼잡한 우리 속으로 들어간다. 접었다 폈다 할 수 있는 부분들 사이에 필요한 짧은 전환 구간은 특히 까다로운 부분이다. 이 짧은 연결 경사로는 기울기가 특히 더 크기 때문이다. 승객이 바퀴 달린 여행 가방을 끌고 아래로 기울어진 탑승교를 지나갈 때에는 말이 끄는 수레가 내리막길을 내려갈 때처럼 가방이 자신을 추월하려고 하는 느낌을 받을 수 있다. 그리고 반대 방향으로 갈 때에는 가방이 뒤에서 자신을 끌어당기는 느낌을 받을 수 있다.

비행기 좌석에 앉은 승객은 게이트에서 활주로까지 오는 동안 아주 부드럽고 편하게 여행을 하여 잠이 들 수도 있다. 그러면 비행 동안에 느낄 힘과 운동의 놀라운 변화를 생각하지 않아도 된다. 만약 비행기가 활주로까지 아무 일 없이 간다면 그렇게 행복한 상태가 계속 이어질 수 있겠지만, 일단 이륙 준비에 들어가면 무슨 일이 일어날지 알 수 없다. 어떤 파일럿은 엔진이 겉으로 요란하게 소리를 내고 승객이 속으로 소리를 지르는 가운데 브레이크를 계속 밟고 있다가 마침내 브레이크에서 발을 떼고 비행기를 활주로 위로 질주하게 한다. 그러면 비행기는 목줄이 풀린 핏불테리어처럼 돌진한다. 활주로에서 비행기가 가속되면, 승객의 몸은 그에 대응하는 관성력 때문에 좌석 뒤쪽으로 밀린다—마치 강속구가 포수의 미트 속으로 박히는 것처럼. 편안하게 아무 움직임도 없이 앉아 있던 승객은 뉴턴의 법칙에 따라 나타나는 힘을 생생하게 느끼게 된다. 이것을 선실 안의 나머지 모든 것과 함께 보조를 맞추기 위해 자신을 앞으로 미는 좌석의 힘으로 느끼든, 자신이 좌석을 뒤로 미는 힘으로 느끼든, 승객은 "네가 여기 있었으면 좋겠어"라고 말하는 듯한 힘을 경험한다. 배정된 좌석 없이 머리 위 짐칸에 실린 짐은 뒤쪽으로 미끄러지고, 잘 고정시켜놓지 않은 좌석 뒤의 접이식 탁자는 아래로 풀썩 떨어진다.

사우스웨스트항공 여객기를 탔을 때 나는 관성과 비행기의 상승각이 결합되어 나타나는 효과를 목격했다. 주방 쪽 보조 의자에 앉아 있던 승무원이 땅콩 봉지들을 바닥에 떨어뜨렸다. 그는 통로 쪽 좌석에 앉아 있던 승객들에게 땅콩 봉지를 주워달라고 했지만, 경사면을 따라 빠르게 지나가는 물체를 붙잡을 수 있는 사람은 거의 없었다. 나는 머리 위 짐칸에 있던 가방에서 빠져나와 아래로 늘어진 끈을 보기 전까지는 상승각이 얼마나 가파른지 정확히 알 수 없었다. 비행기가 활주로에서 멈췄다가 다시 가길 반복하는 동안 그 끈은 진자처럼 흔들렸지만, 이륙한 뒤에는 경사계 역할을 했다. 비행기가 땅 위에 정지해 있을 때 완전히 수직 방향으로 늘어져 있던 그 끈은 비행기가 활주로를 달리고 이륙하는 동안 점점 더 수직 방향에서 벗어났다. 그 끈이 기준선 역할을 하는 창문 모서리와 이루는 각도는 중력과 관성과 끈의 장력이 균형을 이루는 위치에서 결정된다. 만약 비가 내린다면 창문을 스쳐 지나가는 빗방울도 같은 각도를 이룰 것이다. 비행기가 순항 고도에 이르러 수평 방향으로 나아가면서 더 이상 가속이 일어나지 않으면 이제 장력만으로 중력에 맞서기에 충분해진 끈은 수직 방향의 위치로 되돌아간다.

비행기가 두꺼운 구름층을 지나가거나 시정이 나쁜 상황을 만나면 승무원도 방향을 파악하기 어려울 수 있다. 경험 많은 파일럿조차 공간 감각에 장애가 생겨 고도와 상하 방향에 대한 감각을 잃고 만다. 이 현상은 몇몇 유명한 비행기 사고의 원인이 되었다. 1999년, 존 케네디 주니어John Kennedy Jr.는 단발 엔진 비행기를 몰고 시계 비행視界飛行* 으로 뉴저지주에서 매사추세츠주 앞바다에 위치한 섬 마서스비니어드로 가고 있었다. 그런데 어둠과 악천후가 겹쳐 익숙한 지형지물이 잘 보이지 않았고, 결국 비행기는 바다에 추락하고 말았다. 그와 아내, 처제가 경험한 특이한 힘은 충돌 순간의 충격뿐이었을 것이다. 스타 농구선수 코비 브라이언트와 그 딸, 그리고 파일럿을 포함한 나머지 7명의 목숨을 앗아간 2021년의 헬리콥터 추락 사고도 공간 감각 상실이 그 원인으로 지목되었다.

일반적으로 여객기 파일럿은 하강을 시작할 때 그 사실을 알리며, 뒤이어 착륙 장치를 내리는 소리가 착륙이 임박했음을 알린다. 하강

* 조종사 자신이 지형을 보고 항공기를 조종하는 비행 방식.

단계는 고통스러울 정도로 오랜 시간이 걸리는 것처럼 느껴질 수 있는데, 운고雲高가 100여 미터에 불과한 날씨에서는 특히 그렇다. 창밖을 내다보는 승객은 온통 흰 구름 외에는 아무것도 보이지 않다가 갑자기 지면이 눈앞에 쑥 나타나는 바람에 깜짝 놀랄 수 있다. 창밖을 내다보지 않는 승객은 갑작스런 충격에 놀랄 수 있는데, 비행기가 활주로에 내려앉을 때에는 온갖 종류의 새로운 힘들이 작용하기 때문이다. 착륙 장치가 완전히 내려졌을 때, 그 바퀴들은 아직 돌고 있지 않다. 활주로는 움직이지 않으므로 병진 운동을 하는 바퀴와 정지해 있는 아스팔트 사이에 불일치가 일어나고, 여기서 발생한 힘이 타이어를 굴러가게 만든다. 승객에게 이러한 일련의 힘들은 처음에는 타이어가 지면에 충돌할 때 느껴지는 쿵 하는 충격으로, 그다음에는 운동 마찰력이 타이어의 회전 속도를 비행기 속도와 같아질 때까지 증가시키는 동안 고무와 지면의 마찰에서 나는 끼이익 하는 소리로 다가온다. 타이어의 회전 속도가 비행기 속도와 같아지면 바퀴와 바닥 사이에 정지 마찰력이 작용하면서 비행기는 게이트까지 부드럽게 굴러간다.

활주로 끝부분에 집중적으로 남아 있는 검은색 스키드 마크는 그 과정에서 고무가 많이 닳는다는 사실을 말해준다. 이는 사전에 바퀴의 속도를 어느 정도 올림으로써 줄일 수 있는데, 착륙 장치에 모터를 달아 그렇게 할 수 있다. 아니면 타이어 양 옆쪽에 고무 플랩을 달 수도 있다. 고무 플랩은 돛처럼 바람을 붙들어 (활주로 표면의 마찰력이 바퀴를 돌리기 전에) 바퀴를 돌릴 수 있다. 그동안에 비행기의 날개 플랩이 펼쳐져 바람을 향해 다른 종류의 돛을 내미는데, 이 돛은 진행 방향의 반대 방향으로 비행기를 밀어 속도를 줄이는 역할을 한다. 가끔은 비행기 속도가 충분히 느려질 때까지 엔진을 역추진 상태로 돌렸다가 다시 정상 추진 상태로 바꾸어 비행기를 유도로를 지나 게이트로 몰고 간다. 이 과정에서 관성력이 다시 작용해 승객의 몸을 좌석에서 앞으로 쏠리게 만들고, 머리 위 짐칸에 든 짐도 앞쪽으로 밀리게 한다. 이것들은 승객이 탑승교의 빗면과 무빙워크, 에스컬레이터, 엘리베이터를 지나가면서 이미 느꼈고, 장래에 또다시 비행기를 탈 때 느끼게 될 힘들과 같은 종류의 힘들이다.

잡아 늘이기와 누르기

12장

용수철과 포장

1971년, 우주비행사 앨런 셰퍼드Alan Shepard는 아폴로 14호 임무에 나섰을 때 골프공 몇 개와 6번 아이언 헤드를 가져갔는데, 달에서 달 시료 채취기 손잡이를 사용해 즉석에서 골프 클럽을 만들었다. 그의 보고에 따르면, 자신이 친 공 중 하나는 "수 마일"을 날아갔다고 한다. 그의 말에는 다소 과장이 있었겠지만, 물리학 법칙은 달에서 잘 친 골프공은 희박한 대기와 작은 중력 덕분에 1마일(1760야드) 이상 날아갈 수 있다고 말한다. 골프공의 질량은 달에서나 지구에서나 똑같으며, 그것은 우주 어느 곳에서도 마찬가지다. 반면에 무게는 질량을 천체의 중심으로 끌어당기는 힘이기 때문에 장소에 따라 달라진다. 달의 중력은 지구의 1/6이므로, 골프공의 무게도 지구에서 잰 것의 1/6밖에 나가지 않는다. 셰퍼드의 근력은 지구에 있을 때와 별 차이가 없으므로, 지구에서와 같은 힘으로 친 골프공은 당연히 달에서 훨씬 더 멀리 날아갈 것이다.

물리학자는 질량으로 생각하는 반면, 공학자는 무게로 생각하는 경향이 있다. 전통적으로 공학자는 물체가 지상의 힘들에 어떻게 반응하느냐에 초점을 맞췄고, 구조물과 기계가 지표면 근처에서 제작되고 작

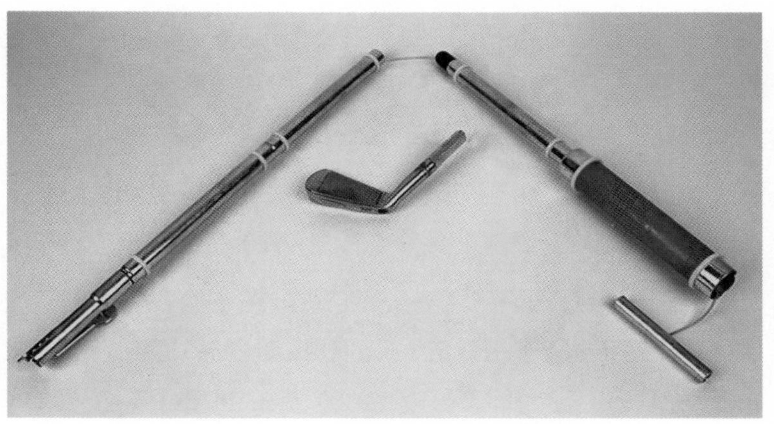

1971년 2월 6일, 앨런 셰퍼드는 즉석에서 만든 이 클럽으로 2개의 골프공을 쳤다. ©USGA Museum

동하는 한 무게는 사실상 질량과 마찬가지로 불변이기 때문이다. 지상의 트럭에서 내린 대들보 무게는 초고층 건물 꼭대기층에 설치한 대들보 무게와 사실상 같다. 하지만 우주 캡슐과 달착륙선, 화성 탐사차를 설계하라는 요청을 받은 공학자들은 발사 전과 착륙 후에 이들 기계에 일어날 무게 변화를 고려하지 않을 수 없었다—아니면, 기계들의 강도와 행동을 계산할 때 오로지 질량만을 사용해야 했다. 어느 쪽을 선택하든 간에 공학자는 지구에서 작동하기에는 충분히 튼튼하지 않더라도 중력장이 약해진 환경에서는 완벽하게 작동하는 기계를 설계한다는 이점이 있다. 닐 암스트롱Neil Armstrong이 달에 착륙할 때 타고 갔던 달착륙선이 지구의 기준에서 너무나도 취약하고 조잡해 보였던 건 이 때문이다. 만약 그렇게 가벼운 달착륙선을 설계하지 않았더라면, 아폴로 계획은 1960년대가 끝나기 전에 달에 사람을 보내겠다는 존 F. 케네디 대통령의 목표를 이룰 수 없었을 것이다.

일상생활에서 우리는 무게와 질량의 구분을 무시하는 경향이 있다. 미국에서는 칠면조를 주문할 때 전통적인 무게 단위인 파운드나 온스를 사용한다. 다른 나라들에서는 고기의 양을 킬로그램 단위로 말한다. 우유나 주스를 비롯해 액체 식품은 부피로 양을 표시한다. 미국인은 먹고 마시는 식품의 측정 단위에 너무 익숙한 나머지 누가 우유를 리터 단위 대신에 파운드 단위로 이야기하더라도 이상한 느낌을 받지 않을 때가 많다. 나는 의사가 8파운드 과체중이 무엇을 의미하는지 설명할 때 그런 경험을 했다. 의사는 그것은 우유 1갤런이 든 병을 하루 종일 들고 다니는 것과 같다고 말했다. 나는 흰 액체가 가득 든 플라스틱 용기의 크기를 다시 생각하느라 시간이 잠깐 걸렸다.

슈퍼마켓의 각 코너는 포장 식품과 비포장 식품에 관련된 양과 측정과 힘에 대한 우리의 감각을 느끼고 테스트하기에 아주 좋은 실험실이다. 사실 슈퍼마켓에 가서 식품을 선택하려면 질량과 무게를 판단해야 할 뿐만 아니라 우리의 오감을 모두 사용해야 한다. 오늘날의 전형적인 식자재 마트에 들어서는 순간 자동문이 열리는 소리와 방문을 환영하는 인사가 들리고, 우리는 즉각 신선한 과일과 채소 냄새와 그 화려한 배열에 유혹을 느낀다. 좀 뻔뻔한 사람은 포도송이에서 포도알을 하나 떼어내 맛을 볼지도 모른다. 물론 우리는 장바구니에 집어넣는 모든 것을 만져야 한다. 하지만 일단 말에 손을 대면 반드시 옮겨야 하는 체스처럼 물건을 집자마자 장바구니에 넣지는 않는다. 아보카도나 복숭아를 들었다 놨다 하다가 마음에 드는 것을 고르기도 하며, 수프 캔이나 시리얼 상자에 붙어 있는 라벨을 보고 성분을 비교하기도 한다.

하지만 늘 그랬던 것은 아니다. 20세기 중엽만 해도 미국에서는 채소, 육류, 생선, 제과류 등 필요한 것을 구하기 위해 서로 다른 가게를 방문하는 일이 흔했다. 소비자는 도시의 거리들을 따라 걷거나 횡단해 특정 종류의 상품을 전문적으로 파는 가게나 혼잡한 농산물 집판장을 차례로 방문했는데, 제품을 생산한 사람이 직접 판매까지 하는 경우는 드물었다. 대개는 점원이 제품을 선택하고 포장해 손님에게 건네주었다.

셀프서비스 슈퍼마켓 개념을 도입한 사람은 클래런스 손더스Clarence Saunders로 알려져 있다. 손더스는 14세 때 학교를 그만두고 잡화점에서 점원으로 일했고, 나중에는 테네시주 멤피스에 있는 도매 식료품점 영업사원이 되었다. 손더스는 소매점들의 효율성 부족을 안타까워했는데, 그가 꼽은 대표적인 비효율성 하나는 점원을 시켜 물건을 가져오게 하는 것이었다. 그래서 그는 고객이 직접 물건을 가져오게 하는 시스템을 고안했다. 손더스가 생각한 개념은 가게의 평면도를 다음과 같은 세 구역으로 나누는 것이었다.

(1) 입구와 출구를 포함한 공간인 앞쪽 '로비'(오늘날이라면 쇼핑 카트를 픽업하고 반납하는 장소와 계산대가 위치한 현관).

(2) 한 문이나 회전문을 통해 들어오고 다른 문으로 나갈 수 있으며, 고객은 정해진 길로만 이동할 수 있고, 따라서 상하기 쉬운 식품이 보관된 유리문 냉장고를 비롯해 선반과 캐비닛에 진열된 "전체 재고 제품을 죽 둘러볼 수 있는" '판매대'.

(3) 뒤쪽 '재고품 보관 창고'. 판매대를 채운 선반과 캐비닛 위에는 발코니 같은 통로들이 있는데, 그곳에서 매니저와 직원들이 고객에게 새로운 쇼핑 방법을 알려주고, 보충해야 할 제품이 없는지 선반과 캐

비닛을 살피고, 아래에서 일어나는 전반적인 활동을 감독한다—미로를 따라 걸어가면서 제품을 살펴보고 선택하는 고객에게 방해되는 일 없이.

손더스는 새로운 원리에 따라 돌아가는 가게를 1916년 멤피스에 처음 열었다. 이 '셀프서비스 가게'에 대한 특허 신청서는 "이런 장치를 갖춘 가게의 매출액은 같은 가게에서 점원의 통상적인 방법으로 일할 때보다 3~4배나 증가했다"라고 보고했다.

비록 손더스는 주로 가게 주인에게 돌아가는 경제적 이득으로 이 발명의 타당성을 입증했지만, 셀프서비스 개념은 물리적으로는 제약을 받더라도 감각적으로는 아무 방해를 받지 않는 고객에게도 이득이 돌아갔다. 통로를 따라 진열대 사이를 지나감으로써 고객은 가게의 모든 물품을 직접 볼 수 있었고, 구매 목록에서 실수로 빼먹은 물품을 발견할 수 있었다. 손더스는 이 개념을 저작권 및 상표 등록이 된 피글리위글리Piggly Wiggly라는 이름을 단 자신의 모든 체인점으로 확대했다.

오늘날 이 체인의 웹사이트에 들어가보면 손더스가 "많이 회자되고 잘 기억될 수 있는 이름을 원했고, 찾았다"라고 설명한다. 다만 "흥미롭게도" 그가 이 이름의 기원을 "설명하기를 꺼렸다고" 인정한다. 한 이야기에 따르면, 손더스는 "열차에서 새끼돼지 여러 마리가 울타리 아래로 빠져나가려고 애쓰는 광경을 보았다." 당시 사전에서는 'piggy-wiggy'를 "어린아이들이 주로 사용하는 단어로, piggy(돼지)를 운율을 맞춰 재미있게 바꾼 단어"라고 정의했기 때문에, 손더스는 고객이 자기 가게의 판매대를 지나가면서 움직임에 제약을 받는 걸 보고서 그 기억이 떠올라 이런 이름을 붙였을지도 모른다. 또 다른 설명은 왜 그런 이름을 붙였느냐는 질문에 대한 응답인데, "사람들이 바로

1917년에 클래런스 손더스가 제출한 '셀프서비스 가게' 특허 신청서에 첨부된 이 그림은 그의 개념을 원근법으로 묘사하고 있다. 그 전해에 손더스는 피글리위글리 셀프서비스 식료품점 체인 중 최초의 가게를 열었다. 특허 신청서는 고객의 구매 목록에 있는 각각의 물품을 점원이 일일이 찾아오는 수고를 생략할 수 있는 경제적 이득을 자세히 기술하고 설명했다. 미국 특허 제1,242,872호.

1916년에 테네시주 멤피스에 처음 문을 연 최초의 피글리위글리 가게를 1918년경에 촬영한 이 사진은 현대의 슈퍼마켓으로 진화해간 셀프서비스 개념의 인기를 보여준다. 실제 가게의 레이아웃이 특허 신청서에 묘사된 것과 얼마나 다른지 비교해보라. 그래도 기본적인 특징은 그대로 살아 있다. 미국 의회 도서관, Prints & Photographs Division, LC-USZ62-25665.

그 질문을 할 것이기 때문"이라는 것이다. 이것은 손더스 자신이 직접 답한 것일 수도 있고 아닐 수도 있다. 아니면 장난스러움에서 나온 이름이 아니라 진지한 생각에서 나온 이름일 수도 있는데, 허기진 고객이 혼잡한 통로와 계산대를 꿈틀거리며wiggle 지나가는 모습에서 그런 이름이 떠올랐을지도 모른다.

평행한 통로에 양쪽 끝이 열려 있는 현대식 슈퍼마켓의 표준적인 레이아웃은 고객이 이 코너에서 저 코너로 자신의 감각에 의지해 자유롭게 이동할 수 있게 해준다. 빵과 우유를 입구와 농산물 코너에서 가장 먼 곳에 배치한 것이나 유제품 진열대를 빵 진열대에서 최대한 먼 곳에 배치한 것은 결코 우연이 아니다. 그러면 빵이나 우유만 사러 온 고객이 많은 판매대 앞을 지나기 때문에 다른 것을 사고 싶은 충동이 들 수 있다. 위험 부담은 오롯이 구매자의 몫이다.

슈퍼마켓에서는 모든 감각을 최대한 동원해야 한다. 일요 잡지에 실린 한 기사는 양배추를 창의적으로 요리하는 방법을 소개하면서 "속이 꽉 찬 양배추를 찾아라. 크기에 비해 묵직한 느낌이 들어야 한다"고 조언했다. 우리는 비슷비슷해 보이는 것들을 손에 든 채 수년간 장을 보면서 발전한 내면의 감각으로 양배추와 상추를 비교할 수 있고, 일반적인 농산물들을 비교할 수 있다. 크기가 같아 보이는 두 멜론의 무게에 차이가 있다면 그 속이 어떤지 단서를 얻을 수 있다. 가벼운 것은 비어 있는 부분이 더 클 가능성이 높은데, 정동晶洞*이라면 가벼운 편이 좋겠지만 멜론이라면 사정이 다르다. 요령 있는 고객은 멜론을 통통 두들겨 나는 소리로 속이 어떤지 가늠한다. 복숭아는 살짝 눌러 과육이 먹기에 적당한지 판단한다. 다른 과일과 채소, 가령 사과나 바나나를 선택할 때에는 소리보다는 시각과 후각이 더 중요한 역할을 할 수 있는데, 겉모습이나 냄새로 지나치게 익거나 상한 건 아닌지 살핀다. 너무 단단한 아보카도는 저녁으로 먹기에 충분히 익지 않았을 가능성이 높은 반면, 물렁물렁한 아보카도는 지나치게 익었을 가능성이 높다. 쇼핑은 인생과 마찬가지로 균형을 잡는 것이 중요하다.

장을 자주 보는 사람은 보통 크기의 바나나 무게를 가늠하는 감각

* 암석이나 광맥 따위의 속이 빈 곳의 안쪽 면에 결정을 이룬 광물이 빽빽하게 덮여 있는 것.

이 발달해 저울을 사용하지 않고도 바나나 다발의 무게를 상당히 정확하게 추정할 수 있다. 그럼에도 불구하고, 슈퍼마켓에서는 바나나를 자주 사지 않는 고객이 한 다발 무게에 대한 자신의 감을 쉽게 확인할 수 있도록, 따라서 쇼핑 카트에 담기 전에 가격을 알 수 있도록 농산물 매장 전체에 저울을 넉넉히 배치하는 게 관행이었다. 예전의 아날로그식 저울은 다소 단순한 장비였고, 가장 기본적이고 투명한 저울은 천장에 박힌 갈고리에 달린 용수철에 매달린 접시로 이루어져 있었다. 접시에 바나나를 올려놓으면 용수철이 늘어나면서 그것에 붙어 있는 눈금이나 다이얼이 선형 또는 원형 게이지에 무게를 나타냈다. 크기가 거의 같은 과일을 올려놓을 경우, 바나나 2개는 바나나 1개보다 용수철을 2배 더 늘어나게 했다. 그런 저울의 역학적 원리는 훅의 법칙으로 알려져 있다.

로버트 훅Robert Hooke은 1662년부터 세상을 떠난 1703년까지 새로 설립된 런던 왕립학회에서 실험 관리 책임자로 지냈다. 그 덕분에 광범위한 실험 장비에 접근할 수 있었고, 현미경 관찰과 재료과학, 물질의 강도, 구조역학 등 과학 및 공학 분야에서 많은 연구를 할 수 있었다. 왕립학회에 합류하기 전부터 훅이 공학자로서 추구한 목표 중 하나는 먼 바다를 항해하는 선박을 위해 정확하고 신뢰할 수 있는 시계를 만드는 것이었다. 그러면 선박이 있는 곳의 시간을 영국 그리니치의 시간과 비교함으로써 선박이 위치한 곳의 경도를 알 수 있기 때문이다. 당연히 모든 시계의 핵심 요소는 태엽(메인스프링)이기 때문에 훅은 용수철을 가지고 실험을 했다. 그리고 이 연구에서 탄성의 법칙을 발견했는데, 이것은 용수철이 늘어나는 길이가 가한 힘의 크기에 비례한다는 법칙이다. 하지만 훅은 자신의 발견을 공개하길 꺼렸다. 자칫 경쟁 관계에 있는 시계 제작자들이 자신이 만든 크로노미터와 어깨를 나란히 할 만큼 정확한 시계를 만들까 봐 염려해서였다. 그러면서도 훅은 자신이 이 법칙을 발견했다는 사실을 분명히 못 박고 싶었기 때문에 그것을 애너그램anagram(철자 순서를 바꾼 말)으로 발표했다. 그러면 나중에 애너그램을 해독해 보여줌으로써 자신이 최초의 발견자라는 사실을 입증할 수 있었기 때문이다. 라틴어로 쓴 그 애너그램은 ceiiinosssttuv였다. 이것은 ut tensio, sic vis의 철자를 바꾼 것으로, 번역하면 "늘어나는 길이는 힘과 같다"라는 뜻이 된다. 선형 용수철에서 성립하는 이 법칙을 기호로 나타내면 F=-kx가 되는데, 가한 힘 F는 용수철이 늘어난 길이 x와 용수철 상수(탄성 계수라고도 함) k에 대해 정비례 관계에 있다(이런 방정식을 선형 방정식 또는 1차 방정식이라고 부르는데, F-x 축 위에 나타냈을 때 직선 모양으로 나타나기 때문이다. 탄성 계수가 k인 용수철에 대해 힘과 늘어난 길이의 데이터를 그래프 위에 나타내면, 기울기 k인 직선이 된다). 음의 부호가 붙은 것은 용수철을 한쪽 방향으로(예컨대 x가 양의 값인 쪽으로) 끌어당기면, 끌어당기는 힘에 저항하는 힘은 반대 방향으로(음의 방향으로) 작용하기 때문이다. 이것은 보통 용수철에서 우리가 경험하는 것과 일치한다. 지나치게 많이 잡아당기지 않는(그래서 탄성을 잃지 않는) 한 용수철은 항상 원래 길이로 되돌아가려고 한다.

양쪽 엄지손가락 주위에 감은 고무 밴드로 실험을 해보면 훅의 법칙이 성립하는 것을 실제로 확인할 수 있다. 두 손가락을 더 멀리 떨어지게 할수록 고무 밴드가 더 많이 늘어나고, 더 많이 늘어날수록 더 멀리 잡아 늘이기가 힘들어지는데, 늘어나는 길이가 커질수록 저항하는 힘도 더 커지기 때문이다. 당연한 말이지만, 지나치게 많이 잡아 늘이면 고무 밴드는 끊어지고 만다. 그러면 탄성이 높은 구조 속에 저장돼 있던 에너지가 끊어짐을 알리는 소리 에너지와 휙 날아가는 고무 밴드의 운동 에너지로 변하는데, 잘못하면 고무 밴드가 실험자의 눈으로 날아갈 수도 있다. 아무리 단순해 보이는 실험이라도 항상 보호 안경을 써야 하는 이유는 이 때문이다.

물론 용수철은 늘어나기만 하는 게 아니다. 훅의 법칙을 표현한 방정식은 용수철을 압축할 때에도 성립한다. 이 경우, 늘어나는 길이는 음의 값을 가지는 것으로 해석되며, 방정식에서 음의 부호는 양의 힘으로 바뀌는데, 이것은 압축하는 힘에 저항하는 힘을 나타낸다. 똑딱이 볼펜으로 간단한 실험을 해볼 수 있다. 볼펜 끝에 달린 버튼을 누르면 안에 있는 용수철이 압축된다. 버튼을 천천히 누르면서 주의를 기울이면 용수철이 엄지손가락을 되미는 힘을 느낄 수 있는데, 계속 누를수록 그 힘이 점점 더 커지는 것을

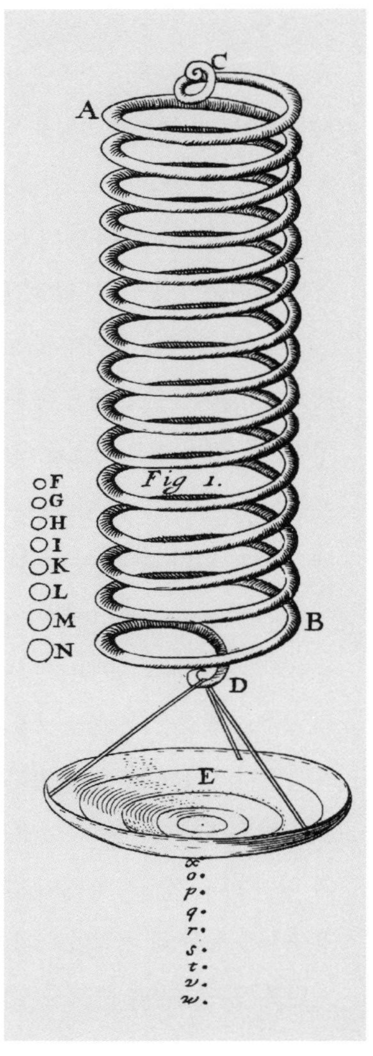

아이작 뉴턴과 같은 시대에 살았던 로버트 훅은 세심한 실험 관찰과 측정을 통해 용수철이 늘어나는 길이와 그것을 잡아 늘이는 힘 사이에 선형 관계가 성립한다는 사실을 알아냈다. 그 관계를 훅의 법칙이라 부른다. Hooke et al., *Lectiones Cutlerianae*, 1679.

느낄 수 있다—내부의 래칫이나 캠 공이 메커니즘(제조 회사에 따라 같은 목적을 위해 다른 방법을 사용함)이 볼펜심을 제자리에 고정시키면서 반대쪽 끝에 볼펜심 끝을 노출시킬 때까지. 필기를 마치면 우리는 다시 버튼을 눌러 래칫을 풀리게 하고, 그러면 볼펜심이 탁 튀면서 몸통 속으로 들어간다. 이때 볼펜심을 도로 들어가도록 추진하는 힘은 우리가 버튼을 눌렀을 때 용수철에 저장된 에너지에서 나온다. 볼펜심을 도로 들어가게 할 때, 버튼을 누른 뒤 금방 손을 떼지 않고 엄지손가락으로 용수철의 힘을 느껴보면 용수철이 길어질수록 그 힘이 약해지는 것을 알 수 있다. 대개 용수철은 압축되기 전의 완전한 길이로 늘어나지 않는데, 상단 버튼을 제자리에 유지하고 볼펜심이 덜거덕거리는 것을 막는 힘을 제공하기 위해 잔여 압축이 조금 더 필요하기 때문이다. 어쨌든 볼펜심이 나왔다가 들어갈 때 우리가 느끼는 것은 물리적으로 구현된 훅의 법칙이다.

모든 용수철이 고무 밴드나 볼펜 속의 나선 철사처럼 생긴 것은 아니다. 어린이의 접근을 막기 위해 누르는 동시에 돌려서 여는 플라스틱 약통 뚜껑이 제 기능을 발휘하는 것은 그 속에 용수철 기능을 하는 부품이 들어 있기 때문이다. 한 버전에서는 뚜껑을 닫기 위해 그것을 눌러 시계 방향으로 돌리면, 그 속의 부품이 압축되면서 돌기처럼 생긴 돌출부가 약통 가장자리 둘레의 구멍에 맞물려 그 위치에 머물게 된다. 압축된 부품 용수철은 약통 가장자리에 힘을 가해 뚜껑을 밀어올려 그 자리에 고정시킨다. 누가 뚜껑을 눌러(그럼으로써 용수철을 더 압축시켜) 돌출부와 구멍을 분리시키고 그와 동시에 반시계 방향으로 돌려 돌출부를 구멍에서 떨어지게 해 뚜껑을 열 수 있게 하기 전까지는.

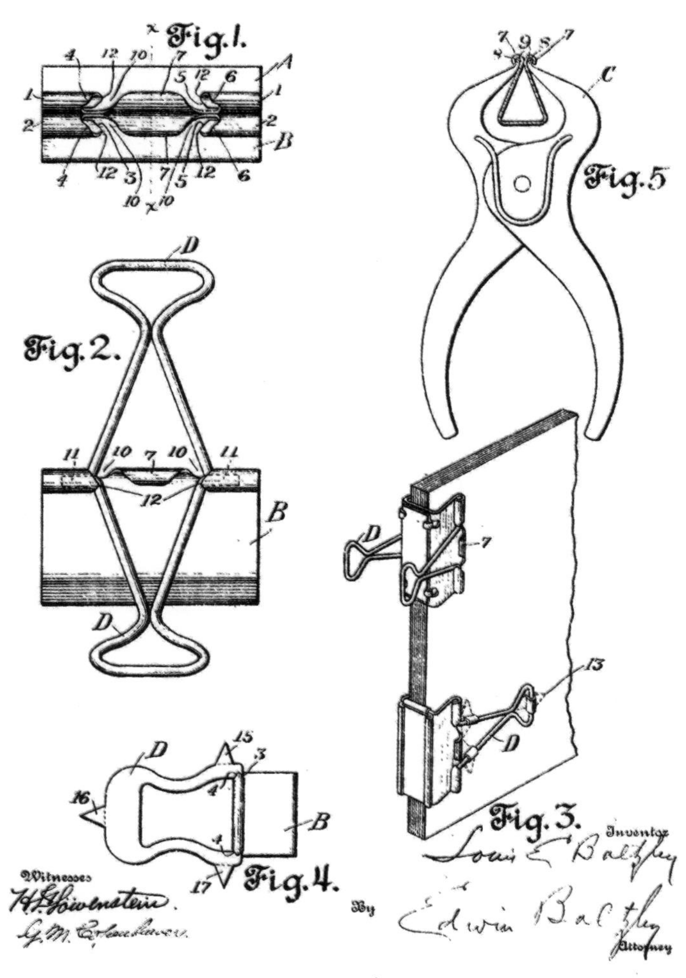

바인더 클립은 철사를 구부려 만든 재래식 클립보다 훨씬 두꺼운 종이 뭉치를 붙들 수 있었다. 이것은 두 가지 용수철 요소로 이루어져 있다. 클립 본체(Fig 2의 B)와 두꺼운 종이 뭉치를 붙들 수 있을 만큼 클립을 충분히 넓게 벌리는(FIg 3) 지렛대 역할을 하는 손잡이(Fig 2의 D)가 그것으로, 손잡이는 제거할 수 있다. 미국 특허 제1,139,627호.

작은 것들 속에 큰 교훈이 들어 있다. 클립은 어떤 모양이든 본질적으로 용수철이다. 바인더 클립은 너무 두꺼워서 철사를 구부려 만든 일반적인 클립으로는 효과가 없는 종이 뭉치를 붙드는 데 쓰인다. 이 기발한 도구는 워싱턴 D. C.에 거주하던 발명가 집안 출신의 10대 소년 루이스 발츨리Louis E. Baltzley가 발명했다. 할아버지는 재봉틀을 발명한 것으로 유명한 엘리어스 하우Elias Howe였고, 아버지와 삼촌도 발명 특허를 갖고 있었다. 나중에 쉽게 집고 쌓을 수 있는 포커 칩과 가루를 담는 통의 뚜껑, 게임 테이블 옆에 비치된 유리잔 홀더를 발명한 루이스는 글 쓰는 일이 주 업무였던 아버지가 원고를 순서대로 유지하도록 돕고 싶었다.

바인더 클립은 1915년에 '종이를 묶는 클립'이라는 이름으로 특허를 얻었고, 이후 100여 년 동안 그 겉모습은 발츨리의 특허 신청서 그림에 묘사된 것에서 거의 변하지 않아 개선이 쉽지 않음을 보여주었다. 기본 요소는 띠 모양의 용수철강을 2인용 소형 천막 모양으로 만든 것이었다. 천막 양 옆쪽에는 작은 구멍에 끼워져 쭉 뻗어 있는 철선 손잡이 2개가 있는데, 이것이 지렛대 역할을 하면서 천막 윗부분을 종이 뭉치를 끼울 수 있을 만큼 충분히 넓게 벌릴 수 있었다. 두 손잡이를 쥐었다가 놓으면, 용수철강 천막은 원래의 닫힌 모습으로 되돌아가려고 그 사이에 끼워진 종이를 아주 단단하게 물기 때문에 종이가 쉽게 빠져나갈 수 없었다.

바인더 클립의 맵시 있는 지렛대-손잡이를 엄지손가락과 집게손가락으로 꽉 누르면 그 탄력성의 강한 힘을 느낄 수 있다. 천막 윗부분을 조금 벌리는 것은 쉽지만, 훅의 법칙이 예측하듯이, 더 넓게 벌리는 것은 점점 더 힘들어진다. 구부러진 철선 손잡이의 기발한 설계 덕분에 점점 더 큰 힘(사용자가 느낄 수밖에 없는)을 가하며 누르는 동안에도 손가락의 자세를 그대로 유지할 수 있다. 이것은 정말로 독창적인 도구인데, 사용하는 사람은 코일 용수철이나 상징적인 젬클립에 불과해 보이는 작고 조밀한 장비에서 나오는 강한 저항력을 느낄 수 있다. 바인더 클립은 다양한 방법으로 응용할 수도 있다. 손잡이 고리를 갈고리에 끼움으로써 클립에 단단하게 붙들린 종이 뭉치를 공중에 매달아 접근을 용이하게 할 수 있다. 손잡이를 펴 종이 위로 뻗으면, 종이 밖으로 돌출돼 걸리적거리지 않게 할 수 있다. 혹은 그 자체가 용수철인 손잡이를 클립에서 완전히 제거할 수도 있는데, 손잡이 양 다리를 안쪽으로 누르면서 손잡이 끝부분이 끼워져 있는 구멍에서 손잡이를 빼내면 된다. 이렇게 손잡이를 클립이나 종이를 물고 있는 클립에서 제거함으로써 사실상 책 모양으로 영구적으로 제본된 형태를 만들 수 있는데, 클립의 등이 일종의 책등 역할을 한다. 거의 평평한 클립의 등에 라벨을 붙여 그 내용물이 무엇인지 표시할 수도 있다.

오늘날 우리가 알고 있는 형태의 안경 개발을 가로막은 장애물은 용수철 기능의 부재였다. 안경은 13세기 후반에 발명된 것으로 보이는데, 뼈와 금속, 가죽 등 온갖 재료로 만든 틀에 렌즈를 끼운 것이 그 출발점이 되었다. 렌즈는 일반적으로 작은 확대경과 비슷한 모양이었다. 두 휴대용 렌즈의 짧은 손잡이 밑부분을 리벳으로 연결하면 한 쌍의 렌즈를 콧등 위에서 균형을 잡을 수 있었고, 책을 읽거나 가까이에서 해야 하는 그 밖의 작업에 사용할 수 있었다. 불행하게도 사용자는 안경이 콧등에서 떨어지지 않게 하려면 머리를 다소 뒤쪽으로 젖힌 자세로 가만히 있어야 했다. 이 때문에 한 쌍의 렌즈를 제자리에 고

1882년 런던에서 발간된 안경 광고.

정시키기 위해 다양한 부속품이 개발되었는데, 그중에는 이마까지 올라가 이마를 가로지르면서 머리 뒤쪽이나 모자 아래에 고정된 장치도 있었다. 안경 양 옆쪽에 끈을 붙여 양쪽 귀에 걸친 장치도 있었다. 중국인은 추를 단 끈도 사용했는데, 추는 양쪽 귀 뒤쪽으로 처지게 돼 있었다. 초기의 안경다리는 광대뼈까지만 뻗어 있었고, 용수철 작용과 마찰력에 의존해 제자리에 고정되었다.

틀에 끼인 두 렌즈 사이의 코걸이 부분을 용수철강으로 만들면서 코안경이 탄생했는데, 문자 그대로 코를 꼭 집음으로써 제자리를 유지할 수 있었다.* 코안경은 코에서 단단하고 뼈가 있는 높은 곳 대신에 살이 많고 낮은 곳에 걸쳤는데, 콧구멍이 있는 안쪽으로 누르기가 용이했기 때문이다. 이렇게 함으로써 안경을 제자리에 유지할 수는 있었지만, 대신에 숨 쉬기가 좀 불편했다. 현대적인 안경은 대개 코걸이가 더 단단하고, 안경다리에 들어 있는 용수철이 안경다리를 머리 양 옆쪽으로 밀어 편안하게 착 들러붙게 한다. 어떤 안경다리는 안경테 재료 자체의 탄력성을 활용해 착 들러붙게 한다. 플라스틱 안경테는 1950년대에 유행해 계속 그 인기를 유지하고 있다. 새 안경은 플라스틱의 탄력성 덕분에 머리에 편하게 착 들러붙지만, 상대적으로 압축성이 약한 관자놀이로부터 끊임없이 받는 힘 때문에 플라스틱의 탄력성이 떨어져 시간이 지날수록 안경다리가 벌어지게 된다. 이 때문에 코걸이 부분이 영구적으로 바깥쪽으로 휘어지게 되고, 안경다리 사이의 공간이 넓어져 안경이 코 아래쪽으로 미끄러지기가 쉽다. 이렇게 늘 작용하

* 코안경을 영어로 pince-nez라고 하는데, 프랑스어에서 유래한 이 단어는 '코를 꼭 집다'라는 뜻이다.

는 힘 때문에 구조의 형태가 변하는 현상을 공학자들은 크리프creep*라고 부른다. 플라스틱을 더 두껍고 무겁게 만드는 것은 불가피한 결과를 지연시키는 효과밖에 낳지 못한다. 플라스틱 테 안경을 오래 착용한 사람은 자주 코를 찡그려 안경을 콧마루 위로 밀어올려야 하는데, 그러다가 틱이 생기기도 한다.

용수철이 내장된 안경다리가 달린 가벼운 금속 테는 내게 하늘이 내린 선물과 같다. 제대로 착용하면 금속 테는 내 머리 옆쪽을 가볍게 누르는데, 그 힘은 아주 약한 편이지만 신발 끈을 묶기 위해 상체를 숙이거나 무엇이 나를 놀라게 했는지 보려고 머리를 재빨리 쳐들 때에도 안경이 벗겨지지 않으리라는 확신을 줄 만큼은 강하다. 하지만 매일 안경을 쓰다 보면 안경다리로부터 머리 옆쪽에서 안쪽으로 계속 미는 힘을 받게 된다. 금속은 일반적으로 플라스틱보다 크리프가 일어나는 정도가 덜하기 때문에 안경다리가 미는 힘은 수그러들 줄 모르고, 구레나룻 위쪽의 머리카락에 쏙 들어간 부분이 뚜렷하게 생긴다. 아무리 작은 힘이라도 오랫동안 계속되다 보면, 영겁의 시간 동안 흐른 강물이 그랜드캐니언을 깎아 만들었듯이 뚜렷한 흔적을 남긴다.

안경테가 제 위치에서 벗어나는 일이 잦은 걸 놓고 안과 의사 멜빈 루빈Melvin Rubin은 "조잡한 공학적 설계를 보여주는 좋은 사례 중 하나"라고 말했다. 하지만 안경 착용은 매일 그것을 느끼는 데 너무 익숙해져서 없을 때에만 그 존재를 알아챌 수 있는 힘을 느끼기에 좋은 실험실을 제공한다. 평생 동안 안경을 쓰다가 백내장 수술을 통해 천연 렌즈(수정체)를 인공 렌즈로 교체함으로써 안경을 쓸 필요가 없어진 사

* 물체가 일정한 변형력을 계속 받는 가운데 시간이 흐름에 따라 천천히 변형이 일어나는 현상.

람이 바로 그런 경우에 해당한다. 코걸이 부분과 안경다리에서 나오는 용수철 힘이 더 이상 코와 관자놀이를 누르지 않으면서 안경과 그에 수반된 힘의 부재를 뚜렷이 느끼게 된다. 안경을 오랫동안 쓴 사람은 본능적으로 있지도 않은 안경을 콧등 위로 밀어올리려고 손을 올리기도 한다. 팔다리가 절단된 사람이 사라진 팔다리가 여전히 붙어 있는 느낌을 계속 받는 것과 마찬가지로, 안경을 오랫동안 써온 사람은 안경테가 없어졌는데도 여전히 그것이 콧등 위에 걸쳐져 있다는 느낌을 받을 수 있다.

트램펄린은 기본적으로 용수철이고, 테니스 라켓도 용수철이다. 테니스공뿐만 아니라 부딪쳤다가 튀어나오는 모든 것은 일종의 용수철로 생각할 수 있다. 테니스 경기를 지켜보는 사람의 눈에는 라켓으로 치는 순간에 공이 압축되는 모습이 보이지 않을지 모르지만, 고속 촬영한 사진에서는 그 장면이 생생하게 드러난다. 충격이 가해지는 순간, 접촉이 일어나는 지점에서 라켓의 줄들은 늘어나고 공은 찌그러든다. 그 자체가 용수철인 라켓의 줄은 원래의 팽팽한 위치로 되돌아가려고 하는데, 그러면서 죽 잡아당긴 새총의 고무줄처럼 공에 미는 힘을 가한다. 공은 원래의 둥근 모양으로 되돌아가려고 하면서 라켓에 반대 방향의 힘을 가한다. 휘두르는 라켓이 공에 가한 힘에 더해 이러한 복원력들이 가세한다. 이 모든 힘들이 합쳐져 공을 네트를 향해 (운이 좋으면 네트 너머로) 날려보낸다.

재래식 나선형 용수철은 볼펜대 안에서 볼펜심을 뒤쪽으로 밀어내는 용수철처럼 일반적으로 축 방향으로 힘을 미치도록 설계되지만, 볼펜의 작동을 위해 필요한 힘의 실제 크기에 관심을 기울이는 사람은 그 필기도구를 설계하는 공학자 외에는 아무도 없다. 테니스공도 마찬가지다. 보통 사람들은 공이 라켓과 코트 표면에서 얼마나 효과적으로 튀어나가는가에만 관심이 있지, 얼마만한 힘이 작용하는가에는 별 관심이 없다. 공학자는 이 힘을 용수철 상수가 아니라 반발 계수로 측정하는데, 이것은 테니스 코트처럼 상대적으로 덜 움직이는 물체와 충돌한 뒤에 튀어나가는 공의 속도를 충돌 전에 날아온 공의 속도와 비교한 비율이다. 만약 일정 높이에서 떨어뜨린 공이 퍼티 덩어리 같은 바닥에 들러붙는다면 반발 계수는 0이다. 만약 공이 처음에 공을 놓은 지점까지 튀어오른다면 공-바닥의 반발 계수는 1이다. 하지만 실제 공과 실제 바닥 표면에서는 이 양 극단의 사례가 나타나지 않는다. 모든 물질은 어느 정도 탄성을 지니고 있고, 항상 일부 에너지가 다른 에너지로 변하지 않더라도 소리 에너지의 형태로 빠져나가기 때문이다. 만약 반발 계수가 0과 1 사이라면, 한 번 튀어오를 때마다 공이 튀어오르는 높이는 조금씩 더 낮아지다가 결국에는 완전히 멈추고 말 것이다. 일반적으로 스포츠용품 제조사와 고객이 모두 추구하는 목표는 공과 그것을 치는 장비의 반발 계수를 최대한 높이는 것이다.

모든 물질은 어느 정도 탄력성이 있기 때문에 모든 것은 일종의 용수철이라고 볼 수 있다. 외팔보 끝이 그 위에 선 무게에 비례해 구부러지는 다이빙대도 용수철이다. 다이빙을 하는 사람은 다이빙대의 고유 진동수에 맞춰 발을 구르는 준비 동작을 함으로써 다이빙대가 밀려 내려갔다가 다시 올라오는 움직임에서 추진력을 얻을 수 있다. 고층 건물에서 볼 수 있는 기둥과 대들보의 복잡한 배열도 탄력성을 지닌다. 강풍은 건물을 옆 방향으로 밀지만, 탄력성이 있는 건물은 밀렸다가 도로 튀어나와 진동하면서 충격을 약화시킨다.

식당에서 벌어지는 전설적인 음식 던지기 싸움도 용수철과 비슷한 행동에 의존해 일어난다. 숟가락에 담긴 으깬 감자 덩어리를 탁 튀겨서 카페테리아를 가로질러 휙 날려보낼 수 있는 것은 식사용 도구와 그것을 붙잡은 장난꾸러기의 손으로 이루어진 그 계가 일종의 탄성을 지니고 있기 때문이다. 아주 값싼 식사용 도구를 사용하거나 유리 겔러Uri Geller 같은 마술사가 관여하지 않는 한 식사용 도구는 쉽게 구부러지지 않지만, 쥐는 방법에 따라 용수철이 될 수 있다. 이것은 숟가락을 한 손으로 똑바로 들고 다른 손의 한 손가락으로 그 머리 부분을 잡고 뒤로 당김으로써 보여줄 수 있다. 적절한 방식으로 머리 부분을 잡고 뒤로 당겼다가 탁 놓으면 숟가락은 앞으로 튀어나가다가 거의 똑바로 선 위치에서 갑자기 딱 멈춘다. 그리고 숟가락 끝에 느슨하게 붙어 있던 으깬 감자가 숟가락에서 떨어져나가면서 관성에 의해 앞으로 나아간다. 이 투사체를 멈춰 세울 외력은 표적의 이마가 제공한다. 이 외력은 소량의 부드럽고 폭신한 물질에 반응하는 것이지만, 창피함과 분노의 감정에 의해 증폭되어 적절한 대항력으로 상대를 향해 분출될 가능성이 높다. 모든 작용에는 그에 상응하는 반작용이 따른다.

슈퍼마켓으로 되돌아가 통로를 따라 오가면서 선반에서 식품 캔과 상자와 봉지를 집어 장바구니에 집어넣는 장면을 상상해보자. 만약 장바구니를 손으로 들고 있다면 무거운 물건을 몇 개 집어넣는 것만으로도 그 무게와 불균형 때문에 쇼핑 카트를 끌고 올걸 하는 후회가 들 수 있다. 하지만 카트도 물건이 많이 실리면 밀거나 조종하기가 더 어려워진다. 무게가 커질수록 무게가 바퀴를 누르는 힘과 바퀴가 바닥을 누르는 힘도 커진다. 카트를 밀 때 생기는 마찰력이 없다면 바퀴는 돌 수가 없는데, 회전을 만들어낼 접선력(접선 방향으로 작용하는 힘)이 없기 때문이다. 우리가 마찰이 없는 표면 위를 걸을 수 없는 것처럼 바퀴도 마찰이 없는 표면 위를 굴러갈 수 없다. 튼튼한 산업용 카펫은 아주 무거운 쇼핑 카트 바퀴를 구르게 할 만한 마찰력을 제공하지만, 굴러가는 바퀴의 움직임을 방해하는 저항도 크다. 이런 종류의 저항을 구름마찰이라고 부르는데, 사실 이는 단지 마찰 때문에 일어나는 것이 아니다. 카펫 위에서 카트가 나아가는 걸 방해하는 힘 중 상당 부분은 바퀴가 표면을 누르면서 그 앞에 생겨나는 작은 언덕에서 나온다. 표면이 부드러울수록 언덕이 더 높아지고, 그 위를 넘어가는 바퀴에 저항하는 힘도 더 커진다. 콘크리트나 테라초처럼 아주 단단한 표면은 당연히 구름마찰을 최소화한다. 슈퍼마켓 설계자는 피클 병을 떨어뜨리면 산산이 부서져 난장판이 되는 단단한 바닥과, 충격을 흡수하지만 카트를 밀고 가기는 좀 더 힘든 부드러운 바닥 중에서 선택을 해야 한다.

바퀴 달린 짐은 밀거나 끌 수 있다. 비행기 여행을 하는 사람이 바퀴가 2개 달린 여행 가방 손잡이를 위와 앞 방향으로 끌어당기면, 작은 요철이나 불규칙한 부분을 쉽게 넘어갈 수 있다. 하지만 가방을 앞에 두고 밀면 손은 앞과 아래쪽으로 힘을 주게 된다. 아래쪽으로 누르는 힘은 가방의 무게를 가중시켜 구름마찰이 커진다. 그 결과로 돌출부나 우묵한 곳에서 바퀴를 그 위로 넘어가도록 끌어당기는 대신에 오히려 그곳을 향해 밀게 된다. 바퀴 달린 가방을 엘리베이터로 똑바로 밀어 넣으려고 해본 사람은 엘리베이터와 바닥 사이의 틈에 바퀴가 끼이는 경험을 한 적이 있을 것이다. 하지만 가방을 엘리베이터 안으로 끌어당기면 틈을 쉽게 넘을 수 있다. 탑승자는 둔탁하게 부딪치는 충격을 느끼지만, 발걸음을 머뭇거리는 일 없이 가방을 쉽게 끌어당길 수 있다. 이렇듯, 물체에 힘을 가하는 방식이 물체의 특성보다 훨씬 중요할 때가 많다.

달걀은 슈퍼마켓에서 집까지 가져오는 도중에 깨지기 쉬운 것으로 악명 높다. 슈퍼마켓에서 이상이 없는 걸 확인하고 카트에 담았는데도 막상 냉장고에 집어넣으려고 보면 깨진 달걀이 눈에 띌 수 있다. 파괴적인 힘으로부터 연약한 화물을 보호하기 위한 포장재를 사용할 수 있긴 하지만, 어떤 보호 장치도 완벽하지는 않다. 부서지기 쉬운 감자칩은 공기베개처럼 공기를 가득 채운 밀봉 봉투에 담아 판매되는데, 이 포장 방법은 내용물 보호에 상당한 효과가 있다. 우리는 감자칩이나 달걀이 얼마나 잘 부서지는지 경험을 통해 알고 있기 때문에, 봉지나 상자가 처음 포장된 곳에서 출발해 가정에서 포장을 벗길 때까지 여러 차례 손을 거치고도 대다수가 무사히 살아남았다는 사실에 감탄할 수도 있다. 효과적인 포장은 분명히 감탄할 만한 일이다. 하지만 한 물품에 효과가 있는 것이 다른 물품에는 효과가 없을 수도 있다. 감자칩 봉지 안에 달걀을 집어넣는다고 상상해보라.

많은 공학도는 달걀 떨어뜨리기 대회라는 전통을 통해 포장 문제의 실체를 접한다. 시합 방식은 단순하다. 건물 지붕에서 콘크리트 바닥 위로 달걀을 안전하게 운반하는 장비를 설계하고 만드는 것이다. 우승은 달걀을 깨지지 않게 운반하는 가장 가벼운 장비에 돌아간다. 다시 말해서, 달걀은 충격력에 껍데기가 깨지지 않을 만큼 충분히 느린 속도로 낙하해야 한다. 대회 참가자는 장비의 최대 크기나 무게에 제한을 두는 것 등 몇 가지 간단한 규칙을 지켜야 하지만, 이런 규칙이 창조성을 제약하지는 않는다. 그런데도 많은 참가자들은 낙하산이나 충격 흡수 장치를 조금 변형하려고 시도하는 것에 그친다.

어느 해에 듀크대학교에서 한 환경공학과 학생은 자연에서 영감을 찾다가, 가을에 단풍나무에 열리는 시과翅果*에서 그것을 발견했다. 이 날개 달린 꼬투리는 나무에서 떨어질 때 우아하게 빙빙 돌면서 부드럽게 땅 위로 내려앉았다. 총명한 학생은 판지를 사용해 날개가 하나 달린 커다란 시과 모형을 만들었다. 꼬투리 자리에 달걀을 놓았는데, 판지에 만든 타원형 공간 가장자리와 달걀 사이의 마찰력이 달걀을 제자리에 고정시켰다. 이 가짜 시과는 아주 느리게 떨어져 땅에 충돌했을 때 충격력이 아주 작았다. 달걀은 온전한 상태로 제자리에 머물러 있었다. 지켜보고 있던 청중은 박수갈채를 보냈고, 이 출품작은 환경공학과 트로피 진열장에 놓였다. 달걀 떨어뜨리기 대회는 학제 간 통합적 접근법을 장려하는 과학, 기술, 공학, 수학 프로그램에 등록한 초등학생 및 중고등학생 사이에서 흔한 대회가 되었다. 아주 어린 학생도 힘과 같은 개념의 이해가 어떻게 단일 학습 범주를 초월하는지 충분히 이해할 수 있다.

* 열매 껍질이 얇은 막 모양으로 돌출하여 날개를 이루어 바람을 타고 멀리 날아 흩어지는 열매.

13장

정사각형 상자 속의 둥근 케이크
그리고 축 처진 삼각형 파이

BBC의 텔레비전 시리즈 〈더 크라운The Crown〉에서 자유분방한 다이애나 왕세자비는 왕실 가족이 지켜야 하는 고루한 제약에 순종하지 않는 인물로 묘사된다. 한 에피소드에서 엘리자베스 2세 여왕은 다른 왕실 가족과 함께 다이애나 비가 과연 언젠가 자신들처럼 행동하게 될 것인가를 놓고 토론을 벌인다. 왕대비(엘리자베스 여왕의 어머니)는 "시간이 지나면, 누구나 그러듯이 개도 싸움을 멈추고 굽히게 될 거야"라고 말한다. 이에 엘리자베스 여왕이 "만약 굽히지 않는다면요?"라고 묻자, 왕대비는 "부러지고 말겠지"라고 대답한다.

모든 물체는 압력이나 변형력(둘 다 역학적 맥락에서는 힘의 세기를 가리키는 또 다른 이름에 불과하다)을 받으면 구부러진다. 너무 쉽게 구부러지는 사람이나 물체는 자신의 온전한 원형을 유지할 수 없다. 원래 형태에서 축 늘어진 상태로 변한다. 고개가 너무 빳빳한 사람은 사회에서 쉽게 융화되지 못한다.

사람의 인내심은 어떤 일이 일어나는 것을 기다리는 태도로 시험할 수 있다. 압력을 받는 상황을 나타내는 데 흔히 쓰이는(특히 사무실 환경에서) 한 가지 은유는 연필을 부러뜨리는 것이다. 그렇게 할 수 있는 방법은 이론적으로는 많지만, 그중에서 많이 쓰이는 방법은 두 가지가 있다. 한 손만 사용하는 방법은 연필을 주먹으로 감싸 꽉 쥐고 엄지손가락으로 윗부분을 미는 것이다. 이 방법으로 연필을 부러뜨리려면 엄지손가락이 아주 강해야 하는데, 미는 힘과 저항력 사이의 거리가 너무 짧아 역학적 이득을 많이 얻을 수 없기 때문이다. 두 번째 방법은 연필을 소형 오토바이의 핸들처럼 양손으로 잡는 것이다. 한 손의 새끼손가락을 연필심 가까이에, 다른 손의 새끼손가락을 지우개 가까이에 두고서 양쪽 엄지손가락으로 가운데 부분을 밀면서 나머지 손가락들로 양 끝부분을 끌어당긴다. 엄지손가락과 새끼손가락 사이에는 상당한 거리가 있기 때문에 연필은 비교적 쉽게 부러지며, 이와 함께 분노, 좌절, 격노의 보편적인 표현을 (들인 노력에 비해) 훨씬 세련되게 드러낼 수 있다.

구부러지고 부러지는 성질은 심해 탐사용 소형 잠수함에서부터 우주 탐사를 위한 대형 로켓에 이르기까지 모든 것을 설계할 때 공학자들이 고려하는 주요 기준에 포함된다. 모든 것은 받는 힘에 부러지지 않을 만큼 강해야 하며, 형태를 유지할 만큼 딱딱해야 한다. 청새치를 잡는 낚싯대처럼 어떤 물체는 아주 딱딱하지 않으면서도 강하다. 그런가 하면 아주 강하지 않으면서 딱딱한 것도 있다. 보이지 않는 고음의 압력으로 크리스털 유리잔을 산산조각 낼 수 있는데, 이것은 취약한 물체의 고유 진동수가 고음의 비브라토vibrato*에서 나오는 압력파의 진동수와 일치할 때 어떤 일이 일어날 수 있는지 보여주기 위해 의도적으로 행한 실험을 통해 입증됐다. 공명은 유리잔에 부딪치는 힘의

* 기악이나 성악에서, 음을 상하로 가늘게 떨어 아름답게 울리게 하는 기법 또는 그렇게 내는 음.

효과를 증폭시켜 파국을 불러온다. 물론 다른 힘들도 유리잔을 깨뜨릴 수 있다. 실수로 단단한 바닥에 떨어뜨리거나 식기 세척기에 이미 들어 있는 유리잔 위에 유리잔을 너무 세게 집어넣을 때 그런 일이 벌어진다. 그래서 크리스털 유리잔은 반드시 손으로 씻어야 하는데, 캐서린도 고모가 결혼 선물로 스웨덴에서 보내준 섬세한 유리잔을 항상 손으로 씻는다.

캐서린은 내 동료 가족과 함께 한 어느 휴일 저녁 식사에 이 크리스털 잔들을 내놓았다. 어른들이 식후 음료를 즐기고 있을 때, 동료의 아내가 호기심 많은 다섯 살 아들에게 물을 마시라고 주었다. 어머니는 크리스털 잔 다리 부분을 잡고 볼 부분을 아들의 입술에 살짝 갖다 댔다. 아들은 즉각 가장자리를 깨물었고, 크리스털 잔의 볼이 마치 달걀껍데기처럼 산산조각 나고 말았다. 그 파괴 행동은 용서받았지만, 캐서린은 이제 12인용 정식 만찬 테이블을 준비할 수 없게 되었다. 그것을 대체하기 위해 스웨덴에서 주문한 와인 잔은 깨진 잔만큼 얇고 섬세하지 않았다. 그사이에 좀 더 튼튼하게 만드는 쪽으로 제작 방법이 바뀐 것 같았는데, 아마도 너무 잘 깨지는 약점을 보완하기 위해서였을 것이다. 하지만 캐서린의 크리스털 잔 중에서 어른이 그것을 입에 대고 마시고 도로 테이블 위에 내려놓는 동안 깨진 것은 하나도 없었다. 부주의한 사용을 예상하고서 우아한 디자인을 바꿔야 할 필요가 있을까?

공학자는 기반 시설의 핵심 부분을 정상 상황뿐만 아니라 아주 드물게 일어날 수 있는 상황에서 예상되는 힘들을 견뎌내도록 설계한다. 그래서 다리는 일상적인 교통과 정상적인 바람뿐만 아니라 교통 체증으로 인한 과부하와 겨울 폭풍도 견뎌낼 수 있도록 설계한다. 구조물의 구성 요소 크기를 정할 때, 일상적인 교통 하중뿐만 아니라 안전 계수까지 강도와 강성을 결정하는 기준으로 고려해야 한다. 확률이 낮은 사건에 관련된 힘들 역시 고려해야 하지만, 정부의 명확한 규정이 없는 상황에서 그런 극단적 힘들을 고려해야 하느냐 마느냐 하는 것은 100~200년에 한 번 있을까 말까 한 폭풍에 대한 판단과 마찬가지로 개인적 해석의 영역이 되기 쉽다.

공학자는 힘이 다양한 형태로 표출된다는 사실을 잘 알며, 이 지식을 바탕으로 우리에게 주거와 편의와 즐거움과 기쁨을 제공하는 온갖 종류의 구조와 기계와 시스템을 만든다. 공학자는 종이 위나 컴퓨터 화면에서 아직 개념으로만 존재할 때에도 다리나 초고층 건물 혹은 롤러코스터에 어떤 힘들이 작용할지(그리고 어떤 반작용이 나타날지) 사전에 파악함으로써 그 안전성을 확립한다. 어떤 구조가 바람의 힘을 견뎌낼 만큼 충분히 튼튼하다고 간주되더라도, 폭풍에 너무 심하게 펄럭이거나 구부러지거나 비틀리거나 흔들리면 그것을 사용하거나 거기에 거주하는 사람들은 불안을 느낄 수 있다. 흔들거리는 다리나 건물에 있는 사람들은 목숨의 위협을 느낄 수도 있다. 잘 설계된 구조는 그것을 으스러뜨리거나 끌어당기거나 찢어놓으려는 힘을 견뎌낼 만큼 튼튼해야 할 뿐만 아니라, 그 겉모습을 온전히 유지할 만큼 충분히 딱딱해야 한다.

자연도 비슷한 설계 철학을 따르는 것처럼 보인다. 달걀 껍데기는 그것이 세상에 나오기까지 지나야 하는 관에서 받는 외부의 압력뿐만 아니라 달걀을 품으려고 그 위에 올라앉는 암탉의 몸무게를 버텨낼 만큼 튼튼해야 한다. 하지만 만약 달걀 껍데기가 지나치게 튼튼하고 딱딱하다면, 안에서 병아리가 껍데기를 구부리고 균열을 만들어 결국 그것을 깨고 나올 만큼 충분히 큰 힘을 낼 수 없을 것이다. 자연에서 강도와 강성은 부정적 속성이 될 수도 있다. 신장 결석은 환자의 요관과 요도를 통과하는 동안 온전히 살아남을 수 있지만, 그 결과는 아주 고통스러울 수 있다. 그와 동시에 쇄석술(돌깸술)이라는 비침습적 방법으로 결석을 잘게 쪼개 요관과 요도를 더 쉽게 지나가게 할 수 있다. 얼마나 강한 것이 충분히 강한 것이고, 얼마나 딱딱한 것이 충분히 딱딱한 것이냐 하는 질문은 자연과 제조 현장 곳곳에서 맞닥뜨리는 질문이다. 강도와 강성이 균형 잡힌 방식으로 결합되어야 효율적인 구조가 만들어질 수 있다.

강철 컨테이너는 국제 무역의 성격을 바꾸었지만 선박용 화물의 포장 및 선적 과정에는 늘 타협이 따랐다. 상자, 통, 자루는 항만 노동자가 들고 옮기는 데 무리가 없을 만큼 튼튼해야 했지만, 튼튼함에 치중한 나머지 너무 무거워서 안전하고 효율적으로 옮기는 데 지장이 있어서는 안 되었다. 그것들은 전 세계 부두에서 선적되고 하역되는 과정뿐만 아니라 거친 바다를 항해하면서 맞닥뜨리는 힘들도 견뎌내야 했다. 물론 배 위에 실려 일단 자리를 잡고 나면 자기 위에 쌓인 비슷한 물건들의 하중도 버틸 수 있어야 했다. 마찬가지로 길이 6m의 강철 컨테이너는 그 위에 층층이 쌓인 많은 컨테이너의 무게를 견뎌낼 수 있어야 한다. 또한 다른 것과 부딪히거나 바닥에 떨어지더라도 그 형태를 온전히 보전해야 하는데, 그래야 크레인으로 들어올리고 운반하는 작업이 용이할 뿐만 아니라 운송 및 보관 기간에 이웃 컨테이너들과 꽉 맞물려 견고하게 자리 잡을 수 있기 때문이다. 지금은 충분히 많은 양의 강철을 사용해 부러지거나 구부러지거나 접히는 힘에 저항할 수 있는 형태를 만듦으로써 이러한 목적들을 달성하고 있다.

국제 규격의 선적용 컨테이너는 아주 성공적인 설계지만, 훨씬 덜 튼튼하고 딱딱한 재료로 만든 적당한 크기의 컨테이너 역시 그렇다. 나는 간접적 방식이기는 해도 개인적인 경험을 통해 이 사실을 확인했다. 토요일이면 나는 종종 아버지를 따라 빵가게에 갔는데, 진열장의 유혹적인 빵과 과자만큼이나 카운터 뒤에 서 있는 점원의 행동에 큰 흥미를 느꼈다. 향긋한 냄새가 진동하는 빵가게에서 사용하는 물건과 장치와 도구를 이해하고 싶다는 내 욕망은 사그라들 줄 몰랐다. 나는 특히 빵 덩어리를 한 번에 자르는 기계에 매료되었다. 점원은 잘린 빵을 양손으로 콘서티나(육각형 모양의 아코디언)처럼 잡아 기계에서 들어올린 뒤, 그것을 뒤집어 한쪽 손바닥 위에 올려놓고는 다른 손으로 카운터 밑에서 납작한 흰 종이 봉투를 꺼내더니 단 한 번의 동작으로 짝 하고 채찍 휘두르는 듯한 소리와 함께 공중에서 열었다. 점원이 한 행동은 공기를 휙 낚아채는 것이었고, 공기는 종이 봉투 안쪽으로 접힌 부분을 밀었으며, 그것은 돛처럼 부풀어 올랐다. 입구가 크게 열린 종이 봉투는 셰프의 머리 위에 얹힌 모자처럼 보였는데, 점원은 빵을 종이 봉투 속으로 밀어넣는 동시에 종이 봉투를 빵을 향해 끌어당겼다. 내용물과 용기 사이의 간격은 실린더 속의 피스톤만큼 아주 좁아 보였다. 점원은 종이 봉투를 연 채로 놓아두었는데, 입구를 닫는 과정에서 신선한 빵이 부서지는 걸 막기 위해서였다. 호밀로 만든 흑빵은 그렇게 조심스럽게 다루지 않아도 되었는데, 흑빵은 껍질의 강도와 강성이 외부의 충격을 견뎌낼 만큼 충분히 컸기 때문이다. 아주 매끄럽게 진행된 전체 과정을 지켜보고 관련된 힘들을 상상하는 것은 내게 잘게 잘린 빵 자체만큼이나 멋진 경험이었다.

내 관심을 사로잡은 또 한 가지 작업은 파이나 케이크를 상자에 담는 것이었는데, 그러려면 먼저 카운터 밑에 쌓인 불규칙한 모양의 납작하고 큰 판지로 상자를 만들어야 했다. 그 판지에는 금형으로 눌러서 그것이 거대한 그림 맞추기 퍼즐의 한 조각임을 암시하는 듯한 윤곽이 있었다. 경험 많은 고객들은 살 만한 빵이나 과자를 찾아 다른 곳을 둘러보았지만, 나는 눈앞에서 펼쳐지는 마술사의 묘기에 홀린 채 그 자리에 홀로 서 있었다. 점원은 날랜 손놀림으로 잠재적 상자의 세 면을 위쪽으로 접어 탭을 틈 사이로 집어넣으면서 함께 결합시켰다. 세 면이 닫히고 한 면이 열린 이 상자에 아버지가 선택한 파이나 케이크를 넣을 때에는 위에서 아래로 살짝 내리면서 상자 앞쪽으로 밀어넣었는데, 그 과정에서 빵 껍질 부스러기나 당의가 떨어져 나오는 일은 전혀 없었다. 제품이 상자 안에 들어가면 마지막 남은 면을 마치 운송 트럭의 뒷문처럼 들어올려 탭을 다시 틈 사이로 집어넣으며 상자를 닫았다. 판지 윗부분을 아래로 내려 상자를 닫을 때, 점원은 능숙하게 엄지손가락을 놀려 플랩이 벽 바깥쪽으로 빠지게 해 그것이 벽 안쪽과 내용물 사이로 들어가지 못하게 했다.* 그런 다음 노끈(흰색인 경우도 간혹 있지만, 대개는 빨간색과 흰색이 줄무늬를 이루고 있는)으로 상자를 단단하게 매지 않는다면 플랩은 상자 바깥에서 비둘기 날개처럼 자유롭게 퍼덕였을 것이다. 납작한 종이로부터 멋진 선물 상자를 만들어내는 힘들의 혼합은 실로 놀라운 손재주를 통해 구현되었다.

빵집에서 쓰는 노끈은 원뿔대 모양의 큰 스풀에 감겨 있었다. 스풀은 효율적인 곳에 놓인 축에서 자유롭게 돌 수 있었다. 내가 이것을 아

* 여기서 말하는 상자는 양 옆면에 문이 달려 있고 윗면에는 손잡이가 붙어 있는 일반적인 케이크 상자가 아니라 도넛 가게에서 주로 볼 수 있는 상자다. 플랩은 상자 윗부분 양 옆면에 날개처럼 달려 있는 부분을 말한다.

는 이유는 그것들이 작업대 위에 놓여 있거나 바로 그 위에 매달려 있어 눈에 잘 들어왔기 때문이다. 하지만 그것이 어디에 놓여 있든 간에, 마치 슈퍼맨이 지구 주위를 도는 것과 같은 속도로 상자 주위에 빙빙 감기는 노끈은 약간 소음을 내기는 했지만 스풀에서 아주 잘 풀려나왔다. 처음에 서너 번 돌 때에는 윗부분과 옆쪽의 플랩을 고정시켰고, 그다음에 다시 시계 방향으로 서너 번 돌면서 앞쪽 플랩을 고정시켰다. 마무리 매듭을 지을 때 점원은 손가락을 한 번 휙 움직여 노끈을 잘랐는데, 그 손가락에는 실용적인 스테인리스강 반지가 끼워져 있었고, 반지에는 보석 대신에 작은 낫 모양의 칼날이 붙어 있었다. 집에 상자를 2개 이상 가져갈 때는 그것들을 탑 모양으로 쌓아 더 많은 끈으로 묶었다.

나는 그 달콤한 짐을 집으로 운반하는 일을 기꺼이 맡았다. 끈으로 아무리 단단히 상자들을 묶었다 하더라도, 끈 자체의 탄성과 얇은 판지 상자의 유연성 때문에 늘 약간 느슨한 틈이 있었다. 그 덕분에 끈과 상자 윗면 사이로 손가락을 집어넣을 수 있었을 뿐만 아니라 용수철 같은 탄력성이 생겨나 상자들의 상하 운동이 내 발걸음과 공명할 수 있었다. 콘크리트 바닥에 끌리거나 내 다리에 부딪치지 않게 하려면 상자들을 조금 높이 들어올리는 동시에 내 몸에서 떨어지게 해야 했으므로, 나는 팔을 들어올리는 동시에 바깥쪽으로 약간 비스듬히 내밀어야 했는데, 그건 약간 힘이 드는 동작이었다. 그래도 나는 끈을 붙잡고 거친 중력을 길들이면서 책임감과 성취감과 자부심을 느꼈다.

다만 신경 쓰이는 것이 하나 있었다. 빵과 과자는 대개 둥근 모양인 반면 상자는 사각형이라는 점이었다. 하지만 세상에는 딱 맞지 않는 못과 구멍처럼 어색한 쌍이 차고 넘치는데, 이것들에는 부적절함과 불완전함과 타협의 흔적이 분명하게 남아 있다. 하지만 이렇게 불완전한 것에서도 왜, 어떻게 그것을 피할 수 없었는지에 대해, 그리고 그 형태 뒤에 숨어 있는 힘에 대해 배울 만한 교훈이 있다. 그들의 이야기는 왜 그토록 많은 물체가 (불완전한 형태이기는 해도) 서로 들러붙어 한 덩어리가 되는지 알려준다.

오늘날 슈퍼마켓의 제과류 코너에서는 예전 빵가게에서 사용하던 포장 방식을 찾아보기 어렵다. 많은 제품이 내용물 모양에 맞춰 만들어진 투명 플라스틱 용기에 담겨 포장 진열된다. 둥근 파이는 둥근 돔 모양의 투명 용기에 담겨 우리를 유혹한다. 용기 윗면과 아랫면은 딱 맞게 끼울 수 있어 끈이나 테이프가 필요 없다. 이런 포장은 생분해되지도 않고 한 손으로 운반하기도 쉽지 않다. 하지만 기하학적으로 딱 들어맞지 않더라도 각기둥 모양의 시리얼, 파스타, 케이크 믹스 상자 따위가 담겨 있는 넉넉한 사다리꼴 쇼핑 카트에 집어넣기에는 편리하다(원통형 캔과 병, 구형이나 관 모양의 과일과 채소도 있으니). 물건들과 발견된 물건들의 부조화는 피할 수 없는 삶의 일부이며, 이것은 살아가면서 마주치는 대다수 사실과 마찬가지로 있는 그대로 받아들여진다. 만약 못과 구멍, 포장된 상품과 쇼핑 카트를 포함한 모든 것이 정사각형과 정육면체라면 천연 자원과 공간을 더 효율적으로 사용할 수 있을 테지만, 누가 네모난 파이를 자르고 싶어하겠는가?

일반적으로 우리는 사물의 형태를 눈에 보이는 대로 받아들일 뿐만 아니라 그 특이한 형태에 적응한다. 한 예는 납작한 정사각형 모양의 판지 상자에 담겨 운반되거나 배달되는 둥근 피자다. 초기의 피자 상자는 과자나 시리얼 상자와 마찬가지로 두껍지도 보강되지도 않은 판지로 만들었는데, 지름이 40~45cm인 원형 면적에 분포된 커다란 피자의 무게를 지탱하기에는 적절치 않았다. 판지가 파이와 케이크를 포장하는 데 효과적이었던 건 파이와 케이크가 담겨 나온 받침대가 판지 상자 바닥에 부족한 강성을 제공했기 때문이다. 반면에 피자 상자는 내용물이 악명 높을 정도로 얇고 부드럽고 흐물흐물하고 뜨거운 뉴욕 스타일 피자일지라도 오로지 기하학에만 의존해 그 형태를 유지해야 한다. 피자와 상자 사이에 무언가가 있다면 그것은 얄팍한 유산지뿐이었는데, 올리브유가 판지에 스며들어 상자의 구조적 온전성을 해치지 않도록 하기 위해서였다.

20세기 중반까지도 실온에서 판매되는 제과류를 포장하는 데에는 좋지만 뜨거운 오븐에서 막 나온 것을 포장하기에는 전혀 이상적이라고 할 수 없는 재료로 만들어진 상자에 갓 구운 피자를 포장했다. 갓 구운 피자의 뜨거운 열과 습기는 크고 얇은 상자를 훨씬 더 약하고 흐물흐물하고 축 처지게 만들었다. 더 튼튼하고 단단한 골판지로 피자 상자를 만드는 것이 이 문제를 개선하는 한 가지 방법이었는데, 1960년대 중반에 도미노피자 창업자인 톰 모너핸Tom Monaghan이 그런 상자의 설계와 제작을 의뢰했다.

골판지 피자 상자는 닫힘으로써 강성을 얻는다. 우리는 공장에서 속을 채우고, 슈퍼마켓으로 운반되고, 선반에 쌓이고, 카트에 실리고, 장바구니 속으로 던져지고, 승용차 속에서 이리저리 흔들리다가 식탁 위에 온전히 놓일 때까지 밀봉된 시리얼 상자가 형태를 유지하고 내용물을 보호한다는 사실을 알고 있다. 하지만 상자를 열자마자 그 강성이 뚝 떨어지는 걸 느낄 수 있는데, 옆면을 제자리에 지탱하는 힘이 밀봉된 윗부분에서 나오기 때문이다.

용기에서 기하학의 중요성은 일반적인 시리얼 상자를 역설계함으로써 쉽게 입증할 수 있다. 그 과정은 윗부분을 개봉해 내용물을 모두 비우면서 밑바닥을 여는 것으로 시작한다. 그러면 양 끝이 열린 구조가 되는데, 이 판지 터널은 닫힌 상자보다 훨씬 덜 단단하게 느껴진다. 양쪽이 열린 상자는 관처럼 그 속을 들여다볼 수 있다. 하지만 찌그러뜨리지 않으면 그 형태가 쉽사리 변하지 않는 원형 관과 달리 시리얼 상자의 직사각형 관은 옆면의 모양을 전혀 변화시키지 않으면서 평행사변형 모양으로 바꿀 수 있다. 건물이나 다리의 틀에서 일련의 구조적 직사각형들에 하나 또는 그 이상의 대각선을 반드시 포함시켜야 하는 이유는 이 때문이다. 대각선은 사각형을 삼각형들로 나누는데, 삼각형은 그 형태를 그대로 유지하기 때문에 다리의 구조 패턴에서 압도적으로 많이 사용된다. 그러한 한 가지 형태를 트러스truss라고 한다. 이것은 중세 영어 trusse에서 유래한 단어로, 그 뜻 중에는 '막대다발'도 포함돼 있다. 대각선은 건설 중인 철제 건물의 틀에서도 눈에 띄는데, 완공된 구조에서는 정면 뒤에 숨어 드러나지 않는다. 대각선이나 세부 구조가 제공하는 버팀대(닫힌 시리얼 상자의 윗면과 밑면과 비슷한)가 없다면 직사각형은 구조보다는 메커니즘에 더 가깝다. 시리얼 상자의 한쪽 모퉁이 아래로 뻗어 있는 솔기를 찾아 접착제로 붙인 그 표면을 뜯어내면, 시리얼 상자를 완전히 해체해 빵가게 점원이 카운터 아래에서 꺼내는 것과 비슷한 납작한 판지로 만들 수 있다.

랩톱 컴퓨터, 프린터, 그 밖의 전자 장비 같은 더 무거운 물품을 운반하는 데 쓰이는 더 튼튼한 상자는 골판지로 만든다. 골판지는 판지보다 더 단단하고 튼튼하다. 1970년대 초에 건축가 프랭크 게리Frank Gehry가 시작한 것처럼 골판지는 심지어 디자이너 테이블과 의자와 그 밖의 가구를 만드는 데 쓰일 수 있다. 2021년 도쿄 올림픽 선수촌의 기숙사 방에는 재활용 가능한 골판지로 만든 침대가 설치되었는데, 300kg이나 나가는 선수의 체중을 지탱할 수 있었다.

골판지 상자는 뜨거운 피자를 운반하기에 놀랍도록 안성맞춤이다. 수십 년 동안 그 디자인과 용도가 변하지 않은 것은 이 때문이다. 애초에 납작한 상태로 제작되어 저장 공간을 덜 차지하므로 가족이 운영하는 소규모 피자 가게에서도 쓰기 편리하다. 판지에 골을 만드는 과정에서 샌드위치 구조에 공기 통로가 생기는데, 이 때문에 판지에 단열성이 생겨 상자에 담긴 피자를 따뜻하게 유지할 수 있다. 하지만 설계나 사용에서 완벽한 것은 아무것도 없다. 일반적인 피자 상자는 나름의 한계와 단점, 명백한 결함이 있지만 가게 주인이나 손님 모두 불편을 감내하고 적응하는 쪽을 택한다. 하지만 발명가와 설계자와 공학자의 눈길을 피할 수 있는 결함은 거의 없는데 이들은 항상 뭔가 개선하려고 눈을 번득이고 있기 때문이다. 그러나 이들도 둥근 피자를 담는 데 네모난 상자가 사용된다는 사실에 대해서는 더 이상 시비를 걸려고 하지 않는데, 다만 이 기하학적 불일치 문제(그것을 문제라 부를 수 있다면)를 해결하기 위한 점진적 변화가 있었음을 언급하기는 한다. 도미노피자는 내용물의 원형 구조에 더 가까운 다각형 상자를 개발했다(그러면서 자사의 상자를 경쟁자의 상자와 차별화하는 효과를 거두었다). 스티로폼과 그 밖의 성형 가능한 재료로 만든 원형 피자 용기들이 있지만, 그렇게 사치스러운 해결책은 이 문제에 어울리지 않는 방법으로 보인다.

상자 속에 파이를 담는 개념에는 기하학적 문제 말고도 다른 문제들이 있는데, 이것들은 간단하고 값싼 방법으로 해결할 수 있다. 하지만 이런 종류의 문제는 (아주 까다로운 소비자와 발명가 외에는) 대다수 사람들의 눈에 띄지 않거나 거의 모두가 무시한다. 그중 하나는 상자 속에 갇힌 증기가 종이를 물렁하게 만드는 효과 때문에 크고 뜨거운 피자가 든 상자 윗면이 처지는 문제다. 포장된 피자를 자동차에 싣고 가다가 자동차가 철도 위나 움푹 파인 곳을 지나가면서 덜컹거릴 때에도 문제가 생길 수 있다. 그런 여정 뒤에는 상당량의 치즈가 피자에 온전히 머무는 대신 상자에 달라붙는 경우가 있다. 너그러운 고객은 붙은 치즈를 긁어내 다시 피자 위에 올려놓겠지만, 발명가는 자신이 발명한 것 외의 나머지 모든 것에 대해 불편을 참지 못하는 경향이 있다.

욕조에서 빠져나가는 물은 북반구에서는 반시계 방향으로, 남반구에서는 시계 방향으로 소용돌이치면서 내려가는 경향이 있지만, 덜컹거리는 차에 실린 피자는 지구상의 어느 곳에서든 위쪽을 향해 똑바로 추진된다. 아르헨티나 발명가 클라우디오 트로글리아Claudio Troglia는 피자 파이와 상자를 따로 떼어놓는 방법을 생각해내 1974년 '피자 분리기'에 대한 특허를 받았다. 다리가 셋 달린 미니 스툴처럼 생긴 이 장치는 피자 중앙에 꽂는 것이다. 10여 년 뒤 뉴욕 딕스힐스에 살던 카멜라 비탈레Carmela Vitale가 플라스틱 삼발이로 받은 특허는 트로글리아의 발명을 전혀 언급하지 않지만, 사실상 동일한 문제를 해결했다. 다만 문제를 정반대 시각에서 바라보았다. 비탈레의 '패키지 세이버package saver'는 상자 안에 있는 피자 대신에 피자를 담은 상자의 역할에 초점을 맞추었다. 어쨌거나 비탈레는 치즈를 너무 많이 먹어치우는 판지에 신경이 쓰였던 게 분명하다.

1985년에 제출한 특허 신청서에서 설명한 것처럼, 값싼 일회용 용기, "특히 피자나 큰 케이크나 파이를 운반하는 데 쓰이는 것은 값싼 판지로 만든 비교적 큰 뚜껑을 포함하는데," 이것은 "중심 부분이 처지

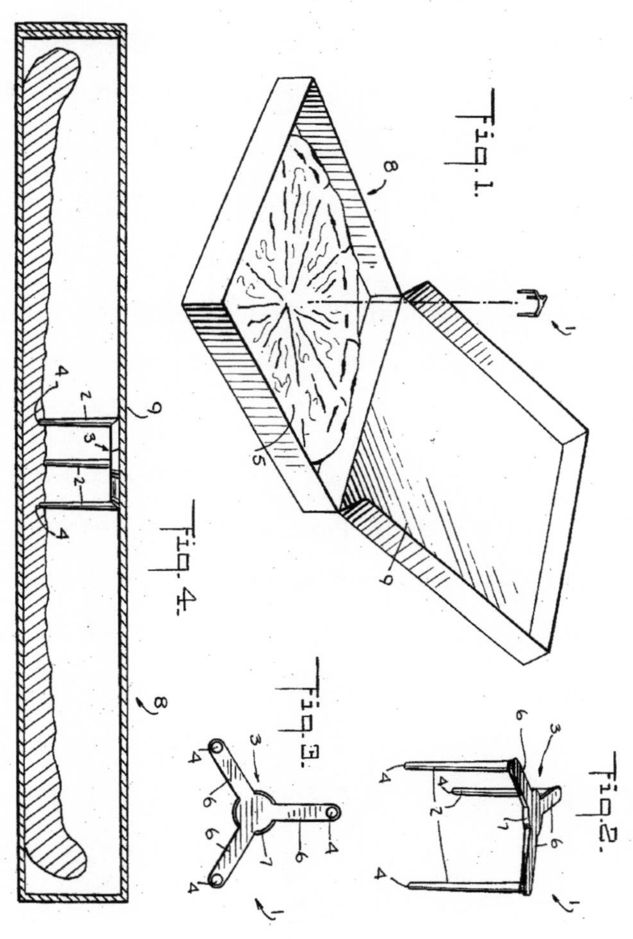

특허 신청서에 포함된 이 그림은 작은 플라스틱 삼발이를 피자 파이와 상자 뚜껑 사이에 집어넣음으로써 상자를 운반하는 동안 둘의 접촉을 막는 방법을 보여준다. 미국 특허 제4,498,586호.

거나 쉽게 내려앉는" 경향이 있어 "보관이나 운반 과정에서 파이나 케이크를 손상시키거나 자국을 남길 수 있다." 비탈레가 생각한 해결책은 "열경화성 수지처럼 열에 강한 플라스틱으로 만들어 260°C의 고온도 견딜 수 있는, 가볍고 값싼 장치를 제공"하는 것이었다. 비탈레가 특허 신청서에 첨부된 그림 속 장치는 미니멀리즘 예술가가 만들 법한, 다리 셋 달린 스툴처럼 생긴 실용적인 소형 삼발이였다. 비탈레는 자신이 선호하는 형태를 기술하면서 다리들은 "보호하는 물품에 자국이 생기는 것을 최소화하기 위해," 그리고 "필요한 플라스틱의 부피를 최소화하여" 비용을 낮추기 위해 "단면적을 최소화해야" 한다고 설명했다.

이 장치는 '뚜껑 지지대lid support', '피자 스태커pizza stacker' 등 여러 가지 이름으로 불렸다. 한 가지 버전은 허큘리스(헤라클레스의 영어명)라는 상표명으로 판매되었는데, 아틀라스라는 이름도 적절해 보인다. 비탈레가 사용한 이름인 '패키지 세이버'는 삼발이의 진짜 이점이 "포장된 음식물이 뚜껑에 손상되는 것을 방지하는" 데 있다는 자신의 주장과 배치되었다. 삼발이가 보호하는 것은 포장이 아니라 내용물이므로. 이후에 상자 뚜껑 지지대는 '피자 세이버pizza saver'라는 적절한 이름으로 바뀌었지만, 피자에서 치즈를 앗아가는 것을 효과적으로 보호해주는 이 장치에 감탄하는 사람들 가운데 그 이름을 아는 이는 드물다. 사실 가장 널리 쓰이는 이름은 만능 '작은 거시기little thingy'인데, 이름이 떠오르지 않아도 맥락상 모두가 그것이 무엇인지 이해하고 그 작은 삼발이의 이미지를 떠올린다. 사람들은 또한 피자 세이버의 다리가 아주 가늘고 얇아 피자 위에 남기는 발자국이 매우 작다는 점, 따라서 피자 자체에 거의 손상을 입히지 않는다는 점을 높이 평가한다.

형태적인 우아함이나 아름다움은 별로 찾아볼 수 없지만, 상자 뚜껑이 치즈를 앗아가는 문제를 해결하기 위해 비탈레가 내놓은 답은 기술적으로 우아한 해결책으로 간주된다. 거기에는 불필요한 장식이 전혀 없다. 작고 값싼 그 장치는 피자 상자와 함께 한 번 쓰고 버리는 용도로 만들어진 게 분명하지만, 피자 세이버를 처음 본 사람들이 모두 다 그것을 그냥 버리지는 않는다. 특히 미술이나 공예를 하는 사람들은 언젠가 꼭 발견하리라고 확신하는 미래의 불특정한 용도를 위해 그것을 잘 씻어서 따로 챙겨두는 경향이 있다. 어떤 사람은 인형의 집에 작은 가구가 필요할 때 그 '피자 테이블'을 요긴하게 쓴다. 달걀을 장식하는 취미가 있는 한 여성은 피자 세이버를 거꾸로 뒤집어 달걀을 받치는 이젤로 쓰기에 이상적이라는 사실을 발견했다. 한 가지 불만 사항은 그 작은 것을 얻기 위한 비용이 비싸다는 것이었다. 피자 세이버를 얻으려면 정교하게 포장된 상품 전체의 값을 치러야 했다. 즉 커다란 피자가 든 더 커다란 피자 상자를 구입해야 했고, 피자 세이버 하나를 얻으려고 10달러 이상을 써야 했다.

피자 세이버가 우아한 해결책이라고 생각할 수도 있지만, 모두가 거기에 나름의 미학적·경제적·구조적 결함이 전혀 없다고 생각하지는 않았다. 한 발명가는 피자 세이버의 중대한 단점을 발견했는데, 둥근 윗부분이 딱딱한 경우에 특히 문제가 되었다. 그것을 한 번에 하나씩이 아니라 대량 구매했다면 어떻게 보관해야 할까? 가족이 운영하는 소규모 피자 가게는 원활한 공급을 위해 피자 세이버를 개당 1센트에 1000개씩 구입할 수도 있다. 피자 세이버를 보관하는 일반적인 방법은 큰 판지 상자에 집어넣는 것인데, 운송 중에 (콘플레이크가 그러듯이) 이리저리 흔들리면서 뒤섞여 정돈된다. 하지만 비좁은 피자 가게에서는 반쯤 빈 상자도 불필요하게 많은 공간을 차지한다. 발명가가 내놓은 개선책은 피자 세이버 구멍 위에 두 번째 피자 세이버 다리를 끼우는 것이었다. 이런 식으로 배열하면 당연히 아무렇게나 뒤섞인 것보다 더 작은 공간을 차지한다. 하지만 발명가는 삼발이들을 차곡차곡 포개는 데 드는 노동을 간과한 것처럼 보이는데, 이는 최소한으로 줄여야 하는 비용을 추가시키는 효과가 있다. 크고 작은 물건을 발명하는 사람들은 더 큰 그림을 놓칠 때가 많다.

하지만 꼭 특허를 가진 정식 발명가들만 성가신 문제를 해결하는 기발한 방안을 내놓을 수 있는 것은 아니다. 캐서린과 나는 호텔 방으로 피자를 배달시킨 적이 있는데, 삼발이 버전의 피자 세이버를 다른 것으로 대체한 피자 가게의 창의성에 감탄했다. 비록 전문성은 조금 떨어지더라도 주변에서 손쉽게 구할 수 있는 물건을 사용한 그 방법은 보관 공간을 절약하는 데 확실히 효과가 있을 것 같았다. 피자 중심에는 삼발이 대신 거꾸로 뒤집힌 플라스틱 용기가 놓여 있었다. 생선튀김 가게나 작은 식당에서 케첩, 타르타르 소스 따위를 담을 때 사용하는 것과 같은 용기였다. 피자와 상자 사이에 그것을 끼워넣은 것은 우아하면서도 아주 기발한 해결책이었다.

일부 발명가들은 캔버스를 최대한 많이 채우려는 정물화가처럼 여러 가지 특징을 지닌 다목적 장비로 여러 가지 문제를 해결하려고 한다. 그런 시도가 성공할 때도 있지만 실패할 때도 있다. 2000년 아이오와주 발명가 마크 보브스Mark Voves는 '피자를 자르고 먹는 도구'를 설계해 특허를 받았는데, 이름 그대로 피자를 자르는 바퀴와 먹는 도구인 포크를 합쳐놓은 도구로, 이것을 사용하면 까다로운 피자 식도락

가가 나이프와 포크를 따로 사용할 필요 없이 피자를 자르고 집어 올릴 수 있었다. 이 도구는 한 손으로 사용할 수 있어 다른 손으로 스마트폰을 들고 셀카를 찍을 수도 있었다. 한 발명가 팀은 '뚜껑 지지대와 서빙 도우미'라고 부른 도구에 대해 특허를 얻었는데, 플라스틱 삼발이의 세 다리 중 하나가 한쪽으로 기울어져 있고 다른 다리들보다 길고 가장자리가 톱니 모양을 하고 있었다. 톱니 달린 이 긴 다리가 치즈로 덮인 피자 윗부분을 자르고 지나가면서 조각조각 분리할 수 있었다. 삼발이 윗단에는 집게손가락이 들어갈 만큼 큰 구멍이 있어서 피자를 자를 때 거기에 손가락을 끼워 피자를 꽉 붙들 수 있었다. 게다가 이 윗단은 개개 삼발이를 대연회장의 의자들처럼 겹겹이 포갤 수 있는 모양으로 만들어져서 운송할 때나 보관할 때나 공간을 절약할 수 있었다.

모든 발명이 특허를 받는 것은 아니다. 특허를 받지 못한 것 중에는 발명가가 진정한 발명으로 생각하지 않은 것도 있고, 스스로를 발명가라고 여기지 않는 사람이 고안한 것도 있다. 하지만 그 아이디어가 널리 퍼져서 발명으로 알려진 것도 있다. 그중에는 우리가 일상생활에서 흔히 하는 일에 작은 변화를 가져온 것도 있다. 이런 아이디어는 분명히 개인에게서 나온 것이지만, 공동체나 종교 단체를 통해 크게 확산된 나머지 진짜 발명가가 누군지 알아내기 힘든 경우가 많다. 한 예는 원형 피자의 한 부분, 즉 한 조각을 먹는 방법이다.

크러스트 부분을 붙잡고 피자 조각을 들어올리면 그것은 외팔보가 된다. 플랫브레드 피자에는 이 방법이 효과적인데, 주성분이 탄수화물인 이 빵은 건조해서 형태를 잘 유지하기 때문이다. 반면에 뉴욕 스타일 피자는 부드럽고 눅눅해서 조각이 축 늘어지고, 올리브유가 뚝뚝

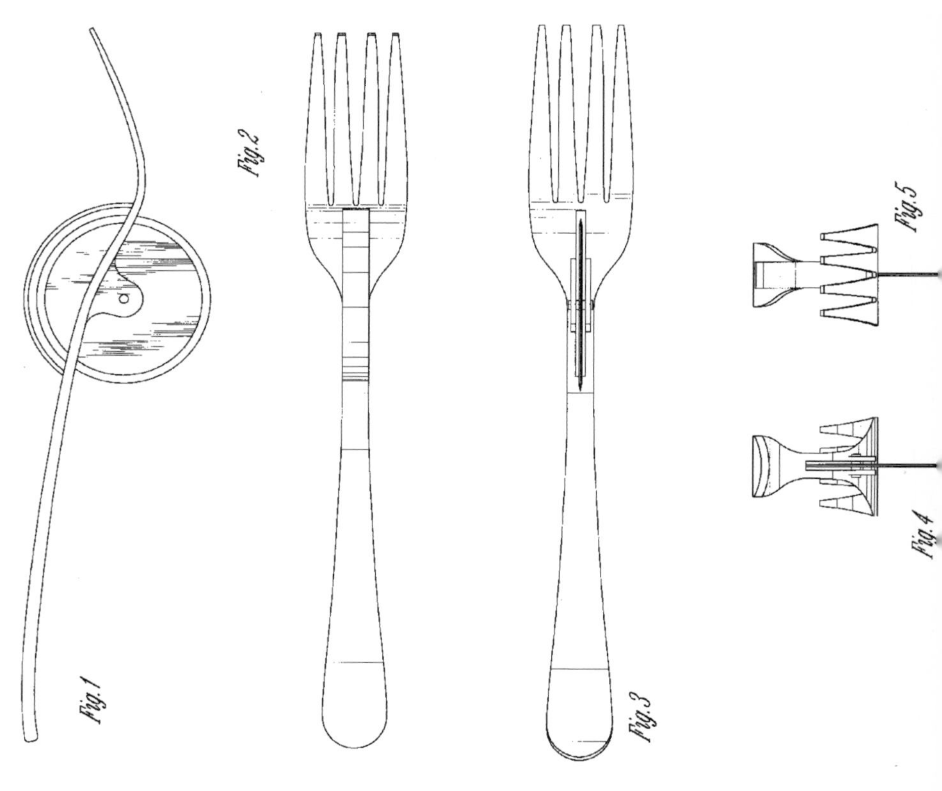

마크 보브스가 설계한 '피자를 자르고 먹는 도구.'

떨어지고, 치즈와 토마토 소스 층이 떨어져 나오기 쉽다. 이 때문에 뉴욕 스타일 피자는 그릇에 담겨 나오며, 나이프와 포크를 써서 먹어야 한다. 하지만 2014년 뉴욕시 시장으로 막 취임해 스태튼아일랜드의 한 피자 가게를 정치적 목적으로 방문한 빌 디블라지오Bill de Blasio가 피자를 먹으면서 보여준 행동은 현지 주민들을 충격에 빠뜨렸다. 그가 한 행동은 조롱거리가 됐는데, 한 논평가는 그것이 "피자를 먹는 방법에 관한 뉴욕시의 오랜 관습"을 위반한 것이라고 지적했다. 그 관습이란 "아무리 기름진 것이라 하더라도 손으로, 오로지 손만으로 피자를 먹는" 것이었다.

사실 전통적인 뉴욕 스타일은 한 손만 사용하는 것이다. 먼저 반지름 방향을 따라 피자 조각을 접는다. 접힌 조각에서 크러스트 부분을 끝부분보다 약간 낮게 해 손으로 잡으면, 골이 생기면서 그 사이에 토핑이 갇히게 된다. 이 방법이 통하는 이유는 어떤 종류의 구조든 접으면 강성이 커지기 때문이다. 우묵하게 들어간 부분이 있는 종이 접시와 제과점에서 사용하는 파이 그릇과 케이크 접시, 말아 피우는 담배에 쓰이는 담배 종이에도 같은 원리가 적용된다. 러플스 감자칩과 프리토스 스쿱스 콘칩을 비롯해 많은 식료품은 접힌 부분과 구부러진 부분을 더해 강성을 얻는다. 반으로 접힌 타코도, 주름진 토르티야 볼도 마찬가지다.

그 구조적 개념은 종이 한 장으로 쉽고 분명하게 입증할 수 있다. 평평하고 접히지 않은 종이를 한쪽 가장자리를 잡고 들어올리면 축 처진다. 한 번 또는 여러 번 접은(종이비행기나 주름진 부채 또는 골판지를 만드는 과정에서 그러는 것처럼) 종이는 상당한 깊이를 얻게 되고, 그 결과로 강성과 모양을 유지하는 능력이 훨씬 커진다. 접거나 평면이 아닌 모양을 만듦으로써 강성을 얻는 것은 구조공학에서 흔히 쓰이는 기법이다. 홈이나 골이나 접힌 부분이 많은 함석지붕에서부터 조각해 만든 콘크리트 셸과 자동차 성형 패널에 이르기까지 많은 곳에서 볼 수 있다. 강철 줄자에 우묵한 부분이 있고, 철제 컨테이너 옆면이 주름져 있고, 55갤런짜리 철제 드럼에 불룩 솟은 한 쌍의 고리가 달려 있는 것은 이 때문이다. 고리는 드럼 옆면을 강화시켜 찌그러뜨리거나 움푹 들어가게 하는 힘에 저항하게 해줄 뿐만 아니라, 툭 튀어나온 부분을 만듦으로써 드럼을 들어올리고 운반하기 위해 움켜쥘 때 손이 미끄러지는 것을 방지해준다. 또한 고리는 빽빽하게 보관된 드럼들 사이에서 일정한 간격을 유지하는 역할을 해, 드럼을 옮기는 장비의 갈고리가 드럼들 사이로 들어갈 여지를 제공한다. 의도한 것이든 아니든 간에 기계적 특징은 단 한두 가지 목적을 위해서만 쓰이는 경우가 드물다.

쌓인 상자들을 옮기거나 피자 조각을 접는 것과 같은 일상적인 행동을 힘과 그 유연성의 세계를 이해하는 입문 단계로 여기는 사람은 드물다. 하지만 종이와 크러스트에 작용하는 힘은 집과 자동차, 행성과 별에 작용하는 것과 동일한 힘이다. 일상생활 속의 단순한 물체들에 직접 작용하는 힘을 느낌으로써 더 멀고 다가가기 힘든 물체들에 작용하는 힘에 대한 감각을 발달시킬 수 있다. 손가락 끝과 손가락, 손, 팔, 어깨를 통해 느끼는 힘은 근육과 힘줄, 건물과 다리, 허리케인과 지진 해일, 싱크홀과 지진, 벽과 바닥과 지붕, 태양계와 우주의 작용을 이해하는 데 도움을 준다. 뜨거운 피자를 상자에 담고 운반하고 배달하는 것뿐만 아니라, 피자 조각을 분리하고 서빙하고 접고 먹는 것과 같은 일상적인 활동은 온갖 복잡한 체계의 설계와 공학을 위해 강도와 강성의 문제가 어떻게 지각되고, 어떻게 해결책이 제시되는지 쉽게 이해할 수 있는 사례를 제공한다. 사실, 만들어지고 사용되는 모든 것은 발명과 설계와 공학의 과정을 설명하는 데 도움이 된다.

전개형 구조

14장

줄자

자전거, 자동차, 기관차를 비롯해 움직이는 기계공학의 경이로운 발명품과 달리 대형 토목공학 구조는 건설된 장소에 그대로 계속 머물러 있도록 설계된다. 다리는 강을 가로지르는 고정된 횡단로가 되고, 고층 건물은 스카이라인을 장식하는 불빛을 이룬다. 비록 무기를 만든 공은 기계공학자에게, 그 표적을 만든 공은 토목공학자에게 돌리는 재치 있지만 잔인한 구분이 일상적으로 통용되는데도 불구하고, 동적인 결과물과 정적인 결과물을 구분하는 것은 정당하지만, 그 동기를 공학자에게서 찾는 것은 부당하다. 이 안이한 구분을 진지하게 받아들이기에는 예외가 너무나도 많으며, 그것들은 모두 힘의 개입과 관련이 있다.

다리는 튼튼하고 딱딱하게 만들어지도록 설계되지만, 그래도 계속 움직인다. 골든게이트교가 대표적인 예다. 보행자는 (특히 다리 중간 부분에서) 무거운 버스나 트럭이 지나갈 때 다리가 출렁이는 것을 쉽게 느낄 수 있다. 1987년에 골든게이트교 개통 50주년이 되던 날은 보행자의 날로 지정되어 차량 통행이 금지됐다. 축하를 위해 모인 사람들이 어깨를 맞대고 도로를 빽빽이 메우며 몰려들었고, 그 결과 일찍이 경험한 적 없는 최대 하중이 다리에 가해졌다. 이는 사전에 전혀 예상치 못한 조건이었다. 현수교 주탑 사이의 중간 지점에 있던 사람들은 다리가 흔들리는 것을 느꼈다. 옆에서 본 상판은 정상 상황에서는 중앙 부분이 약간 볼록해야 하는데(물이 바깥쪽으로 흐르도록) 이날은 눈에 띄게 평평해졌고, 멀리서 이를 지켜보고 있던 공학자들은 큰 우려를 표했다. 다행히도 다리는 보행자의 하중을 견뎌냈지만, 75주년 기념식 때에는 또다시 수많은 군중이 다리 위를 빽빽이 메우지 못하도록 예방 조치를 취했다.

모든 다리는 어느 정도 상하 방향과 좌우 방향으로 흔들린다. 만약 다리가 전혀 흔들리지 않도록 딱딱하게 설계한다면, 건설 비용이 감당할 수 없을 만큼 높아질 뿐만 아니라 온도와 하중 변화에 따른 강철과 콘크리트의 팽창 및 수축에 수반되는 힘에 제대로 대처할 수 없다. 어떤 다리들은 의도적으로 더 큰 규모로 움직이도록 설계된다. 대형 선박이 통과할 수 있게 들어올려 개방되는 런던 타워 브리지의 도개 경간跳開經間*이 대표적인 예다. 또 다른 예로는 엘리베이터처럼 작동하는 승개교昇開橋**가 있다.

강성이라면 내로라하는 건물조차 강풍과 지진에 흔들리며, 어떤 건물은 일부가 움직이도록 설계한다. 가령 2001년 밀워키미술관에는 새 날개처럼 생긴 브리즈솔레유brise-soleil***가 추가됐는데, 이것은 각도를

* 도개교에서 도개 빔이 열리는 부분의 경간. 경간은 다리, 건물, 전주 따위의 기둥과 기둥 사이를 가리킨다.

** 다리 양 끝에 철탑을 세우고 도르래와 케이블 시스템을 이용해 다리를 오르내리게 할 수 있는 다리.

*** 햇빛을 가리기 위해 건물 창에 댄 차양.

조절하여 아트리움atrium*에 들어오는 햇빛을 차단할 수 있었다. 전통적인 건물 개념에서 벗어나는 이런 예외적 구조는 적절한 배열 형태가 두 가지 이상인 전개형 구조deployable structure로 분류된다. 두바이에 건설될 예정인 80층짜리 다이내믹타워는 각 층이 360° 회전할 수 있게 설계되어서 거주자에게 변화하는 전망을 보여줄 수 있다. 그와 동시에 타워 자체의 각 층들이 사전 프로그래밍된 방식으로 움직이면서 마치 하늘을 뚫고 들어가는 드릴 날 같은 인상을 주어 스카이라인에 역동적인 변화를 만들어낸다.

사실 전개형 구조는 종류가 많으며, 온갖 공학 분야에서 다양하게 응용된다. 그 예는 접이식 자동차 안테나에서부터 종이 장바구니, 판지, 골판지 상자, 천막, 날개를 접을 수 있는 항공기, 천문대 망원경, 악천후 때 스포츠 경기장을 덮을 수 있는 거대한 개폐식 지붕에 이르기까지 아주 다양하다. 전개형 구조 가운데 우리에게 가장 익숙하고 편리한 것은 우산이다. 대부분은 버튼 하나만 누르면 펼 수 있고, 일부는 비가 그치면 서류 가방이나 핸드백에 넣을 수 있을 만큼 작은 크기로 되돌릴 수 있다.

많은 전문가들은 전개형 구조에 의존한다. 음악가는 아코디언을 연주한다. 사진가는 피사체에 간접 조명을 비추기 위해 쫙 펼칠 수 있는 반사 장치를 사용하고, 카메라를 고정시키기 위해 접이식 삼각대를 사용한다. 목공은 전통적으로 기술이 덜 필요한 수공구를 사용하는 일이었지만, 연장통보다 더 큰 크기를 잴 필요가 종종 있기 때문에 19세기

* 본래는 고대 로마 건축에서 실내에 설치된 넓은 마당이나 안뜰을 가리키는 말이었으나, 현대식 건물에서는 유리로 지붕을 씌웠거나 아예 지붕을 대지 않은, 건물 중앙에 마련된 넓은 공간을 말한다.

중엽에 발명된 이래 접자는 친숙한 보조 도구가 되었다. 나는 접자를 사용하는 데 약간 어려움을 겪었다. 지그재그로 움직이는 접자를 잘 다루려면 손재주와 협응 능력이 필요한데, 그것은 내게 부족한 재주였다. 접자는 부러지기도 쉬웠다. 1920년대에 저절로 쫙 펴지고 전개 및 수축이 자유로운 사용자 친화적 강철 줄자가 발명되고 개선된 것은 전문 목수와 일반인 모두에게 큰 선물이었다. 오늘날 강철 줄자는 레이저 측정 장비로 많이 대체됐지만, 여전히 연장통에 필수 장비로 자리를 지키고 있다. 강철 줄자는 힘, 변형, 운동에 관련된 현상을 보여주는 휴대용 실험실이기도 하다.

'감을 수 있는 줄자' 특허는 1939년에 코네티컷주 뉴브리튼에 살던 프레더릭 볼즈Frederick A. Volz가 받았는데, 볼즈는 특허 사용권을 같은

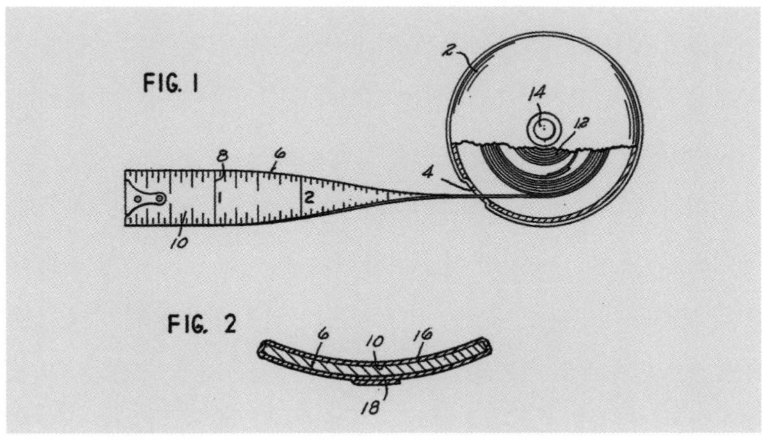

특허 신청서에 첨부된 '감을 수 있는 줄자' 그림은 사용할 때 강철 줄자가 세로 방향으로 오목해지면서(아래) 강성을 얻어 축 늘어지지 않는다는 것을 보여준다. 미국 특허 제3,121,957호.

도시에 본사가 있던 도구 생산업체 스탠리웍스에 팔았다. 볼즈 줄자는 스탠리웍스에서 생산하던 접을 수 있는 줄자와 아주 비슷한 방식으로 작동했는데, 스탠리웍스에서 만든 이 줄자는 지금도 내 연장통에 들어 있다. 내가 가지고 있는 것은 보통 크기지만(다 펼쳐도 길이가 3.6m에 불과하다) 흥미롭고 유용한 특징이 많다. 내가 가진 파워록 모델은 옆으로 밀 수 있는 플라스틱 버튼이 달려 있는데, 전개된 줄자를 원하는 길이에서 고정시킬 수 있다. 블레이드는 "인명 구조원의 노란색"이어서 건축 현장에서 눈에 잘 띈다. 줄자 끝에는 직각으로 구부러진 작은 강철 조각 '트루제로 갈고리Tru-Zero hook'가 붙어 있다. 이 갈고리 자체도 전개형 구조 내부에 포함된 또 다른 전개형 구조로 간주할 수 있는데, 길쭉한 구멍을 통해 돌출된 한 쌍의 리벳으로 블레이드 끝에 느슨하게 붙어 있기 때문이다. 이 때문에 줄자 끝부분이 줄자를 따라 갈고리 두께와 동일한 거리만큼 왔다 갔다 할 수 있다. 예컨대 문설주 안쪽으로 밀어넣을 때, 갈고리가 블레이드 끝부분에 닿아 그렇지 않았더라면 잃어버렸을 줄자 첫 부분의 1/32인치(0.7938mm)를 보완한다. 널빤지 끝부분을 돌아 갈고리를 걸 때에는 갈고리가 그만큼 늘어나기 때문에, 갈고리 내부는 측정의 진정한 영점 역할을 한다.

어쨌거나 내 줄자는 편리해서 자주 사용하다 보니 꽤 마모됐다. 블레이드에 1964년 뉴브리튼의 윌리엄 브라운William G. Brown이 얻은 특허의 보호를 받는다는 내용이 적혀 있는데, 이 특허 사용권 역시 스탠리웍스에 귀속돼 있다. 브라운의 특허에서 핵심은 블레이드를 감싼 플라스틱 막에 있다. 비록 구조적 이득은 전혀 없지만, 이 막은 줄자 전체를 보호한다. 특허 신청서에 따르면, 코팅되지 않은 금속 줄자 표면은 시간이 지나면 부식과 마모에 노출되면서 숫자와 눈금이 지워져 유용성이 떨어진다. 래커로 코팅하는 방법이 자주 쓰였지만, 이는 펼쳐졌다 접혔다 하는 줄자의 또 한 가지 중요한 문제를 악화시켰다. 래커 코팅은 표면의 마찰을 증가시켜서 줄자가 펼쳐지고 접히는 것을 방해했다. 브라운은 마찰을 줄이는 코팅을 선호했는데, 그것은 "선형 폴리에스테르 필름, 정확하게는 폴리에틸렌 테레프탈레이트로, 이 목적에 특히 적절한 것으로 입증되었다." 듀폰 제품인 마일라 필름으로 코팅된 내 줄자는 수십 년 동안 사용했는데도 마법처럼 효능을 잘 발휘한다.

용수철의 작용으로 스스로 감기는 줄자는 측정 도구로서의 목적 외에 또 한 가지 분명한 목적이 있는데, 사용자가 줄자를 신속하게 펼치고 되감을 수 있게 하는 것이다. 손으로 밀어 케이스에 집어넣으려고 하면 긴 강철 줄자는 구부러지고 꺾이고 꼬이기 쉽다. 그런 일이 반복되다 보면 얼마 지나지 않아 정확한 측정에 사용하기가 힘들어질 것이다.

줄자를 펼치면 케이스 내부의 용수철(태엽)이 감기면서 줄자를 안쪽으로 끌어당기는 데 필요한 에너지가 축적된다. 이것은 충격력의 동역학적 효과를 느낄 수 있는 기회를 제공한다. 그런 줄자를 사용해본 사람이라면, 먼 거리까지 펼쳤다가 최대 속도로 되감기게 했을 때, 끝부분의 갈고리가 상당한 힘으로 케이스에 충돌하는 것을 분명히 경험했을 것이다. 이는 움직이는 물체가 정지한 물체에 전달하는 힘을 분명하게 보여줄 뿐만 아니라 중심에서 멀리 벗어난 힘이 발휘하는 효과도 보여준다. 이 효과는 케이스를 반반하고 평평한 표면 위에 옆으로 눕혀 놓아두었을 때 줄자를 되감음으로써 쉽게 보여줄 수 있다. 갈고리가 케이스에 부딪칠 때 케이스는 그 자리에서 빙글 도는데, 이것은 직선 방향의 힘이 접선 방향으로 가해질 때 회전 운동이 생겨난다는 사실을 새로운 맥락에서 보여준다. 케이스를 손에 쥐고 있으면 이 현상이 케이스를 비트는 힘으로 느껴질 것이다. 케이스를 세게 쥐고 있지 않으면 케이스가 빙 돌면서 손에서 벗어날 수 있다. 내가 이전에 했던 것보다 훨씬 규모가 큰 프로젝트에 참여해 일할 때 손에 넣은, 폭이 9m에 이르는 스탠리 제품처럼 줄자 부분이 길고 무거운 경우에는 특히 그렇다. 갈고리가 케이스에 충돌할 때 강철 줄자를 든 손에 느껴지는 힘은 정적인 힘에 반대되는 동적인 힘이며, 질량과 속도가 결합하면 증폭 효과가 일어난다는 것을 잘 보여준다. 많은 발명가가 갈고리의 충돌 효과를 줄임으로써 줄자의 수명을 늘리는 방법을 발명해 특허를 얻었다.

죽 펼친 강철 줄자의 한 가지 중요한 특징은 케이스에서 어느 정도 거리까지는 딱딱한 성질을 유지하면서도 모퉁이를 돌 수 있을 만큼(물론 케이스 속으로 되감을 수도 있을 만큼) 충분한 유연성이 있다는 점이다. 이런 특징 덕분에 전문가든 손수 뭔가를 만드는 아마추어든 다른 사람의 도움 없이 천장 높이와 목재 길이, 커다란 공간의 크기를 손쉽게 잴 수 있다. 나는 목수와 바닥재 도급업자가 강철 줄자를 큰 방의 한쪽 끝에 고정시켜놓고 그것을 펼치면서 반대쪽 끝까지 걸어가는(그리고 서 있는 자세에서 한 번도 벗어나지 않고 정확한 길이를 재는) 모습을 본 적이 있다. 측정이 끝나면 그들은 자연스럽게 줄자를 되감은 뒤에(이따금 되감기는 속도가 너무 빨라 위험할 정도로 큰 충돌이 일어나긴 했지만) 케이스를 호주머니나 앞치마 주머니, 연장통에 집어넣거나 벨트에 매달았다.

내 줄자의 움직임 중 많은 것은 길이 방향으로 일관되게 한쪽 면이 오목하게 구부러져 있는 구조에서 비롯된다. 볼즈는 특허 신청서에 이를 “한 면은 오목하고 다른 면은 볼록한 단면”이라고 묘사했는데, 쉽게 말하면 얕은 홈통처럼 생겼다는 뜻이다. 만약 블레이드가 완전히 평평하다면 충분히 멀리 펼칠 때 눈에 띄게 축 처질 것이다. 휘어진 곡률 때문에 강철 줄자는 구조적 강성을 얻게 되어 젖은 국수 가락처럼 축 늘어지지 않는다. 사실 약 45cm까지 펼치더라도 그 끝부분은 거의 눈에 띄지 않을 정도만 구부러진다. 더 길게 펼치면 길이 방향을 따라 점점 더 눈에 띄게 구부러지면서 곡선을 그린다. 이 곡선은 정확 탄성 곡선elastica이라 부르는데, 그것을 분석해 결정하는 것은 18세기의 수학자와 기계공 사이에서 큰 관심을 끈 주제였다. 내 줄자의 정확 탄성 곡선은 60cm를 넘어서면 두드러지게 나타난다. 90cm에 가까워지면 수직 방향으로나 수평 방향으로 꼿꼿이 들고 있기가 어려워진다. 손에 든 케이스가 조금만 움직여도 줄자는 퍼덕거리거나 흔들린다. 케이스를 탁자 위에 고정시키면 줄자를 약 105cm까지 펼칠 수 있는데, 105cm 지점에 이르면 줄자 끝부분은 탁자에서 약 60cm 아래까지 처진다. 이보다 더 길게 펼치면, 줄자는 꺾이면서 진자처럼 몇 사이클을 진동하다가 거의 수직에 가까운 자세로 멈춰 선다. 만약 이 실험을 앞서 말한 9m짜리 줄자로 내 책상 위에서 한다면 블레이드를 외팔보처럼 붙잡고 약 2.1m까지 펼칠 수 있는데, 거기서 줄자는 75cm 아래에 있는 바닥에 닿는다.

구조는 또한 에너지를 저장했다가 그것을 극적으로 방출할 수 있다. 눈길을 끄는 이 움직임을 이용하면 장난감 같은 장비를 광고나 엔터테인먼트에 활용할 수 있다. 한 가지 물건은 지름 약 2.5cm의 얇은 원반 형태로, 마치 작은 접시처럼 생겼다. 겉보기에는 그렇게 보이지 않지만 실제로는 두 가지 금속이 합쳐진 바이메탈이다. 오목한 면은 대회나 취업 설명회에서 그것을 제공하는 주최 측의 로고로 장식될 때가 많다. 이 원반은 손으로 쥐고 따뜻하게 하면서 볼록한 면을 밀어 오목하게 만들면 '활성화'된다. 이것은 움푹 들어간 면을 아래로 하여 집게손가락과 가운뎃손가락 사이의 틈에 집어넣고 꼭대기 부분을 엄지손가락으로 누르면 쉽게 일어나는데, 엄지손가락에 대한 저항이 갑자기 사라지면서 약하게 탁 하는 소리가 날 때까지 계속 누르면 된다. 이것은 원반의 형태를 변화시키는 데 쓰인 에너지가 다 전달됐다는 신호다. 아직 따뜻한 원반을 볼록한 면을 아래로 하여 탁자 위에 올려놓으면, 양쪽 면이 서로 다른 속도로 식으면서 수축하다가 얼마 후 원반이 탁 튀면서 원래 형태로 되돌아간다. 그러면서 테두리가 탁자 윗부분을 순간적으로 밀어내면서 원반이 공중으로 튀어오른다. 잘 모르는 사람에게는 원반이 저절로 튀어오르는 것처럼 보인다. 튀어오르는 원반은 그 단순함과 수수께끼 같은 성질 때문에 대회 참석자들이 몹시 갖고 싶어하고, 그 결과로 제공자의 로고를 계속 노출시킬 수 있어 인터넷 팝업 광고와 비슷한 기계적 광고 수단이 된다.

또 한 가지 재미있는 물건은 슬랩 팔찌slap bracelet로, 1980년대 후반과 1990년대 전반에 사춘기 직전 어린이들 사이에서 유행했다. 폭 2.5cm, 길이 22.5cm의 용수철강으로 만든 이 팔찌는 접을 수 있는 줄자를 잘라낸 것처럼 보이는데, 안정적인 배열 형태는 두 가지가 있다. 하나는 쫙 펼친 줄자처럼 생긴 직선 형태이고, 또 하나는 케이스 속에 집어넣은 줄자처럼 생긴 원형이다. 슬랩 팔찌는 대개 화려한 색의 천 속에 들어 있어 그것이 금속이라는 것을 알아채기 어렵다. 펼친 줄자를 어느 거리까지는 케이스에서 외팔보처럼 지탱할 수 있는 것처럼, 이 짧은 금속 조각도 힘을 가해 형태를 변화시키기 전까지는 직선 형태를 유지한다. 형태 변화는 오목한 면을 아래로 하여 탁 치면서 손목 위에 올려놓을 때 일어나는데, 그러면 동그랗게 말리면서 팔찌 모양으로 변한다. 여기에 관여하는 힘은 살짝 툭 건드리는 힘과 부드럽게 손목을 감싸는 힘에 불과하기 때문에, 팔찌를 세게 내리치지 않아도 된다. 힘은 이렇게 재미있다. 힘이 어떻게 느껴지고, 힘이 어떤 일을 할 수 있는지는 전적으로 사람이 그것을 사용하는 맥락에 달려 있다.

의인화 모형

15장

카리아티드에서 아바타까지

일부 고대 왕족의 인체 크기는 오랫동안 생물과 무생물을 포함해 모든 것을 측정하는 척도로 쓰였다. 하지만 보통 사람의 손과 발, 손가락도 필요한 경우에는 임시적인 측정을 위한 편리한 척도로 쓰였다. 내 발은 12인치(약 30cm)에 놀랍도록 가깝다. 나는 발가락 끝에서 발뒤꿈치까지의 길이를 기준으로 방이나 운동장의 크기를 상당히 정확하게 잴 수 있다. 내 엄지손가락의 폭은 마디 부분이 약 1인치여서 더 짧은 길이를 대략적으로 재는 데 편리하다. 하지만 사회와 문명의 역사는 단순히 측정하는 것을 넘어선다. 옛날에 건축가와 공학자는 따로 분리되어 있지 않았고, 때로는 건축 청부업자master builder라 불렸으며, 그의 작품은 미학과 상징적 의미를 크기와 구조에 통합시킨 것이었다. 사원과 기념물을 비롯해 그 밖의 신성한 구조물의 설계는 원시적 측정에 경험과 시행착오, 직관, 영감을 보탠 것이었다.

기둥이라는 단순한 구조적·건축적 요소의 비율을 생각해보라. 기원전 1세기에 활동한 로마 시대의 건축가 비트루비우스Vitruvius는《건축에 관하여》(모두 10권으로 이루어져 흔히 '건축십서'라 불리는)에서 고대 그리스인이 도리스 양식의 기둥을 대개 발 길이가 키의 약 1/6인 평균적인 사람을 모형으로 삼아 만들었다고 기술했다. 그래서 고전적인 기둥의 주초柱礎 지름은 주두柱頭를 포함한 주신柱身 높이의 1/6로 정해졌다. 사람의 형상을 본딴 것이 가장 명백하게 드러나는 기둥은 카리아티드이다. 이것은 펠로폰네소스 전쟁 때 페르시아 편을 들어 그리스와 맞섰던 도시 카리아이 여성들의 형상을 본따 만든 기둥이다. 전쟁에서 승리한 그리스 건축가들은 공공건물 기둥을 포로로 잡힌 카리아이 여성들이 위쪽 구조의 하중을 떠받치는 형상의 조각으로 장식했는데, 그리스에 반기를 든 행위를 상기시키기 위해서였다. 오늘날 아테네 아크로폴리스에 서 있는 이오니아식 건물 에레크테이온의 입구나 런던의 그리스부흥세인트판크라스뉴처치, 시카고의 과학산업박물관처럼 정면에 카리아티드가 있는 건물을 바라보면, 그것을 떠받치는 여성들의 몸을 위에서 짓누르는 돌의 무게가 아주 무겁게 느껴진다.

기둥을 어떤 형태나 재료(카리아티드, 도리아식 암석, 콘크리트, 목재, 강철 등)로 만들든, 기둥이 지탱해야 하는 무게는 본질적으로 주두 위에 자리 잡고서 주초를 짓누르는 물체들이다. 공학자는 이 무게가 짓누르는 힘을 압축력이라 부르는데, 압축력은 피라미드의 돌덩어리와 전력망의 전신주, 초고층 건물의 강철 수직 기둥이 맞서야 하는 주된 힘이다. 이렇게 순수한 기능 요소들의 역할을 대신한다고 상상해보는 것은 쉽지 않지만, 스스로를 카리아티드와 동일시함으로써 그 고통을 상상해보는 것은 비교적 쉽다. 우리는 레오나르도 다빈치가 "비트루비우스가 이야기한 인체의 비율"을 가졌다고 묘사한 비트루비우스적 인간(흔히 인체 비례도라고 부르는)의 팔다리를 피곤하게 만드는 힘을 느낄 수도 있다. 이상적인 비율을 가졌다는 이 사람은 힘을 공부하는 학생의 눈에는 팔다리를 펼친 자세에서 편한 자세로 바꾸어 휴식을 취하기 위

카리아티드는 건축학적으로나 구조적으로 아키트레이브를 지탱하는 기둥 역할을 할 수 있다.

해 팔과 다리를 움직이는 것처럼 보일 수 있다. 돌이나 강철 같은 무생물 물질이 무엇을 느끼는지 이야기하는 것은 아무 의미가 없을 수 있지만, 공학자들은 기하학과 해부학 용어를 빌려 그런 이야기를 한다. 그들은 자신을 구조 요소들의 대역으로 상상하고 그 상황을 의인화함으로써 힘들을 간접적으로 느낄 수 있다.

어떤 의미에서 무생물 물질도 피로를 느끼는데, 아주 오랫동안 어떤 힘에 맞서야 하거나 어떤 작용을 계속 반복해야 할 때 특히 그렇다. 노인이 나이가 들수록 척주에서 칼슘이 빠져나가 키가 작아지듯이, 구조 기둥 역시 시간이 지나면 크리프 현상 때문에 높이가 줄어든다. 하중이 실렸다 사라지는 일이 반복되는 대들보는 피로로 인해 약해진다. 공학자들이 평소에 인간의 감각을 표현하는 데 쓰이는 단어들을 사용하는 이유는 우리가 인간 경험의 영역에서 생각하기 위해 구조의 의인화 모형을 사용하는 이유와 똑같다.

압축력의 반대는 인장력으로, 우리가 줄다리기를 할 때 경험하는 힘이다. 여기서 우리는 돌기둥이나 강철 들보와 달리 강성이 없는 물체가 인장력과 압축력을 받을 때 다른 행동을 나타낸다는 사실을 관찰할 수 있다. 양 팀이 잡아당길 밧줄에 다가가기 전에 밧줄은 대개 땅 위에 헝클어진 정원용 호스처럼 구불구불하게 놓여 있다. 하지만 양 팀이 밧줄을 집어 들면 밧줄은 곧 강철 케이블처럼 곧고 빳빳해지는데, 단 양쪽에서 충분히 강한 힘으로 끌어당길 때에만 그렇다. 상대 팀이 없더라도 끈이나 실, 치실을 손가락 주위에 감고 양손을 서로 멀어지게 함으로써 끌어당기는 힘과 밧줄의 모형을 만들 수 있다. 그러면 손가락에 실이나 끈이 파고드는 것을 느낄 수 있는데, 그 힘의 세기와 우리가 통증을 견디는 능력에 따라 그것을 끊을 수도 있고 끊지 못할 수도 있다. 하지만 윌리엄 휴얼이《역학의 기초》에서 지적했듯이, 수평 방향으로 아무리 세게 잡아당긴다 하더라도 우리는 그것을 결코 완전히 똑바른 직선으로 만들 수 없다. 항상 약간 처진 부분이 생기게 마련이다.

어떤 구조에서 모든 부분이 인장력이나 압축력을 똑같이 받는 것은 아니다. 사실, 그런 경우는 예외에 속한다. 건설 현장에서 널빤지를 도랑 위로 걸치는 장면을 생각해보자. 노동자들은 그 위를 걸어갈 때 위아래로 흔들리는 널빤지의 움직임을 통해 그 유연성을 느끼는데, 그 위에서 점프를 하면 흔들리는 움직임이 더욱 증폭된다. 위아래로 흔들리면서 널빤지는 구부러지는데, 그것은 미는 힘과 끌어당기는 힘이 결합된 결과로 나타난다. 널빤지 아랫면은 인장력을 받아 늘어나는 반면, 윗면은 압축된다. 만약 널빤지에 페인트가 칠해져 있다면 윗면의 페인트는 주름이 지는 반면, 아랫면의 페인트는 균열이 생길 것이다. 구부러지는 물체는 모두 동일한 방식으로 행동한다.

공학자는 외력에 의해 구조 물질 내부에 생기는 단위 면적당 힘의 세기를 응력應力, stress이라고 부르는데, 어떤 물체가 부러지는 시점을 결정하는 것은 외력의 절대적인 크기가 아니라 바로 응력이다. 사람의 경우 긴장 상태(영어로는 under tension, 즉 인장력을 받는 상태)에 놓이는 것은 곧 스트레스를 받는다는 것을 의미한다. 초조하거나 쉽게 기분이 상하거나 감정적으로 큰 스트레스를 받는 사람은 아주 예민하다고 말한다. 지나치게 팽팽한 기타 줄처럼 큰 구조적 응력이 작용할 때, 만약 기타 줄을 너무 세게 뜯으면 파손이 일어날 수 있다. 모든 것은 파괴점이 있다.

가느다란 철사로 천장에 매달아놓은 작은 물통을 상상해보라. 그리고 깔때기를 통해 모래가 그 물통 속으로 흘러든다고 상상해보라. 다빈치는 철사가 끊어지면 흘러들던 모래가 멈추게 되어 있는 장치를 사용했다. 따라서 물통의 무게에다가 물통에 담긴 모래의 무게를 더한 것이 철사를 끊어지게 한 힘이었다. 다빈치는 같은 굵기의 철사를 가지고 길이를 다르게 해가면서 이 실험을 반복한 결과, 긴 철사보다 짧은 철사를 끊어지게 하는 데 더 많은 모래가 필요하다는 사실을 발견했다. 이것은 고전 역학에 어긋나는 결과였다. 고전 역학은 철사의 강도가 오로지 그 지름에 좌우된다고 이야기한다.

다빈치가 얻은 결과는 옳은 것으로 드러났다. 당시에 만들어진 철사는 불완전해서 지름이 다르거나 결함이 있는 부분도 포함돼 있었기 때문이다. 실험에 사용한 철사의 길이가 길수록 약한 지점이 포함돼 있을 가능성이 높아져 그 지점에서 철사가 끊어지기 쉬웠다. 오늘날에는 지름이 일정하고 강도가 거의 균일해 전체적으로 파괴점에 큰 편차가 없다. 그럼에도 철사와 다른 형상에 대한 강도 시험에서는 홈이나 찌그러짐 등 미소한 기하학적 결함과 버텨내야 하는 응력의 세기에 영향을 미치는 물질 내부의 결함 때문에 대개 강도 값에 편차가 나타난다.

존 로블링은 다리를 건설하기 전에 철사를 생산하는 회사를 운영했는데, 이해관계 충돌로 브루클린교의 주 케이블에 철사를 공급할 수 없었다. 로블링은 19세기 후반에 강철선을 높은 기준에 맞춰 생산할 수 있다는 사실을 알았지만, 비양심적인 생산업체들은 질이 떨어지는 제품을 속여 팔았다. 건설 현장에서는 기록적인 다리 건설에 사용될 케이블의 품질을 확실히 하기 위해 현장에 운송된 각각의 케이블 릴에서 표본을 채취한 뒤, 다빈치의 장비가 측정한 것과 동일한 속성(케이블의 파괴점)을 측정하는 기계를 사용해 강도 시험을 했다. 예상한 것보다 작은 힘에서 표본이 끊어지면 그것을 채취한 릴 전체가 퇴짜를 맞았다. 충분히 강하다고 입증된 철사만이 채택됐고, 그것을 채취한 릴에는 다리 건설에 사용할 수 있다는 표시를 남겼다.

유감스럽게도 공급자는 건설 현장으로 운반하는 과정에서 채택된 릴을 퇴짜 맞은 릴로 교체하는 술수를 부렸다. 이 속임수는 케이블에 질 낮은 철사가 상당량 섞여들 때까지 발견되지 않고 넘어갔다. 아버지가 세상을 떠난 뒤 수석 공학자 자리를 맡은 워싱턴 로블링은 케이블을 해체해 강도 시험을 다시 하고 품질이 불량한 철사를 제거하는 대신에 처음에 계획했던 것보다 품질이 확인된 철사를 더 많이 사용하기로 결정했다. 지금까지도 브루클린교에는 질 낮은 강철이 포함돼 있지만, 케이블에서 개개 철사는 전체 힘 중 일부만 담당하기 때문에 약한 철사가 끊어지더라도 그 옆에 강한 철사가 여럿 있어서 부족한 부분을 메울 수 있다. 다시 말해서, 일부가 약하더라도 다수가 모이면 강한 힘을 낼 수 있다.

같은 힘이라도 표면 전체로 확산되느냐 좁은 부분에 집중되느냐에 따라 응력이 작아지거나 커질 수 있다. 새끼 고양이일 때 테드는 아침마다 침대 위를 뛰어다니면서 우리를 깨웠다. 테드는 먹이를 덮치는 본능에 따라 노는 것처럼 보였는데, 그 작은 앞발을 내 팔이나 다리를 향해 내리칠 때 내가 느끼는 불안은 그토록 작은 동물에게서 느끼는 것치고는 놀랍도록 컸다. 그것은 좁은 면적에 집중된 동적 힘의 증폭 효과를 잘 보여주었다. 그런 행동에 먹잇감이 크게 놀라 굴복하는 것은 놀라운 일이 아니다. 좁은 면적에 집중된 힘의 효과를 보여주기 위해 굳이 고양이까지 끌어들일 필요는 없다. 그것은 엄지손가락과 집게손가락을 꼬집는 자세로 서로 밀어보기만 해도 알 수 있다. 두 손가락을 어떻게 맞닿게 하느냐에 상관없이 그 힘은 거의 똑같다. 동일한 근육들에서 나오는 힘이기 때문이다. 대다수 사람들은 통증을 느낄 때까지 세게 밀 만큼 손가락 근육이 강하지 않다. 하지만 엄지손가락 살이 아닌 손톱으로 집게손가락 살을 누르면 훨씬 강하게 집중된 힘을 느낄 수 있다. 손톱이 뾰족한 경우에는 통증에 가깝다고 말할 수 있다. 우리는 얼마 지나지 않아 손톱으로 누르길 멈추는데, 계속하다가는 집게손가락이 다칠 수 있을 뿐만 아니라 사람들은 대개 자기 몸에 해를 가하는 걸 본능적으로 싫어하기 때문이다.

통증과 압력은 "감각의 분자 차원 기반을 설명하려는 과학자들의 노력에서 최후의 변경"에 속한다고 일컬어져왔다. 우리의 후각과 미각은 코와 혀에 집중돼 있어 어느 곳에 연구의 초점을 맞추어야 할지 쉽게 알 수 있는 반면, 통증과 촉각은 몸 전체에서 지각된다. 이 때문에 "사람들이 열과 차가움, 촉감, 신체 움직임을 어떻게 느끼는지 알려주는 핵심 메커니즘"의 발견은 노벨상을 받을 자격이 충분히 있다. 실제로 2021년에 노벨 생리학·의학상은 각자 독자적으로 이 현상을 이해하는 데 돌파구를 연 심리학자 데이비드 줄리어스David Julius와 분자생물학자 아뎀 파타푸티언Ardem Patapoutian이 받았다.

많은 공학적 구조에는 (비록 구조 자체는 감각이 없더라도) 서로 맞댄 두 손가락이나 하나의 기둥, 밧줄, 도랑 위에 걸친 널빤지 등을 압축하거나 팽팽하게 당기거나 구부리거나 하는 힘보다 훨씬 복잡한 힘들의 상호 작용이 관여한다. 그 힘들과 그런 구조에서 힘들이 상호 작용하는 방식을 느끼려면, 손가락보다 훨씬 정교한 유사체와 모형이 필요하다.

노스캐롤라이나주 롤리의 주립 품평회장에 위치한 도턴 아레나는 아주 특이한 구조물이다. 1952년에 완공된 도턴 아레나는 활 모양으로 휘어진 한 쌍의 강화 콘크리트 구조물로 이루어져 있는데, 각자 지면에 대해 작은 각도로 기울어져 있고 접의자의 다리들처럼 서로 교차하며 지나간다.

두 윗면 사이에는 강철 케이블들이 팽팽하게 줄지어 늘어서서 가벼운 지붕을 떠받친다. 뒤쪽으로 기울어진 아치의 무게가 케이블을 팽팽하게 잡아당기며, 반대로 케이블의 인장력이 아치가 뒤쪽으로 무너지지 않게 해준다. 이러한 배열은 두 팀이 줄다리기를 하는 상황과 비슷하다. 이 혁신적인 건물 구조는 말과 가축의 품평회를 열기에 적합하

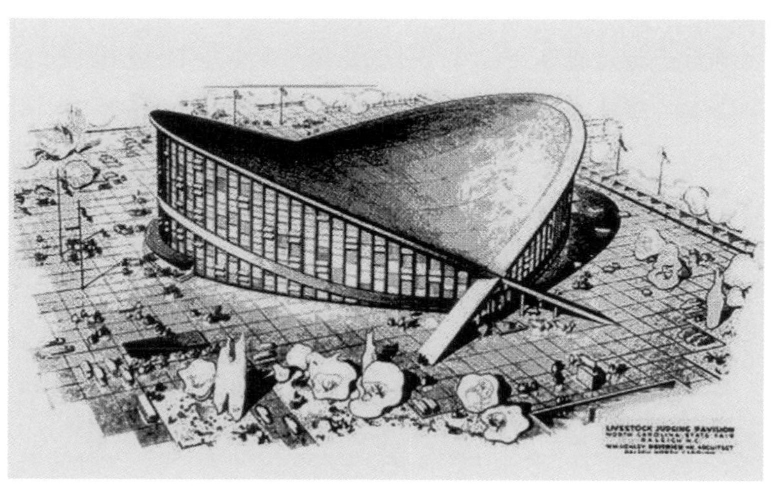

매튜 노비키Matthew Nowicki와 윌리엄 헨리 디트리히 William Henley Deitrich가 설계한 도턴 아레나.

도록 기둥이 없는 내부 공간을 제공하기 위해 설계되었다. 그래서 이곳은 처음부터 '소들의 궁전cow palace'이라 불렸다. 이곳에 구현된 구조 원리는 중간에서 교차하는 두 쌍의 다리 사이에 캔버스 천을 댄 접이식 감독 의자에 비교되었다. 그런 의자에 앉는 사람의 무게는 해먹에 누웠을 때와 비슷하게 캔버스 천이 떠받친다. 무게는 캔버스 천에 인장력을 유발하고, 그 힘은 다리들 윗면을 안쪽으로 끌어당긴다. 그와 동시에 다리들은 교차 지점에서 느슨하게 붙어 있기 때문에, 한 쌍의 가위처럼 작용해 아래쪽이 바깥쪽으로 밀려난다. 이렇게 끌어당기는 힘과 미는 힘이 결합해 의자를 안정된 상태로 유지한다.

공학자 윌리엄 베이커William Baker는 자신이 설계한 부르즈 할리파*의 구조가 어떻게 바람의 힘을 견뎌내는지 의인화 모형을 사용해 설명했다. 세상에서 가장 높은 건물로 건설된 두바이 타워(부르즈 할리파의 이전 이름)는 초고층 건물 설계의 새로운 패러다임을 대표하는 건축물이다.

부르즈 할리파는 상자 모양인 시어스 타워**나 층상 구조의 타이베이 101*** 같은 이전의 세계 최고층 건물들을 단순히 더 크게 만든 것이 아니었기 때문에, 베이커는 강풍을 견뎌내는 능력을 설명할 때 쉽게 이해할 수 있는 모형을 사용하는 것이 좋겠다고 판단했다. 그리고 자신의 사무실이 있는 도시인 시카고 거리에서 적절한 유사체를 발견했는데, 그것은 바로 우산을 펼친 채 수평으로 몰아치는 비바람에 맞

* 아랍에미리트 두바이의 신도심 지역에 있는 높이 828m의 초고층 건물.

** 미국 시카고에 지어진 지상 108층, 높이 442m의 건물. 지금은 윌리스 타워라 부른다.

*** 타이베이에 들어선 지상 101층, 높이 509m의 건물.

서기 위해 한 다리를 뒤로 뻗어 버팀목으로 삼은 남자였다. 사실 베이커는 부르즈 할리파의 구조를 중심부에 지지대를 받친 것이라고 묘사하는데, 이것은 엘리베이터와 로비를 포함한 타워의 중심축을 위로 갈수록 점점 가늘어지면서 겹겹이 쌓인 층들로 보강했다는 뜻이며, 각 층은 중심축에서 세 방향으로 뻗어나간다. 이 모형은 사람들(그중 대다수는 세차게 몰아치는 비바람 앞에서 펼친 우산을 흔들어댔을)에게 그렇게 설계하지 않았더라면 건물을 무너뜨렸을 힘들을 부르즈 할리파가 어떻게 버텨낼 수 있는지 감을 잡게 하는 데 아주 좋은 매개체다.

인간 유사체 모형은 어떤 구조가 실패할 때 무엇이 잘못되었는지 감을 잡는 데에도 도움을 줄 수 있다. 캔자스시티의 하얏트리젠시호텔은 로비 아트리움 한쪽에 객실들을 배치하고, 반대쪽의 별도 블록에 회의실과 회합실을 배치하도록 설계되었다. 지면보다 높은 통로가 아트리움을 가로지르며 뻗어 있었는데, 이것은 만남과 회의를 위해 오가는 통행 중 상당수를 로비에서 벗어나게 했을 뿐만 아니라, 그러지 않았더라면 텅 비어 있었을 수직 공간을 없애는 건축학적 특성을 제공했다. 두 통로는 하나가 다른 것 위에 매달려 있었고, 지붕에 박힌 나사산 강철 막대에 너트와 와셔로 고정돼 있었다. 원래 설계에서는 긴 강철 막대를 쓰도록 돼 있었지만, 건설 도중에 편의상 한 쌍의 짧은 막대로 대체되었다. 위쪽 통로는 여전히 천장에서 지지를 받았지만, 이제 아래쪽 통로는 위쪽 통로에서 지지를 받게 되었다. 1981년 여름, 새로 문을 연 호텔은 한 쌍의 무거운 강철 통로가 예고도 없이 무용수와 흥청대던 사람들로 가득 찬 로비로 무너져 내리면서 세상에 악명을 떨치게 되었다. 114명의 사망자와 더 많은 부상자를 낸 이 사고는 미국 역사상 최악의 건물 붕괴 사고가 되었다. 하얏트리젠시호텔의 통로 사

무너지기 전의 하얏트리젠시호텔 로비. 사진 오른쪽에 보이는,
위아래로 자리 잡은 두 통로가 무너져 내렸다.

고가 왜 그리고 어떻게 일어났는지 설명하는 데에는 단순한 의인화 모형이 도움을 줄 수 있다. 각각의 통로를 사람으로, 막대를 밧줄로 상상해보라. 원래 설계는 두 사람이 체육관 천장에 고정된 한 가닥의 밧줄을 붙잡고 매달린 상황으로 나타낼 수 있다. 이 밧줄은 두 사람의 무게를 지탱할 만큼 강하지만, 두 사람은 제자리에 있으려면 각자 충분히 강한 힘으로 밧줄을 꽉 붙잡고 매달려야 한다. 이번에는 아래쪽에 있는 사람이 밧줄을 붙잡은 손을 위에 있는 사람의 다리로 옮기려 한다고 상상해보라. 이것은 통로의 지지 구조에 일어난 변화와 비슷하다. 이 변화로 밧줄에 가해지는 힘에는 아무 차이가 없지만, 위에 있는 사람은 이제 자신뿐만 아니라 다리에 매달린 사람까지 지탱하려면 훨씬 강한 힘으로 밧줄을 붙잡아야 한다. 만약 밧줄을 붙잡는 힘이 추가된 무게를 감당할 수 없다면, 두 사람 모두 바닥으로 추락하고 말 것이다. 호텔에서는 4층의 대들보가 너트와 와셔 연결 장치를 통해 지지 막대에 붙어 있었는데, 두 통로에 더해 그 위를 걷고 있던 현저히 많은 사람들의 무게를 더 이상 지탱할 수 없었고, 결국 밧줄을 붙잡고 있던 사람이 늘어난 무게를 버틸 수 없어 손을 놓는 것처럼 대들보가 막대에서 분리되고 말았다. 위쪽 통로의 한 구조적 연결 부위에서 이런 일이 일어나면 다른 연결 부위들이 부족한 부분을 채워야 했지만 그럴 수가 없었고, 연속적인 붕괴가 일어났다.

비록 간접적이라 하더라도 특이한 구조에 작용하는 힘들을 느끼면 공학자나 공학도, 일반인 모두 그 힘들의 작용을 본능적으로 이해할 수 있다. 만약 우리가 실제로 모형의 일부가 되어 그 힘을 직접 느낄 수 있다면 더더욱 좋을 것이다. 주요 토목 공사에서 가장 상징적인 의인화 모형은 스코틀랜드 에든버러 부근의 넓은 포스강 하구를 가로지르는 최초의 다리 건설에 관련된 것이 아닐까 싶다. 노스브리티시철도 노선이 점점 북쪽으로 뻗어가자 포스강과 테이강 하구를 횡단하는 다리가 필요했다. 그러한 횡단로가 없으면 가축과 승객을 배에 실어 이쪽 강둑에서 저쪽 강둑으로 날라야 했기 때문에 동해안까지 가는 데 오랜 시간이 걸렸다. 철도공학자 토머스 바우치Thomas Bouch가 이 하구를 가로지르는 다리를 설계하는 일을 맡았다. 더 얕은 테이강 하구를 가로지르는 다리는 1878년에 완공되었는데, 이 다리는 특별히 과감한 설계는 아니었지만 거의 3km에 이르는 길이 때문에 주목 받았다. 불행하게도 1879년 12월에 불어온 폭풍으로 테이 철도교에서 가장 길고 높은 대들보들이 무너지면서 막 다리를 건너고 있던 기차에 탑승했던 승객 75명이 사망했다.

특별조사위원회는 테이 철도교의 "설계와 건설과 유지가 모두 부실"했다는 사실을 발견했다. 담당 공학자는 신뢰를 잃었고, 더 깊은 포스강 하구를 가로지르는 현수교 공사는 바우치가 설계를 맡았다는 이유로 중단되었다. 얼마 후 유명한 공학자 존 파울러John Fowler와 그의 젊은 동업자 벤저민 베이커Benjamin Baker가 운영하던 회사에서 완전히 새로운 설계를 맡아 진행했는데, 베이커는 다리 건설이 완공된 후에 기사 작위를 받았다. 몇 년 전 경간이 긴 철도교에 관한 책을 출판한 적이 있고, 새로운 다리의 수석 설계자였던 베이커는 그 일의 막중함을 이렇게 털어놓았다. "만약 내가 포스교 설계와 건설이 현재와 미래의 모든 관련 당사자가 불안해할 원천이 아니라고 말한다면, 경험 있는 공학자는 아무도 내 말을 믿으려 하지 않을 것이다. 선례가 존재하지 않는 곳에서는 실수를 최소한으로 줄이는 공학자가 성공한 공학자다." 다행히도 선례가 존재하지 않는 곳에서는 공학자가 극도로 신중을 기한 덕분에 성공을 거두는 경향이 있다.

베이커의 설계는 갈릴레이가 250여 년 전에 기술했지만 영국의 다리들에는 그다지 사용되지 않은 외팔보 원리를 기반으로 한 것이었다. 하지만 빅토리아 시대의 공학자들은 새로운 개념에 열린 자세를 보였고, 일반 대중은 과학과 공학에서 일어난 최신 발전을 설명하는 공개 강연에 열광했다. 혁신적인 수정궁이 런던의 하이드파크에 건설되고 있던 1850년에는 일반 청중을 대상으로 수정궁 설계(그와 함께 당시의 특이한 다리들의 설계)의 구조적 원리를 설명하는 현장 강연이 열렸다. 벤저민 베이커는 1859년에 마이클 패러데이가 물질의 힘을 주제로 유명한 크리스마스 강연을 한 장소인 왕립연구소에서 포스교에 관한 강연을 하기로 돼 있었다. 베이커는 강연을 준비하면서 "어떻게 해야 일반 대중이 포스교에 미치는 응력의 진정한 성격과 방향을 잘 이해할 수 있을지 생각해야 했는데, 현장의 몇몇 공학자와 협의한 뒤에 살아 있는 모형을 만들었다." 다리의 한 경간을 대표한 그 모형은 '인간 외팔보'로 알려지게 되었고, 강연에서 가장 인상적인 부분이 되었다. 베이커가 그것이 순전히 제 아이디어라고 주장하지 않았음에도 불구하고 강연 이후로 그 유명한 모형에는 베이커의 이름이 따라붙었다.

그 살아 있는 모형은 세 남자와 의자 2개, 목제 지주 4개, 벽돌 운반대 2개, 그네용 좌석 1개, 그리고 그네의 요소들을 연결하는 밧줄로 이루어져 있었다. 두 남자는 의자에 똑바로 앉아 목제 지주 2개의 위쪽을 붙잡았는데, 지주 아래쪽에는 의자 좌석 가장자리에 끼울 수 있게 홈이 나 있었다. 이렇게 해서 두 사람 양쪽에 생겨난 삼각형 배치는 다리 구조 중에서 브리지 타워에서 대칭을 이루어 외팔보 형태로 뻗어 나온 부분을 나타냈다. 안쪽 지주들의 꼭대기에는 그네 좌석의 양 옆면이 매달려 있었는데, 그네 좌석은 다리 경간 중에서 공중에 매달려 있는 중심 부분을 나타냈다. 남자의 다른 팔과 지주로 이루어진 바깥쪽 외팔보는 각각 벽돌 운반대에 묶여 있었고, 벽돌 운반대는 공중에 매달린 그네 좌석과 거기에 앉은 남자의 무게 중 절반과 균형을 이루는 평형추 역할을 했다.

베이커의 강연 때 큰 다리 경간 그림을 인간 모형 뒤쪽에 걸어놓아 모형의 각 부분이 다리에서 어느 부분에 해당하는지 명백하게 알 수 있었다. 베이커는 이를 다음과 같이 설명했다. "중앙 대들보에 가해지는 무게로 이 체계에 응력이 생길 때, 남자들의 팔과 고정 밧줄에 인장력이 생기고 막대와 의자 다리가 압축됩니다. 포스교에서는 의자들 사이의 간격이 약 500m이고, 남자들의 머리는 지상에서 90m쯤 높은 곳에 있다고 상상해야 합니다. 이들의 팔은 거대한 강철 격자 구조에 해당하

공학자 벤저민 베이커는 스코틀랜드 에든버러 근처의 포스강 하구에서 건설 중이던 혁신적인 강철 외팔보 철도교의 새로운 구조적 설계를 설명한 1887년 강연에서 '인간 외팔보' 모형을 사용했다. 《엔지니어링 뉴스》, 이블린 조지 캐리Evelyn George Carey 촬영.

고, 막대나 지주는 지름 3.6m, 두께 3.2cm의 강철관에 해당합니다."

아이러니하게도 그 강연에서는 '살아 있는 모형'을 살아 있는 모습으로 보여주는 대신에 랜턴 환등기로 보여주었는데, 이는 그것을 묘사해 유명해진 일러스트의 밑바탕이 되었다. 미국의 공학 잡지 《엔지니어링 뉴스》는 "요란하고 전폭적인 박수갈채를 받은" 그 강연에 관한 기사를 실으면서 판화로 제작한 일러스트를 곁들였는데, 이 작품은 1887년에 포스교 건설 현장을 방문했던 미국의 다리 건설 공학자 토머스 클라크Thomas C. Clarke가 제공한 사진을 바탕으로 제작되었다.

이 기사는 강연이 있고 나서 약 3주 뒤에, 그리고 영국의 《엔지니어링》에 소개되기 약 한 달 전에 실렸는데, 19세기 후반에 공학 부문의 뉴스와 지식과 문서가 대서양을 건너 전달된 속도를 알려준다. 21세기에도 공학자나 일반인이 포스교를 방문해 그 유명한 살아 있는 모형을 재현하는 일이 일상사가 되었다. 내가 2003년에 그곳을 방문했을 때, 방문객센터에는 구조 자체를 바라보면서 다리 애호가 셋이 그 모형을 재현하는 데 필요한 한 쌍의 철제 의자와 나머지 장비가 모두 구비돼 있었다.

그 장비는 얼마 뒤에 포스강 하구 건너편의 사우스퀸스페리로 옮겨져 오로코피어 식당 뒤뜰에 자리 잡고 있다. 공학자이자 공학 연구자, 애서가, 다리 애호가인 롤런드 팩스턴Roland Paxton에 따르면 이 복제 모형은 "2012년에 포스교기념위원회가 포스교방문객센터이사회로부터 기부받은 것을 그 식당에 대여한" 것이라고 한다. 그 이사회의 마지막 회의를 기념하기 위해 이사들은 인간 모형을 재현한 포즈로 사진을 찍었다. 의장인 팩스턴이 편한 가운데 의자에 앉았는데, 그 의자는 원래 모형에서 일본인 방문 공학자 와타나베 가이치渡邊嘉一가 앉았던 것만큼 지면에서 높이 떠 있지는 않았다.

힘을 느끼는 측면에서 볼 때, 125년이라는 시간 간격을 두고 펼쳐진 두 시범 사이에는 흥미로운 차이점이 몇 가지 있다. 1887년에는 타워를 재현하는 인간 참여자들이 두 다리를 모으고 앉았는데, 지주가 다리의 움직임을 제한한 것이 일부 이유였을 것이다. 반면 2012년에는 의자에 앉은 남자들이 다리를 쩍 벌리고 앉았는데, 그 이유 중 하나는 지주가 다리의 움직임을 제한했기 때문일 것이다. 19세기 모형에서는 의자에 앉은 사람들이 손바닥으로 지주를 붙잡고(그것도 단단히 움켜쥔 것처럼 보이는 자세로) 카메라를 응시했는데, 그들의 팔이 실제로 큰 인장력

2012년 포스교방문객센터이사회 이사들이 인간 외팔보 모형을 재현한 모습. 포스교방문객센터이사회 의장(1997~2012)을 지낸 롤런드 팩스턴 교수 제공.

을 받는 듯한 인상을 주었다. 지상에서 높은 곳에 위치한 그네 좌석을 지탱하는 데 필요한 각도로 지주를 붙잡으려면 그렇게 해야 했다. 하지만 21세기 모형에서는 의자에 앉아 있는 남자들이 카메라에서 얼굴을 돌린 채 손바닥으로 지주를 붙잡고 있는데, 기울기가 덜 가파른 지주를 떠받치는 데 필요해 보이는 힘을 공급하기에 덜 자연스럽고 덜 효율적인 방법이다.

게다가 원래의 살아 있는 모형에서는 의자에 앉은 사람들이 지주를 붙잡을 때 가능하면 끝부분에 가까운 지점을 붙잡았던(그럼으로써 이등변삼각형 외팔보를 형성하는 데 필요한 최소한의 힘을 내면서) 것과는 대조적으로 이사들은 지주를 중간 지점에서 붙잡고 있는데, 이런 자세는 모형의 신빙성을 떨어뜨린다. 게다가 지주를 붙잡고 있는 방식은 그들이 지주를 떠받치는 게 아니라 실제로는 지주에 기대고 있으며, 따라서 팔이 인장력을 받는 게 아니라 압축력을 받는다는 것을 시사한다. 이 점은 왼쪽 의자에 앉아 있는 남자의 오른손이 펴져 있는 모습에서 특히 두드러지게 드러난다. 심지어 그의 손가락은 지주를 감싸고 있지도 않으며, 손목에 가까운 손바닥을 지주 위에 그저 올려놓거나 지주 위쪽을 미는 것처럼 보인다. 오른쪽 의자에 앉아 있는 남자의 팔은 약간 구부러진 것처럼 보이는데, 이는 팔이 인장력을 받아 완전히 펼쳐진 상태가 아님을 시사한다. 이 남자들은 모형 장치들과 포즈를 취하고 있지만 원래 모형이 의도한 것만큼 관련된 힘에 대한 감각을 경험하거나 전달하는 것처럼 보이지 않는다.

원래 모형에서는 와타나베가 양손을 양 옆구리 가까이에 갖다 대고 그네 좌석을 꽉 쥐고 있는데, 아마도 균형을 잡기 위해 그랬을 것이다. 하지만 2012년의 재현 장면에서 팩스턴은 양손을 지주 위에 올려놓고 있다. 아마도 다른 남자들이 그에게 그렇게 할 수 있는 여유를 주었기 때문일 것이다. 하지만 이것은 이 재현 장면을 보는 사람들에게 실제 구조의 효과적 작동에 의문을 품게 하는 잠재적 효과를 낳았다. 사실 의자에 앉아 있는 남자들이 팔에 아무런 인장력도 작용하지 않는 상태로 지주를 붙잡고 있는 것처럼 보이기 때문에, 모형에서 중심 부분이 실제 구조에서 담당하는 역할은 외팔보보다는 모난 아치나 A형 지지틀에 더 가까워 보인다. 그네 좌석과 살아 있는 하중을 제자리에 붙들어두는 것은 타워가 아니라 받침대 역할을 하는 의자들과 거기에 앉은 사람들이다.

마지막으로, 베이커의 시범에서 홈이 있는 각 지주의 아래쪽 끝부분은 의자 좌석의 옆 가장자리에 붙어 있어 의자에 앉은 남자들이 다리를 가지런히 모아야 했다. 하지만 관광안내소 이사들 모형에서는 그렇지 않은 것처럼 보인다. 지주에서 눈에 보이는 부분을 바탕으로 추론해보면 아래쪽 끝부분이 의자 좌석의 옆 가장자리에 붙어 있는 게 아니라 좌석 아래의 어느 지점에서 의자의 구조를 관통하며 지나가는 것으로 보이는데, 그럼으로써 참여자들이 다리를 옆쪽으로 더 벌릴 여지를 준다. 좌석이 매달린 지주의 위쪽 끝부분 연결부를 자세히 살펴보면, 이곳은 용접 이음처럼 보인다. 이 사실은 지주들이 금속관임을 알려주며, 이런 연결부는 힘의 작용을 느낄 기회를 제공하기보다는 장치를 완전한 상태로 유지하여 방문객이 원할 때 언제든지 사용할 수 있도록 준비하기 위해 채택되었을 가능성을 시사한다. 공학과 그것의 완전한 이해는 디테일에 있다.

포스교가 공학 건설 계획으로서 성공을 거두고, 그것의 인간 모형을 통해 구조적 현상으로 널리 알려지자, 외팔보 형태는 공학자와 일반인 모두에게 매력적으로 다가오게 되었다. 19세기 후반과 20세기 전반에 경간이 긴 다리를 새로 건설할 때마다, 특히 그 위로 철도와 기차가 지나갈 경우 외팔보 다리는 현수교보다 더 나은 대안까지는 아닐지라도 경쟁력 있는 대안으로 간주되었다. 외팔보 설계는 뉴욕시 허드슨강에서부터 오스트레일리아의 시드니 항구에 이르기까지 광범위하게 제안되었다.

하지만 모두가 포스교에 푹 빠진 것은 아니었다. 미국의 유명한 철도공학자 시어도어 쿠퍼Theodore Cooper는 포스교를 "인간이 설계한 것 중 가장 꼴사나운 구조"이자 지금까지 건설된 것 중 "가장 어색한 공학 구조물"이라고 생각했다. 그는 포스교가 과잉 설계되었다고 생각했고, 실제로 들어간 비용의 절반으로도 그곳을 가로지르는 다리를 건설할 수 있었을 것이라고 믿었다. 쿠퍼는 퀘벡 부근의 세인트로렌스강에 다리를 건설하는 계획에 수석 자문 공학자로 참여했을 때 자신의 주장을 입증할 기회를 잡았다. 원래 계획에서는 주 경간의 길이가 480m인 외팔보 다리로 설계하려고 했지만, 쿠퍼는 교각들을 강둑에 더 가까이 배치해 유빙의 충돌 피해를 줄이고 건설비를 절감하는 수정안을 관철시켰다. 그 결과 주 경간의 길이는 540m로 늘어나 퀘벡교는 세상에서 가장 긴 다리이자, 노장이 된 쿠퍼의 경력을 빛내주는 필생의 역작이 되었다.

포스교와 퀘벡교의 설계는 비슷한 점이 많았지만, 포스교가 과잉 설계되었다는 쿠퍼의 신념에 발맞춰 퀘벡교는 미학적으로나 구조적으로 훨씬 가벼운 구조로 건설되었다. 1907년 8월 무렵이면 남쪽 외팔보가 220m쯤 건설되었다. 그런데 불행하게도 외팔보는 거기서 더 나아가지 못하고 와르르 무너지면서 현장 노동자 75명이 사망했다.

붕괴 원인은 여러 가지가 있는데, 자신이 계산한 힘들에 대한 감각이 없었던 것으로 보인 젊은 공학자도 그중 하나였다. 쿠퍼는 다리의 전체 하중을 과소평가했다. 그 결과, 설계도에 명시된 강철 부재들은 다리가 세워지는 동안 강성이 불충분한 상태에서 과도한 응력을 받게 됐다. 그는 전체 계획을 적절히 감독하지 못했고, 이런 실수를 제때 발견하지 못해 다리 붕괴를 초래했다. 붕괴 사고가 있고 나서 약 100년 뒤에 스웨덴의 자문 공학자 비에른 오케손Björn Åkesson은 《교량 붕괴의 이해》라는 책에서 그 실패를 자세히 분석하면서 의자, 지주, 밧줄, 벽돌 등의 하드웨어를 포함한 모형 대신에 외팔보 경간을 디지털 막대 구조로 나타내고, 가상 거인을 평형추 역할을 하는 아바타로 사용했다. 오케손은 파워포인트와 유사한 프레젠테이션 프로그램에 함께

건설 중이던 1907년에 촬영한 퀘벡교 모습. 세인트로렌스강 위로 외팔보 형태로 뻗어나간 경간의 무게는 육지 쪽을 향한 부분의 무게와 균형을 이루었는데, 타워 위쪽에 연결된 강철 연결부는 인장력을 받고 아래쪽 지주들이 압축력을 받았다. 만약 이 요소들이 경간이 점점 길어지면서 늘어나는 무게 때문에 떨어져 나가거나 무너지거나 휘어지지 않을 만큼 충분히 강하지 않다면 붕괴가 일어나고 말 것이다. 실제로 이 사진을 찍고 나서 얼마 지나지 않아 그런 일이 일어났다.

제공되는 종류의 컴퓨터 소프트웨어를 사용해 건설 중인 외팔보 경간을 도식적으로 그렸는데, 그것은 육지 쪽 경간이 제공하는 평형력을 나타내는 아바타의 무게와 힘과 균형이 잡혀 있었다. 거인의 해부학적 구조는 나무로 만든 미술가의 마네킹에서 구현된 것처럼 몸통과 머리, 팔다리를 나타내는 8개의 타원으로 이루어져 있었다. 양손으로 외팔보 윗부분을 붙잡고 양팔로 뒤로 잡아당기면서 몸통은 균형을 잡기 위해 곧추세운 반면, 발과 다리는 자세를 유지하기 위해 외팔보 아랫부분을 밀었다. 이 모형은 이런 작용을 통해 외팔보가 어떻게 제자

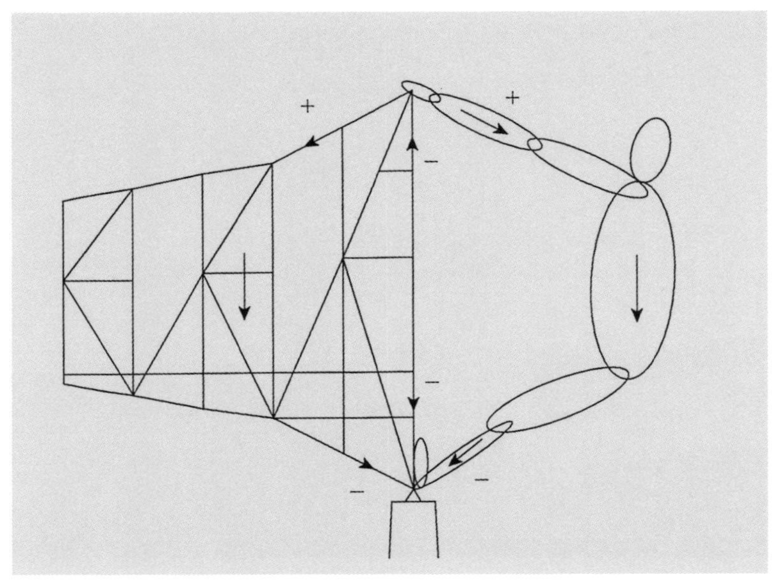

퀘벡교에서 외팔보 부분의 균형을 잡는 데 관여하는 힘들은
이 휴머노이드 모형을 통해 간접적으로 느낄 수 있다. 이 아바타는
근육과 힘줄과 뼈가 양손과 양팔을 끌어당기는 인장력과 발과
다리를 미는 압축력을 버텨내는 한 전체 구조를 지탱할 수 있다.
만약 그것을 버텨내지 못한다면, 1907년 8월 29일에 일어난
사건처럼 다리는 무너지고 만다. 《교량 붕괴의 이해》에 실린
그림을 모방해 그린 것이다.

리에서 균형을 잡고 있는지 보여주었지만, 외팔보가 강을 가로질러 더 멀리 뻗어가면서 트러스에 강철이 더 많이 추가됨에 따라 가상 거인의 힘과 무게가 증가하거나 외팔보를 수평으로 유지하기 위해 그것을 재분배해야 한다는 사실은 설명하지 않았다.

만약 우리 자신을 가상의 거인과 동일시한다면 다리가 왜 무너졌는지 알 수 있다. 외팔보가 커짐에 따라 평형을 유지하기 위해 우리 팔과 다리는 각각 그에 상응하는 더 큰 인장력과 압축력을 제공해야 한다.

따라서 강철이 점점 더 많이 추가되면 손은 더 단단히 붙잡아야 하고, 팔은 점점 더 커지는 끌어당기는 힘에 저항해야 하고, 발과 다리는 땅을 굳게 딛고 더 강한 힘으로 밀어야 한다. 강철이 추가되는 상황은 외팔보가 강 건너편에서 뻗어나오는 짝을 만나 거기에 기댈 때까지 계속된다. 두 외팔보가 만나는 순간이 와야만 우리는 이 고역에서 벗어날 수 있다. 하지만 가상 거인조차 그 힘과 지구력에는 한계가 있기 때문에, 다리를 건설하는 데 너무 오랜 시간이 걸리면 파국을 피할 수 없다. 그것이 어떻게 일어나느냐 하는 것은 거인의 몸 중에서 어느 부분의 힘이 빠지느냐에 달려 있다. 손이나 팔에서 힘이 빠지는 것은 인장력의 실패(아마도 골절 때문에 손으로 쥐는 힘이나 팔의 힘이 빠지는 것처럼)에 해당하고, 다리에서 힘이 빠지는 것(발이 으스러지거나 무릎이 꺾이는 경우처럼)은 압축력의 실패에 해당한다. 퀘벡교에서 실제로 일어난 사고는 후자의 경우로, 압축력에 대항하는 부재들이 더 이상 하중을 버텨내지 못해 일어났다.

첨단 컴퓨터 시대에 휴머노이드 모형은 낡은 것처럼 보일 수 있지만, 가상 휴머노이드 모형은 자연스러운 것으로 드러날 수도 있다. 오케손은 벤저민 베이커의 포스교 인간 모형이 외팔보의 균형을 잡는 거인 모형에 영감을 주었다고 인정한다. 오케손이 "상상의 '존재'"라고 부른 이 가상 거인은 베이커의 모형에 등장하는 빅토리아 시대의 살아 있는 사람들에 비하면 헝겊 인형처럼 허접해 보일 수 있지만, 관련된 힘들에 대한 느낌을 전달하는 데에는 충분히 효과적이다.

방문객센터이사회 이사들이 자기도 모르게 물리적인 포스교 모형을 잘못 재현한 것처럼 공학자들도 정교한 컴퓨터 모형을 적용할 때

실수를 저지를 수 있다. 구조의 작용 방식과 거기에 작용하는 힘들에 대해 잘못된 인상이나 오해가 빚어지지 않도록 모든 모형은 신중하게 만들고 사용하고 해석해야 한다. 포스교 방문객센터의 실외 모형 장치는 의심의 여지 없이 내구성이 강하고 사용자 친화적으로 개발되었다. 설계자들은 그 구성 요소들을 강철로 만듦으로써 부서지거나 마모될 가능성을 차단했다. 의자들을 콘크리트 지지대에 볼트로 박고, 거기에 평형추를 고정시키고, 가벼운 구성 요소들을 더 무거운 구성 요소들에 경첩으로 연결시켜서 그것들은 분리되거나 소실되거나 도난당할 가능성이 거의 없었다. 그 모형은 목적에 완벽하게 부합하는 것처럼 보였을 것이다. 그것은 또한 사용자 친화적이어서 한 조가 된 세 사람은 그저 의자와 그네 좌석에 앉아 사진을 찍기만 하면 되었다. 원래 모형에서 참여자들에게 요구되었던 손과 팔의 협응 능력은 우연히 그곳에 들른 관광객들에게 요구할 만한 것이 못 됐다.

하지만 이사들의 사진을 보면 사용자 친화적으로 보이는 이 모형을 노련한 구조공학자들조차 잘못 사용하기 쉽다는 사실이 드러난다. 세 사람이 해야 할 일은 그들 몸무게만으로 가운데 그네를 제자리에 고정시킬 수 있도록 서로 연결된 좌석들에 자리를 잡고 앉는 것이었다. 이와 대조적으로 원래 장치에서는 각 요소가 서로 분리돼 있어 관련된 힘들을 제대로 경험할 수 있도록 세 사람은 모형을 준비하고 포즈를 잡는 데 주의를 기울여야 했다. 모형은 사진 촬영을 위한 소품으로 진화하는 순간 그 효용성을 잃었다. 손과 팔로 지주의 어느 부분을 어떻게 잡아야 할지 고민하거나 그 결과로 생겨나는 힘을 어떻게 느끼게 될지 생각할 필요 없이 의자와 그네 좌석에 너무 쉽게 앉을 수 있게 되었다. 컴퓨터 모형을 단지 시범의 보조 도구가 아니라 계산 도구로 사용할 때 이렇게 생각 없이 일어나는 실수를 저지르기가 더 쉽고 그것은 중대한 결과를 초래할 수 있다.

16장

바람과 힘과 재난

보이는 손과 보이지 않는 손

스코틀랜드 경제학자 애덤 스미스Adam Smith는 《국부론》에서 반드시 나쁜 결과는 아니더라도 의도하지 않은 결과를 초래하는 보이지 않는 손에 대해 언급했다. 보이지도 않고 알 수도 없지만, 그러한 손은 소비자 개인의 이기심에 영향을 미쳐 국가 전체 경제에 혜택을 가져다줄 수 있다. 보이지 않는 손은 물리적 구조를 명백하게 포함하는 부문을 포함해 사회의 모든 부문에서 지렛대를 움직이며 영향을 미친다. 우리는 바람이 불 때마다 보이지 않는 힘의 존재를 느낀다. 바람은 축 처진 깃발을 위풍당당하게 펄럭이게 하며, 마치 씨를 뿌리듯이 낙엽을 이리저리 흩날리게 한다. 또한 깃발을 갈기갈기 찢기도 하고, 씨가 뿌려진 밭을 마구 헤집어놓기도 한다. 강풍에 날려가지 않으려고 우리는 마치 등에 큰 짐을 짊어진 것처럼 몸을 구부린다. 불행하게도 풍향이나 풍속의 변화에 미처 준비되어 있지 않다면, 바람이 잠깐 멈출 때 우리는 앞으로 고꾸라지고 만다.

영국 시인 크리스티나 로세티Christina Rossetti는 "바람을 본 사람이 있는가?"라고 묻고는 스스로 답했다. "당신도 나도 보지 못했다 / 하지만 나무가 머리를 숙일 때에는 / 바람이 지나가고 있는 것이다." 추운

날에 따뜻한 숨을 내뱉으면 촛불이나 담배, 굴뚝에서 나오는 연기의 공기 흐름처럼 그 숨이 눈에 보이는 형태로 나타난다. 헬륨을 채운 풍선도 공기와 바람의 힘을 증언한다. 헬륨 풍선이 위로 떠오르는 이유는 물론 이 비활성 기체가 공기보다 밀도가 낮기 때문이다. 헬륨이 풍선 속의 더 무거운 공기를 밀어내고 풍선을 가득 채웠기 때문에 풍선은 주변 공기보다 밀도가 낮아 부력을 얻게 된다. 그래서 샴페인 잔 속에서 거품이 솟아오르듯이 풍선은 위로 솟아오르려고 한다. 또, 따뜻한 공기는 찬 공기보다 밀도가 낮으므로, 따뜻한 공기를 채운 풍선도 위로 솟아오른다.

다빈치는 뜨거운 공기를 솟아오르게 하는 힘에 대해 생각했는데, 18세기 후반에 프랑스의 몽골피에Montgolfier 형제도 그랬다. 두 사람은 굴뚝에서 솟아오르는 연기와 하늘에 떠다니는 구름을 관찰하면서 열기구 비행의 가능성을 진지하게 검토했다. 1783년에 띄워 올린 첫 번째 열기구는 지름이 약 12m나 되었다. 작은 풍선을 많이 모아도 같은 목적을 달성할 수 있다. 장식용 풍선을 충분히 많이 모아 알루미늄 의자에 매달고 의자를 잡은 손을 놓으면, 의자가 두둥실 공중으로 떠오른다. 풍선이 아주 많다면 심지어 사람이 앉은 의자도 공중으로 떠오를 수 있다. 이것은 1982년 캘리포니아주에서 한 남자가 실제로 보여주었다. 그는 지름 2.4m의 기상 관측 기구를 40개 이상 의자에 묶고는 그것을 타고 약 4500m 고도까지 올라갔는데, 그곳에서는 바람의 힘이 기구의 움직임을 좌우했다. 그는 지상으로 내려오고 싶을 때 풍선을 터뜨리려고 BB탄 총을 가져갔지만 부주의로 총을 떨어뜨리고 말았고, 관제 공역*에 들어가면서 자신과 그 지역의 항공기, 지상의 사람들 모두에게 위험한 상황을 초래했다. 모든 풍선이 그렇듯이, 이 모험가의 기구도 시간이 지나자 점차 바람이 빠지면서 부력이 줄어들었고, 아래로 내려오다가 결국 송전선에 걸렸다. 그는 그곳에서 구출된 뒤 즉각 체포되었다.

비행기는 바람을 받으며 이륙하는데, 비행기를 떠오르게 하는 힘은 날개 모양에서 나온다. 허리케인의 강풍에 휩쓸린 나무 막대기는 마치 성문으로 돌진하는 공성추처럼 창문을 박살내고 문을 부술 수 있다. 심지어 전채 요리에 딸려 나오는 이쑤시개도 바람에 날아올라 노출된 올리브나 살을 향해 창처럼 돌진할 수 있다. 사람들은 사회적 바람에 편승해 올바른 방향으로 나아가는 것처럼 보이는 움직임에 휩쓸릴 수 있지만, 토네이도에 휩쓸린 도로시처럼 캔자스주에서 아주 멀리 떨어진 곳으로 날아갈 수도 있다. 불운한 여행자는 집으로 돌아와 자신의 고향이 크게 변한 것을 발견할지도 모른다. 밭의 곡식처럼 폭풍을 견뎌냈어야 할 물리적 구조물들이 알아볼 수 없게 변했을 수도 있다.

바람의 파괴적 힘은 오래전부터 잘 알려졌지만, 그 위력이 정확하게 어느 정도인지 항상 제대로 정량화된 것은 아니었다. 원래는 다리를 건설하는 공학자였던 귀스타브 에펠Gustave Eiffel은 자신의 탑을 바람에 넘어지지 않을 만큼 튼튼하게 만드는 것이 얼마나 중요한지 잘 알았고, 이것은 탑의 형태에 큰 영향을 미쳤다. 하지만 모든 공학자가 뛰어난 선견지명이 있는 것은 아니어서 일부 공학자가 만든 구조는 처참하게 붕괴되는 불운을 맞이했다. 앞서 살펴보았듯이 1879년의 테이 철도교 붕괴 사고 원인은 저항할 수 없는 폭풍의 힘으로 지목됐다. 강풍의 효과는 진격해오는 군대의 파도에 비유할 수 있다. 그들은

* 항공 교통의 안전을 위하여 비행 순서 등 관제 당국의 지시를 받아야 하는 공역.

마주치는 것을 모조리 파괴하여 그들이 휩쓸고 지나간 자리는 생명을 잃은 방어자들의 시신으로 어지럽혀진다. 변화의 바람이 세차게 몰아칠 때에도 같은 일이 일어날 수 있다.

테이 철도교 붕괴를 더 과학적으로 분석한 결과는 그 원인이 가해진 힘을 견뎌내지 못한 구조의 결함에 있다고 지목했다. 합리적인 조사 결과는 그 책임을 수석 공학자에게 돌렸는데, 그는 당연히 배경에 보이지 않게 숨어 있는 힘들을 포함해 큰 그림을 보아야 했다. 기업이나 제도, 정부를 막론하고 모든 사회 구조에는 비록 부르는 이름은 다르더라도 각자 나름의 수석 공학자가 있다. 명칭이야 무엇이라 부르건, 모든 책임은 최종 결정권자에게 있다. 사회적·상업적·문화적 혁명은 다리처럼 설계되고 만들어지며, 따라서 이것들 역시 잘못 구상되고 잘못 만들어지고 잘못 운영될 수 있다. 그리고 적대적인 전복 시도를 버텨내지 못할 수 있다. 힘들의 융합은 의도치 않은(혹은 은밀하게 의도한) 결과를 잔해로 남길 수 있다.

《국부론》이 출간된 지 약 200년이 지났을 때, 경영사학자 앨프리드 챈들러Alfred D. Chandler는 미국의 경영 혁명을 기술한 《보이는 손》을 출판했다. 챈들러의 견해에 따르면 기업은 단지 CEO만으로 굴러가는 것이 아니다. 포드나 제너럴일렉트릭, 스탠더드오일 같은 회사들의 운영이 보여주듯이, 기업은 원자재에서부터 최종 생산품과 그 이상에 이르기까지 생산의 힘들을 명백하게 제어하는 전체 경영 시스템이다. 힘들은 보일 수도 있고 보이지 않을 수도 있고, 물리적일 수도 있고 형이상적일 수도 있지만, 그 효과는 항상 실재적이다.

베트남 다낭 부근에는 산기슭의 자연미 사이에 우아한 황금색 보도

베트남 다낭 부근에 있는 골든 브리지는 화강암 산 속에 산다는 거인의 손이 떠받치고 있는 것처럼 보인다.

교가 설치돼 있다. 영어로 골든 브리지(베트남어로는 카우방)라고 부르는 이 다리는 이곳 험준한 지형에 머무는 거인 신이 보통 사람들에게 선물하는 금괴를 연상시킨다. 사실 기반암에서 솟아 있는 것처럼 보이는 신의 손은 철망과 섬유유리로 만들어졌지만, 마무리 공정을 통해 돌처럼 보이게 한 것이다. 이 다리는 관광객이 이 지역의 멋진 풍경을 잘 구경할 수 있도록 의도적으로 설계되었다. 하지만 그 손만 가지고 거인의 완전한 해부학적 구조와 목적에 대해 무엇을 추측할 수 있을까?

이 상황은 인도 문화에서 유래했다고 전해지는 코끼리와 맹인들의 우화를 떠오르게 한다. 한 가지 버전에 따르면, 맹인 6명이 각자 코끼리의 다른 부위를(하지만 오직 한 부위만을) 만지고는 코끼리가 어떻게 생긴 동물인지에 대해 매우 제한된 개념을 갖게 된다. 코를 만진 사람은 코끼리가 큰 뱀처럼 생겼다고 생각하고, 꼬리를 만진 사람은 밧줄처럼 생겼다고 생각하고, 몸통을 만진 사람은 단단한 벽처럼 생겼다고 생각하고, 엄니를 만진 사람은 창처럼 생겼다고 생각하고, 귀를 만진 사람은 부채처럼 생겼다고 생각하고, 다리를 만진 사람은 나무 둥치처럼 생겼다고 생각한다. 각자의 의견을 비교하고 그것을 합쳐 만든 그림은 실로 기이한 동물이 되고 만다. 일부를 경험한 것만으로 전체를 알 수 없다는 결론은 이론의 여지가 없는 사실이다.

하지만 만약 6명의 맹인에게 코끼리 대신 무생물 물체를 주고서 같은 방법으로, 즉 그중 한 부분을 주고서 만지고 쿡쿡 찔러보게 한 뒤 그것의 형태와 질감과 단단함을 촉각에만 의존해 묘사해보라고 한다면 어떻게 되겠는가? 예를 들어 호스를 붙잡고 기다란 실린더형 몸체를 끌고 다녀야 하는 구식 실린더형 진공청소기를 만져보고서 정체를 파악하라고 한다면, 그들은 뭐라고 말할까?

만약 진공청소기가 작동 중이라면, 호스 위에 손을 갖다 댄 사람은 골이 진 유연한 관 속으로 뭔가가 흘러가는 것을 느끼고는 작은 코끼리가 코를 통해 깊은 숨을 들이쉰다고 생각할지도 모른다. 관의 부드러운 끝부분을 잡은 사람은 손을 빨아들이는 것을 느끼고는 청소동물이나 수분 매개자의 주둥이라고 생각할지도 모른다. 부착한 청소 도구의 종류에 따라 그것은 바다코끼리의 수염이나 개미핥기의 주둥이로 느껴질 수도 있다. 진공청소기의 반대쪽 끝에 손을 댄 사람은 뿜어져 나오는 공기를 느끼고는 아주 큰 해양 포유류의 분수공噴水孔이라고 생각할지도 모른다. 전기 코드를 붙잡은 사람은 가늘고 부드럽고 유연하면서 구불구불한 것을 느끼고는 긴 지렁이라고 생각할지도 모른다. 반대쪽 끝에 붙어 있는 기묘한 모양의 플러그는 머리뼈로, 그 갈래는 이빨로(혹은 긴 발톱이 달린 발로) 생각할 수도 있다. 진동하는 실린더를 만진 사람은 한쪽 끝은 금속처럼 차갑고 반대쪽 끝은 따뜻한 것을 느끼고는 아마도 거북 등딱지처럼 단단하고 뻣뻣한 껍데기 안에서 심장이 빠르게 뛰고 있다고 생각할지도 모른다. 한 손으로 전체 장비를 들어 올린 사람은 무겁고 다루기 불편하다는 걸 느끼고는 미끌미끌한 물고기가 마구 퍼덕인다고 생각할지도 모른다. 이 맹인들의 위원회는 과연 어떤 그림을 내놓을까?

우리가 뭔가를 만질 때 느끼는 것은 손의 조건과 손으로 하는 행동에 부분적으로 영향을 받는다. 손가락 끝에 자석이 붙어 있지 않는 한, 우리는 강철과 알루미늄의 차이를 구별할 수 없다. 우리는 질감을 느낄 수 있지만 질감이 비슷한 물질은 많다. 하지만 우리는 금속과 비금속을 구별할 수 있는데, 일반적으로 금속은 비금속보다 더 차갑게 느껴지기 때문이다. 물체 표면을 두드려볼 수 있다면 그 소리로 힌트를 얻을 수 있다. 손가락이나 손바닥으로 눌러보면 물체의 탄력성과 강성에 대해(혹은 그것을 제대로 알려면 양손이 필요하긴 하지만, 물체가 아래로 축 늘어지는 방식에 대해) 많은 것을 알 수 있다. 우리가 느끼는 부분은 그 물체의 가장 특징적인 부분을 포함할 수도 있고 포함하지 않을 수도 있다. 우리가 감지하지 못한 부분은 알 수가 없다.

한 가지 힘이든 여러 힘이 합쳐진 것이든, 그리고 그것이 아무리 단순하든 복잡하든 간에, 힘이 어떤 물체에 가해질 때에는 두 가지 방식 중 하나로 일어난다. 첫 번째는 손가락으로 단추를 셔츠 구멍으로 집어넣거나 펼친 손으로 눈에 빠진 자동차 뒤쪽을 밀 때처럼 직접적인 접촉을 통해 일어난다. 두 번째는 공중으로 훌쩍 점프를 한 우리를 중력이 다시 땅으로 끌어내리거나 테이블에 놓여 있던 핀을 자석이 펄쩍 뛰어오르게 하는 것처럼 원격 작용을 통해 일어난다. 접촉력은 분명히 느낄 수 있는 힘이다. 중력과 자기력은 아무것도 없는 공간을 통해 한 물체에서 다른 물체로 전달되기 때문에 '불가사의한 속성'을 지녔다고 일컬어져왔다. 이 둘 사이 어딘가에 속한 것처럼 보이는 종류의 힘이 있다. 이 힘은 접촉에 영향을 받고 또 우리를 미는 것처럼 느껴지지만, 미는 주체는 쉽사리 보이지 않는다. 그것은 바로 공기 자체의 힘으로, 바람의 압력을 통해 그 존재를 드러낸다.

우리는 고속도로를 달리는 차 밖으로 손을 내밀 때 바람의 힘을 느낄 수 있다. 차가 빠른 속도로 달리면 공기가 팔 끝의 활짝 펼친 손을 차 뒤쪽으로 미는 힘을 느낄 수 있는데, 그것은 외팔보 끝을 땅 쪽으로 내리누르는 바위와 비슷한 방식으로 작용한다. 하지만 벽에 고정된 외팔보를 내리누르는 하중인 바위와 달리 우리의 손은 공기 속에서 움직인다. 공기는 손을 펄럭이게 한다. 손바닥을 아래로 향함으로써 손 모양을 돛이 아닌 칼날처럼 만들어 더 안정된 자세를 만들 수 있다. 만약 손가락들을 바람으로 향한 채 손을 배와 나란히 달리는 돌고래처럼 위아래로 굽이치게 내버려두면, 보이지 않지만 감지할 수 있는 바람의 바다에서 손이 올라갔다 내려갔다 반복하는 걸 느낄 수 있다. 강한 폭풍 속에서 우산이 갑자기 뒤집히는 것처럼 손이 한 배열 형태에서 다른 배열 형태로 바뀌는 현상을 공학자들은 불안정성이라고 부른다. 어떤 구조가 바람직한 배열 형태에서 덜 바람직한 배열 형태로 자연 발생적으로 변하는 것은 불안정성이 겉으로 드러나는 것이다. 불안정성은 일반적으로 공학자가 피하고 싶어하는 현상인데, 사전 예고도 없이 나타나 구조를 기능 상실이나 손상 또는 파괴 상태로 만들 수 있기 때문이다. 물론 언제나 예외는 있다. 바이메탈 점프 원반은 의도적으로 그런 배열 형태로 만들어 휘어지고 불안정하게 함으로써 작동한다.

테이 철도교 붕괴 사고가 증언하듯이, 19세기 중엽까지만 해도 바람의 힘이 얼마나 강한가 하는 문제는 혼란과 논란과 완전한 무지의 영역에 있었다. 테이 철도교를 설계한 공학자 토머스 바우치는 몇 년 앞서 노스브리티시철도를 위해 두 번째 다리를 설계하던 장소인 포스강 하구에 부는 바람의 힘에 대해 권위 있는 조언을 구했다. 왕실 천문관이던 조지 에어리George Airy는 그 지역에 부는 평균적인 바람의 압력은 평방피트당 약 10파운드에 불과하지만, 돌풍은 국지적으로 평방피트당 약 40파운드에 이를 수 있다고 조언했다. 바우치는 더 북쪽에 위치한 테이강 지역에 부는 바람의 영향을 계산할 때 낮은 수치를 사용한 게 분명한데, 결국 그것은 그곳에 실제로 부는 바람의 압력을 크게 과소평가한 것으로 드러났다. 앞서 보았듯이 테이 철도교가 붕괴한 뒤 원점에서 새로운 포스교를 설계하는 임무는 벤저민 베이커에게 돌아갔는데, 기차를 타는 일반 대중(그리고 철도 회사)이 바우치의 공학 능력과 판단에 신뢰를 잃었기 때문이다. 베이커는 바람의 힘을 최대한 고려하여 새 다리를 설계했다. 바람의 압력에 대해 베이커는 전문가의 의견에 의존하는 대신, 다리 건설 장소 부근에 평평한 표면을 설치하고는 그 위로 지나가는 바람의 실제 압력을 측정하는 장비를 개발했다. 이 장비는 움직이는 차량에서 차창 밖으로 내민 손과 유사했다. 힘은 평평한 표면을 떠받치는 용수철이 얼마나 많이 압축되는지를 측정해 계량화했다. 라이트 형제는 바람이 정지한 물체를 향해 불든, 정지한 공기 속에서 물체가 바람과 같은 속도로 움직이든, 바람의 효과는 동일하다는 사실을 간파했다. 그리고 이 지식을 바탕으로 자신들의 자전거 가게에서 조야한 풍동風洞을 만들어 바람과 자신들의 비행 기계(그것이 실제로 하늘을 날기도 전에)를 이루는 각 부분의 형태 사이에 어떤 상호 작용이 일어나는지 연구했다.

포스교는 어떤 바람의 거인에도 맞설 수 있는 것처럼 보이기 위해, 또 실제로 맞설 수 있기 위해 실패한 테이 철도교를 전혀 닮지 않은 모습으로 설계되었다. 불운한 운명을 맞이한 테이 철도교의 상부 구조는 완전히 수직으로 솟아 있었지만, 포스교의 상부 구조에는 위로 올라갈수록 안쪽으로 비스듬히 기울어진 측면 기둥들이 있었다. 폭풍에 몸을 꼿꼿이 세우고 정면으로 맞서서는 안 된다는 사실은 누구나 안다. 우리는 몸을 지탱하기 위해 본능적으로 다리를 넓게 벌린다. 이런 자세를 초상화법에서는 홀바인 스트래들Holbein straddle이라고 부르는데, 헨리 8세의 궁정화가였던 한스 홀바인Hans Holbein의 이름에서 딴 명칭이다. 홀바인은 헨리 8세와 여러 사람의 전신 초상화를 다리를 넓게 벌리고 선 자세로 그렸다. 포스교에 이런 자세를 가미함으로써 힘과 안정성을 시각적으로 전달할 수 있었다.

내가 바람과 조우한 사건 중에서 가장 기억에 남는 몇몇은 시카고에서 일어났는데, 특히 미시간호 기슭을 향해 직각 방향으로 뻗어 있는 거리들을 걸어갈 때 일어났다. 루프 지역에서는 이 거리들을 따라 늘어선 고층 건물들이 사실상 협곡을 이루어 그 사이로 바람이 맹렬한 힘으로 지나간다. 호수를 향해 걸어가던 나는 내 몸의 추진력을 가로막는 강풍 때문에 앞으로 나아가기가 어려웠다. 바람이 꾸준히 계속 불 때에는 바람이 나를 뒤쪽으로 미는 모멘트와 내 체중이 아래로 미는 힘의 모멘트의 균형을 맞추기 위해 몸을 앞으로 숙이고 상반신을 보도에 비스듬한 각도로 유지해야 했다. 꾸준히 불던 바람이 갑자기 약해지면 빠른 반사 운동이 필요했다. 교차로에서는 공중으로 날아오른 먼지와 신문지로 자신의 모습을 눈에 보이게 드러낸 바람이 등 뒤에서 휘감기면서 다리를 휘청거리게 했다. 나는 강풍에 맞서 스스로를 지탱해야 했는데, 옆 방향으로 부는 강풍에 대해서는 홀바인 스트래들 자세를 취함으로써 맞섰다. 그런 조건에서 걷다 보면, 아무것도 없는 공간에 돌연히 나타나는 것처럼 보이지만 실재하고 감지할 수 있는 힘에 대한 의심이 싹 사라진다.

포스교가 건설 중이던 1887년, 벤저민 베이커는 런던의 시티앤드길드 칼리지에서 토목공학과 기계공학 교수로 일하던 윌리엄 언윈William Unwin에게 편지를 썼다. 그곳에는 건축 현장에서 구할 수 있는 것보다 훨씬 성능 좋은 강도 시험 장비가 있었다. 베이커는 부러진 강철 막대 표본을 언윈에게 보내면서 그 물질의 성질이 붕괴 사고를 설명할 수 있을 만큼 충분히 변했는지 알아봐달라고 했다. 베이커는 편지에서 언윈이 건설 현장을 방문해 "바람이 심한 날에 그 압력이 얼마나 불규칙한지 확인해"주었으면 좋겠다고 덧붙였다. 베이커는 하루는 높이 110m의 탑 위에 올라간 노동자 전원이 "바람의 압력 때문에 케이지나 계단을 통해서 내려오는 것이 불가능해 그곳에 갇혔다. 그곳은 잠을 자기에 아주 기이한 장소였다"라고 썼다. 베이커는 또한 돌풍이 불 때 자신이 가지고 간 아네로이드 기압계가 대들보들 위에서 장소에 따라 서로 다른 기압을 표시했다는 사실도 언급했다.

포스교의 설계와 건설이 일어나던 것과 같은 시기에 귀스타브 에펠도 바람의 힘을 완전히 이해하려고 애쓰고 있었다. 그의 회사는 깊은 계곡 위로 철도를 놓는 철제 아치교 설계와 건설을 전문으로 해왔다. 에펠이 회고록에 쓴 것처럼 그 당시 공학자들은 "과학적 근거가 전혀 없는" 안전 계수들을 사용해야 했다. 높은 구조물에 미치는 바람의 힘을 고려하는 것은 특별히 골치 아픈 문제였는데, "표면적에 따라 압력은 증가하는가 감소하는가?"라든가 "비스듬한 평면에 미치는 압력은 얼마인가?"처럼 해결되지 않은 질문들이 많았기 때문이다. 이런 질문들에 대한 답을 알아냈다 하더라도, 공학자들은 그 질문들을 낳은 조건을 설명해야 한다는 사실을 명심해야 했다. 에펠의 우려가 현실적인 문제로 떠오른 지 약 100년이 지난 1978년, 59층짜리 시티코프 센터의 특이한 지지 구조에 대해 한 학생이 던진 질문이 그 수석 공학자인 윌리엄 르메쉬리어의 마음을 뒤흔들었다. 비스듬하게 부는 바람이 건물을 넘어뜨리지는 않을까? 큰 폭풍이 맨해튼을 덮치기 전에 개선

조처를 취하지 않았더라면 실제로 건물이 무너졌을 수도 있었다.

에펠은 파리에 세운 자신의 탑이 모든 방향에서 불어오는 바람을 견딜 방법을 놓고 씨름했다. 완공되기 2년 전에 에펠은 한 기자에게 "우리의 계산에서 탄생한, 거대한 기반에서 솟아올라 꼭대기로 가면서 점점 좁아지는 네 기둥의 곡선은 아주 인상적인 강도와 아름다움을 제공할 것이기" 때문에 에펠탑은 아무 문제가 없을 것이라고 설명했다. 실제로 에펠탑의 우아한 옆모습은 바람의 힘(그 모멘트)이 그 구조물을 넘어뜨리는 효과가 그 기반에서 가장 강하다는 것을 보여주는 수학적 곡선과 일치하며, 그래서 그 기반이 가장 넓은 면적을 차지하고 있다.

바람은 특히 현수교에서 치명적인 골칫거리였다. 19세기 전반에 현수교 도로는 자주 폭풍에 손상을 입거나 파괴되었다. 실패 원인을 연구한 존 로블링은 1840년경에 아주 맹렬한 바람도 견딜 수 있는 현수교를 탄생시킨 설계 원리를 고안했다. 하지만 그다음 100년 동안 다리 설계자들은 계속해서 로블링의 지침을 무시했는데, 그것이 너무 보수적일 뿐만 아니라 가볍고 얇고 좁은 도로를 고려해야 하는 현대 미학적 관점에 맞지 않는다고 생각했기 때문이다. 1930년대에 이러한 다리들의 상판은 바람에 놀랍도록 크게 움직이기 시작했고, 결국 1940년에 바람이 길고 가볍고 유연한 상판을 비틀어 떨어져 나가게 하면서 워싱턴주의 타코마내로스교가 붕괴하는 사고가 일어났다.

1930년대에 건설된 현수교 중에서 유명한 것으로는 골든게이트교가 있다. 이 현수교는 가벼움과 날씬함을 추구하던 당시의 지배적인 원리에 따라 설계되어 도로가 상당히 유연하게 건설되었는데, 지금 와

길이가 150m인 골든게이트교 상판 트러스의 축소 모형은 원래의 개방형 형태(왼쪽)와 개선된 폐쇄형 형태(오른쪽)의 차이를 보여준다. 골든게이트교 고속도로운송지구 소장품. 엘리자베스 데어Elisabeth Deir 촬영.

서 생각하면 현명하지 못한 결정이었다. 1951년, 상판의 움직임이 너무 커져 전체 구조에 손상을 입힐 정도가 되었다. 2년이 지나기 전에 강철을 추가로 투입함에 따라 상판 아래의 트러스가 뻣뻣해졌다. 오늘날 이 다리의 샌프란시스코 진입로 옆에는 직접 만질 수 있는 야외 전시물이 설치돼 있는데, 그중에는 원래의 트러스와 개선된 트러스를 보여주는 것도 있다. 또한 방문객이 직접 비틀면서 그것들이 각각 다르게 행동하는 것을 직접 느낄 수 있도록 만든 축소 모형도 갖추어져 있다. 또 다른 전시물은 방문객이 판을 밀면서 다양한 속도로 부는 바람을 견뎌내려면 얼마나 많은 힘이 필요한지 느끼게 해준다. 특히 이 전시물은 바람의 힘이 단순히 속도에 비례하는 것이 아니라 속도의 제곱에 비례한다는 것을 알게 해준다. 이렇게 강성과 힘을 직접 접촉하는 경험은 공학도가 강의나 교과서에서 마주치는 단어와 방정식에서는 결코 느끼거나 배울 수 없는 것이다. 이 모형들의 조작을 통해 힘이 구조에 어떤 일을 할 수 있는지뿐만 아니라, 구조가 그 힘에 어떻게 저항하는지와 그 저항이 어떻게 변할 수 있는지까지 느낄 수 있다.

워싱턴 기념비 꼭대기는 시속 40km의 바람에 최대 0.32cm 흔들릴 수 있다. 더 크고 더 가볍고 덜 강한 구조는 당연히 이보다 더 많이 흔들릴 수 있다. 1999년, 연철로 제작된 에펠탑은 폭풍이 불 때 약 10cm나 흔들렸다. 움직임이 사용객의 안전이나 구조 자체의 안녕에 영향을 줄 만큼 과다하다면 그것을 줄일 조처를 취해야 한다. 한 가지 방법은 동조 질량 감쇠기tuned-mass damper를 사용하는 것인데, 예컨대 고층 건물 윗부분에 큰 질량을 올려놓고 건물의 움직임을 상쇄하는 방향으로 움직이게 한다. 그 원리는 우리가 어린 시절에 체중을 이용해 그네의 움직임을 늦추거나 멈춘 방법과 비슷하다. 동조 질량 감쇠기는 1970년대에 도입되었는데, 가장 유명한 것으로는 뉴욕의 시티코프센터가 있다. 그 후 동조 질량 감쇠기는 여러 가지 형태로 등장했다. 한때 세상에서 가장 높은 건물이었던 말레이시아의 페트로나스 타워는 건물 첨탑 내부에 무거운 체인이 자유롭게 매달려 있는데, 첨탑이 움직이면 체인도 움직이면서 전체적인 움직임을 감소시킨다. 대만의 타이페이 101은 꼭대기 부근의 5층짜리 아트리움 내부에 연노란색으로 칠한 700톤짜리 강철 공이 건축학적 특징을 이루며 매달려 있다. 바람이나 지진으로 건물이 움직이면 이 거대한 진자도 함께 움직이면서 전체 구조의 진폭을 감소시킨다(2005년에 시속 160km가 넘는 태풍이 왔을 때, 이 강철 공은 건물에 대해 90cm 이상 움직였다). 당연히 이러한 장비들에는 거대한 힘이 관여하지만, 그것은 건물 거주자들을 안전지대에 머물게 하기 위해 비상시에 작용하는 예비적인 힘이다.

제안된 다리나 초고층 건물 설계에 바람이 어떤 영향을 미칠 수 있는지 더 자세히 이해하기 위해 공학자는 그 구조의 물리적 모형을 만들어 풍동 속에 집어넣는다. 풍동 속에서는 도시의 거리를 지나가는 것보다 훨씬 제어된 방식으로 공기를 흘러가게 할 수 있다. 공학자가 풍동 시험에서 살펴보는 특정 행동 중에는 다리나 초고층 건물이 다양한 풍속에서 안정성을 얼마나 유지하느냐도 있다. 만약 더 전통적인 설계에서는 이상이 없는 풍속에서 모형이 격렬하게 진동하거나 흔들린다면, 설계를 수정하거나 폐기해야 한다. 가끔은 다리 상판이나 초고층 건물의 대안 설계를 단순히 동일한 조건에서 비교하기도 한다. 업계 전체를 충격에 빠뜨린 타코마내로스교 붕괴의 여파로 그러한 실패가 반복되는 것을 막기 위해 설계 모형이 충분히 안정한지 판단할 목적으로 풍동 실험을 하게 되었다. 오늘날 거의 모든 주요 현수교의 상판 설계는 공사가 시작되기 전에 풍동 실험을 거친다.

부르즈 할리파가 세상에서 가장 높은 건물로 설계되고 있을 때, 그 근방에는 이 건물이 바람을 통해 상호 작용할 수 있는 것이 거의 없었다. 하지만 이 건물은 세상에서 두 번째 높은 건물(당시에는 대만의 타이페이 101)보다 약 60%나 더 높게 건설될 예정이었기 때문에, 공학자들은 더 작은 구조에서는 무시할 만한 미지의 현상이 새로운 높이에서는 놀라운 방식으로 나타날 수 있다는 사실을 잘 알고 있었다. 그래서 예상치 못한 특이한 행동을 찾기 위해 그 건물(그때에는 부르즈 두바이라고 불렀다)의 축소 모형을 가지고 실험을 했다. 그런 실험의 결과로 바람이 모여 건물을 조직적으로 공격하지 못하도록 나선 모양의 벽면선 후퇴

(고층 건물의 벽면을 아래에서 위로 순차로 후퇴시키는 건축법)가 제안되었다. 바람을 다소 혼란스러운 패턴으로 흩뜨림으로써 건물은 보이지 않는 혼돈 속에서 좀 더 안정적인 상태로 머물 수 있었다.

만약 바람이 어떤 구조의 행동에 영향을 미친다면, 그 구조도 주위에 부는 바람의 행동에 영향을 미칠 수 있다. 풍동에서 초고층 건물 모형을 시험할 때 주변의 도시 경관도 아주 자세하게 복제할 때가 많은데, 이는 바람과 구조 사이에, 그리고 구조들 자체 사이에 일어나는 상호 작용의 복잡성을 제대로 표현하기 위해서이다. 기존의 타워 옆에 초고층 건물을 짓다가 완공 무렵에 가서야 두 건물 사이의 공간이 시카고의 일부 거리보다 훨씬 강한 바람이 부는 통로가 된다는 사실을 알아채는 불상사를 맞이하고 싶은 공학자는 아무도 없을 것이다.

아치 건축의 문제점

17장

도움의 손길

어릴 때 나는 블록을 갖고 놀기를 좋아했는데, 거기에는 두 가지 목표가 있었다. 하나는 블록을 쌓아 높은 탑을 만드는 것이었고, 또 하나는 탑이 무너지기 직전까지 블록을 계속 쌓는 것이었다. 성공은 아래쪽 블록들을 얼마나 가지런하게 놓는지, 블록을 하나 더 얹을 때마다 내 손이 얼마나 침착하고 확실하게 임무를 수행하는지에 달려 있었다. 결정적인 역할을 한 건 점점 높아지는 탑 어디에 블록을 놓는지가 아니라, 바로 내 손이 발휘하는 힘이었다. 평평한 바닥에 블록 하나를 놓는 건 식은 죽 먹기나 다름없는데, 블록을 정확히 어디에 놓을 것인지가 전혀 중요하지 않기 때문이다. 첫 번째 블록 위에 두 번째 블록을 올려놓는 것 역시 쉽다. 안정적인 2층 탑을 쌓기 위해 두 블록을 완벽하게 가지런히 놓을 필요는 없다. 하지만 경험 많은 아이들은 두 블록을 가지런하게 놓을수록 더 높은 탑을 세울 가능성이 높아진다는 사실을 안다.

완벽한 정육면체인 나무 블록 세트를 가지고 노는 것은 지루하게 느껴지리만큼 판에 박힌 일일 수 있다. 블록을 갖고 놀 나이가 지나자, 나는 새롭고 더 복잡한 문제로 옮겨 가 내 운동 기술과 손과 눈의 협응 능력뿐만 아니라 내 마음까지 시험대에 올려놓는 새로운 경험을 찾고자 했다. 이런 목적을 달성하는 한 가지 방법은 크기도 모양도 무게도 균일하지 않은 블록을 사용하는 것이었다. 하지만 내게는 그런 블록 세트가 없었기 때문에 즉흥적으로 만들어서 썼다. 어머니가 슈퍼마켓에서 일주일 치 장을 보고 돌아오는 토요일 오전은 바로 그런 새로운 블록 세트가 도착하는 날이었다. 장바구니에는 콩 상자와 시리얼 상자, 수프에서 견과에 이르기까지 온갖 캔으로 위장한 장난감이 잔뜩 들어 있었다. 나는 다양한 크기와 무게의 캔에서 새로운 블록 세트와 거기에 포함되어 있는 도전 과제(정육면체 나무 블록으로는 이르지 못한 높이까지 탑을 쌓는)를 발견했다.

깡통 탑의 기초로는 당연히 무거운 토마토 주스 캔이 선택됐다. 그 위로는 지름이 점점 작아지는 순대로 복숭아 캔, 아스파라거스 캔, 토마토 페이스트 캔을 쌓고, 맨 위에는 작은 타바스코 소스 병을 올려놓았다. 이렇게 탑을 쌓는 건 머리를 굴릴 필요도 없이 손쉬운 일이었다. 한 캔의 바닥은 다른 캔 윗면에 잘 들어맞았고, 캔은 폭보다 높이가 더 길어서 캔으로 쌓은 탑은 곧 나무 블록으로 쌓은 탑보다 훨씬 높아졌다. 캔의 종류는 매주 바뀌었지만, 작은 캔 위에 더 큰 캔을 올려놓는 방식으로 논리적 순서의 제약에서 벗어나는 실험을 시작한 병아리 공학자에게 그것만으로는 그다지 대단한 도전 과제가 아니었다. 나는 평소에는 무시했던 직육면체 모양의 정어리 캔과 비스킷 캔까지 사용하면서 또 다른 변화를 줄 수 있었다. 몇몇 탑은 벽면선 후퇴가 적용된 엠파이어스테이트빌딩 같은 초고층 건물이 아니라, 한때 휘트니미술관이 있던 곳처럼 높은 층이 낮은 층 위에서 돌출되어 있는 건물을 연상케 했다. 이렇듯 정통적인 것을 벗어난 형태로 탐구 영역을 확장하면서 어린이는 힘과 균형 감각을 기를 수 있을 뿐만 아니라 구조와 건축에 대한 이해를 넓힐 수 있다.

내가 어릴 때 사랑한 또 하나의 건축 놀이는 간격 사이를 연결하는 것이었다. 일반적인 블록 세트에는 쐐기 모양이 포함돼 있지 않아 로마식 반원형 아치나 고딕식 아치는 생각도 할 수 없었다. 하지만 납작한 블록과 사각형 블록을 사용해 내쌓기 아치corbel arch*는 만들 수 있었다. 내쌓기 아치 각 층은 아래층보다 조금씩 튀어나와 반대쪽에서 올라온 부분과 점점 가까워지다가, 결국에는 만나게 된다. 무거운 암석 블록을 사용하는 내쌓기 기술은 적어도 5000년 전부터 알려져 있었다. 고대의 연도분羨道墳**과 피라미드의 묘실 천장이 내쌓기 방식으로 만들어졌다.

내쌓기 아치를 만드는 어린이가 직면하는 과제는 먼저 각각의 블록을 아래에 있는 블록보다 충분히 튀어나오면서도 너무 많이 튀어나오지 않게 차례로 쌓는 동시에, 안정성을 잃지 않으면서도 원하는 높이까지 쌓는 것이다. 올려놓는 블록의 무게가 탑을 불안정하게 흔드는 것이 느껴지면 놓을 위치를 재조정한 뒤 다음 블록을 올려놓는 작업으로 나아간다. 수학자들은 똑같은 모양의 납작한 블록을 내쌓기 방식으로 쌓을 경우 탑이 무너지기 전까지 쌓을 수 있는 최대 블록 수를 구하는 것과 같은 문제를 매우 좋아한다. 한 수학적 모형에 따르면, 길이 2.5cm의 이상적인 블록 64개를 사용하면 60cm 높이까지 쌓을 수 있다고 한다. 물론 수학자가 내놓는 답은 이론적으로는 완벽해도 현실에서는 실현되지 않을 수도 있다. 어린이든 어른이든 자신이 올려놓는

* 좌우 벽에서 내밀어 쌓아 올려 만든 초기 형식의 아치.

** 커다란 돌로 좁은 통로를 만들고 그 위를 대량의 흙 또는 돌로 덮어서 만든 석실분.

이 블록이 마지막 블록이 될지도 모른다는 불안감에 손을 떨기 때문이다.

내쌓기 아치는 우리가 익히 알고 있는 순수한 아치로 발전해나갔다. 그러나 외팔보 형태의 블록을 조금씩 깎아내는 방식을 통해서가 아니라, 건축 과정의 부산물로서 우아한 곡선을 얻기 위해 쐐기 모양의 블록을 사용함으로써 그렇게 되었다. 창문과 문을 내기 위한 사각형 구멍은 수직면 사이의 간격에 상인방을 가로질러 낼 수 있는 반면, 아치를 세우는 것은 단순히 돌 위에 돌을 쌓아서 해결할 수 있는 문제가 아니었다. 돌의 선이 수평으로 뻗어나가야 했기 때문이다.

약 4000년 넘게 원, 반곡선, 뾰족한 모양의 아치가 발달했다. 일련의 아치돌*로 이루어진 원형 아치나 반원형 아치는 맨 위에 있는 마지막 아치돌(쐐기돌)을 끼워넣기 전까지는 스스로를 지탱할 수 없다. 따라서 아치가 완성되기 전까지는 공가拱架 또는 가설 받침대라고도 하는 목제 비계가 자리 잡고 있어야 한다. 아치의 오목한 아랫면은 자연히 비계의 볼록한 윗면과 일치하며, 이 비계 위에 아치돌을 쌓아가면서 아치를 완성한다. 쐐기돌을 끼우고 나서 아치돌들 밑을 받치고 있던 비계를 떼어내면 아치대(아치 양 끝을 지지하는 부분) 사이를 잇는 아치가 완성된 모습으로 남는다. 이 과정을 염두에 두고 아치를 바라보면, 우리는 각각의 돌을 가지고 씨름하는 인부의 자리에 우리 자신을 놓고 거기 개입하는 힘들을 느낄 수 있다.

모든 아치에 눈에 띄는 쐐기돌이 있는 것은 아니다. 오래된 석제 아치교들은 대체로 아치돌의 크기와 모양이 흡사하다. 아주 오랜 옛날

* 아치를 만들기 위한 쐐기 형태의 돌.

부터 건축에서는 위층의 하중을 벽감, 창문, 출입구 주변으로 분산하기 위해 벽에 난 구멍과 빈 곳 위에 벽돌 아치를 자주 사용했다. 시간이 지나면서 아치는 기하학적 필연성에 따라 전체 길이 중 딱 중간 부분에 가장 높은 지점이 있는 반원형 아치로부터 점점 더 평평한 모양으로 진화해갔다. 이러한 아치는 19세기 말의 건물들에서 위층에 지지력을 제공할 목적으로 철제나 강철제 아이 빔(단면이 'I' 자 모양인 들보) 들 사이의 공간을 잇기 위해 사용되기 시작했다. 아치 높이*가 전혀 없는 극단적인 사례는 물론 평아치인데, 평아치에서는 아치돌의 주된 쐐기 작용이 아래쪽과 바깥쪽이 아니라 순전히 바깥쪽으로만 작용한다.

오늘날에는 출입구와 창문 위에 벽돌들이 세로로 죽 늘어선 모습을 흔히 볼 수 있다. 여기서는 쐐기나 아치의 작용이 뚜렷하게 드러나지 않으며, 그것을 암시하는 낌새조차 느낄 수 없다. 이러한 가짜 상인방 lintel은 실제로는 거의 눈에 띄지 않는 강철판 위에 자리 잡고 있다. 창문 간격을 연결하기 위해 오랫동안 사용해온 더 전통적인 방법은 기둥과 상인방이다.

창문 구멍 양 옆면 경계를 정의하는 수직 기둥 위에 상인방이 수평 방향으로 놓인다. 고대 그리스 건축에 뿌리를 둔 이 형태는 길이가 창문 구멍 폭과 정확하게 일치하여 다른 지지대 없이 빈 공간 위에 자리 잡고 있는 것처럼 보이는 인조석 상인방으로 발달해갔다. 이 인조석 상인방은 아주 작은 자극에도 마치 실린더 속으로 들어가는 피스톤처럼 아래로 미끄러질 듯이 올려져 있다. 이런 배열에 관여하는 힘들은 느끼는 것은 말할 것도 없고 가늠하기조차 어려운데, 아치나 상인방의

* 아치 구조에서 밑변의 중심에서부터 호의 정점까지의 거리.

상인방은 건축물에서 출입구나 창문 위에 수평으로 가로질러 놓여 위로부터의 하중을 지탱하는 수평재를 말한다.

기능이 창문 구멍에 가해지는 하중을 주변의 단단한 벽으로 분산하기 위한 것이라면 특히 그렇다. 그 구조의 역사적 뿌리에 대한 인식이 없는 상태에서 건축학적 세부 사항이 미학적으로 진화하다 보면 어색해 보이는 건축물이 탄생한다. 비전문가가 가짜 상인방을 보면 정확히 무엇이 잘못됐는지 지적하기가 어려울 수 있지만, 뭔가 잘못됐다는 느낌은 받을 수 있다.

현대 석조물도 눈을 속일 수 있다. 시아 앨빈Thea Alvin은 납작한 돌을 다른 돌 위에 혹은 옆에 놓음으로써 놀라운 조각품을 만든다. 돌들을 원형으로 배열한 작품은 특히 눈길을 끈다. 각각의 돌은 작진 않지만 아주 얇고 납작해서 아치돌이라는 느낌을 전혀 주지 않는다. 게다가 지름 1.8m의 원형으로 배열된 돌들은 그 수가 너무 많아 어느 것이 쐐기돌인지 알아보기는커녕 정확한 수를 헤아리기조차 어렵다. 앨빈의 작품이 지닌 매력과 흥미로움은 고대 공예를 옛 방식으로 새롭게 반전시킨 데 있다. 앨빈이 주로 사용하는 도구는 망치인데, 수십 개의 망치 모두에 저마다 다른 이름이 붙어 있다. 그녀가 가장 좋아하는 것 중 하나는 7파운드짜리 망치로, 밤밤이라는 이름이 붙어 있다. 12파운드짜리 나무망치의 이름은 컨빈서다. 이름이 무엇이든 간에 망치는 돌 가장자리를 떼어내 앨빈이 좋아하는 형태로 빚어낼 뿐만 아니라, 돌들이 일단 제자리에 확고하게 자리를 잡아 스스로를 지탱하게 됐을 때 목재 비계를 제거하는 힘도 제공한다.

고전적인 아치를 세우는 과제는 이른바 과학박물관*이라 불리는 장소들에서 장려되며, 사람들이 직접 체험해볼 수 있는 활동으로 인기가 높다. 박물관의 명칭이야 무엇이든 간에 아치를 세우는 활동은 과학이나 공학과는 별 관련이 없다. 그것이 많은 부분 관련된 것은 기술이다. 이 활동에 필요한 소품은 작은 나무 쐐기들이 될 수 있는데, 어린이는 그것들을 수평 탁자 위에 쌓아 아치를 만들 수 있다. 탁자 윗부분은 경첩이 달려 있어 조심스럽게 들어올림으로써 아치의 위치를 수직 평면으로 바꿀 수 있다. 혹은 오토만**만큼 큰 쐐기를 사용해 여러 어린이가 함께 힘을 합쳐 큰 아치를 만들 수도 있다. 비교적 가볍고, 약간의 압축 가능한 재료로 된, 비닐로 싸인 색색깔의 블록으로 이루어진 아

* [원주] 대다수 과학박물관은 실제로는 과학, 공학, 기술 박물관 및 연구소지만, 너무 길고 노골적인 이 명칭은 사람들이 모든 것을 포괄한다고 잘못 알고 있는 단어인 박물관으로 축약되는 경우가 많다. 워싱턴에 있는 국립건축박물관은 예외에 속한다. 시카고과학산업박물관은 아주 적절한 이름으로 절충안을 택했다.

** 위에 부드러운 천을 덧댄 기다란 상자 같은 가구로, 상자 안에는 물건을 보관하고 윗부분은 의자로 쓴다.

치돌을 들어올리고 제자리에 놓음으로써 어린이들은 힘을 촉각으로 느끼는 경험을 한다. 주어진 과제는 아주 간단하다. 지정된 구역에 흩어져 있는 블록 24개를 가지고 아치를 세우는 것이다. 블록에는 숫자가 적혀 있는 경우가 많은데, 블록을 쌓는 순서를 나타낸다. 출발점은 바닥 위에 표시돼 있거나 고정된 아치대로 준비돼 있다. 나무나 판재, 목재는 전혀 없으므로 과제 수행에 큰 도움을 될 비계는 설치할 수가 없다.

참여자들은 목표 달성이 생각만큼 쉽지 않다는 사실을 곧 깨닫는다. 아치를 세울수록 양 옆면이 서로를 향해 기울어지는데, 참여자들은 그것이 무너지지 않게 해야 한다. 과제를 수행할 방법은 협력뿐이다. 아치를 이루는 두 블록 기둥이 거의 만날 시점에 이르면 간극의 폭과 정렬을 정확하게 조정한 다음에야 쐐기돌을 제자리에 놓을 수 있다. 이 모든 과정에서 전체 구조물이 붕괴해 와르르 무너져 내린 블록들이 바닥 위를 뒹굴다가 사방에 너저분하게 흩어지는 일이 언제라도 일어날 수 있다. 이런 재난을 경험한 팀은 같은 과제에 재도전하는데, 이번에는 먼젓번 실패에서 얻은 교훈을 마음속 깊이 새기고서 도전에 나선다. 이들은 이제 각각의 블록을 제대로 쌓는 것이 얼마나 중요한지 알며, 과제를 수행하는 데 꼭 필요한 공동의 주의를 기울이면서 쐐기돌을 끼워넣는 최종 단계를 향해 함께 나아간다. 이것이 성공하면 팀원들은 뒤로 물러나 자신들이 이룬 성과에 감탄할 수 있다. 상징적인 승리감에 도취된 그들이나 기대 섞인 열정에 사로잡힌 다음 팀이 그것을 허물고 다시 도전할 때까지.

아이들은 재미있는 협력 게임을 함으로써 아치와 돔(아치에 대응하는 3차원 구조물)에 내재하는 힘들을 느끼는 법을 배울 수 있다. 구조와 공학적 설계에 관한 텔레비전 시리즈 〈빌딩 빅Building Big〉의 교육용 안내서에서는 60cm쯤 간격을 두고 마주 선 두 아이가 서로 손바닥을 맞대고 몸을 앞으로 기울여 아치를 만드는 '인간 아치' 활동을 소개한다. 이 자세로 두 아이가 발을 점점 뒤로 옮기면서 최대한 멀어지면 여기에 작용하는 힘을 잘 느낄 수 있다. 도중에 발이 미끄러지기라도 하면 위험할 수 있지만, 다른 아이들이 몸을 숙인 두 아이 뒤쪽 바닥에 앉아 바깥쪽으로 밀려나오는 움직임을 제약하는 아치대나 버팀벽 역할을 할 수 있다. 한편 돔은 아치를 수직축을 중심으로 회전시킨 것으로 생각할 수 있기 때문에, 인간 아치 모형을 변형시켜 '인간 돔'을 만들 수 있다. 아이들 몇 명이 안쪽을 바라보고 빙 둘러선 채 축구공 같은 것을 누른다. 이때 서로 협력해서 공을 누르는 힘의 균형을 잘 맞추어야 한다. 모두가 공을 적절한 힘으로 누른다면, 그들은 일시에 뒤로 약간 물러나면서 팔을 들어올려 공을 머리 위로 들어올릴 수 있다. 그 결과가 돔이다. 손으로 중심의 공을 누르고 있는 아이들은 실제 돔의 정점에 작용하는 압축력을 경험한다.

세상에서 가장 웅장하고 가장 경외감을 불러일으키는 실내 공간 중 일부는 윗부분이 구조적 역작으로 장식되어 있다. 웅장한 돔 아래에서 있으면 겸허함과 들뜸을 동시에 느끼게 된다. 우리처럼 작은 인간이 이토록 높은 건축물을 만들 수 있다는 사실은 실로 경이롭기 짝이 없다. 오늘날 미국에서 돔이라는 단어는 흔히 휴스턴의 아스트로돔이나 뉴올리언스의 슈퍼돔처럼 폐쇄형 스포츠 경기장을 연상케 한다. 하지만 역사적으로 돔은 레크리에이션 장소가 아니라 교회, 성당, 바실리카 같은 신성한 장소와 국회 의사당, 주 의사당 같은 중요한 정부 기관 건축물과 관련이 있었다. 하지만 돔은 그 아래 공간이 어떤 곳이든 간에 늘 건축학적 광대함과 경이로운 공학 기술로 눈과 마음을 위로 끌어당긴다.

돔은 기반에서 바깥쪽으로 뻗어나가려 하지만 그 작용은 아치에서보다 더 복잡한데, 구조적 작용이 2차원이 아닌 3차원에서 펼쳐지기 때문이다. 돔은 막대한 무게 때문에 납작해지려는 경향이 있다. 다시 말해서, 돔 아래에서 거대한 구조가 받쳐주지 않는다면 돔 가장자리가 바깥쪽으로 밀려나고 말 것이다. 만약 저항력이 충분히 크지 않다면 돔에 균열이 생기기 쉬운데, (가장자리가 바깥쪽으로 밀려나면서) 지름이 커짐에 따라 필연적으로 원주도 늘어나야 하기 때문이다. 이는 돔의 벽돌이나 암석 또는 콘크리트 구조가 바깥쪽으로 잡아 늘여진다는 뜻인데, 잡아당기는 힘이 재료가 견딜 수 있는 한계를 넘어서면 과도한 응력을 줄이기 위해 균열이 생긴다. 유명한 돔 중에도 이러한 균열 때문에 골치를 앓은 곳이 많다.

커피 여과지나 머핀을 구울 때 사용하는 유산지를 생각해보면 여기에 관련된 힘과 형태 변화를 이해할 수 있다. 낯익은 이 주방용품들은 원형의 평평한 종이에서 시작한다. 평평한 바닥 모양은 종이의 동그란 테두리 부분을 접어올리고 주름을 잡음으로써 얻는데, 주름은 종이에 충분한 강성을 제공해 그 모양을 유지하게 해준다. 이렇게 주름진 컵을 거꾸로 뒤집어서 탁자 위에 놓고 평평한 중앙 부분을 손바닥으로 살짝 누르면 주름이 열리면서 가장자리가 퍼져나간다(압력을 제거하면 주름이 이전 위치로 돌아가고 가장자리가 수축하는데, 이는 일상적인 물체도 구조적 용수철로 생각할 수 있음을 보여준다). 물론 실제 돔은 평평하지도, 주름이 잡혀 있지도 않다. 하지만 돔 자체 무게의 힘으로 압축되면 여과지와 비슷한 방식으로 원주가 늘어나면서 가장자리가 퍼져나가 돔 기반의 지름이 커진다. 벽돌과 콘크리트, 목재로 만든 구조는 일반적으로 커피 여과지와 같은 방식으로 주름이 펴지지 않지만, 돔이 충분히 무겁다면 돔을 지지하는 가장자리 주변이 크게 팽창할 수 있고, 그에 수반하는 원주 부분의 응력 때문에 균열이 나타날 수 있다.

조반니 파올로 파니니Giovanni Paolo Panini가 그린 〈판테온 내부Interior of the Pantheon〉(1732). 돔 한가운데 있는 오쿨루스를 볼 수 있다.

세상에서 가장 주목할 만한 돔들에서 놀라운 점은 가장 오래된 것들이 가장 큰 것들이기도 하다는 사실이다. 오늘날 로마에 서 있는 2세기의 판테온은 화재로 목제 지붕이 소실된 신전을 벽돌과 콘크리트로 교체한 것이다. 정점에 유명한 오쿨루스oculus*가 있는 판테온의 반구형 돔은 드럼drum(돔 하부 아랫면을 받치는 구조물)이라 부르는 원통형 구조 위에 자리 잡고 있는데, 드럼은 이 건물의 주요 수직 벽을 이룬다. 드럼 벽에는 관통부와 벽감이 많이 있지만, 6m나 되는 두께가 돔을 지지하면서 바깥쪽으로 작용하는 추력에 저항할 수 있는 강도를 충분히 제공한다.

폭이 약 43.2m인 판테온의 돔 아래 내부 공간의 순경간**은 이전에

* 라틴어로 '눈'이란 뜻으로, 판테온 꼭대기에 있는 원형 개구부를 가리킨다.

** 한 벽체 안쪽에서 반대쪽 벽체 안쪽까지의 거리.

유명한 돔

이름	도시	완공 시기	순경간(피트)	재료	특징
판테온	로마	128년	143	콘크리트	오쿨루스
아야 소피아	이스탄불	563년	105	벽돌	펜덴티브
피렌체 대성당	피렌체	1436년	140	벽돌	이중 팔각형
성 베드로 대성당	로마	1626년	137	돌	이중
세인트폴 대성당	런던	1710년	112	벽돌, 목재	이중+원뿔
미국 국회 의사당	워싱턴	1866년	96	주철	이중

지어진 어떤 구조의 순경간보다 상당히 크다. 이 돔을 정확하게 어떤 방법으로 건설했는지는 알려지지 않았지만, 젖은 콘크리트를 쏟아부을 공간의 형태를 유지하기 위해 일종의 비계를 사용한 것으로 보인다. 1.5m 두께의 돔은 격간格間* 부분에서만 약간 줄어드는데, 격간은 콘크리트에 직접 틀을 집어넣어 만들었을 수 있다. 이렇게 우묵하게 들어간 곳들은 재료와 무게를 줄이기 위한 것일 수도 있지만 장식 목적으로 의도한 것일 가능성이 높은데, 실제로 장식 기능을 아주 훌륭하게 수행한다. 지름 8.2m의 오쿨루스는 돔 내부를 환하게 하지만 돔 구조를 약화시키지 않는다. 오쿨루스 둘레는 개구부의 두 절반을 분리하기 위해 한 쌍의 반원형 수평 아치를 정면으로 마주 보는 자세로 배치한 것으로 생각할 수도 있다.

내부에서 보면 돔은 기하학적으로 구의 일부처럼 보이는데, 실제로도 그렇다. 밖에서 보면 일련의 동심원 계단처럼 보이는 아랫부분이

* 건축에서 천장 또는 볼트를 뒤덮는 정방형, 장방형, 팔각형 형태의 움푹 들어간 패널.

1790년 프란체스코 피라네시Francesco Piranesi의 판테온 동판화로, 돔 겉면에 도드라진 네모난 부분들은 위에서 내려다보면 흡사 원형 경기장을 둘러싼 계단처럼 보인다.

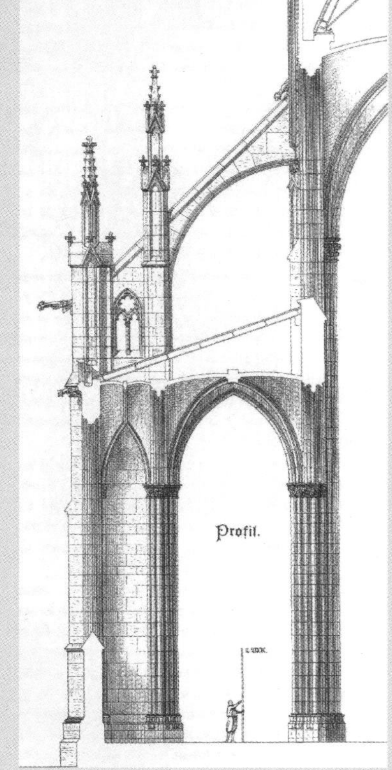

오스트리아 빈에 있는 신고딕 양식 건축물인 보티프 교회의 플라잉 버트레스 도면. 주로 고딕 양식 건축물에서 볼 수 있는 플라잉 버트레스는 건물 외벽이 무너지지 않도록 설치한 버팀벽을 말한다. 탑과 탑을 잇는 사선 모양의 연결 부위가 그것이다.

눈길을 끈다. 콘크리트로 이루어진 이 부분은 돔 구조의 대다수 나머지 부분과 마찬가지로 그것이 원래 설계의 일부였는지를 포함해 많은 추측의 대상이 되었다. 가장 그럴듯한 설명은 인장 응력이 가장 큰 지점인 아래쪽 둘레에 균열이 생기기 시작하자 추가되었다는 것이다. 아래쪽 둘레를 빙 두르며 추가된 콘크리트의 무게는 돔을 압축해 균열을 봉합하고 새로운 균열을 막았을 것이다. 이 구조가 약 2000년이나 지속되었다는 사실은 이 해결책이 지혜로웠음을 증언해준다.

비록 돔 및 드럼과는 구조적으로 독립돼 있지만, 기둥이 늘어서 있는 판테온의 정면 현관도 면밀한 연구 대상이 되었다. 아마 원래 설계에서는 페디먼트를 실제로 사용된 높이 11.7m, 지름 1.5m의 기둥 17개보다 더 높은 기둥들로 지지하려고 했을 것이다. 하지만 건물 입구 주변의 한정된 공간에서 더 높은 일체식 기둥을 세우는 건 명백히 불가능했기에 더 낮은 기둥들(각각 60톤이나 나가는)이 사용됐고, 그러면서 드럼 상단 아래에 있는 페디먼트의 정점이 낮아졌다. 이 때문에 현관은 전체 건물에 비해 땅딸막해 보인다. 기술적 고려는 고전 건축에 영향을 미쳤고, 그것은 여러 세기에 걸쳐 계속되었다. 그 예로는 고딕 양식 성당의 벽에 안정성을 주기 위해 도입한 플라잉 버트레스flying buttress에서부터 에펠탑 윤곽에 이르기까지 다양하다.

로마의 판테온과 마찬가지로 이스탄불의 아야 소피아hagia sophia도 이전 구조를 교체한 건축물이다. 로마 제국의 수도는 330년에 로마에서 콘스탄티노플로 옮겨졌고, 360년에 상크타 소피아Sancta Sophia(아야 소피아의 라틴어식 이름으로, '신성한 지혜'라는 뜻이다)는 동방 정교회 성당으로 봉헌되었다. 그것은 고전 라틴 바실리카*의 형태였고, 위쪽은 목재 지붕으로 덮여 있었다. 이 건물은 404년에 화재로 소실되고 나서 10년이

아야 소피아 내부, 532~537년경. 펜덴티브 돔은 비잔틴 건축에서 돔을 세우기 위해 돔 네 귀퉁이에 만들어지는 구형 삼각형 부분을 말한다. 돔 아래 맞붙어 있는 세 반구 사이로 삼각형 펜덴티브 부분을 관찰할 수 있다.

지나지 않아 재건됐다. 이번에도 목제 지붕 구조였다. 532년에 또 한 번 재난에 가까운 화재가 발생해 내화성을 강화한 구조로 재건됐는데, 이전 건물들보다 내화성이 훨씬 뛰어났다. 약 5년 만에 완공된 새 건물은 거대한 중앙 돔 때문에 웅장한 건축학적 성취로 평가받았다. 불행하게도 553년과 557년에 이 지역을 덮친 지진으로 원래 돔에 균열이 생겼다. 558년에 발생한 또 한 번의 지진은 돔을 아래에 있던 제단 위로 무너뜨리고 말았다. 또다시 재건하면서 더 가벼운 벽돌을 재료로 더 높은 돔이 세워졌으며, 562년에 바실리카로 재봉헌되었다. 오늘날 아야 소피아로 알려진 건물은 본질적으로 이때 세워진 것이다.

아야 소피아 윗부분은 펜덴티브 돔pendentive dome으로 이루어져 있다. 요컨대 이 돔은 전체 원주 주위에서 지지를 받는 것이 아니라 펜덴티브에 의해 지지를 받는데, 펜덴티브는 건물의 사각 평면과 돔의 원형 기초 사이에서 기하학적 전환을 제공한다. 이 바실리카의 또 한 가지 특징은 동쪽 끝과 서쪽 끝을 지지하는 반원형 돔인데, 이것은 내부 공간을 더 넓게 개방하는 효과가 있었다. 이 물리적 구조는 이후로도 계속 화재와 지진으로 손상을 입었을 뿐만 아니라 시간이 지나면서 자연스럽게 약해졌으며, 종종 성상 사용과 다른 신학적 문제를 놓고 여러 종파 간에 다툼이 벌어지는 전장이 되었다. 1453년, 술탄 메흐메트 2세Mehmed II가 기독교 도시를 이슬람 도시로 바꾸기 위해 콘스탄티노플을 공격했다. 이 포위 공격이 성공하여 아야 소피아 성당은 미너렛minaret(이슬람 사원의 뾰족탑)까지 추가된 모스크로 바뀌었다. 튀르키

* 본래 바실리카는 로마 공화정 시대에 법정이나 집회장, 관공서 등 공공 목적으로 사용된 대규모 건물을 지칭하나, 점차 사각형 회당이라는 특정 형태를 취한 건축물을 지칭하게 됐다.

예 공화국이 들어선 뒤인 1935년에 이 모스크는 박물관으로 개조됐지만, 2020년에 모스크로 되돌아갔다.

중세는 대략 콘스탄티노플에 돔 구조의 아야 소피아(563년)가 건설되고부터 이탈리아 피렌체 대성당(1436년)의 거대한 돔이 건설되기까지의 시기로 묶을 수 있다. 피렌체 대성당 건물은 건축학적으로 실로 위대한 걸작이어서 돔을 가리키는 이탈리아어 단어 두오모duomo는 성당을 가리키는 뜻으로도 쓰이게 됐다. 실제로 피렌체 대성당의 정식 명칭은 산타마리아델피오레 대성당Cattedrale di Santa Maria del Fiore인데, 간단히 줄여 일 두오모Il Duomo라고 부르기도 한다. 많은 대성당과 바실리카가 그렇듯이, 이전에는 그곳에 더 작은 교회가 서 있었다. 피렌체에서는 여러 차례 재건을 거친 6세기 초의 건물들이 크게 낙후한 반면 도시 인구는 건물 수용량을 넘어섰다. 13세기의 마지막 10년 동안 더 크고 나은 건물로 재건하는 공사가 시작되어서 이후 100년이 넘도록 빨라졌다 느려졌다 하면서 계속 이어졌다. 그동안 여러 건축가와 건축 책임자master builder가 설계 및 건설에 관여했다. 1418년에 마침내 돔을 제외한 나머지 부분이 완공되자 마지막 단계를 맡길 건축가 겸 공학자를 뽑기 위한 설계 대회가 열렸다. 선택된 사람은 필리포 브루넬레스키Filippo Brunelleschi로, 그에게는 당시 건설된 지 1300년이나 된 판테온 이래 미학적으로뿐만 아니라 구조적으로도 가장 거대한 돔을 설계하라는 임무가 떨어졌다.

판테온의 돔은 거리에서 거의 보이지 않는 반면, 브루넬레스키의 돔은 사실상 거의 어디서나 피렌체의 스카이라인을 압도한다. 이전에 비슷한 건축물이 세워진 분명한 전례가 없는 상황에서(비록 브루넬레스키가 로마 판테온 돔의 경간과 건축 가능성에서 영감과 용기를 얻긴 했지만) 피렌체의 이 계획은 실로 중대한 도전이자 위대한 업적이었다. 상부 구조는 콘크리트 대신 벽돌로 지어진 이중 돔 구조였는데, 이는 성당 내부에서 보이는 화려하게 장식된 곡면이 외부에서 보이는 구조와 실질적으로 분리된 구조의 일부라는 뜻이다. 두 돔은 둘 사이의 고리 모양 공간을 가로지르며 서로 연결돼 있고, 이 공간에 계단과 통로가 빙빙 돌며 뻗어 있어 이를 통해 보수 유지 작업을 하거나 돔 꼭대기에 자리 잡고 있는 거대한 쿠폴라cupola에 접근할 수 있다. 이중 돔의 장점은 전체 구조가 더 가볍고, 내부 돔(오목한 부분을 정교하게 장식할 수 있는)이 비바람으로부터 어느 정도 보호받을 수 있다는 것이다.

브루넬레스키의 외부 돔은 수직 아치와 수평 리브rib 골격 구조를 기반으로 하고 있으며, 그 사이의 공간은 층층이 쌓은 400만 개가 넘는 벽돌로 채웠다. 가파르게 솟아오르는 윤곽은 완성된 각각의 벽돌층이 스스로 지지하는 아치 링arch ring*으로 압축되면서 지지하는 비계 없이 돔을 만드는 작업에 도움을 주었다. 건축 구조 형태를 철저하게 분석한 롤런드 메인스톤Rowland Mainstone의 논문에 따르면, 피렌체 대성당 돔의 구조 형태는 "너무 복잡해서 자세히 기술할 수 없지만" 그 미학적 형태는 쉽게 알아볼 수 있다. 돔은 도시의 나머지 모든 것 위에 우뚝 솟아 있고, 흰 대리석 리브들이 피렌체의 수많은 지붕(그리고 돔)을 덮고 있는 빨간색 테라코타 타일과 극명한 대조를 이룬다. 외부 돔 꼭대기에는 우아하고 균형 잡힌 쿠폴라가 자리 잡고 있다. 돔 직경을 따라 뻗어 있는 리브들은 쿠폴라에 대해 아치교와 비슷한 작용을 한

* 아치가 가로 방향으로 폭이 넓은 경우에 아치 본체를 이르는 말.

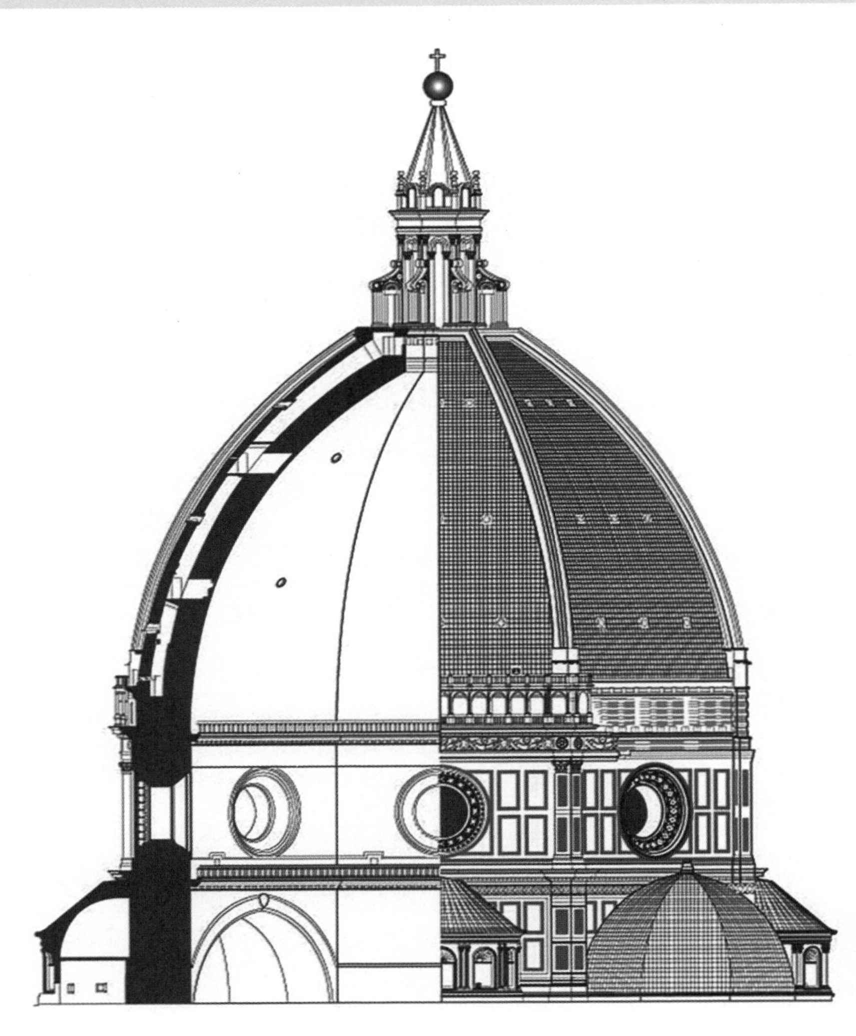

피렌체 대성당 돔의 설계도. 돔 위에 서 있는 쿠폴라를 볼 수 있다. 고대 그리스어 및 라틴어에서 '작은 컵'을 뜻하는 단어에 기원을 두고 있는 쿠폴라는 종루 역할을 하거나 빛을 들이고 환기하는 데 사용된다. 둥근 천장을 따라 내려오는 갈빗대 모양의 뼈대인 리브를 보라.

다. 모든 무게를 돔의 기반으로 내려보내는 것이다. 돔의 기반은 거대한 드럼으로 이루어져 있는데, 드럼은 아래쪽 공간의 경계를 따라 늘어선 육중한 기둥들 위에 자리 잡고 있다. 사실 성당 건물 꼭대기에는 이전에 이미 세운 팔각형 드럼이 있었고, 브루넬레스키의 설계는 이 때문에 많은 제약을 받았다.

로마에 있는 성 베드로 대성당의 돔은 구조적으로 피렌체 대성당을 덮고 있는 돔의 후손이라고 할 수 있다. 하지만 브루넬레스키가 이미 자리 잡고 있던 팔각형 구도 내에서 작업을 해야 했던 반면, 미켈란젤로는 완전한 원형 구조를 설계할 수 있었다. 이 때문에 미켈란젤로의 돔이 구조적으로 더 단순함에도 불구하고 그것을 성당의 나머지 부분보다 우뚝 세우고자 하는 욕망은 구조를 위험에 빠뜨릴 수 있는 복잡성을 초래했다. 돔 기반이 바깥쪽을 향해 퍼져나가면서 균열이 생기는 것을 막기 위해 기반에 연철 사슬이 보강됐지만 균열을 완전히 막을 수는 없었다. 균열은 드럼에까지 번졌고, 드럼 상단은 퍼져가는 기반 때문에 바깥쪽으로 밀려났다. 18세기에 이르자 대대적인 보수 공사가 필요하다는 사실이 분명해졌다.

20세기에 일리노이대학교 어배너-샘페인에서는 어셈블리 홀(1963년부터 스포츠, 엔터테인먼트, 학위 수여식 등 행사 장소로 쓰인 넓은 실내 경기장이다)을 받침접시 모양으로 덮고 있던 콘크리트 돔의 유지 및 균열 억제를 위해 지름 120m의 콘크리트 돔 가장자리에 지름 약 0.6cm의 강철선을 1000km 이상 촘촘하게 감았다. 어셈블리 홀에 사용된 이 작업 과정은 일종의 포스트텐션 방식*인데, 여기서는 늘어난 강철선이 수축하

* 콘크리트가 굳은 후에 긴장재(콘크리트 속의 강재나 강철로 만든 줄)에 인장력을 주어 압축함으로써 휨이나 처짐, 비틀림 등이 덜하도록 하는 공법을 말한다.

려는 경향이 돔 둘레가 팽창하려는 경향을 견제한다. 강철선으로 감지 않았다면 어셈블리 홀의 납작한 돔이 더욱 납작해지면서 균열이 생겨났을 것이다.

하지만 큰 구조물의 적은 균열뿐만이 아니다. 많은 교회와 성당의 역사가 그러하듯이, 런던 세인트폴 대성당의 적은 화재였다. 이 건물의 유래는 7세기 초까지 거슬러 올라가지만, 이 성당이 항상 같은 위치에 있었는지는 약간 논란이 있다. 네 번째 세인트폴 대성당으로 여겨지는 건물은 1087년 화재 이후 지어지기 시작했는데, 또다시 화재 때문에 여러 차례 공사가 지연되면서 200여 년 동안이나 공사가 이어졌다. 그것은 목제 지붕(그래서 화재에 취약했다)과 높이가 거의 150m에 달하는 첨탑을 갖춘 아주 기다란 중세 고딕 양식 건축물이었다. 이 올드세인트폴 대성당은 1561년 벼락에 맞아 첨탑이 소실되었고, 남은 부분마저도 1666년의 런던 대화재 때 심하게 손상되었다. 런던 대화재 이전에 이미 크리스토퍼 렌Christopher Wren은 그 자리에 새로운 성당을 세우는 설계 작업을 하고 있었다. 최종 설계안은 고전적 전통을 따른 것이었다. 즉, 플라잉 버트레스가 전혀 필요 없을 만큼 벽을 두껍게 만들기로 했다. 이 설계에는 기념비적인 돔도 포함되었다.

렌의 돔은 기본적으로 이중 돔이지만, 한 가지 변형이 추가되었다. 렌은 돔 위에 얹을 석제 탑을 지지하기 위해 내부 셸shell과 외부 셸 사이에 원뿔형 구조물을 집어넣었는데, 그럼으로써 이중 돔(삼중 돔이라고 부르는 게 더 적절할지도 모른다)의 주요 셸이 져야 할 부담을 덜어주었다. 안쪽 돔은 바깥쪽 돔에 비해 높이가 절반에 불과해 두 돔은 각각 성당의 내외부 크기와 건축학적으로 일치하는 비율을 가진다. 벽돌로 지은 두께 45cm의 원뿔은 그 기하학적 특성 때문에 탑의 무거운 하중을 빗

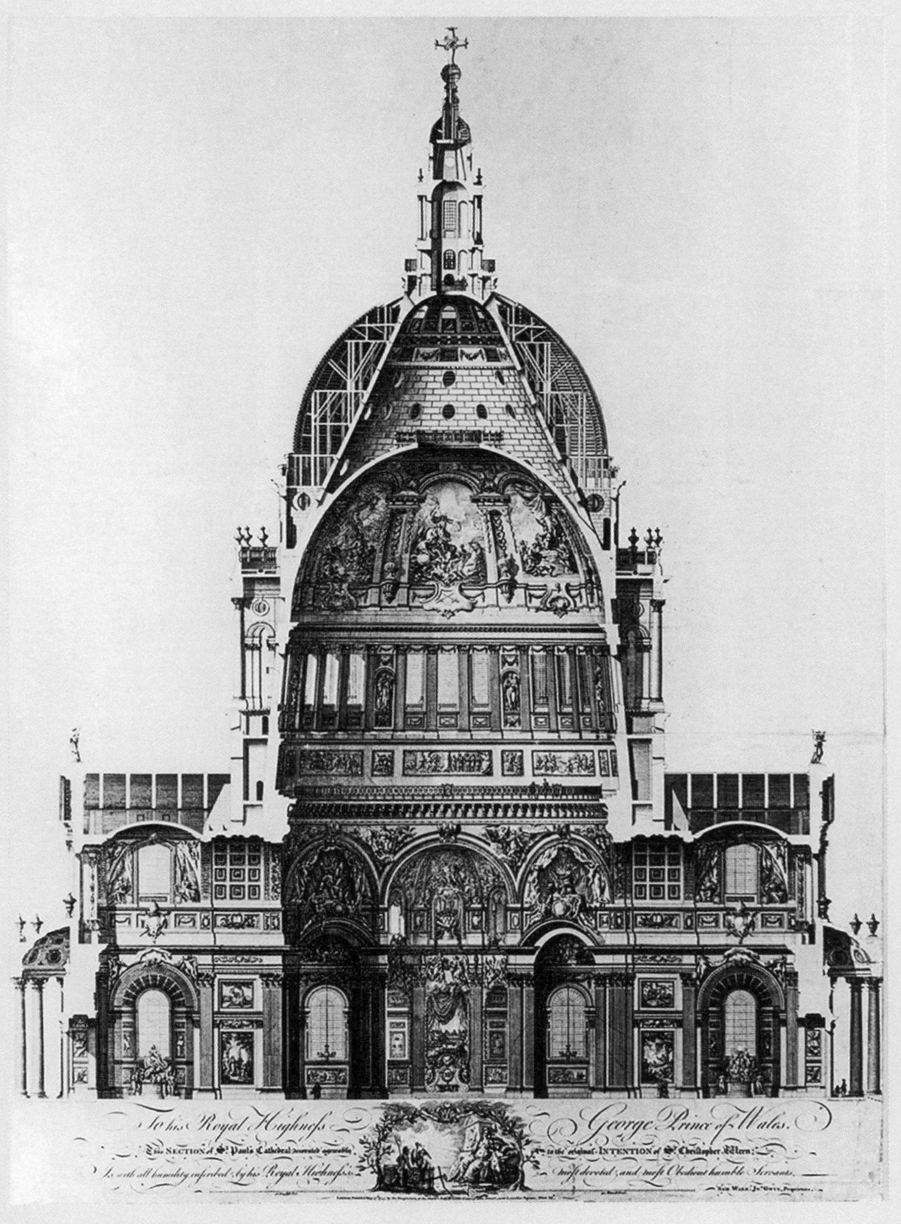

세인트폴 대성당 단면도. 돔 내부에 세워진 원뿔형 구조물을 보라. Samuel Wale and John Gwynn, 1755.

면을 따라 그 강도를 점점 약하게 하면서 아래로 내려보내는 구조적 이점이 있다. 그 덕분에 원뿔 기반이 밖으로 퍼져나가려는 경향을 최소화해 벽돌 구조에 균열이 생기는 것을 막을 수 있었다. 더욱이 원뿔이 그 자리에 있으니 그렇지 않은 경우보다 내부 돔을 더 얇고 가볍게 만들 수 있었고, 그 결과로 균열이 커질 가능성도 낮출 수 있었다.

벽돌들 사이에 틈이 생기지 않도록 하기 위해 렌은 자신의 구조 설계에 연철 사슬을 포함시켜 원뿔 아랫부분을 사슬로 빙 둘렀다(부식된 연철 사슬은 1925년에 스테인리스강 사슬로 교체되었다). 벽돌은 내부 돔의 구조재이기도 했는데, 내부 돔은 셸 대부분에 걸쳐 원뿔과 마찬가지로 두께가 45cm에 불과했다. 한편 원뿔 표면과 연결된 버팀대들의 네트워크를 통해 안정성을 얻은 바깥쪽 돔 셸은 목재로 만들어졌다. 그 위로는 납으로 덮어 특유의 회색을 띤다. 납은 또한 불이 붙지 않도록 하는 외부 보호막 역할을 했다.

화재와 그 결과에 대한 두려움은 또 다른 유명한 돔의 설계에 중요한 역할을 했다. 바로 미국 국회 의사당 지붕을 뒤덮고 있는 돔이다. 미국 입법부의 중심에 있는 이 건물은 신생 국가인 미국의 성장과 함께 건축학적으로 진화했다. 국회 의사당은 18세기의 작은 두 건물에서 유래했는데, 이 두 건물은 1827년에 로툰다rotunda* 와 의회 도서관, 중앙 주랑 현관을 포함하는 건설 계획을 통해 연결되었다. 하지만 1850년 무렵에 이렇게 합쳐지고 확장된 건물마저 비좁을 정도로 의회가 커지자, 필라델피아 건축가 토머스 월터Thomas U. Walter에게 의사당을 더 확장하는 설계를 맡겼다. 설계를 하는 동안 월터는 새로운 부속 건

* 원형 홀이 있는 둥근 지붕의 건물.

물wing들의 크기가 찰스 불핀치Charles Bulfinch가 설계해 로툰다 위에 얹은, 벽돌과 목재, 구리로 구성된 낮은 돔과 균형이 맞지 않으리라는 사실을 깨달았다. 월터는 이 낮은 돔을 대체할 더 높은 돔을 설계했다.

그렇게 만들어진 주철 돔은 나머지 건물과 어울리는 색으로 페인트를 칠했다. 건물 중 오래된 부분은 주요 구조재가 밝은 색의 사암이었고, 지어진 지 얼마 안 된 부분은 흰 대리석이었다. 영국 비평가 존 러스킨John Ruskin은 그런 현대적인 재료를 사용하면 구조물의 격이 떨어져 진지한 건축 작품으로 평가받지 못할 거라고 믿었지만, 그 생각은 주류 견해가 아니었다. 당시에 주철은 구조재로서 점점 더 인기가 높아지고 있었다. 주철을 사용해 돔을 만들면 비슷한 크기의 벽돌 돔보다 무게가 가벼웠을 뿐만 아니라 내화성도 향상시킬 수 있었다. 이는 상당히 바람직한 일이었는데, 이전의 돔은 1851년에 (당시까지는 아직 국회 의사당 건물 안에 있었던) 의회 도서관에 불이 났을 때 하마터면 파괴될 뻔했기 때문이다. 그보다 100여 년 전이었더라면 월터가 설계한 지름 29m의 돔과 같은 크기의 구조물을 주철로 만드는 것은 불가능한 일로 간주됐을 것이다. 18세기 초에 만들어진 세인트폴 대성당 돔에 쓰인 주요 구조재가 벽돌과 목재였다는 사실을 떠올려보라. 영국 콜브룩데일의 세번강을 가로지르는 경간 30m의 주철 아치교를 건설하는 것은 1779년에 이르러서야 가능했다. 아이언 브리지Iron Bridge(철교)라는 적절한 이름이 붙은 이 다리의 건설은 크고 무거운 주요 철제 부품을 단일 부품으로 주조할 수 있을 뿐만 아니라 그것을 완성된 구조물로 세울 수 있음을 보여주었다. 그렇더라도 월터의 국회 의사당 돔은 무게가 거의 400만 kg이나 나가 그 무게를 지탱하려면 구건물의 벽을 강화할 필요가 있었다. 돔은 이중 셸 구조로 이루어졌고, 두 셸 사이에 빙빙 돌면서 올라가는 계단이 설치되었다.

벽돌과 돌처럼 주철은 부서지기 쉬운 물질로, 압축력에는 강하지만 인장력에는 약하다. 따라서 여러 개의 아치 리브로 구성된 아치나 돔의 무게를 지탱하기에는 완벽하게 적합해도 잡아 찢는 힘이 작용하는 곳에서는 균열이 생기기 쉽다. 또한 벽돌이나 돌로 만든 돔과 마찬가지로 구조 설계에서 제대로 예상하지 못하면 기반의 리브들 사이에서 균열이 발생할 수 있으며, 그 결과로 구조적으로 위험하지는 않더라도 보기 흉한 금이 갈 수 있다. 돔과 그 밖의 구조에서 균열을 피하려는 욕구는 구조적·건축학적 형태의 진화를 촉진한 추진력이 되었다. 이는 실패와 실패를 피하려는 욕구가 전반적인 공학 시스템의 발전에 얼마나 중요한 역할을 했는지 다시 한 번 보여준다. 결국 가장 위대한 기념비들의 생존은 그것들을 유지하는 힘들과 해체할 수 있는 힘들을 이해하는 데 달려 있다.

18장

힘의 증폭

피라미드, 오벨리스크, 아스파라거스

브루클린에서 어린 시절을 보낼 때 집 뒤뜰에는 꽤 큰 창고가 있었다. 원래 목적인 작업장보다는 저장 공간으로 더 많이 사용되던 창고였다. 한쪽 구석에는 사용하지 않는 가구들이, 다른 쪽 구석에는 오래된 신문들이 쌓여 있었고, 세 번째 구석에는 누군가 수집한 병마개가 가득 든 못통이 놓여 있었다. 그곳은 아버지가 일하던 트럭 운송 회사의 하역장을 연상케 했고, 나는 최종 목적지로 운반할 트럭에 싣기 위해 분류하듯이 다양한 물건을 한 곳에서 다른 곳으로 옮기는 놀이를 즐겼다. 못통을 옮기려면 그것을 살짝 기울인 뒤에 마치 운전대를 돌리듯이 윗부분을 돌리면서 바닥의 테두리가 지면 위로 굴러가게 해야 했다. 그것과 관련된 힘들은 기묘하고 낯설게 느껴졌다. 주의하지 않으면 못통이 넘어지거나 통제에서 벗어나 기울어지면서 안에 든 병마개들이 온 사방에 쏟아졌다. 이 경험을 통해 재난을 막으려면 힘의 감각에 주의해야 한다는 교훈을 배웠다.

신문은 정기적으로 고물상으로 가져가 100파운드(45.3kg)당 15센트를 받고 팔았지만, 그러려면 먼저 다발로 뭉쳐 잘 묶어야 했다. 이를 위해서는 집으로 배달되는 모든 포장에 사용된 온갖 종류의 노끈과 줄을 조심스럽게 풀어서 모아야 했다. 이렇게 버려진 재료는 여덟 살 소년과 여섯 살 남동생이 들 수 있을 만한 다발로 만들기에 충분한 양의 종이가 모일 때까지 창고에 쌓였다. 다발의 수가 증가함에 따라 그것들을 높은 더미로, 하지만 넘어지지는 않을 정도의 높은 더미로 쌓고 다시 쌓아 그것을 칸막이로 삼아 창고 내부를 여러 부분으로 나누는 일이 무척 즐거웠다.

가끔 나는 동생과 함께 카트를 창고 문 앞으로 밀고 가 종이 더미를 약간 실은 뒤, 그것을 끌고 뒤뜰을 돌아다녔다. 목적은 종이 더미를 쓰러뜨리거나 카트를 넘어뜨리지 않고 뒤뜰을 한 바퀴 빙 도는 것이었다. 특별히 재미있는 놀이를 하고 싶으면 카트와 함께 달리면서 급커브 모퉁이를 돌았다. 출발점으로 돌아오는 데 성공하면, 종이 더미를 하나 더 추가하고서 또다시 뒤뜰을 한 바퀴 돌았다. 이 놀이는 종이 더미가 바닥날 때까지 계속 이어졌다. 내게 그것은 열두 살 때 우리 가족이 이사한 퀸스의 하이츠로 가는 길에 있는 언덕을 올라가기 위해 자전거 페달을 열심히 밟게 될 미래를 예고하는 전조였다. 그때 내 자전거의 짐받이 바구니에는《롱아일랜드 프레스》신문 더미가 아주 높이 쌓여 있었고, 나는 나와 자전거와 짐을 가로막으려고 기다리고 있는 힘들과 맞서 싸워야 했다. 그것이 꼭 시시포스의 노역과 같은 것은 아니었지만 일주일 내내 반복해야 하는 노역이었고, 목요일과 일요일에는 광고지와 증보판까지 추가되어 훨씬 더 무거운 신문을 날라야 했다. 당시에는 알아채지 못했지만 나는 커다란 암석 덩어리를 채석장에서 건축 장소로, 그리고 경사로를 따라 그 목적지까지 실어 나르는, 수천 년 동안 이어져온 도전 과제에 상응하는 일을 하고 있었다.

알려진 것 중 가장 오래된 피라미드는 기원전 2800년경에 이집트

사카라에 건설되었다. 우리는 200여 년 뒤에 건설된 기자의 대피라미드처럼 옆면이 평면으로 된 피라미드에 익숙하지만, 이 피라미드는 계단식 피라미드여서 일반적인 피라미드와 구별된다. 어느 피라미드든 자세한 건설 과정은 계속 논란이 되지만, 많은 일꾼이 동원되었다는 사실만큼은 의심의 여지가 없다. 그래서 공학자는 노동력을 건강하게 유지하고 노동과 관련된 부상을 치료하는 법을 아는 것이 중요했다. 사카라에서 그 책임을 맡은 사람인 임호테프는 그 이름이 알려진 최초의 공학자일 뿐만 아니라 최초의 의사로 간주된다. 임호테프가 직접 쓴 글은 전혀 남아 있지 않지만, 역사학자들은 기원전 1600년경에 제작된 한 필사본에 그의 의학적 지식이 기록돼 있다고 믿는다. 1862년에 도굴꾼들이 길이 4.5m의 두루마리를 발굴했다. 1930년에 파피루스에 적힌 상형 문자를 해독한 결과, 건설 현장에서 일어날 수 있는 외상 사례 40여 건을 분석한 내용으로 밝혀졌다. 이 사례들이 주목을 끈 건 그 묘사와 진찰, 진단, 예후, 치료가 매우 현대적인 것처럼 보이기 때문이다. 임호테프는 당시 이집트인 사이에 유행한 것으로 믿어지는 주술이나 미신적 방법을 따르는 대신에 합리적 방법을 따랐는데, 이는 질병의 원인을 신비적인 것에서 찾는 대신 자연적인 것에서 찾은 최초의 사람으로 여겨져온 히포크라테스보다 2000년이나 앞선 것이었다.

공학자는 항상 현장에서 여러 가지 역할을 수행해야 했다. 그 당시에 진행하던 일이 채석이든 돌을 다듬는 것이든 피라미드 건설을 위해 돌을 제자리에 올려놓는 것이든 노동자를 돌보고 먹이는 것이든 간에, 적어도 그것과 관련된 전문 기술과 과학을 알아야 했다. 임호테프 같은 공학자는 자신이 하는 일을 수행하기 위해 적어도 실용적 수준에서 힘을 어떻게 이용해 무거운 암석 블록을 다듬고 움직일 수 있는지(그리고 그것이 어떻게 뼈를 부러지게 하는지) 이해해야 했다. 하지만 임호테프와 그 밖의 고대 공학자들이 힘을 어떻게 이용했는가 하는 것은 고대의 기술과 문화에 관한 흥미로운 미해결 문제 중 하나다. 그들은 정확하게 어떤 방법으로 아주 무거운 돌을 운반하고 피라미드를 만들었을까? 이런 질문들에 대해 많은 답이 제시되었지만, 대부분은 추가적인 질문을 많이 낳았다.

마지막 이집트 상형 문자가 새겨진 것은 4세기 후반으로 알려졌지만, 서양의 학자들이 이집트 문화를 진지하게 연구하기 시작한 것은 17세기 말에 이르러서였다. 기자의 대피라미드를 최초로 비교적 정밀하게 측정한 것도 이 시기였다. 18세기 후반에 프랑스 공화국은 이집트에 대규모 원정대를 보냈는데(나폴레옹의 지휘 아래에) 거기에는 과학적 문제와 예술적 문제를 다루기 위한 위원회도 포함돼 있었다. 그 결과로 수많은 문서가 발굴되었다. 우연히 로제타석도 발견되었는데, 로제타석은 그때까지 해독하지 못했던 상형 문자의 해독에 열쇠를 제공할 것으로 기대되었다. 이렇게 해서 기초가 마련된 이집트학은 200년이 지나는 동안 전문 학자와 아마추어의 공동 노력으로 어엿한 학문으로 자리 잡았다.

앞서 보았듯이 마찰은 항상 운동을 방해한다. 나무나 돌로 만든 길을 따라 큰 돌을 끌어올리는 노동자들이 극복해야 하는 힘도 바로 이 마찰력이다. 영국 맨체스터 출신의 자문 공학자 제임스 프레더릭 에드워즈James Frederick Edwards에 따르면, 아마도 이집트인은 무거운 바위 블록을 최종 목적지로 옮기기 위해 특별한 경사로를 만들거나 단계

별 지레 기술을 사용하지는 않은 것으로 보인다. 대신에 "더 논리적이고 실용적인 대안 방법"을 썼을 것이라고 주장했는데, 완공되지 않은 피라미드의 옆면 자체를 빗면으로 사용해 각각의 바위 블록을 썰매에 실어 끌어올렸을 것이라고 했다. 그는 카르나크 신전에서 "마찰 효과를 줄이기 위해 물을 뿌려 미끄럽게 한 돌 표면 위로 무게 1kg의 바위 블록을 썰매에 실어 세 남자가 끌어올릴 수 있음"을 보여준 실험을 인용했다. 마찰 계수를 평가하기 위해 에드워즈는 성인 남성이 밧줄을 끌어당길 때 낼 수 있는 힘을 추정했다. 그는 그 힘을 68kg(150파운드), 즉 평균적인 성인 남성 체중의 약 90%라고 보았다. 그러면 간단한 계산을 통해 약 0.2라는 마찰 계수가 나온다.

이 결과가 합리적임을 확인하기 위해 에드워즈는 데이르 엘-베르샤에 있는 제12왕조의 무덤에서 발견된 고대 벽화를 참고했다. 이 벽화는 고대 이집트의 귀족이자 무덤의 주인인 제후티호테프의 거대한 석상을 썰매에 실어 끄는 남자들을 묘사하고 있다. 카르나크 신전의 실험에서 도출한 마찰 계수와 알려진 제후티호테프 석상의 무게(58톤)를 사용해 에드워즈는 그 하중을 움직이는 데 약 174명이 필요했을 것이라는 결론을 얻었다. 벽화에서는 172명의 남자가 썰매를 끈 것으로 묘사했기 때문에(우리는 그 남자들이 그 하중이 저항하는 전체적인 힘을 집단적으로 느꼈을 상황을 충분히 상상할 수 있다) 에드워즈는 자신의 추정과 결과가 합리적이라고 결론지었다. 그러고 나서 에드워즈는 건설 중인 피라미드의 한 빗면을 따라 하중을 끌어올리려면 마찰뿐만이 아니라 중력도 극복해야 한다는 사실을 고려하여 기자의 피라미드 옆면을 따라 바위 블록을 썰매에 실어 끌어올리려면 몇 사람이 필요한지 계산했다.

어떤 물체를 빗면 위로 끌어올리는 데 필요한 힘을 계산하는 것은

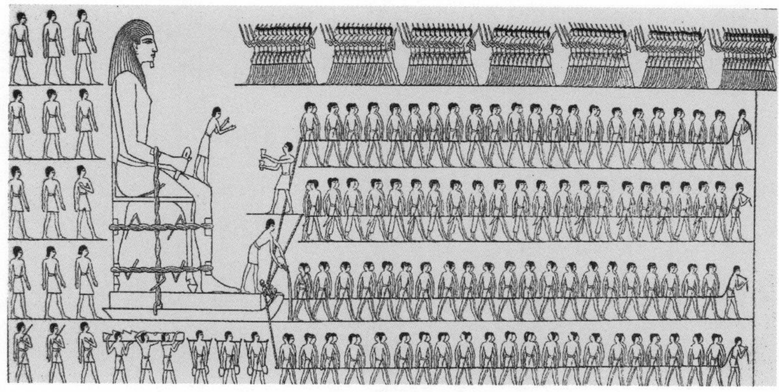

남자 172명이 제후티호테프 석상이 실린 썰매를 끄는 장면을 묘사한 벽화를 단서로 현대 공학자는 4000년 전에 이집트의 한 노동자가 끄는 힘이 어느 정도인지 추정할 수 있다.

초보적인 문제로, 오직 물체의 무게와 마찰 계수, 빗면의 경사각만 알면 된다. 계산의 목적상 에드워즈는 건설 중인 피라미드 옆면으로 끌어올리는 블록의 무게를 피라미드의 핵심 블록들을 대표하는 값으로 간주한 2톤으로 가정했고, 마찰 계수는 카르나크 신전 실험에서 도출한 것과 같은 값을 택했다. 노동자들은 또한 썰매 무게와 상당한 길이의 지름 8cm 밧줄 무게도 감당해야 했는데, 에드워즈는 그 무게를 각각 0.3톤과 0.5톤으로 추정했다(에드워즈는 이 수치들을 각주에서 자세히 언급했다). 이런 가정들을 바탕으로 에드워즈는 한 블록을 피라미드 옆면으로 끌어올리려면 50명이 필요하고, 처음에 그것을 밀어서 움직이게 하는 데 몇 사람이 더 필요할 것이라는 결론을 얻었다.

에드워즈는 피라미드가 한 층씩 차례로 건설되었다고 가정했다. 즉, 피라미드는 한 번에 한 핵심 블록의 높이만큼 조금씩 높아졌을 것이라고 보았는데, 그 높이를 1.5m로 추정했다. 한 층이 완성될 때마다 평평한 표면이 새로 생겼고, 그 위로 블록을 끌어올린 뒤 밀어서 제 위치에 갖다놓음으로써 한 층을 더 쌓을 수 있었다. 피라미드가 위로 올라감에 따라 맨 바깥쪽 면의 블록들은 블록을 끌어올리는 작업이 일어나는 표면이 되었을 것이다. 에드워즈에 따르면, 이 바깥쪽 블록들은 "그 위로 끌어올릴 블록들에 상당히 반반한 표면을 제공하기 위해 석수들이 비스듬히 기울어진 그 바깥쪽 면을 반들반들하게 다듬었을" 것이다. 또한 모든 돌이 제자리에 놓인 뒤에 건설 과정에서 생긴 흠을 마무리 손질로 지워 없앨 수 있도록 바깥쪽 블록들은 상당히 큰 돌을 사용했을 것이다.

에드워즈는 효율적인 작업 진행을 위해 완공되지 않은 피라미드의 평평한 정상에는 돌을 끌어올리는 작업에 특화된 전문가 팀이 하루 종일 머물렀을 것("작업이 집중되는 시기에는 아마도 그곳에서 살았을지도 모른다")이라고 상상했다. 또, 에드워즈는 여러 팀이 그곳에서 동시에 일했을 것이라고 추정했는데, 각 팀에는 각자 폭 5m의 '경사로'가 배정되어 이웃 경사로에서 일하는 팀들과 충돌이 일어나지 않게 했다. 피라미드의 높이가 계획된 높이의 1/4 지점에 이르면, 37m 높이의 고원은 한쪽 면의 길이가 약 175m에 이르러 경사로를 35개 설치할 수 있었을 것이다. 경사로 길이를 피라미드 빗면(47m) 길이와 비교해 생각해 보면, 각각의 경사로에서 두 팀이 서로 방해하지 않고 동시에 피라미드의 양 반대편으로 블록을 끌어올려 고원 중심에서 바깥쪽으로 쌓아 나갈 수 있었을 것이다. 물론 피라미드가 점점 높아짐에 따라 작업 공간이 줄어들었을 것이고, 정상에서 동시에 작업할 수 있는 팀의 수도 줄어들었을 것이다. 그렇다 하더라도, 피라미드가 절반 높이만큼 올라갔을 때, 블록 하나를 바닥에서 위로 끌어올리는 데에는 3분이 걸리지 않았을 것이라고 에드워즈는 추정했다.

물론 블록을 빗면 위로 끌어올리는 것은 전체 건설 과정 중 한 단계에 지나지 않는다. 고원 위로 올린 블록을 제자리로 가져가 썰매에서 내리고, 빈 썰매를 다시 아래로 내려보내고, 밧줄을 풀어 블록을 실은 채 대기하고 있던 썰매에 붙들어맨 뒤 다시 처음부터 같은 과정을 반복해야 했다. 에드워즈는 블록 하나당 이런 전체 과정이 진행되는 데 걸리는 시간을 평균 한 시간으로 추정했다. 고원 위에서 많은 팀이 일했기 때문에, 피라미드의 부피는 적어도 높이가 낮은 단계에서는 분당 블록 1개 이상의 속도로 빠르게 증가했을 것이다. 더 무거운 블록과 묘실과 통로처럼 더 복잡한 기하학을 감안하더라도, 늘 1만 명을 넘지 않는 노동력(핵석核石을 채석하고 그것을 건설 장소까지 운반하는 인력은 포함시켰지만, 바깥쪽 면에 쓸 돌과 그 밖의 특수한 돌을 더 먼 거리에서 운반하는 인력은 포함시키지 않은)으로 23년 안에 전체 피라미드(약 240만 개의 블록으로 만들어진 것으로 추정되는)를 완공할 수 있었을 것이라고 에드워즈는 믿었다.

하지만 에드워즈는 피라미드의 높이가 정점에 가까워지면 자신의 계획을 실행에 옮기기가 점점 힘들어진다는 사실을 받아들이지 않을 수 없었다. 고원의 면적이 줄어듦에 따라 돌을 끌어올리는 팀들은 블록을 끌어올려야 하는 빗면보다 더 짧은 경사로에서 작업을 해야 했다. 에드워즈는 "기술적으로 피라미드의 마지막 10%(부피로 따져)가 가장 어려운 건설 구간이었을 것"이라며 패배를 인정했다.

거대한 건설 계획에 관한 에드워즈의 추정은 블록을 최종 높이로 끌어올리는 작업이 보조 경사로와 지레 없이도 가능함을 보여주었지만, 노동자들의 지구력과 헌신에 대해서는 말해주는 것이 별로 없다. 그의 시나리오에 따르면 각 팀은 매우 반복적인 작업에 매진해야 했다. 아마도 약간의 휴식 시간은 있었을 텐데, 50명으로 이루어진 팀 전체는 실제로 돌을 끌어올리는 동안만 동시에 투입되었다. 더 적은 인원이 고원 위에서 블록을 제자리로 옮기거나 빈 썰매를 아래로 내려보내는 동안 나머지 사람들은 휴식을 취할 수 있었을 것이다. 하지만 그것은 대개 몹시 힘들고 피곤한 노동이었다.

이집트의 기념비적 건축물이 모두 다 돌을 쌓아올려 만든 것은 아니다. 거대한 제후티호테프 석상은 한 덩어리로 운반되었다. 이 막대한 과제에는 일사불란하게 움직이는 수많은 노동자에게서 나오는 엄청난 힘이 필요했다. 오벨리스크를 만들고 운반하는 것은 더 큰 문제였다. 이집트의 전형적인 오벨리스크는 단일 암체(대개 석회암이나 화강암으로 된 단 하나의 큰 돌덩이)로 만들어졌는데, 가장 큰 것들은 높이가 25m에 무게는 수백 톤에 이르렀다. 오벨리스크는 밑바닥은 정사각형이지만, 그 밖의 기하학적 비율은 제각각 다르다. 오벨리스크라고 불리는 물체들을 조사한 한 연구 결과에 따르면, 바닥의 너비 대 높이 비율은 비교적 땅딸막한 1:6에서부터 상당히 호리호리한 1:12.5에 이르기까지 다양하며, 전체 사례 중 약 절반은 1:9와 1:11 사이에 속한다. 평균인 1:9.4는 흔히 이야기하는 너비 대 높이 비율인 1:10에 가깝다. 그 비율이야 어떻든, 오벨리스크는 위로 올라갈수록 폭이 점점 가늘어지고, 꼭대기에는 대개 피라미디온pyramidion(작은 피라미드 모양의 관석)이 자리잡고 있으며, 옆면은 대개 밑면에 대해 다소 가파르게 기울어져 있다(피라미드는 아주 큰 피라미디온 또는 아주 땅딸막한 오벨리스크로 생각할 수 있다).

단단한 화강암을 깎아 기둥을 만드는 것은 몹시 힘든 일인데, 무게가 5kg쯤 나가는 더 단단한 돌을 손에 쥐고 화강암을 반복적으로 내리치면서 작업했을 것이다. 오랫동안 반복적인 작업을 통해 돌을 휘두르는 사람들은 관련된 힘들(중력을 거스르며 돌을 들어올리는 힘과 돌로 돌을 내리치는 충격력)을 분명히 느꼈을 것이다. 오벨리스크를 채석장에서 분리한 뒤에는 그것을 무사히 설치 장소까지 운반해 거꾸로 뒤집어 세워야 했는데, 이를 위해 고대 공학자들은 창의성을 발휘해야 했다. 그들이 묘기에 가까운 이 일을 어떻게 해냈는지는 확실하게 밝혀지지 않았지만 모든 시도가 다 성공하진 않은 것이 확실한데, 오벨리스크가 아주 높을 때에는 특히 그랬다. 갈릴레이는《새로운 두 과학》에서 이렇게 지적했다. "작은 오벨리스크나 기둥 또는 다른 고체 형태는 부서질 위험 없이 내려놓거나 세울 수 있는 반면, 아주 큰 것은 작은 자극만으로도 산산조각 나기 쉬운데, 그것도 순전히 자신의 무게 때문에 그렇다." 갈릴레이가 개인적 경험을 바탕으로 이렇게 말한 것은 아닐 테지만, 그는 고대 이집트부터 근대에 이르기까지 공학자들이 염려해온 일을 전하고 있었다.

완전한 형태를 갖추기도 전에 부서진 오벨리스크도 있었다. 단단한 암석을 깎아서 특정 형태로 만들려고 시도했던 단일 암체 중에 가장 무거운 것은 흔히 '미완성 오벨리스크'라고 불리는 것이었다. 그 시도는 기원전 15세기에 일어났는데, 미완성 오벨리스크는 석공들이 그것을 버린 아스완 부근의 한 채석장에 지금도 미완의 상태로 덩그러니 놓여 있다. 거대한 기둥의 크기는 다양하게 보고되었지만, 완성된 오벨리스크는 높이가 30m에 무게는 약 700톤이 나갔을 것이다. 잠재적 기념비가 이렇게 버려진 이유는 작업 도중에 커다란 금이 갔기 때문일 것이다. 돌을 다듬으려고 지나치게 공격적인 노력을 기울인 결과(어쩌면 그 과정에서 기존의 틈이나 결함이 완전한 균열로 발전했을 수 있다)로 생긴 것이든, 아니면 다른 이유로 생긴 것이든, 결함이 있는 암석은 더 이상 애초에 의도한 목적에 적합하지 않았다.

갈릴레이가 지적했듯이, 채석장에서 온전한 형태로 만들어진 오벨리스크는 조심스럽게 들어올려서 계획한 목적지까지 옮겨야 했다. 하지만 이집트에서 만들어져 그곳에 1000년 이상 서 있다가 나중에 다른 곳에 있는 박물관이나 공공장소로 옮겨진 오벨리스크도 많다. 오늘날 바티칸 오벨리스크로 알려진 높이 25m, 무게 320톤의 기념비는 기원전 13세기에 만들어졌다가 1400년 뒤에 칼리굴라Caligula 황제의 명령으로 헬리오폴리스에서 로마로 옮겨져 그곳에 세워졌다. 그것은 그곳에 약 1500년 동안 서 있었으나, 16세기에 성 베드로 대성당을 건립하려는 교황 식스투스 5세Sixtus V의 웅대한 계획의 일환으로 오벨리스크를 약 248m 옮겨 대성당 앞의 광장 중앙에 다시 세우게 되었다. 붉은색 화강암 기둥을 옮기는 계획안을 공모했는데, 르네상스 시대의 공학자 도메니코 폰타나Domenico Fontana의 계획안이 선정되었다. 폰타나는 5년 뒤인 1590년에 놀라운 일러스트레이션을 곁들여 출판한 저서 《바티칸 오벨리스크의 운반에 관하여》에서 꼬박 1년이 걸린 그 계획의 실행 과정을 자세히 기록했다. 우선 오벨리스크를 먼저 있던 장소에서 들어올려야 했는데, 그러기 위해서는 기중기처럼 생긴 목제 비계를 설치해야 했고, 길이 15m의 지렛대 4개와 다수의 강한 밧줄과 도르래 장치의 역학적 이득이(그리고 물론 필요한 힘을 제공할 충분한 수의 노동자도) 필요했다. 오벨리스크를 원래 있던 장소에서 들어올린(보호를 위해 목재로 둘러싸서) 뒤에는 롤러 위에 실어 특별히 건설된 경사로를 따라 운반하기 위해 방향을 빙 돌려 수평 방향으로 눕혔다. 여행 길이는 오벨리스크 높이의 10배보다 짧았다. 새로운 기반 위에 오벨리스크를

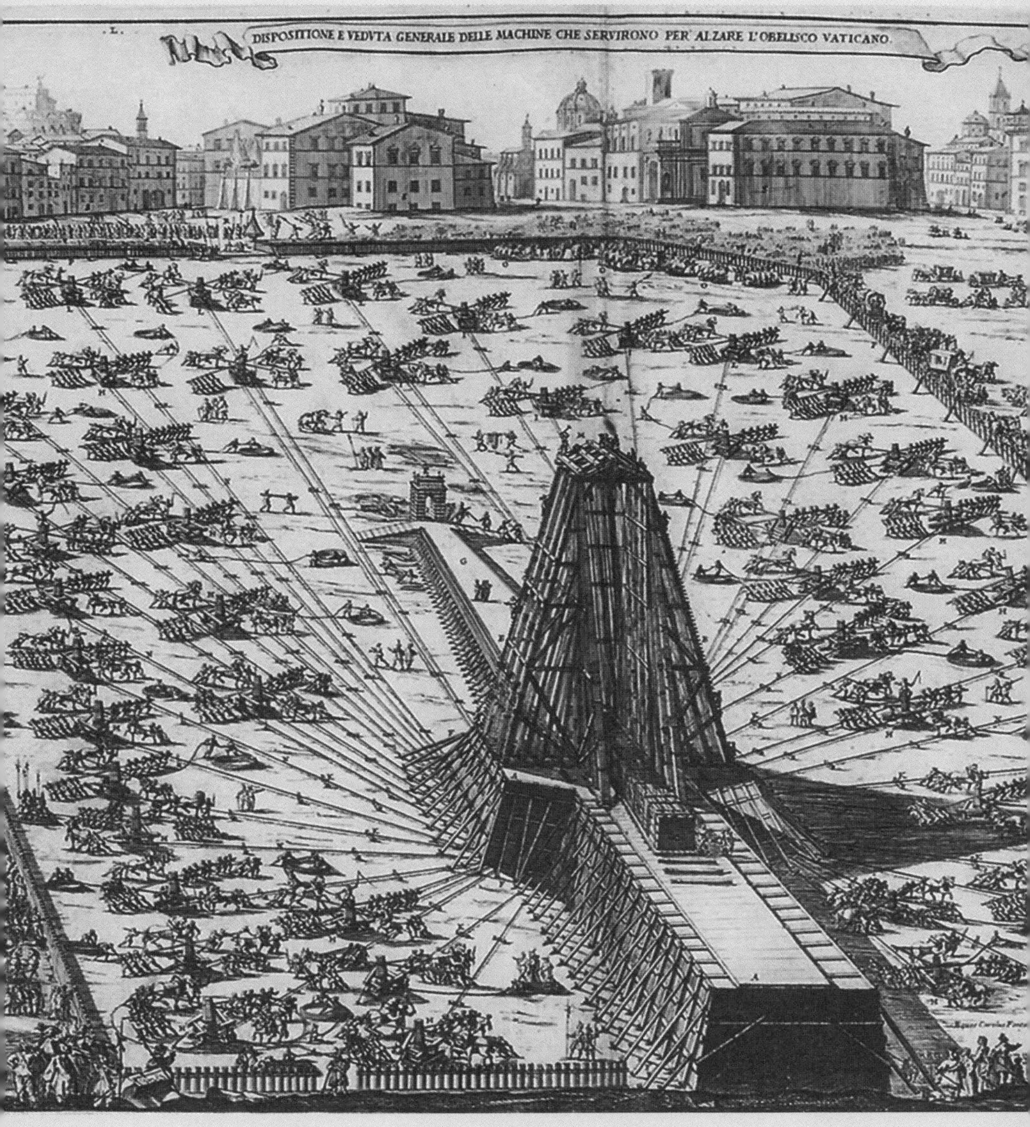

1586년에 바티칸 오벨리스크를 옮기는 데에는 아주 많은 사람과 동물과 기계의 힘(고도의 협응 능력은 말할 것도 없고)이 필요했다. 폰타나, 《바티칸 오벨리스크의 운반에 관하여》

내려놓는 데에는 캡스턴capstan* 48개를 일제히 돌리기 위해 말 74마리와 노동자 900명이 동원되었다.

오벨리스크를 똑바로 선 자세로 세우기 위해 들어올릴 때가 되면, 공학자는 노동자들이 지휘자의 명령을 분명히 들을 수 있도록 구경하고 있던 청중에게 절대적인 침묵을 요구했다(어기는 자에게는 사형을 내릴 거라고 위협하면서). 그날 정오 무렵에 오벨리스크는 수평에서 약 45° 각도로 기울어졌지만, 밧줄이 늘어나면서 캡스턴에서 미끄러지기 시작했다. 그때 갑자기 청중 가운데에서 경험이 많고 삭구와 그 힘에 대한 감이 좋은 선원이 "아쿠아 알레 푸니Acqua alle funi"라고 외쳤는데, 이탈리아어로 "밧줄에 물을"이라는 뜻이었다. 노련한 선원은 바다에서 경험했듯이 밧줄이 물에 젖으면 수축하면서 다시 제 기능을 발휘한다는 사실을 알고 있었다. 밧줄에 물을 뿌리자 밧줄은 다시 팽팽해졌고, 작업을 안전하게 재개할 수 있었다. 선원의 외침이 대실패로 끝날 수도 있었던 작업을 구했으므로, 침묵 명령을 위반한 죄는 면죄되었다. 오늘날 성 베드로 광장에 서 있는 기념비는 이집트 밖에서 부서지지 않은 채 서 있는 것 중 가장 큰 오벨리스크이다. 사실 로마는 세상에서 오벨리스크가 가장 많은 도시인데, 8개는 고대 이집트에서, 5개는 고대 로마에서 온 것이다.

이집트에서 훨씬 더 멀리 이동한 오벨리스크도 있는데, 그러한 이동은 대체로 19세기에 일어났다. 가장 멀리 이동한 오벨리스크 중에는 클레오파트라의 바늘Cleopatra's Needle이라는 공통의 이름으로 알려진 한 쌍의 오벨리스크가 있다(이집트의 오벨리스크들은 대개 똑같지는 않지

* 윈치(밧줄이나 쇠사슬로 무거운 물건을 들어올리거나 내리는 기계)의 일종으로, 주로 선박의 계류 밧줄을 감는 데 사용된다.

만 비슷하게 생긴 쌍으로 발견되었다). 하나는 런던의 템스강 둑길에 서 있고, 또 하나는 메트로폴리탄미술관에서 멀지 않은 뉴욕의 센트럴파크에 서 있다. 파리의 콩코르드 광장에서 서 있는 유명한 오벨리스크도 클레오파트라의 바늘L'Aiguille de Cléopâtre이라는 별명으로 불린다. 그 이름에도 불구하고, 이 세 오벨리스크는 이집트의 마지막 파라오였던 클레오파트라 7세가 살았던 시기보다 최소한 1000년 이전에 제작되었다. 이 오벨리스크들을 옮긴 극적인 이야기는 전기공학자이자 애서가인 번 디브너Bern Dibner가 화려한 일러스트레이션을 곁들여 출판한 《오벨리스크 옮기기》에서 간략하게 소개했다.

셋 중에서 파리에 있는 클레오파트라의 바늘이 높이 22.37m, 무게 230톤으로 가장 높고 무겁다. 세 오벨리스크의 이전 작업을 의뢰받은 공학자들은 정상적인 것에서 크게 벗어난 힘들을 잘 알아야 했다. 파리 오벨리스크는 1826년에 오스만 제국의 이집트 총독이던 무함마드 알리가 선물로 준 것이다. 1833년에 파리에 세워졌지만 피라미디온은 온전하게 보전돼 있지 않았다. 2500여 년 전에 이집트에서 이미 손상되었거나 도난당했을 것으로 추정된다. 마침내 1998년에 금박을 입혀 만든 새 피라미디온이 추가되었는데, 고대 이집트의 오벨리스크 꼭대기가 금이나 밝은 금속으로 싸여 있어 하늘을 가로지르는 태양의 빛을 반사했다는 사실을 상기시키는 기능을 했다. 이것은 사실상 오벨리스크 꼭대기를 빛의 원천으로 보이게 하는 효과가 있었고, 그래서 피라미디온은 태양신의 왕좌를 나타낸다고 믿어졌다.

파리 오벨리스크의 옆면에는 람세스 2세 통치 시기와 관련이 있는 상형 문자가 새겨져 있는데, 사실 이 오벨리스크는 람세스 2세를 기리기 위해 세운 것이었다. 그리고 그 기부에는 오벨리스크를 눕히고 운반한 다음에 현재 위치에 세운 과정을 묘사한 그림들이 있다. 이 그림들은 거대한 돌을 수평 위치로 눕히는 데 밧줄과 도르래, 버팀대가 사용되었고, 바닥의 한 가장자리에 오크 통나무를 끼워 경첩으로 만듦으로써 그 부분의 돌이 손상되지 않도록 보호했음을 보여준다. 우선 룩소르호*라는 바지선을 만들어 수위가 낮아지던 나일강에서 오벨리스크에 최대한 가까이 갖다 댔다. 오벨리스크를 배에 실은 뒤에 뱃머리의 열린 공간을 닫고, 강의 수위가 높아질 때 배는 하구를 향해 출발했다. 그리고 그곳에서 증기선 스핑크스호가 바지선을 예인해 유럽 해안을 따라 지중해를 건너고 이베리아반도를 돌아 영국 해협으로 간 뒤 센강으로 올라갔다. 바지선은 수심이 얕은 곳과 낮은 다리 아래로 지나갈 수 있도록 적절한 흘수吃水** 높이로 설계되었다. 이집트에서 바지선이 출발해 파리에 도착하기까지 2년이 걸렸다. 오벨리스크를 바지선에서 끌어내려 경사로를 통해 콩코르드 광장까지 옮기는 데에는 다섯 조의 복합 도르래 장치와 캡스턴이 동원되었는데, 각 조에 48명이 들러붙어 작업했다(원래 계획에는 증기 기관의 사용이 포함돼 있었지만, 그 당시 비교적 최신 기계였던 증기 기관은 신뢰성이 떨어졌다). 프랑스에서 오벨리스크를 똑바로 세우는 작업은 오랫동안 서 있었던 이집트 땅에서 그것을 눕힌 것과 정반대 과정으로 일어났다.

기원전 14세기경에 만들어진 나머지 두 클레오파트라의 바늘은 율리우스 카이사르 통치 시기까지 헬리오폴리스에 서 있던 한 쌍의 오벨리스크였는데, 그때 알렉산드리아로 옮겨져 로마의 기념비가 되었다. 14세기 전반에 일어난 두 차례의 지진 중 하나에 한 오벨리스크가

* 원래 오벨리스크가 서 있던 고대 테베 지역의 지명을 딴 이름이다.

** 배가 물 위에 떠 있을 때, 물에 잠겨 있는 부분의 깊이.

중요한 오벨리스크의 이전

오벨리스크	원래 있던 장소	옮긴 장소	옮긴 시기	높이 (피트)	무게 (미국톤)	공학자
바티칸	성 베드로 대성당	성 베드로 광장	1586년	83	360	폰타나
파리	이집트 룩소르	콩코르드 광장	1833년	75	240	J.B.A. 르바
런던	이집트 알렉산드리아	템스강 둑길	1878년	68.5	210	J. 딕슨
뉴욕	이집트 알렉산드리아	센트럴파크	1881년	69.5	225	H.H. 고링

쓰러져 땅 위에 누워 있다가 시간이 지나면서 점차 모래에 덮이게 되었다. 1801년의 알렉산드리아 전투가 끝난 뒤, 영국군 장교들은 쓰러진 오벨리스크를 승리를 기념하는 전리품으로 챙겨 가기로 결정했다. 남은 문제는 그것을 영국으로 운반하는 방법이었다. 원래 계획은 이 목적을 위해 바닷속에서 인양한 프랑스 프리깃함을 사용하는 것이었지만, 이 배는 갑자기 불어닥친 폭풍 속에서 사라지고 말았다. 높이가 약 31m에 무게가 약 190톤에 이르는 오벨리스크를 운반하는 작업은 별다른 진전 없이 수십 년이 흘러갔다. 그러다가 1877년(철도와 다리, 항만 건설에 폭넓은 경험이 있던 토목공학자 존 딕슨John Dixon에게 오벨리스크를 옮기는 일이 맡겨진 해)에 이르러 진전이 일어나기 시작했다. 딕슨은 그 거대한 돌을 런던으로 옮겨 템스강 둑길 위에 세우는 계약에 합의했는데, 그 비용은 고정된 금액으로 책정되어 만에 하나라도 딕슨의 계획에 착오가 생겨서는 안 되었다. 결국은 이 착오가 불운과 결합되어 딕슨은 큰 손실을 감당해야 했다. 오벨리스크를 옮기는 데 든 최종 비용은

딕슨이 지급받은 5만 달러보다 무려 4배나 든 것으로 추정되었다. 잭슨은 증기 기관에 더해 유압잭과 항해에 적합한 철선까지 포함한 현대적 기계를 사용하기로 계획을 세웠다. 하지만 오벨리스크를 완전한 형태를 갖춘 배의 선체로 끌고 가는 대신에 모래에 박혀 있는 돌 주위에서 선체를 조립했다. 즉, 런던의 한 조선소에서 사전 제작한 부품들을 알렉산드리아로 보내 그곳에서 조립했다. 길이 28m, 지름 4.5m의 원통형 구조에 방수 격실 10개가 갖추어져 있었고, 거친 바다에서 오벨리스크를 꽉 붙들도록 목재 완충재도 구비되어 있었다. 오벨리스크를 선체에 집어넣고 나서 그것을 굴대 위로 굴려서 물가로 운반해 진수시켰고, 거기서 용골과 선실, 함교, 마스트, 돛을 추가했다. 육지와 바다 사이에 놓인 방파제를 제거해야 하는 작은 문제가 남아 있었지만, 다이너마이트의 도움으로 쉽게 해결할 수 있었다.

진수는 대체로 계획대로 진행되었지만, 최선의 계획조차 예상치 못한 장애에 부닥치는 일이 허다하다. 얼마 지나지 않아 선체가 날카로운 돌에 구멍이 뚫렸다는 사실이 발견되었고, 격벽 출입구를 열린 채 방치하는 바람에 여러 격실에 물이 찼다. 선체를 수리하고 물을 빼낸 뒤에야 바닥짐을 싣고 클레오파트라호(상상력이 빈약해 보이지만, 이 특이한 배에 붙여진 이름이다)를 출발시킬 수 있었다. 1877년 9월, 올가호가 클레오파트라호를 예인하기 시작했지만, 얼마 지나지 않아 클레오파트라호가 바다를 항해하기에 그다지 적합하지 않다는 사실이 드러났다. 피칭pitching과 요잉yawing이 아주 심했고,* 폭풍 때문에 바닥짐이 이동하는 바람에 클레오파트라호는 갑판만 물 위에 나와 있었다. 바닥짐을

* 피칭은 선박이 앞뒤 방향으로 흔들리는 것을, 요잉은 물체의 수직축을 중심으로 일어나는 회전 운동을 말한다.

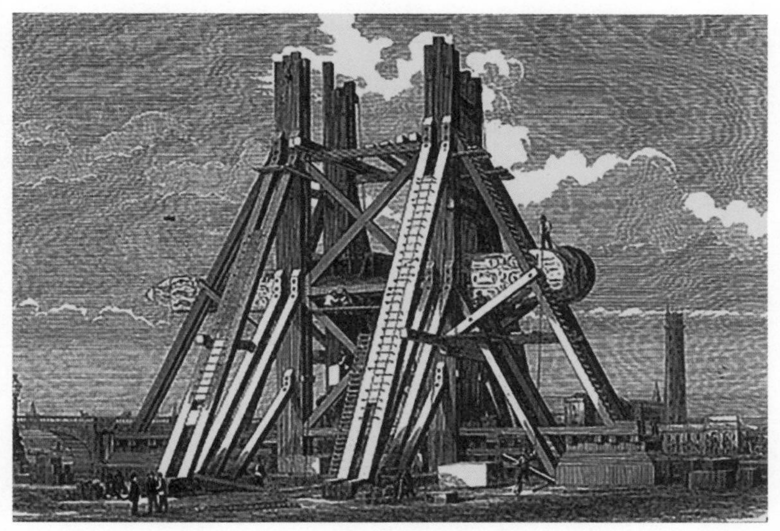

1878년 3월 16일《엔지니어링》에 실린 삽화로, 오벨리스크를 세우는 광경을 묘사하고 있다.

붙들어매려고 선원들을 내려보냈지만, 그들은 클레오파트라호와 함께 실종되었다. 올가호는 예인하는 화물도 없이 영국에 도착했다. 다행히도 방수 부함浮函*은 폭풍에서 살아남았고, 바다 위에서 배회하던 그것을 발견한 배가 항구로 끌고 왔다. 특이한 운반 장치에 실린 오벨리스크는 1878년 1월에 마침내 목적지에 도착했다.

오벨리스크는 템스강 둑길에 세우기로 돼 있었는데, 이를 위해 그곳에 새로운 받침대가 준비되었다. 돌기둥을 물에 가라앉지 않게 보호한 철제 관에서 꺼내기 위해 만조 때 부함을 목제 크립crib** 위에 올

* 부유식 해양 건축물의 기초에 해당하는 부분. 상자 형태로 부력을 발생시켜 건축물을 떠받치는 역할을 한다.

** 목재 또는 콘크리트로 만든 상자형 구조물로, 그 속에 돌을 채워 물속에 가라앉혀 암

렸다. 그렇게 자리를 잡은 뒤에 배를 해체하자, 수평 방향으로 누운 오벨리스크가 드러났다. 유압잭으로 오벨리스크를 적당한 높이로 들어 올린 뒤, 나사잭으로 밀어 기다리고 있던 받침대 위로 옮겼다. 오벨리스크를 수직 방향으로 돌리는 작업에는 돌기둥의 무게중심에 관한 운동학과 동역학을 이용하도록 설계된 거대한 목제 틀이 사용되었다. 이 작업은 9월에야 완료되었는데, 작업이 시작된 지 8개월 만이었다. 알렉산드리아를 떠난 지 거의 3년이 지나 클레오파트라의 바늘은 템스강 둑길에 우뚝 서게 되었는데, 다시 한 번 하늘을 향해 선 것은 거의 600년 만이었다.

처음에 런던 오벨리스크는 기초 위에 직접 세워져 있었지만 일부 사람들에게는 그 모습이 불안정해 보였다. 거대한 돌의 운반과 설치, 이전 과정에서 공통적으로 나타나는 현상인데 바닥 가장자리와 모퉁이가 둥글게 마모되는 바람에 그런 인상이 더 강해졌다. 어떤 경우에는 오벨리스크가 받침대에서 떨어져 나올 때 마모가 발생했다. 그러한 기념비를 더 안정적으로 보이게 하기 위해(그리고 일부 경우에는 안정성을 보장하기 위해) 네 귀퉁이 아래에 발처럼 생긴 물체를 끼워넣었다. 돌이나 청동으로 만든 이 지지물은 정육면체나 공, 머리뼈, 사자 발, 게 모양으로 만들어졌는데, 게는 고대 이집트인이 불멸의 상징으로 여긴 풍뎅이와 관련이 있다. 런던 오벨리스크의 경우에는 기초의 정확한 모양이 장식용 청동 주물 뒤에 숨겨져 있다.

뉴욕 오벨리스크라고도 알려진 세 번째 클레오파트라의 바늘은 런던 오벨리스크보다 높이는 30cm쯤 더 높고 무게는 14톤쯤 더 무겁다.

벽 같은 구조물의 기초로 쓰는 것. 돌방틀이라고도 한다.

이것은 1879년까지 알렉산드리아에 서 있었지만, 그로부터 1년이 조금 더 지난 시점에 뉴욕 센트럴파크의 받침대 위에 서게 되었다. 이 오벨리스크에는 네 귀퉁이 아래에 무게가 400kg쯤 나가는 청동 게 복제품이 있지만, 네 귀퉁이가 심하게 마모된 상태를 분명히 볼 수 있다. 운반 과정에서 오벨리스크를 수평 위치로 눕혀서 배까지 옮겨야 했고, 바다와 대양을 건너는 항해를 한 뒤에는 맨해튼섬을 가로질러 끌고 가야 했으며, 그리고 마침내 메트로폴리탄미술관 뒤에 마련한 받침대 위에 수직으로 세워야 했다. 도메니코 폰타나의 전통에 따라 이 이전 과정을 책임진 공학자였던 헨리 고린지Henry H. Gorringe 미 해군 소령은 전체 과정을 세세히 기록했다.

약 1500년 동안 헬리오폴리스에 서 있다가 알렉산드리아로 옮겨졌고, 다시 많은 세월이 지난 뒤에 뉴욕으로 옮겨진 이 오벨리스크는 네 면과 피라미디온에 상형 문자가 가득 새겨져 있다. 여기에는 기원전 15세기에 이집트를 통치한 파라오 투트모세 3세의 치적을 기리기 위해 만들어지고 세워졌다는 내용이 적혀 있다. 기원전 13세기 중 상당 기간을 통치한 람세스 2세의 이름도 나온다. 기원전 9세기와 10세기에 살았던 세 번째 파라오 오스르콘 1세의 이름도 새겨져 있다. 고대의 이 기념비를 알렉산드리아에서 뉴욕으로 옮기는 작업에 지급 보증을 한 사람은 해군 준장 코닐리어스 밴더빌트Cornelius Vanderbilt의 장남 윌리엄 밴더빌트William H. Vanderbilt로, 사망할 당시 세상에서 가장 부유한 사람으로 간주되었다. 하지만 부자는 돈을 무분별하게 쓰는 사람들이 아니다. 이전에 소요될 것으로 예상된 비용 7만 5000달러는 오벨리스크가 센트럴파크에 무사히 옮겨졌을 때에만 고린지에게 지불하게 돼 있었다.

고고학자들은 오벨리스크의 이전에 반대했지만, 이집트 총독이 공식적으로 미국에 선물하기로 공표했기 때문에, 이전 과정에 협력을 거부하는 것 말고는 달리 할 수 있는 일이 없었다. 하지만 고린지는 그들의 협조 없이도 효율적으로 일할 수 있었다. 그의 계획 중에는 오벨리스크 양 옆에 서 있던 돌기둥 위에 철탑을 세우는 방안이 포함돼 있었다. 철탑 위에는 오벨리스크의 무게중심 높이에 위치한 트러니언trunnion이 있었는데, 목재로 둘러싸여 있고 균형점 부근에 철제 고리가 붙어 있었다. 이 장치를 사용해 오벨리스크를 수직 위치에서 수평 위치로 돌릴 수 있었다. 그 위치에서 오벨리스크 양끝 아래에 목재 더미를 쌓아 받쳤고, 54톤짜리 유압잭을 기둥의 기초와 꼭대기 근처에 있는 지점들 밑에서 번갈아가며 작동시켜 오벨리스크를 단계적으로 지상으로 내려오게 했다. 이 중요한 작업 도중에 기다란 오벨리스크가 지나치게 휘어지지 않도록 그것을 둘러싼 틀에 '강삭鋼索* 트러스'를 사용했는데, 이것은 유압잭의 위치를 재조정할 때 외팔보 상태가 된 오벨리스크 절반을 지지하는 데 도움을 주었다. 오벨리스크를 기다리고 있는 증기선까지 물 위에 떠서 실어갈 잠함潛函에 집어넣는 과정은 장비가 알렉산드리아에 도착한 때부터 여섯 달밖에 걸리지 않았다.

증기선 데수그호는 오벨리스크에서 1.6km쯤 떨어진 드라이 독dry dock** 에 있었지만, 고린지는 알렉산드리아 당국으로부터 그 기념비를 도시를 가로질러 운반해도 좋다는 승인을 얻지 못했다. 그 때문에 오

* 여러 가닥의 강철 철사를 합쳐 꼬아 만든 줄.

** 큰 배를 만들거나 수리할 때, 해안에 배가 출입할 수 있도록 땅을 파서 만든 구조물. 건선거乾船渠라고도 한다.

벨리스크를 잠함에 실은 채 부두를 빙 돌아서 가야 했는데, 그렇게 해서 증기선까지 가느라 약 16km를 돌아가야 했다. 일단 증기선까지 운반한 오벨리스크를 배 주위에 세운 목제 플랫폼 위에 내려놓은 뒤, 선체에 만든 개구부를 통해 화물실로 밀어넣었다. 화물이 제 위치에 자리를 잡자, 항해를 위해 선체의 개구부를 닫았다. 45톤짜리 받침대와 주춧돌은 튼튼한 크레인을 사용해 갑판 해치를 통해 배에 실었다. 바다를 항해하는 동안 움직이지 않도록 화물 주위에 목제 버팀목과 피복재도 설치했다. 오벨리스크를 드라이 독으로 옮긴 시점부터 항해 준비를 마치기까지는 약 6개월이 걸렸다.

바다를 약 5주일 동안 항해한 뒤, 데수그호는 허드슨강을 거슬러 올라가 웨스트 51번가에 정박했다. 먼저 받침대와 주춧돌을 내려 목적지로 보냈다. 뉴욕시에서 거리 측정 단위로 흔히 쓰는 긴 블록과 짧은 블록을 사용해 나타낸다면, 메트로폴리탄미술관 뒤에 있는 둔덕 꼭대기까지 가는 데에는 긴 블록 6개와 짧은 블록 30개를 지나야 했다. 그곳 땅은 사전 준비 작업을 통해 맨해튼의 유명한 화강암 기반암이 드러나 있었고, 받침대를 올려놓을 주춧돌을 놓을 자리가 반반하게 다져져 있었다. 개개의 돌을 옮기는 거야 큰 문제가 되지 않았지만, 45톤짜리 받침대를 옮기는 것은 큰일이었다. 알렉산드리아에서 배에 실을 때에도 그랬지만, 배의 화물실에서 받침대를 들어올리는 데에도 크레인 2대가 일사불란하게 작업하는 게 필요했다. 그것은 말 32마리가 끄는 수레의 틀에 매달려 도시의 거리를 가로지르며 운반되었다. 무거운 하중 때문에 바퀴가 홈에 끼여 말들이 그것을 빼낼 수 없는 사태가 벌어지면, 유압잭을 동원했다.

오벨리스크 본체를 옮기는 것은 훨씬 더 어려웠는데, 과도한 이익을 챙기려는 드라이 독 소유주들의 욕심이 일을 더 복잡하게 만들었다. 터무니없는 비용을 피하려고 데수그호를 적절한 사용료를 낼 수 있는 스태튼아일랜드로 보내 그곳에서 선체를 열어 단 하나뿐인 화물을 꺼내려고 했다. 처음에는 강철 포탄 위로 화물을 굴리는 구식 방법을 사용했지만, 무게 집중 때문에 포탄들이 굴러간 길이 파손되었다. 할 수 없이 계획을 변경해 강철 선로 위로 굴러가는 롤러를 사용해 오벨리스크를 목제 부함에 실은 뒤 웨스트 91번가의 부두까지 물 위로 이동했다. 그곳은 미술관에서 다소 가까웠지만, 그래도 긴 블록 6개와 짧은 블록 10개만큼 떨어져 있었다. 부두에서 받침대까지 3km를 이동하려면 간선 철도를 하나 건너야 했고, 최대 70m에 이르는 고도 차이도 극복해야 했다. 오벨리스크와 동일한 플랫폼에 올려놓은 소형 증기 기관의 도움으로 이 여행을 무사히 마칠 수 있었다. 도르래 장치를 통해 증기 기관의 드럼을 저 앞에 멀리 위치한 고정 장치에 연결시켰고, 증기 기관이 목재 위에서 구르는 롤러 위로 플랫폼을 끌었는데, 플랫폼이 지나간 자리에 남은 목재를 다시 앞으로 이동시키며 작업을 진행했다. 부두에서 최종 목적지까지 가는 데에는 112일이 걸렸다. 그곳에 도착한 뒤 오벨리스크를 수평 방향에서 수직 방향으로 세웠는데, 알렉산드리아에서 서 있던 것을 눕힐 때와 정반대 방식으로 이루어졌다. 받침대 위의 최종 위치에 선 것은 1881년 1월로, 이전 작업을 시작한 지 불과 16개월 만이었다. 윌리엄 밴더빌트는 이 성과에 크게 만족하여 고린지에게 이전 작업에 든 총비용 10만 4000달러를 전액 지불했다.

현대에 오벨리스크를 옮긴 과정은 잘 기록돼 있지만, 애초에 오벨리스크를 세운 과정은 "고대 세계의 매우 흥미로운 공학적 묘기 중 하나"로 일컬어졌으며, 피라미드의 건설에 관해 수많이 쏟아진 연구와 추측에 비하면 대체로 간과돼왔다. 오벨리스크 문제에 관심을 촉구하기 위해 PBS(Public Broadcasting Service, 공영 방송 서비스)의 과학 텔레비전 시리즈 〈노바Nova〉는 1994년에 길이 13m, 무게 36톤의 오벨리스크를 오로지 힘을 합쳐 밧줄을 끄는 사람의 힘만 사용해 옮기고 똑바로 세우는 계획을 추진했다. 진척 속도가 느렸던 그 시도는 텔레비전 제작 일정을 감안해 폐기되었다. 1999년에 추진한 두 번째 시도도 실패로 끝났지만, 그해에 무게 22.5톤의 오벨리스크를 매사추세츠주의 한 채석장에서 세우는 데 성공해 비교적 작은 규모이긴 해도 모래 채취장에 의존하는 기술의 유효성을 입증했다. 물론 그런 실험의 성공에도 불구하고 옛 사람들이 바로 이 방법으로 그 일을 해냈다는 사실을 증명하지는 못하지만, 채석장 작업자들은 분명히 그 일을 해냈다. 그리고 현대적인 장비로도 오벨리스크를 옮기는 일이 만만치 않다는 사실을 감안하면 옛 사람들이 해낸 일이 더욱 경이로워 보인다.

어려운 일이라고 해서 모두 다 크고 무거운 물체에 굉장한 힘을 쓰는 과정을 포함하는 것은 아니다. 텔레비전 시트콤 〈빅뱅 이론〉의 한 에피소드에서 셸던이 흰 아스파라거스 병을 잘 열지 못하는 척하는 장면이 나온다. 룸메이트인 레너드에게 병을 좀 열어달라고 부탁해 그 연인인 스테파니에게 레너드가 상남자라는 인상을 심어주기 위해서 그런 연극을 한 것이다. 레너드는 병을 열려고 하다가 잘 열리지 않아 진짜로 끙끙거린다. 처음에는 몸 앞에서 병을 잡고 열려고 시도했다가 그다음에는 병을 몸에다 대고 뚜껑을 비틀어 열려고 하지만 실패한 뒤에, 레너드는 뚜껑이 약간 헐거워지지 않을까 기대하면서 병을 카운터 모서리에 대고 살짝 치기까지 한다. 그래도 효과가 없자 레너드는 병을 카운터에 대고 세게 내리쳤다가 그만 병이 깨지면서 엄지손가락을 유리에 베이고 만다. 외과의 레지던트인 스테파니는 레너드를 병원으로 데려가 상처를 꿰매준다.

만약 실험물리학자인 레너드가 병과 나사식 뚜껑 사이에 작용하는 힘에 대해 생각해보았더라면, 자신이 셸던보다 한 수 위라는 사실을 증명함으로써 스테파니를 감탄시켰을 것이다. 레너드가 이해하지 못한 것은 무엇일까? 불행하게도 텔레비전 시트콤이 SF와 마찬가지로 자연의 실제 법칙을 항상 정확하게 전달하는 것은 아니다. 만약 공학자인 하워드가 그 자리에 있었더라면, 레너드에게 병을 더 효율적으로 열기 위해 물리학 지식을 (공학의 형태로) 활용해보라고 충고했을지도 모른다. 하워드는 "그건 SF(science fiction)가 아니라 과학 마찰(science friction)이야. 자세히 들여다보라고" 같은 재치 있는 농담을 했을지도 모른다.

아스파라거스와 그 밖의 채소는 병에 넣어 몇 년 동안 보관할 수 있다. 병조림을 만드는 과정은 먼저 뚜껑을 꽉 조인 병에 담긴 음식물을 물이 끓는 온도까지 가열하는 것으로 시작한다. 그러면 세균을 죽일 수 있을 뿐만 아니라, 모든 것은 식으면서 내용물과 대기 사이의 압력차 때문에 더 철저하게 밀봉된다. 이것은 뚜껑 가운데를 눌러보면 확인할 수 있다. 만약 뚜껑이 움푹 들어가지 않는다면 내용물이 효과적으로 진공 밀봉된 것이다. 어떤 뚜껑에는 가운데에 버튼이 달려 있는데, 이것은 감압 상태에서 내용물이 '진공 포장'되었음을 시각적으로 확인할 수 있게 해준다. 하지만 음식물을 가열하는 과정에서 살아남은 유해 미생물이 있거나 밀봉 부위가 공기의 출입을 막는 데 실패한다면, 용기 내부의 압력이 증가하면서 일종의 용수철이나 점프 원반으로 생각할 수 있는 버튼이 위로 튀어오른다. 소비자에게 버튼이 위로 올라온 통조림이나 병을 버리라고 충고하는 이유는 이 때문이다.

변질되지 않은 아스파라거스 병의 경우, 뚜껑을 단단하게 닫힌 상태로 유지하는 힘들은 뚜껑을 열기 힘들게 하는 힘들과 본질적으로 동일하다. 병을 여는 것이 어려운지 쉬운지는 두 부분이 만나는 지점의 기하학적 세부 특징에 따라 달라질 수 있지만, 일반적으로 뚜껑의 내부 나사산 바닥면이 병의 외부 나사산 윗면으로 끌어당겨진다. 힘들(짝힘의 형태로)을 뚜껑에 가할 때, 나사산들 사이에 작용하는 마찰력과 병 테두리 윗면과 접촉한 뚜껑 밑면의 고리 부분 사이의 접촉면을 따라 작용하는 마찰력은 비틀림 힘과 반대로 작용한다. 뚜껑을 돌려 들어서 여는 것이 목적이기 때문에 우리는 본능적으로 뚜껑을 비틀면서 아래로 내리누르지 않는다. 뚜껑을 더 세게 누를수록 뚜껑과 병 사이에 마찰력이 더 커지고, 힘을 더 많이 들일수록 뚜껑을 열기가 더 힘들어진다. 하지만 만약 뚜껑 위에서 손바닥으로 뚜껑을 누르지 않으면서 손가락들로 그 둘레를 붙잡는다면, 손바닥과 뚜껑 사이의 마찰력에서 아무런 이득을 얻지 못하게 된다. 피부와 강철 사이의 마찰 계수는 유리와 강철 사이의 마찰 계수보다 크기 때문에, 직관에 반하지만 아래로 누르는 시도는 뚜껑을 여는 데 도움을 준다.

잘 열리지 않는 병뚜껑이나 온갖 종류의 뚜껑을 여는 것은 흔히 마주치는 문제이며, 이 문제를 해결하기 위해 많은 방법이 고안되었다. 어떤 사람들은 와인 병의 나사식 뚜껑을 여는 것이 특별히 어렵다고 여긴다. 한 가지 원인은 금속 테두리와 뚜껑 사이의 절취선이 불완전해 이 둘이 분리되는 대신에 병목 주위를 함께 빙빙 도는 데 있다. 어떤 와인 애호가는 코르크스크루가 달린 잭나이프에 종종 함께 딸린 칼날로 띠를 자름으로써 이 문제를 해결한다. 어떤 사람들은 지름이 작은 뚜껑에 비트는 힘을 충분히 주지 못해 어려움을 겪는다. 캐서린은 친구로부터 쉬운 해결책을 배웠다. 그 친구는 병을 들고서 뚜껑을 돌려 열려고 하는 대신에 뚜껑을 고정시키고 병을 돌렸는데, 병은 지름이 더 커서 더 큰 역학적 이득을 얻을 수 있었다.

나는 열기 힘든 와인병과 맥주병을 따는 일을 다른 방법으로 해결한다. 오른손으로는 평소처럼 병목을 잡는다. 즉, 한 모금 마시기 위해 열린 병을 들어올릴 때처럼 병을 잡는다. 하지만 왼손으로는 야구 배트를 짧게 잡듯이 뚜껑을 꽉 움켜잡지 않는다. 대신에 왼손을 빙 돌려 그 엄지손가락이 오른손 엄지손가락과 맞닿게 한다. 이제 뚜껑을 반시계 방향으로 비틀기 시작하면, 뚜껑은 내 엄지손가락과 집게손가락 사이의 구부러진 부분에서 돌면서 나오는 것이 아니라 그곳으로 들어간다. 그래서 내가 손을 돌리면 단단하게 결합된 관을 푸는 멍키 렌치처럼 손가락들이 꽉 조이면서 뚜껑을 돌리게 된다.

탄산음료 병은 또 다른 문제가 있다. 병 속의 압력이 뚜껑을 계속 위로 밀어 맞물린 나사산들 사이의 접촉력과 마찰력을 유지하기 때문에, 뚜껑이 거의 완전히 열리기 전까지는 그 압력이 억제된 상태로 계속 유지된다. 만약 뚜껑을 아주 빨리 돌려서 연다면 누그러지지 않은 압력이 분출되면서 뚜껑을 날려 보낼 수 있고, 어쩌면 눈으로 날려 보낼 수도 있다. 이런 불상사를 막기 위해 병과 뚜껑의 나사산은 연속적으로 이어지지 않도록 만든다. 대신에 그 모양은 군데군데 끊긴 지점이 있는 2차선 도로의 중앙선(지나가도 괜찮다는 것을 알려주는)처럼 여기저기 간극이 있는 나선 경사로를 연상시킨다. 병과 뚜껑의 불연속적인 나사산은 뚜껑을 열 때 압력이 빠져나갈 통로를 제공한다. 뚜껑을 열 때 나는 쉿 하는 소리는 바로 병 속의 압력이 빠져나가는 신호다.

행성과 함께 움직이다

19장

지진의 진동 느끼기

건물이 굳건하게 서 있는 이유는 공학자들이 건물이 무너질 수 있는 여러 가지 방법을 상상했기 때문이다. 이상하게 들릴지 모르지만, 가장 확실하게 어떤 구조(건물, 다리, 타워, 댐 등)가 무너지지 않도록 보장하는 방법은 그것을 무너뜨리려고 시도하는 것이다. 물론 그런 시도를 꼭 현실에서 할 필요는 없다. 어떤 힘에도 견딜 수 있는 대비책을 마련하지 않은 채 초고층 건물을 짓는다면 그것은 매우 어리석은 짓일 뿐만 아니라 값비싼 대가를 치르게 될 것이다.

모든 인공 구조물은 중력과 지진, 허리케인, 해일을 포함한 자연의 힘에 공격받을 수 있다. 이 힘들은 공학자가 쉽게 만들거나 복제할 수 있는 것이 아니지만, 그 모형(실제 콘크리트나 강철, 바람, 물이 필요 없는 가상의 모형)을 만들 수는 있다. 공학자는 건설이 시작되기도 전에 마음속이나 종이 위, 컴퓨터 화면, 심지어 실험실에서 그 모형에 갖가지 힘으로 공격을 가함으로써 그 건물이 그 모든 힘에 견뎌낼 수 있는지 없는지 살펴본다. 실험실 모형은 실제 건물의 디지털 버전이지만 컴퓨터 게임하고는 다르다. 어린이들은 모형에 익숙하다. 아주 어린 나이 때부터 남자 아이와 여자 아이는 실제 블록과 가상 블록과 그 밖의 재료를 가지고 아치와 다리, 집, 성, 탑 등을 만들며 논다. 우리는 이것들을 장난감이라고 부르지만, 이것들은 상상하고 만들고 부분들을 조립해 전체를 완성하는 방법에 대해 많은 것을 가르쳐주며, 관련된 힘들에 대한 느낌을 발달시키는 데에도 도움을 준다.

나이 많은 사람들은 메카노사의 이렉터 세트에 포함된 작은 너트와 볼트로 작은 강철 부품들을 연결하거나 팅커 토이스 세트와 링컨 로그스 세트에 딸린 목제 부품들로 여러 가지 구조 모형을 만든 기억이 있을 것이다. 오늘날의 어린이들은 레고라는 플라스틱 블록을 사용한다. 이러한 조립 세트를 가지고 놀아본 사람은 어떤 물체를 만들 수 있는 크기에는 한계가 있다는 사실을 안다. 가끔은 부품이 바닥나거나 부품을 너무 과감하게 사용하는 바람에 완성하기도 전에 구조가 와르르 무너지는 일이 일어난다.

구조를 설계하는 공학자들은 놀이를 하는 것이 아니지만, 이들이 만든 물리적 모형도 너무 무겁거나 균형을 잃어서, 혹은 쿵쿵거리며 걷는 동료의 발걸음에서 발생한 힘(지진이 땅을 흔들듯이 바닥을 흔들리게 만드는)을 견뎌내기에 너무 약해서 똑같이 무너질 수 있다. 때로는 진동대라는 큰 기계 장비 위에 더 정교한 모형을 만들어 올려놓고 지진을 모방한 진동을 발생시키면서 모형을 실험하기도 한다. 모형이 무너지면 어린이나 공학자 모두 실패로부터 교훈을 얻는다. 다음번에는 무엇을 조심해야 할지 알게 되는 것이다. 오래전에 공학자들은 벽돌을 십자 형태로 교차시키며 쌓거나 쇠줄로 묶음으로써 벽을 강화하는 법을 배웠다. 현대의 석조 구조는 벽이 쉽게 무너지지 않도록 속이 빈 신더블록* 사이로 강철봉을 집어넣어 강도를 보강하는 경우가 많다. 현대의 공학자들은 디지털 모형을 통해 더 크고 튼튼한 들보와 기둥을 언제 그리고 어떻게 사용해야 하는지 배운다.

장난감을 가지고 노는 아이들처럼 어른 공학자도 제대로 작동하지 않거나 인간과 자연이 가한 힘을 버텨내지 못해 빚어진 실패에서 교훈을 얻는다. 그리고 과거에 성공하지 못한 것을 분석함으로써 미래에는 성공하도록 잘 설계하는 법을 배운다. 이런 과정을 통해 고대에 피라미드를 짓던 시절 이래로 구조가 줄곧 개선되고 점점 완벽해졌다. 옛날에는 지식은 대체로 시행착오를 통해 축적되었다. 지금은 공학자들이 개념적 모형과 종이 위에 연필로 그린 모형과 가상 모형을 무너뜨리려고 시도하면서 터득한 지식 덕분에 온갖 구조들이 굳건하게 서 있다. 해석 설계design by analysis라고 부르는 이 과정은 잘못될 가능성이 있는 변수들을 미리 세심하게 고려하는 사고방식을 대변한다. 하지만 예상치 못한 일은 늘 일어나게 마련이다.

2011년 8월에 미국 동해안 지역을 강타한 지진은 주민들에게 평소에 경험하지 못한 힘을 느끼게 해주었고, 일부 유명한 구조에 그 흔적을 남겼다. 워싱턴 D.C.에서는 워싱턴 국립 대성당의 첨탑 위치가 이동했고, 피니얼finial(첨탑의 꼭대기 장식)이 떨어졌으며, 바닥에는 천사 석조 조각상의 잔해가 어지러이 널렸다. 원상을 회복하는 데에는 수백만 달러의 비용과 몇 년의 시간이 걸릴 것으로 추정되었다. 지금 국립건축박물관이 들어서 있는 19세기 후반의 펜션 건물은 널따란 내부 공간을 갖춘 거대한 벽돌 구조의 점검이 끝날 때까지 폐쇄되었다. 결국은 안전하다는 판정이 나왔지만, 박물관에 전시된 레고 건축물인 엠파이어스테이트빌딩과 부르즈 할리파 모형은 맨 위층의 플라스틱 벽돌

* 석탄재 등을 콘크리트에 섞어 만든 가벼운 블록.

구조 중 일부가 무너지는 참사를 겪었다. 실제로 워싱턴 기념비는 석조 외장 여러 곳에 금이 갔지만, 이것은 이 구조물이 겪은 최근의 애로에 불과하다. 애초에 건설하는 것 자체가 유지하는 것만큼이나 많은 고비를 겪었기 때문이다.

워싱턴 기념비는 오벨리스크로 불릴 때가 많으며, 때로는 '진짜 오벨리스크'라고 불리기도 하는데, 물론 실제로 그런 것은 아니다. 앞서 보았듯이 역사적으로 진정한 오벨리스크는 단일 암체, 즉 단 하나의 돌을 깎아서 만든 돌기둥이다. 워싱턴 기념비는 여러 암석 블록으로 이루어졌으므로, 모르타르로 결합시켰든 그냥 쌓았든, 벽돌과 신더 블록 같은 재료를 기본 건축재로 사용한 건물과 마찬가지로 석조 구조물이라고 부르는 게 적절하다. 대리석, 편마암, 화강암, 사암 블록들을 포함한 워싱턴 기념비는 세상에서 가장 높은 비보강 석조 구조물로 간주된다. 즉, 돌들 사이에 철봉이나 강철봉이나 이음쇠가 전혀 들어가지 않았다는 뜻이다. 무게가 약 7만 톤인 워싱턴 기념비 내부에 들어가 있는 사람들의 총무게는 필시 10톤이 넘지 않을 것이다. 다시 말해서, 기념비는 사람들의 존재를 거의 느끼지 못할 것이다. 하지만 내부 공간으로 들어가려면 반드시 지나가야 하는 매우 두꺼운 벽을 보면, 그 모든 돌을 들어올려 제자리에 위치시키는 일의 규모와 기초를 내리누르는 막중한 무게를 쉽게 상상할 수 있다. 거의 100년이 걸린 워싱턴 기념비의 건립 계획과 설계와 건설 과정이 그 의미와 장소를 놓고 정치적, 재정적, 그 밖의 비기술적 논란에 휩싸였다는 사실을 떠올리면 그 느낌이 더욱 실감나게 다가올 수 있다. 하지만 아무 장식이 없는 오벨리스크(사실이든 아니든)는 미국의 초대 대통령을 기리기 위한 기념비로 유일하게 제안된 아이디어가 아니었다. 파리 조약으로 미국 독립 전쟁이 공식적으로 끝난 뒤인 1783년에 청동 기마상 형태로 조지 워싱턴을 기리는 기념비를 만들자는 제안이 이미 있었다. 대륙 회의의 한 위원회는 이 제안을 호의적으로 보고했고, 대륙 회의는 구체적으로 장군이 로마 시대 의상을 입고 오른손에 지휘봉을 든 모습으로 청동상을 건립하기로 결정했다. 그 청동상은 "국회 의사당이 들어설 장소", 즉 미국의 수도에 세울 예정이었고, 대리석 받침대 위에 올려놓기로 했다. 받침대 둘레에는 얕은 돋을새김으로 "전쟁에서 워싱턴 장군이 몸소 지휘한 주요 사건들"을 기록하기로 했다. 의회의 결정은 더 나아가 청동상 제작을 유럽인 조각가에게 의뢰하고, 이를 위해 워싱턴의 화상畫像과 전쟁의 주요 사건 설명을 제공하기로 명시했다. 청동상 제작을 외국에 맡긴 것은 오늘날 흔히 그러는 것처럼 경제적 이유에서가 아니라, 신생 국가인 18세기 후반의 미국에서는 그토록 중요한 작품을 만들 재능과 기술을 가진 조각가를 찾기 힘들 것이라는 현실을 고려한 결정이었다.

하지만 워싱턴 기마상의 정확한 위치는 말할 것도 없고 새 국가의 수도 위치조차 아직 결정되지 않은 상태였다. 헌법 초안을 마련하고 비준을 받는 문제도 남아 있었다. 물론 헌법 문제는 1787년에 완료되었고, 1790년에는 수도가 포토맥강 인근으로 결정되었다. 새 도시 건설 계획의 책임은 프랑스에서 태어났지만 독립 전쟁에 참전하기 위해 미국으로 건너온 피에르 샤를 랑팡Pierre Charles L'Enfant에게 맡겨졌다. 전쟁 이후에 랑팡은 뉴욕시로 가 토목공학 회사를 세웠다. 프랑스 왕립회화조각아카데미를 다닌 랑팡은 건축과 설계에도 높은 명성이 있었기에 그가 워싱턴 대통령에게 새 연방 수도의 설계에 관심을 표하자, 미국인들은 그의 제안을 진지하게 받아들였다. 랑팡은 도시 내 적절한 장소들의 거리 배치와 그곳에 들어설 공공건물들을 도면으로 작성하는 책임을 맡았다. 랑팡은 비트루비우스가 고대 도시들에 대해 쓴 고전적인 건축 원리에 따라 구조물들의 위치를 정했다. 랑팡은 자신이 맡은 일에 전력을 다했고, 기대 이상의 성과물을 내놓았다.

랑팡이 1791년에 마련한 연방 수도(워싱턴 D.C.라 불리게 될) 건설 계획은 잘 알려져 있으며, 오늘날 이곳의 거리들과 주요 지형지물은 원래 계획에 포함된 주요 특징들과 매우 비슷하다. 특히 국회 의사당은 언덕 위에 자리 잡고 있고, 백악관이라 불리게 될 대통령 집무실은 산등성이에 위치하고 있다. 국회 의사당과 백악관은 펜실베이니아 애비뉴를 따라 약 1.6km 거리에 있다. 국립공원인 내셔널 몰은 국회 의사당에서 서쪽으로 포토맥강 쪽으로 뻗어 있다. 말을 탄 워싱턴 청동상도 계획의 일부로 포함돼 있었는데, 국회 의사당을 지나가는 동서 축과 백악관을 지나가는 남북 축이 교차하는 지점에 세울 예정이었다. 물론 이곳은 현재 워싱턴 기념비가 서 있는 장소 부근이다. 청동 기마상이 실행에 옮겨지지 않고, 또 워싱턴 기념비의 위치가 정확하게 랑팡이 조지 워싱턴 기념비 장소로 선택한 장소가 아닌 이유는 전체 이야기 중 일부인데, 그 모든 측면에는 이런저런 형태의 힘이 관여했다. 당연히 중력과 마찰력을 극복하기 위한 밀고 당기는 물리적 힘들도 작용했지만, 훨씬 큰 장애물은 문화적·미학적·정치적·경제적으로 밀고 당기는 힘들이었다.

기마상 계획이 신속하게 추진되지 않은 한 가지 이유는 워싱턴 자신이 살아 있는 동안 기념비를 세우는 것에 반대했기 때문이다. 워싱턴은 마지못해 두 번째 대통령 임기를 채우고 나서 세 번째 임기마저 맡아달라는 제안을 거절하고서 1797년에 마운트버넌의 집으로 돌아갔고, 그곳에서 2년 뒤에 세상을 떠났다. 기마상 건립에 아무 진전이 없는 가운데 의회는 미국 건국의 아버지인 워싱턴을 기리기 위한 방안을 찾을 위원회를 설치했다. 워싱턴이 사망한 지 10일 만에 위원회는 "그의 군사적·정치적 삶에서 위대한 사건들을 기념하는" 대리석 기념비를 세우자고 권고하면서 그 안에 초대 대통령의 유해를 보관하자는 의견도 피력했다. 의회는 건립될 기념비의 위치를 의사당 안에 두자고 명시한 결의안을 채택했다. 이 아이디어는 수십 년 동안 진척이 없었다. 그 사이에 국회 의사당 건립 공사가 시작되었다. 로툰다 아래에 영묘를 만들어 그곳에 조지 워싱턴뿐만 아니라 부인인 마사 워싱턴의 유해도 안치할 계획이었지만, 물론 그 계획은 실현되지 않았다. 워싱턴 부부의 묘는 마운트버넌에 그대로 남아 있다.

1832년에 조지 워싱턴 탄생 100주년을 맞아 이를 기화로 초대 대통령을 기리기 위한 노력이 재점화되었다. 의회는 국회 의사당 로툰다에 세울 대리석 조각상 예산 5000달러를 승인했다. 제작을 의뢰받은 미국 조각가 허레이쇼 그리너프Horatio Greenough는 옷을 느슨하게 걸치고 맨가슴을 드러낸 조각상을 만들었다. 이 조각상은 여러 가지 이유 중에서도 워싱턴을 마치 로마의 목욕탕을 들어가거나 나오는 것처럼 보이게 만들었다는 이유로 조롱을 받았다. 국회 의사당 안에 설치되는 대신 건물 밖의 경내로 밀려난 조각상은 그곳에서 새들이 공공기념물에 가하는 치욕을 당하며 서 있었다. 그러다가 결국에는 스미스소니언협회로 옮겨졌다.

조지 워싱턴을 정중한 방식으로 기념하는 데 관심을 가진 시민들이 의회와 별개로 그 노력을 조직적으로 기울이기 시작했다. 1833년에 워싱턴국립기념비협회가 설립되었고, 대법원장 존 마셜John Marshall이 회장으로 선출되었다. 경제가 어려운 시절이었는데도 협회는 약 100만 달러가 들 것으로 추정되는 기념비 건립을 위해 모든 미국 시민에게 1달러를 기부하는 모금 행사에 참여할 것을 독려하는 캠페인을 벌였다. 약 3년이 지났을 때, 전체 인구 1500만 명에게서 거둔 모금액은 겨우 2만 8000달러에 그쳤지만, 설계 공모전을 후원하기에는 충분한 금액이었다. 응모 작품 중에는 오늘날 각각 런던과 에든버러에 서 있는 앨버트 공과 월터 스콧 경 기념비를 연상시키는 빅토리아 시대풍의 탑에서부터 원형 콜로네이드 중심에서 우뚝 솟은 이집트 오벨리스크처럼 생긴 것도 있었다. 후자는 미국 건축가 로버트 밀스Robert Mills의 작품인데, 밀스는 흰 대리석으로 높이 53.4m의 도리아식 기둥 기념비를 설계한 사람이기도 하다. 로마 시대 토가 차림으로 조지 워싱턴이 그 위에 서 있는 이 기념비는 의회가 추진을 미적대는 사이에 볼티모어에 건립되었다.

밀스는 수도에 세울 기념비에 대한 자신의 설계를 "국가적 판테온"으로 간주해 기둥들 뒤에 유명한 미국인들의 조각상을 설치할 공간을 두었다. 하지만 높이 30m의 콜로네이드 안에 높이 180m의 오벨리스크를 세우는 이 설계안을 비판하는 사람들은 그것을 바빌로니아, 이집트, 그리스, 로마 양식의 잡탕이라고 보았다. 그럼에도 불구하고 밀스의 작품이 공모전에서 우승을 차지했는데, 다행히도 최종적으로 건립된 기념비는 밀스의 원안을 따르지 않았다. 모금의 어려움이 지속되는 바람에 콜로네이드는 폐기되었고, 오벨리스크의 높이는 180m에서 150m로 낮아졌다. 원래 계획에서는 랑팡의 생각대로 기념비를 국회 의사당을 지나는 축과 백악관을 지나는 축의 교차 지점에 세우려고 했고, 의회는 그 목적을 위해 그 장소가 포함된 땅 37에이커의 사용을 승인했다. 하지만 토양을 분석한 결과, 그 지역의 토양은 습지에 가까워 기념비의 무게를 지탱하기 어려운 것으로 드러났다. 그래서 거기서 남동쪽으로 100m쯤 떨어진 지점이 최종적으로 결정되었다. 이는 랑팡이 구상했던 정렬된 설계안을 다소 뒤집는 결정이었다.

매우 높은 워싱턴 기념비는 단일 암체 오벨리스크와 달리 수평 위치에서 제작해 제자리로 옮겨 설치할 수 없었다. 기념비를 부분별로 하나씩 만드는 것은 시간이 오래 걸리고 어려운 과정이었는데, 1848년에 초석을 놓고 공사를 시작할 때에는 미처 예견하지 못한 부분이었다. 깊이 7.2m의 기초는 석회 모르타르와 시멘트 혼합물에 끼워넣은 커다란 파란색 편마암 블록들로 이루어졌다. 기초의 면적은 약 74m^{2}였고, 질서정연하게 쌓인 돌들은 윗부분이 잘린 계단 피라미드 형태로 올라가 지면 높이에서는 오벨리스크 밑바닥보다 조금 더 넓었다.

상부 구조는 모르타르에 박힌 불규칙한 모양의 파란색 편마암으로 만들어졌고, 내벽과 외벽은 대리석으로 마감했다. 돌기둥 몸체는 바닥 부분에서는 넓이가 5.1m^2, 높이 150m 지점에서는 3.16m^{2}로 위로 올라갈수록 점점 가늘어지도록 설계되었고, 기둥 벽은 올라갈수록 지탱해야 할 하중이 줄어들기 때문에 여유로운 내부 공간을 유지하기 위해 두께가 점점 얇아졌다. 이 공간에는 결국 중앙에 위치한 엘리베이터 샤프트와 그것과 내력벽 사이에 위치한 계단이 들어가게 되었다.

건축 공사는 1854년까지 계속되다가 워싱턴국립기념비협회의 건축 자금이 바닥나는 바람에 중단되었다. 구조가 기초 위로 45m쯤 올라간 상태에 있던 1855년, 의회는 공사 진행을 위해 20만 달러의 예산을 책정했지만, 독일계 및 아일랜드계 가톨릭 이민자가 점점 늘어나면

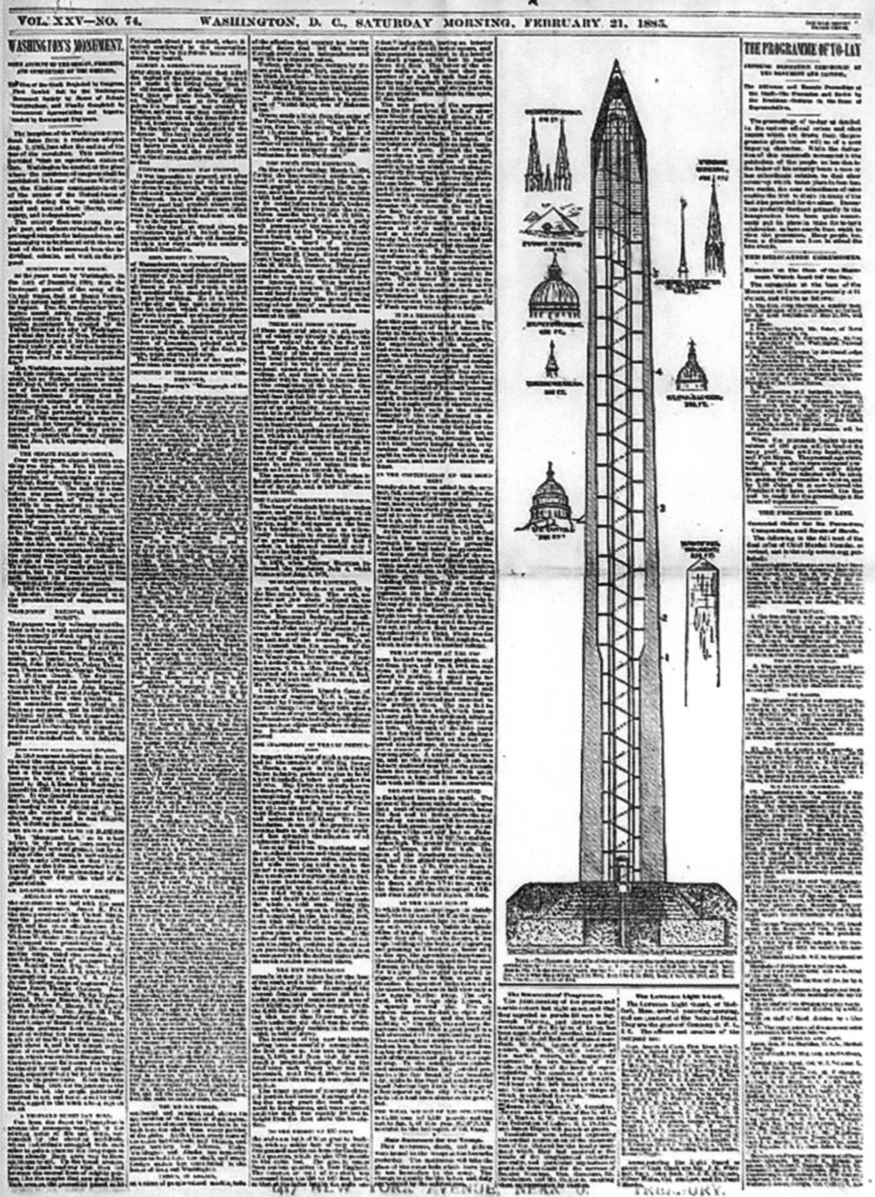

The National Republican.

VOL. XXV—NO. 74. WASHINGTON, D. C., SATURDAY MORNING, FEBRUARY 21, 1885.

WASHINGTON'S MONUMENT.

THE PROGRAMME OF TO-DAY

1885년 2월 21일《내셔널 리퍼블리칸》에 실린 워싱턴 기념비의 모습. 워싱턴 기념비는 완공 당시 세계에서 가장 높은 건축물이었다.

로마 교황이 미국을 좌지우지할 것이라는 두려움에 이민자 배척을 강하게 주장하던 무지당無知黨, Know Nothing Party이 워싱턴국립기념비협회의 적대적 인수에 성공하자 그 여파로 결국 예산이 철회되고 말았다. 무지당은 건설 계획을 추진하면서 기념비 높이를 조금 더 높였지만, 이전에 불합격 판정을 받았던 질 낮은 석재를 사용했다. 세력이 약화되자 무지당은 1858년에 건설 계획으로부터 손을 뗐고, 미완성 기념비는 20년 동안 약 47m 높이의 그루터기 상태로 머물면서 국가적 수치가 되었다. 독립 선언 100주년 기념행사가 다가와서야 의회는 상황을 타개하기 위한 행동을 취했다. 미국 정부가 이 건설 계획의 추진을 떠안는 법안이 통과됐다. 1876년, 워싱턴국립기념비협회가 미완성 구조물과 그것이 서 있는 땅을 정부에 양도해 미 육군 공병대가 오벨리스크 건립 공사를 책임지게 되었다. 1878년에 토머스 링컨 케이시Thomas Lincoln Casey 중령이 전체 계획을 관장했고, 1880년에 공사가 재개되었다.

맨 먼저 해야 할 일은 원래의 기초를 보강하는 것이었다. 기초를 짓누르는 미완성 구조물의 무게는 이미 2만 7000톤이 넘었는데, 기념비는 아직 최종 높이의 1/3도 올라가지 않은 상태였다. 기초를 강화하기 위해 깊이는 10.8m로, 면적은 11.7m^{2}로 늘렸다. 원래 기초는 단계적으로 허물고 콘크리트로 공간을 메움으로써 기초를 크게 강화할 수 있었다. 상부 구조는 무지당이 사용한 석재의 질이 나쁠 뿐만 아니라, 맨 위층은 오랜 공사 중단 기간 동안 비와 눈에 도출되고 동결과 해빙이 반복된 결과 손상된 부분이 컸다. 케이시는 1.8m 높이의 대리석을 제거하고 새로운 대리석으로 교체하는 명령을 내림으로써 기념비의 기하학적 구조를 제대로 된 상태로 복구하고, 그 위에서 공사를 재개할 수 있도록 훌륭한 기반을 제공했다. 공사가 시작될 때부터 사용한 대리석은 메릴랜드주의 한 채석장에서 가져온 것이었지만, 공병대가 공사를 맡고 나서는 한동안 매사추세츠주의 대리석을 사용했다. 그런데 두 대리석의 색이 일치하지 않아 바깥쪽에 쓸 대리석을 구하기 위해 메릴랜드주의 채석장을 다시 찾아가야 했다.

기초 부분에서 기념비의 벽 두께는 4.5m였다. 높이 올라갈수록 그 두께는 얇아졌다. 150m 높이에서 그 두께는 45cm에 불과하다. 136m 높이까지는 바깥쪽은 흰 대리석이지만, 벽 내부는 편마암과 화강암으로 이루어져 있다. 그 이상의 높이에서는 벽 전체가 대리석이다. 얼마 지나지 않아 기념비 꼭대기 부분 설계가 검토 대상으로 떠올랐다. 밀스의 원래 계획에서는 '오벨리스크' 꼭대기에 땅딸막한 피라미드를 올려놓기로 돼 있었다. 그런데 그 사이에 초대 주 이탈리아 미국 대사였던 조지 퍼킨스 마시George Perkins Marsh가 진짜 오벨리스크에 대해 조사했는데, 진짜 오벨리스크는 높이가 기초의 폭에 비해 10배나 길다는 사실을 발견했다. 워싱턴 기념비의 기초는 폭이 16.5m를 조금 넘었으므로, 최종 높이는 166.5m가 되어야 한다는 계산이 나왔다. 그 높이에 이르려면 주 기둥 위에 높이가 16.5m에 이르는 다소 뾰족한 피라미디온을 올려야 했다. 케이시 중령은 처음에 땅딸막한 피라미디온을 계획했고, 내부 공간에 빛이 잘 들어오도록 유리를 끼운 금속으로 만들려고 했다. 하지만 케이시의 참모 중 토목공학자인 버나드 리처드슨 그린Bernard Richardson Green(이후에 의회 도서관 건물과 서가를 만드는 공사를 진행했다)과 상의한 결과, 꼭대기 근처의 얇은 벽이 감당하기에는 너무 무겁다는 이유로 금속 지붕은 기각되었다. 금속 지붕은 또한 녹이 슬기 쉬웠고, 지붕에서 흘러내려오는 빗물에 흰 대리석 벽이 변색될 소지도 있었다. 따라서 오벨리스크 꼭대기도 대리석으로 만들기로 결정되었다. 구조적으로 그것은 대리석 리브 위에 올려놓은 대리석 판들로 이루어져 있었고, 무게는 약 270톤이 나갈 것으로 예상됐다.

아치가 쐐기돌을 끼움으로써 완성되듯이 피라미드는 관석冠石을 놓음으로써 완성된다. 워싱턴 기념비 위에 올려놓은 관석의 무게는 약 1500kg이나 나갔는데, 그것을 제자리에 올려놓으려면 세심한 계획과 실행이 필요했다. 워싱턴 기념비는 천문대도 들어서도록 설계되었기 때문에, 피라미디온에는 아랫부분 부근에 창문이 8개 있었다. 이것은 건축 공사 동안 중요한 기능을 했는데, 마무리 손질에 필요한 일련의 비계에 접근하는 통로를 창문이 제공했기 때문이다. 관석을 올려놓자, 이제 기념비의 외관을 마무리 짓기 위해 남은 마지막 절차는 꼭대기에 피뢰침용 쇠막대를 다는 것이었다. 그 재료로는 당시 희귀하고 값비싼 금속이었던 알루미늄이 선택되었다. 전도성이 높아서였다. 게다가 순수한 알루미늄은 공기 중에서 변색되지 않기 때문에, 거기서 흘러내리는 물에 대리석을 더럽히는 잔류물이 섞일 염려가 없었다. 워싱턴 기념비 꼭대기에 달린 약 2.8kg의 알루미늄 피뢰침은 그때까지 주조된 것 중 가장 큰 알루미늄 조각이었다.

높이 22.5cm의 알루미늄 막대는 네 면 모두에 문자가 새겨져 있었다. 백악관을 향한 북쪽 면에는 1876년 의회가 제정한 법에 따라 창설되어 기념비 건설을 감독한 합동위원회 위원들의 이름이 적혀 있다. 명단 맨 위에는 관석을 올려놓을 당시 미국 대통령이었던 체스터 아서Chester A. Arthur가 올라 있다. 서쪽 면에는 중요한 세 사건과 그 날짜가 새겨져 있다. 세 사건과 날짜는 초석을 놓은 1848년 7월 4일과 45.6m 높이에서 첫 번째 돌을 놓음으로써 공사를 재개한 1880년 8월

7일, 그리고 관석을 놓은 1994년 12월 6일이다. 남쪽 면에는 수석 공학자이자 건축가인 케이시 중령과 버나드 그린을 포함한 세 참모의 이름이 새겨져 있다. 동쪽 면에는 단순히 "Laus Deo"라는 문구가 새겨져 있는데, "하느님을 찬양하라"라는 뜻이다. 낙성식은 워싱턴의 생일(하필이면 그해에는 일요일이었다) 하루 전날인 1885년 2월 21일에 열렸다.

이제 단순한 건축물에 가까운 내부 공간을 방문객을 맞이하는 장소로 바꾸는 일이 남았다. 노동자들이 사용하던 목제 널빤지를 철제 계단 디딤판(모두 898개)으로 교체하고 난간도 추가해야 했다. 전망대 높이까지 150m를 오르내리는 데 5분쯤 걸리긴 했지만, 승객용 엘리베이터도 설치해야 했다. 당시의 신기술을 도입해 백열전구 75개로 이루어진 전기 조명 시스템도 설치하기로 했다. 전기를 공급하는 발전기는 별도의 기관실에 두기로 했다. 계단 옆 벽에 끼워넣어야 할 기념비에 해당하는 돌들도 있었다. 이것들은 여러 주와 협회, 외국 정부에서 보낸 선물로, 워싱턴기념비협회가 내부 벽에 끼워넣을 목적으로 요청한 것이었다. 현금 기부를 확보하는 데 어려움을 겪던 협회는 현금이 어려우면 그런 돌을 기부해달라고 요청했는데, 그러면 현금으로 구입해야 할 돌의 수를 줄일 수 있었다. 바티칸이 선물로 보내와 교황의 돌이라 불린 기념비는 무지당이 건설 현장을 지배하던 시절에 감쪽같이 사라졌다. 포토맥강에 버린 것으로 추정되는 그 돌은 다시 찾지 못했지만, 1982년에 그것을 대체할 돌을 확보했다.

워싱턴 기념비는 1888년에 일반 대중에게 개방되었다. 비판자가 없었던 것은 아닌데, 한 사람은 그 기초를 튼튼하게 강화한 것에 유감을 표했다. 이제 오벨리스크가 쓰러지려면 오랜 세월을 기다려야 하기 때문이었다. 로버트 밀스의 원래 계획을 철저하게 따르지 않은 것을 불

건축가 로버트 밀스가 1833년에 제안한 원래 설계안에서는 워싱턴 기념비가 콜로네이드로 둘러싸여 있었다. 상징적인 구조물 중에는 처음에 구상했던 것과는 다른 모습으로 완성된 경우가 많다.

만스럽게 생각하는 사람들도 있었는데, 콜로네이드가 없는 기념비는 "보기 흉한 굴뚝"에 불과하다고 믿었기 때문이다. 물론 찬양한 사람들도 있었는데, 조경 건축가이자 환경 운동가인 프레더릭 로 옴스테드 주니어Frederick Law Olmsted Jr.도 그중 한 명이었다. 그는 워싱턴 기념비가 "인간이 만든 것으로는 가장 거대할 뿐만 아니라 가장 아름다운 작품 중 하나다. 그것은 매우 거대한 동시에 아주 단순해 마치 자연의 작품처럼 보인다"고 극찬했다.

워싱턴 기념비는 완공될 당시 전 세계에서 가장 높은 인공 구조물이었지만 그 영예는 잠깐 동안만 지속됐다. 연철로 만든 에펠탑이 1889년에 완공되었기 때문이다. 하지만 워싱턴 기념비는 지금까지도 세상에서 가장 높은 석조 구조물로 남아 있다. 기초를 보강한 작업은 설계 및 시공이 아주 잘된 것으로 드러났는데, 100년 이상이 지난 뒤에도 건축물이 가라앉은 깊이는 겨우 10cm에 불과했다. 주된 결점은 건설이 중단되었던 흔적이 지울 수 없게 남아 있다는 사실이다. 서로 다른 대리석 색 때문에 지상에서 1/4쯤 되는 높이에 그 경계선이 선명하게 드러나 있다. 만약 바닥부터 꼭대기까지 같은 채석장에서 가져온 대리석으로 동시에 건설했더라면, 세월과 풍화에 따른 변색이 모든 높이에서 다소 균일하게 나타났을 것이다. 건설을 재개했을 때의 상황은 콘크리트 보도에서 어느 부분을 재포장하려고 하는 상황과 비슷했다. 새로 포장하는 콘크리트의 색을 이전의 색과 일치시키기는 결코 쉽지 않으며, 성공하는 경우는 드물다. 일단 어떤 구조물이 완성되고 나면, 그것은 어떻게 손쓸 방법이 없다.

나는 한 번 마음의 평화가 흔들리는 경험을 한 적이 있다. 그 사건은 기념비 꼭대기나 대도시의 고층 건물에서가 아니라 오리건주 클래머스폴스에 있는 2층짜리 모텔에서 일어났다. 1992년의 어느 아름다운 봄날 오전에 캐서린과 나는 방에서 뉴스를 시청하고 있었는데, 갑자기 낯선 느낌이 덮쳐왔다. 우리가 가장자리에 걸터앉아 있던 침대가 가볍게 흔들리고, 발을 딛고 있던 바닥도 움직이는 것 같았다. 그와 동시에 복도에서 유리잔이 달그락거리는 소리가 들려왔는데, 우리는 객실 청소 담당자의 카트에서 나는 소리일 거라고 짐작했다. 침대와 바닥이 움직이기 직전에 청소 담당자들이 청소 준비를 하느라 카트를 끌고 복도를 돌아다니는 소리를 들었기 때문에, 나는 무거운 카트가 복도를 굴러가는 바람에 바닥이 흔들리고 그 때문에 침대까지 흔들렸을 거라고 추측했다. 하지만 텔레비전에서 방금 전 지진이 발생했으며, 캘리포니아 북부가 진앙지라는 뉴스 속보가 흘러나오고 나서야 비로소 추측했던 것과는 다른 상황임을 깨달았다. 실제로 진앙지는 클래머스폴스에서 약 240km 떨어진 곳이었다.

지진이 일어난다고 해서 반드시 유리잔이 달그락거리거나 벨이 울리는 것은 아니다. 지진의 힘은 심지어 조용한 재앙으로 생각할 수도 있지만, 지진계가 지상의 움직임을 기록하기 전에 사전 경고를 제공하는 데 쓰이는 아주 민감한 음향 탐지기에는 전혀 그렇지 않을 수 있다. 바람이 구조의 고유 진동수와 진동 양상을 자극할 수 있는 것처럼 지진도 마찬가지로 자극할 수 있다. 내가 애호하는 45cm짜리 플라스틱 자가 있는데, 지동地動이 고층 건물에 어떤 일을 할 수 있는지 학생들에게 보여주려고 할 때 아주 유연한 이 자를 자주 사용했다. 한쪽 끝을 붙잡고 자를 수직으로 세운 뒤, 손을 앞뒤로 흔들면서 자가 움직임의 진동수와 진폭에 따라 어떤 반응을 보이는지 보여줄 수 있다. 만약 손을 천천히 흔들면 자는 손과 함께 움직이면서 수직으로 곧게 선 자세를 대체로 유지한다. 만약 손을 앞뒤로 빠르게 흔들면 자는 두드러지게 휘어진 모습을 나타내며 진동하는데, 정확한 모양은 진동수에 따라 달라진다. 손을 자의 가장 낮은 고유 진동수에 맞춰 움직이면 자는 앞뒤로 아주 크게 왔다 갔다 하면서 금방이라도 끊어질 것처럼 보인다. 플라스틱 자는 강철 건물이나 콘크리트 건물보다 훨씬 유연하긴 하지만 힘과 힘에 대한 반응이 동일하게 작용하기 때문에 구조 설계자는 강풍 속에서도 입주자들이 편안하게 머물고, 지진이 일어나도 건물이 온전하게 유지될 수 있도록 건물의 움직임이 일정 한도 내에서만 일어나도록 제한해야 한다.

지진이 구조에 손상을 입히는 또 한 가지 방법은 건물은 내버려둔 채 그 아래에 있는 지반을 움직이는 것이다. 이것은 식기가 놓인 식탁에서 식탁보를 갑자기 홱 잡아당기는 것과 비슷하다. 대들보가 기둥 위에 올려져 있지만 거기에 적절하게 매여 있지 않은 다리에서 이런 일이 일어난다. 이 현상은 자 길이만큼 간격을 떨어뜨린 손가락들 사이에 자의 양 끝을 걸쳐놓음으로써 쉽게 보여줄 수 있다. 만약 양쪽 엄지손가락으로 자를 눌러 꽉 붙잡으면 양손을 좌우로 동시에 아무리 세게 또는 빨리 움직이더라도 자는 아무 요동 없이 손과 함께 움직일 것이다. 하지만 자에서 엄지손가락을 떼고서 양손을 빠르게 좌우로 움직이면, 자는 나머지 손가락들 위에서 미끄러지면서 결국 떨어지고 말 것이다. 자의 관성과 그것을 억제해 나머지 손가락의 움직임에 따르지 못하게 하는 엄지손가락의 부재가 이런 결과를 낳는다. 1994년의 노스리지 지진 때 캘리포니아주 남부의 많은 고속도로 다리가 바로 이 메커니즘으로 파괴되었다. 어떤 구조도, 심지어 위풍당당한 워싱턴 기넘비조차도 구성 부분들이 적절하게 고정돼 있지 않거나 그 고유 진동수가 흔들리는 땅의 고유 진동수에 너무 가까워지면 지진의 힘을 견뎌낼 수 없다.

2011년에 미국 동해안 지역에 일어난 지진은 로키산맥 동쪽에서 기록된 지진 중 최대 규모였다. 땅의 움직임으로 워싱턴 기념비 전체가 움직였지만, 개개 돌들의 관성 때문에 돌들 사이에서도 약간의 상대 운동이 일어났다. 돌의 움직임이 다른 돌에 미치는 영향으로 서로 미끄러질 수 있는 돌들 사이의 모르타르에 균열이 생겼고, 일부 경우에는 쐐기나 다른 작용으로 자유롭게 움직일 수 없는 개개의 돌에도 균열이 생겼다. 꼭대기 부근의 한 돌에 생긴 균열은 폭이 2.5cm가 넘어서 두께가 돌 하나 정도인 피라미디온의 기울어진 벽을 통해 빛과 빗물이 들어왔다. 공학자들이 자일을 타고 기념비 옆면을 내려가면서 전체적인 손상을 조사하자, 일부 조각이 떨어져 나가거나 균열이 생긴 돌들과 사라진 모르타르가 확인됐다. 새천년을 맞이하기 위해 1990년대 후반에 진행한 복구 공사 때 그랬던 것처럼 보수 작업을 위해 기념비 주위에 비계가 설치되었다. 이전 복구 공사 때와 마찬가지로 이번에도 건축가 마이클 그레이브스Michael Graves가 돌들의 윤곽이 과장된 크기로 인쇄된 장식용 면포로 비계를 둘러싸는 작업의 책임을 맡았다. 면포 뒤쪽에 설치한 조명 장치가 밤에도 기념비를 환하게 밝히면서 그것을 웅장한 예술 작품으로 보이게 했다.

손상된 돌들을 복구하거나 교체한 끝에 워싱턴 기념비의 웅장한 바늘은 지금도 어려운 작업과 불굴의 노력을 증언하는 기념비로 우뚝 서 있다. 언덕 위에서 반짝이는 오벨리스크는 하늘을 향해 돌을 하나 하나 쌓아올려 건물을 짓는 작업이 얼마나 힘든 일인지 상기시킨다. 그것을 바라보면서 그 배경 이야기를 아는 나는 기초에서부터 시작해 계단을 오르면서 피라미디온까지 돌을 쌓고 끼워넣느라 애쓴 사람들의 노력과 고충이 생생하게 느껴진다. 이것은 석조 아치교나 돔이나 성당을 바라볼 때마다 느끼는 것이기도 하다. 이 건축물들을 만든 노동자들은 돌들을 제자리로 옮기면서 그것들의 저항에 얼마나 많은 땀을 흘렸을까! 나는 무거운 신문 더미들을 운반하느라 내 자전거를 내리누르는 힘에 맞서기 위해 애써야 했던 고된 노력뿐만 아니라, 배달 경로에 있는 현관들로 휙 던지기 위해 가했던 힘을 느끼던 어린 시절이 떠오른다. 나는 더 이상 그런 노력을 기울이지 않지만 한때 육체적으로 직접 경험했던 그 힘들을 여전히 느낄 수 있다. 오늘날 내가 들어올리는 책이나 식기, 연필, 펜(그리고 이따금 잠자는 고양이도) 등은 분명 더 가벼운 물건들이지만, 그것들을 들어올리다 보면 일상생활에서 힘들이 담당하는 역할을 떠올리게 된다.

느끼는 힘과 들리는 힘

20장

종말의 전조

암석 블록이나 기다란 목재 같은 무생물 물체가 사람과 정확하게 똑같은 방식으로 힘을 느끼지는 않겠지만, 공학자들은 그런 구성 요소들로 이루어진 구조가 하중을 "느끼고" "반응"한다고 자주 이야기한다. 거의 모든 비인간적 물체를 의인화하는 경향은 인간의 본성인 것처럼 보인다. 문화적 차이가 아무리 크다 하더라도 큰 물항아리를 들고 가거나, 잡다한 물건들을 머리에 이고 균형을 잡으려고 하거나, 벽돌이 가득 든 통을 어깨 위에 짊어지고 사다리를 오르거나, 약한 동료를 등에 업고 급물살이 흐르는 개울을 건너는 느낌이 어떤 것인지 우리는 알거나 상상할 수 있다. 우리는 카리아티드에게 공감하고 그들에게 감정이 있다고 느낄 수 있지만, 어떤 종류의 것이든 조각상이나 기념비가 정말로 자신이 떠받치는 하중을 느낄까?

자유의 여신상은 자신이 들고 있는 횃불의 무게를 팔에서 느낄까? 쇠로 된 근육과 힘줄은 줄곧 같은 자세를 유지하면서 피로를 느낄까? 카리아티드와 자유의 여신상도 지각이 있는 존재가 아니기 때문에, 이것들은 관계가 없거나 잘해야 비유가 부적절한 질문으로 보일 수 있다. 그렇다고 해서 조각상이 자신의 머리를 짓누르는 하중을 느끼지 않거나 옷에 박힌 리벳들에 짜증이 나지 않는다는 뜻은 아니다. 사실, 뉴턴이 발견한 자연의 역학적 원리로 구현된 자연 법칙은 자신이 떠받치는 하중에 대한 조각상의 반응을 결정하며, 그것도 우리가 본능적으로 아는 사실을 해부학과 생리학의 법칙이 알려주듯이 확실하게 말해준다. 그것은 바로 너무 무거운 하중에 짓눌리거나 너무 무거운 하중을 머리 위에 너무 오랫동안 받치는 것은 살아 있는 사람에게나 영속적인 조각상에게나 파괴적 영향을 미칠 수 있다는 사실이다.

공학자는 구체적인 것을 추상적으로 생각하는 법을 배운다. 예를 들면, 인접한 한 쌍의 돌기둥 위에 걸쳐져 있는 석조 아키트레이브와 한 쌍의 강철 기둥 위에 놓인 강철 들보를 본질적으로 동일한 구조적 배열(양 끝부분 밑에서 한 쌍의 수직 요소가 지지하는 하나의 수평 요소)로 바라보도록 배운다. 공학자의 눈은 들보를 중력의 힘(들보 자체의 무게와 그 위에 놓인 물체의 무게를 합한 것)과 연결과 지지의 힘(기둥이 위로 밀어올리는 힘)에 영향을 받는 기하학적 대상으로 바라본다. 공학자는 하중의 크기를 측정할 수 있고, 그 반작용을 계산할 수 있다. 들보를 지탱하는(혹은 지탱하지 못할 경우에는 외부의 힘에 압도되어 그것을 부러지게 하는) 내부의 힘도 계산할 수 있다. 들보가 아래로 휘는 정도는 훅의 법칙에 지배를 받으며(따라서 이 법칙을 사용해 계산할 수 있으며), 그 용수철 상수는 들보를 만든 물질과 그 배열의 강성을 반영한다.

하지만 공학역학이나 다른 과학 분야에서 계산은 계산의 기초가 되는 기본 가정과 가정을 유효하게 만드는 기준에 대한 이해가 없이는 그 자체로는 아무 의미가 없다. 따라서 두 기둥 사이의 공간에 걸쳐 있는 들보의 경우, 훅의 법칙은 들보가 탄성 물질로 만들어진 경우(즉, 들보를 아래로 처지게 하는 하중을 제거했을 때 들보를 원래의 형태로 돌아가는 경우)에만 성립한다. 게다가 내부 응력의 계산 결과는 파괴 기준, 즉 해당 물질의 한계값과 비교할 때에만 의미가 있다. 들보는 임계값에 도달했을 때 부러진다. 지진 동안 워싱턴 기념비의 돌들에 균열이 생겼을 때에도 바로 이런 일이 일어났다.

파괴 응력에 이르지 않은 경우에도 구조 요소에 손상이 발생할 수 있다. 자유의 여신상 팔의 경우, 공학자들은 팔 내부의 연철 버팀대들과 연결 부위들의 네트워크가 부적절하게 설계되어 응력이 파괴점에 가까워졌다는 사실을 발견했다. 응력을 계산할 때에는 팔과 횃불과 그 내부 지지 틀의 무거운 하중 효과에다가 반복적으로 실렸다 빠졌다 하는 바람의 힘과 주야의 변화와 계절적 변화에 따른 가열과 냉각 효과까지 추가로 감안해야 한다. 이렇게 요동치는 하중은 금속 피로를 초래하는 요인이 된다. 여신상의 팔은 트러스 구조를 통해 횃불 안팎으로 오르내리는 사람들의 반복적인 움직임으로 추가적인 하중을 받기 때문에, 관람객을 줄이고 철제 구조를 보강해야 한다는 사실이 명백해졌다. 이 보강 공사는 밀레니엄 축하 행사에 앞서 진행된 재단장 작업 때 함께 이루어졌다.

물론 사람은 조각상이 아니지만, 사람 역시 뼈대라는 기본 구조가 있다. 내부 기관과 조직과 피부를 효과적으로 지지하는 것은 바로 이 뼈대(상호 연결된 힘줄과 인대와 함께 작용해)이다. 우리가 머리와 어깨와 등으로, 혹은 팔과 손으로 옮기는 하중이 다리를 통해 우리가 딛고 서거나 그 위를 걷는 땅으로 전달되는 것도 주로 뼈대를 통해 일어난다. 우리가 너무 무거운 짐을 짊어지거나 심하게 맞으면, 뼈가 갈라지거나 부러지거나 힘줄이 찢어지거나 파열될 수 있다. 축구 선수의 다리가 다른 선수에게 태클을 받아 세게 넘어질 때 일어나는 것처럼 완전히 부러진 뼈는 지나친 하중을 받은 들보로 생각할 수 있다. 일부 골절에는 나선 형태가 나타나는데, 이것은 바닥을 단단히 디디고 있던 다리가 뒤틀릴 때 일어난다. 상체가 갑자기 방향을 홱 바꾸는 바람에 미끄럼 방지용 밑창이나 고무 밑창 신발을 신은 발이 미처 그 움직임을 따라가지 못했기 때문이다.

비정상적으로 격렬한 충격이나 움직임 때문에 부러지는 것은 뼈뿐만이 아니다. 나는 손님을 맞이할 준비를 하며 가구를 정리하다가 두갈래근(이두근) 힘줄이 파열된 적이 있다. 한정된 공간에서 소파를 옮기려 했는데, 그러려면 팔을 완전히 뻗어 무거운 침대 틀을 밀어야 했다. 이를 위해 나는 어깨와 팔꿈치 사이의 힘줄을 연결의 한계, 즉 파괴점을 넘어서는 지점까지 끌어당기고 말았다. 평소에 듣지 못한 '툭' 하는 소리가 들렸지만, 나중에 인터넷과 정형외과 전문의가 확인시켜주었듯이, 그것은 힘줄이 들러붙어 있던 뼈에서 떨어져 나올 때 나는 소리였다. 툭 하는 소리와 함께 나는 팔을 비틀고 돌리는 능력(식료품 바구니를 들어올리고 문손잡이를 돌리는 데 필요한 동작)을 즉각 잃고 말았다. 사실, 나는 일상생활의 가장 단순한 일들을 수행하는 데 필요한 힘과 느낌을 모두 잃었다.

내 상태에 관한 의학 용어를 사용해 이야기하자면, 이 몸쪽 두갈래근 힘줄 파열은 수술이 필요하지도 않았고 권장되지도 않았지만, 팔을 고정시키고 물리 치료를 꾸준히 받아야 했다. 시간이 지나면 다른 근육과 힘줄이 조절되어 내 팔의 힘과 움직임이 회복될 것이라고 했다. 실제로도 그랬지만, 팔이 이전의 힘을 되찾기까지 팔걸이를 약 3개월이나 착용해야 했고, 이전의 정상 상태로 어느 정도 돌아왔다는 느낌이 들기까지는 다시 한 달 정도 물리 치료와 함께 팔의 활동을 점진적으로 늘려가는 과정이 필요했다. 그것은 내가 힘을 느꼈을 뿐만 아니라 그 힘을 가하는 내 몸의 일부가 한계에 도달하는 소리를 접한 경험이었다. 그리고 지금까지도 힘줄이 모여 있는 곳을 가리키는 팔꿈치 안쪽의 덩어리진 부분은 그 사건을 시각적으로 상기시킨다.

힘줄이 찢어지면서 나는 소리는 한 번만 나고 지나갈 수 있지만, 우리 몸에서는 자발적이든 비자발적이든 반복적으로 나는 소리가 많다. 여기에는 마디에서 나는 뚜두둑 소리, 무릎이 삐걱거리는 소리, 목을 젖힐 때 나는 뚝 소리 등이 포함된다. 사람의 뼈대를 포함해 모든 구조는 기능을 발휘하거나 노화하는 과정에서 움직이면서 소리를 낸다. 낡은 집에서는 신음 비슷한 소리, 끽끽거리는 소리, 삐걱거리는 소리가 넘쳐나며, 오래된 집일수록 소리가 더 두드러지게 난다. 한때 새 못으로 제자리에 굳건하게 고정돼 있던 나무 바닥과 계단도 그 위로 지나가는 발걸음에 오랫동안 반복적으로 밟히면 소리를 내기 시작한다. 소음은 바닥재가 바탕 바닥 위로 미끄러지며 움직이거나 바탕 바닥이 장선長線* 위로 미끄러지며 움직일 때 나는 경우가 많다. 소음이 심한 바닥은 농구 코트에서 고무 밑창이 그러는 것처럼 못들이 나무에 박혔다 미끄러지길 반복하는 것이 그 원인일 수 있는데, 쇠못이 마루판과 밑깔개를 마치 일종의 악기인 양 연주한다. 시간이 지나면, 마루판의 상하 운동이 못을 느슨하게 하여 소리와 더불어 바닥의 움직임도 눈에 띄게 나타날 수 있다.

현재의 집에서 살기 시작한 처음 몇 년 동안 나는 2개의 피니싱 못**

* 마루 밑을 일정한 간격으로 가로로 대어 마루청을 받치는 나무.

** 못 종류의 하나. 머리 부분이 둥근데, 윗부분이 움푹한 것도 있다. 못질한 다음에 머

대가리에 걸려 자주 넘어졌다. 이 못은 이전 주인이 느슨하고 시끄러운 마루판의 촉감과 삐걱거리는 소리를 진정시키려고 나무에 마구잡이로 박은 게 분명했다. 나는 가끔 튀어나온 못을 내리쳐 마루 표면과 같은 높이로 만들었지만, 이것은 임시처방에 그쳤다. 박히고 미끄러지고 솟아오르는 과정이 계속 이어지면서 얼마 지나지 않아 못이 다시 위로 튀어나왔기 때문이다. 매년 봄마다 잔디밭에서 자라나는 잡초처럼 바닥에서 못이 솟아올랐지만, 꽃을 이끄는 딜런 토머스의 힘과 달리, 각각의 못은 사람을 돌아버리게 만드는 강철 기폭 장치처럼 보였다. 마침내 나는 노루발장도리로 거슬리는 꽃과 줄기, 곧은뿌리를 뽑아냈고, 그것들은 비명 소리를 내며 항복했는데, 나는 그 소리를 내 귀로 듣고 노루발장도리 손잡이의 진동을 통해 느꼈다. 못이 사라지자 바닥은 조용해지면서 탄력은 더 좋아져 우리 가족은 그 결과에 만족했다.

시간이 지나자 지붕 여기저기에 딱히 뭐라고 말할 수 없는 기하학적 패턴으로 여기저기 새는 곳이 생겼다. 새 지붕으로 싹 갈라고 추천하던 지붕 수리업자는 마지못해하며 임시방편으로 뜨거운 타르와 새 지붕널로 땜질을 했는데, 이전 지붕과 조화가 잘 되지 않는 모습이었다. 하지만 임시방편은 다른 곳에서 발생하는 누출을 막지 못했다. 결국 지붕 수리업자는 오래된 지붕널 아래의 나무가 썩어서 못을 단단히 붙잡을 수 없는 게 문제의 원인이라는 그럴듯한 진단을 바탕으로 지붕을 완전히 새로 갈아야 한다고 우리를 설득하는 데 성공했다. 가열과 냉각, 동결과 해동과 관련된 힘들의 복잡한 상호 작용에 따라 밑

리 부분이 남아서는 안 될 때 사용한다.

판에서 빠져나온 대가리가 넓은 못이 지붕널 아래에서 튀어오르면서 지붕널을 위로 밀어내 그 사이로 빗물이 흘러가는 틈을 만들었다. 수리업자는 오래된 지붕널을 싹 벗겨내고 새로운 목재 층을 씌운 뒤에 지붕널을 새로 깔 것을 추천했다. 그것은 효과가 있는 것처럼 보였다. 더 이상 물은 새지 않았지만, 지붕과 생활 공간 사이에 있는 음향 장벽(고미다락이라 부르는)을 고려하면, 이제 우리는 못이 튀어오르는 소리를 들을 가능성이 이전보다 훨씬 적다.

바람의 힘과 사람이 걸어다니는 힘(그리고 계절적인 가열과 냉각이 초래하는 힘)에 의해 움직이는 목제 가옥보다 항구에서 떠다니거나 바다를 항해하는 보트와 배는 끽끽거리고 삐걱거리는 소리를 더 요란하게 낼 가능성이 높다. 러디어드 키플링Rudyard Kipling은 단편 소설 〈자신의 소명을 깨달은 배〉에서 이 현상을 다룬 것으로 유명하다. 처녀항해에 나선 화물선 딤뷸라호에 탄 선주의 딸 프레이지어는 스코틀랜드인 선장에게 배를 잘 만들어진 구조물이라고 이야기한다. 그러자 선장은 배는 "양쪽 끝이 닫혀 있는 강체가 결코 아닙니다. 배는 다양하고 상충되는 변형들로 이루어진 매우 복잡한 구조이고, 배 특유의 탄성 계수에 따라 상호 작용을 주고받는 조직들이 있습니다"라고 알려준다. 기관사도 대화에 끼어들어 처녀항해에 나선 배는 '순화되기' 전까지는 진정한 뱃사람의 배가 아니며, 비틀어진 부분을 바로잡으려면 강풍 속에서 항해하는 것 말고는 다른 방법이 없다고 젊은 여성에게 확언한다.

그 여성이 글래스고로 돌아간 직후에 배는 리버풀로 내려가 3600톤의 하중을 싣고 나서 심해를 향해 항해에 나섰다. 키플링은 바닥짐을 실은 선박이 어떻게 소리를 냈는지 다음과 같이 묘사했다. "넓은 바다의 양력을 만나자마자 배는 자연스럽게 말을 하기 시작했다. 다음번에 증기선을 탔을 때 선실 벽에 귀를 갖다 대면 사방에서 떨리는 소리, 윙윙거리는 소리, 속삭이는 소리, 펑 하고 터지는 소리, 콸콸거리는 소리, 흐느끼는 소리, 천둥 번개가 칠 때 전화에서 나는 것처럼 지지직거리는 소리 등 수백 가지의 작은 목소리가 들릴 것이다. 목선은 날카로운 비명을 지르고 으르렁거리고 꿀꿀거리는 소리를 내지만, 철선은 수백 개의 리브와 수천 개의 리벳을 통해 고동치고 덜덜 떨면서 소리를 낸다." 이 소음들은 배의 다양한 부분들이 날씨와 이웃 부분들에 대해 불평하는 소리라고 선장은 설명한다. 이 시끄러운 소음은 배가 자신의 소명을 깨달을 때까지, 즉 각 부분이 함께 협력하는 법을 배울 때까지 계속된다. 딤블라호는 뉴욕 항구에 입항할 때 마침내 그런 일이 일어난다. 사실 이것은 모든 배에 일어나는 일인데, 배가 "자신의 소명을 깨달을 때, 분리된 각각의 부분이 내는 모든 이야기가 일제히 멈추고 하나의 목소리, 곧 배의 영혼으로 녹아들기 때문이다."

나는 거친 북대서양을 건널 때 퀸엘리자베스 2호가 하는 말을 들었다. 침대에 누워 있을 때, 강철 선체가 구부러지면서 과거의 여행을 노래하는 소리가 들렸다. 모든 구조는 소리를 낸다. 그중 일부는 정상적인 순화 과정이지만, 어떤 것들은 비정상적인 것을 경고하는 소리일 수 있다. 큰 현수교의 전형적인 주 케이블은 수만 개의 강철선이 모여 길고 무겁고 거대한 빨랫줄처럼 타워들 위로 걸쳐져 있고, 거기에 도로가 매달려 있다. 특히 강철선을 소금물과 산성비의 부식 효과로부터 보호해야 하는 경우에는 케이블을 강철 외피로 감싸고 페인트를 칠해 오염 물질의 접촉을 차단한다. 이 조치는 일반적으로 부식을 예방하지만, 갑옷에도 틈이 생길 수 있고 외피에 싸인 케이블 내부에 손상이 생겼는지 살피기가 어렵다. 하지만 강철선의 상태를 비시각적으로 검사하는 방법이 있는데, 음향 방출 탐지가 그것이다. 힘줄이 찢어질 때 툭 하는 소리가 나듯이 강철 조각도 부러질 때 찰칵 하는 소리가 난다는 사실은 널리 알려져 있다. 기본적으로 작은 마이크에 해당하는 장비를 다리 케이블에 설치하면, 케이블 내부에 있는 강철선의 손상을 탐지하고 그 수를 셀 수 있다. 케이블을 이루는 전체 강철선 중 손상이 생긴 강철선의 수가 위험한 수준에 도달하면 공학적으로 중대한 결정을 내려야 한다.

메인주의 왈도-핸콕 현수교는 음향 방출 탐지법으로 검사하지 않았지만, 1992년에 60년 된 이 다리의 상태를 점검하기 위해 한 케이블의 일부를 열었을 때, 1300개 이상의 강철선 중 13개가 부식되어 파손된 것으로 드러났다. 손상 비율이 1% 미만이었기 때문에 차량이 계속 다닐 수 있었지만, 10년 뒤에 케이블을 다시 조사하기로 했다. 2002년에 케이블을 열자 전체 강철선 중 6%가 넘는 87개가 끊어져 있었다. 공학자들은 이로 인해 현수교의 안전 계수가 3에서 약 2.4로 낮아졌다고 추정했다. 강도가 빠른 속도로 낮아지고 있어 과감한 조치가 필요하다는 사실이 명백해졌다. 그래서 대형 트럭의 통행이 제한되었고, 부식된 구조물을 새 구조물로 교체하는 계획이 세워졌다.

새 다리를 설계하고 건설하는 데에는 몇 년이 걸리기 때문에 그동안 교통 운행을 안전하게 계속하려면 낡은 다리를 보강할 필요가 있었다. 그래서 구조에 보조 케이블을 추가하는 특별 조치를 취했는데, 그럼으로써 약해진 케이블에 실리는 하중을 일부 줄일 수 있었다. 이제 대체 다리(페노브스콧내로스교와 천문대)는 혁신적인 사장교斜張橋*로

* 양쪽에 높이 세운 버팀 기둥에서 비스듬히 드리운 쇠줄로 다리 위의 들보를 지탱하는 다리.

설계되었는데도 불구하고, 강철 부분들은 이전 다리와 마찬가지로 동일한 부식성 염수 환경에 위협받고 있다. 새로운 케이블은 손상을 방지하기 위해 에폭시로 코팅되었고, 질소 기체를 고압으로 가득 채운 고밀도 폴리에틸렌 관 속에 들어 있다. 질소 기체는 산소(산소가 없으면 부식이 진행되지 않는다)를 차단할 뿐만 아니라, 관 속의 압력을 늘 감시하면서 강철 케이블을 위협하는 기체 누출을 즉시 탐지하여 수리하게 해준다. 새 다리의 케이블 시스템은 강철선이 지탱해야 하는 하중 외에는 아무것도 느끼지 못하도록 설계되었다고 말할 수 있다. 게다가 혁신적인 케이블 설치 방식 덕분에 검사를 위해 개개 케이블 가닥을 언제든지 빼낼 수 있어 음향 방출 탐지가 필요 없다. 이 다리는 보이도록 설계되었지만, 소리가 들리지 않도록 설계되었다.

구조 시스템structural system이 존재한다고 말할 수 있는 이상적인 조건은 그 구조가 느끼는 힘들이 쾌적 범위 내에 있는 경우다. 즉, 그 힘들이 파괴 위험이 있을 정도로 커서도 안 되고, 구조가 비효율적일 정도로 작아서도 안 된다. 구조의 음향 조건도 있다. 모든 물체는 고유 진동수가 있는 것처럼 모든 구조는 고유한 소리가 있다. 익숙한 소리를 기대하면서 홈 플레이트에 배트를 두드리는 야구 선수들이 이것을 보여준다. 만약 익숙한 소리 대신에 둔탁한 소리가 나면, 배트에 금이 갔다는 결론을 내리고 그 배트를 버리고 새 방망이로 교체한다. 이와 비슷하게 초기의 철도 검사관은 멈춰 선 열차를 따라 걸어가면서 망치로 바퀴들을 일일이 두드렸다. 귀에 거슬리는 소리는 바퀴에 금이 갔으니 더 정밀한 검사나 교체가 필요하다는 신호였다.

나는 이 책에서 주로 힘의 느낌에 초점을 맞추었고, 부차적으로 구조의 강성에 초점을 맞추었다. 하지만 강성은 소리와 밀접한 관련이 있기 때문에, 구조의 소리를 먼저 다루고 나서 관련된 힘들을 부차적으로 다루는 방법도 있었다. 그러나 실제 공학 세계에서는 강도와 강성 사이에서 임의적으로 선택이 일어나는 경우는 거의 없다. 강을 가로지르는 다리 설계를 맡은 공학자는 무엇보다도 구조가 자신의 하중과 다리를 사용하는 자동차와 트럭과 보행자의 무게, 퍼레이드 참가자나 시위자 또는 행군하는 군인들의 리드미컬한 보행, 겨울에 쌓일 수 있는 눈과 얼음의 무게, 폭풍이 몰아칠 때 다리에 가해지는 바람의 힘, 갑작스러운 지진의 진동을 포함해 다리에 가해지는 모든 힘을 견뎌낼 수 있을 만큼 충분히 튼튼해야 한다는 사실을 잘 안다. 그와 동시에 다리는 도로가 이와 같은 하중을 받더라도 과도하게 휘어지지 않도록 충분히 딱딱해야(강성이 있어야) 한다. 도로에 어느 정도의 유연성이나 탄력적인 흔들림은 허용되지만, 런던 밀레니엄 브리지에서 보았듯이 너무 심한 유연성이나 흔들림은 허용되지 않는다. 유연성과 움직임이 허용되는 범위는 다리 설계와 공사를 의뢰한 고객의 시방서나 그러한 구조를 감독하는 정부 기관의 규정, 교량을 사용하는 사람들의 수용성, 또는 공학자의 올바른 판단에 관한 문제가 될 수 있다.

어떤 경우에는 구조의 유연성을 사실상 주요 제약 조건으로 간주해 아주 튼튼한 설계로 충분한 강성을 보장할 수도 있다. 실험실 건물을 설계하는 경우가 이에 해당하는데, 섬세한 실험 기기의 작동과 측정이 너무 탄력이 좋거나 너무 딱딱한 구조물에 방해를 받을 수 있다. 극단적인 경우에는 움직임 측정과 데이터 기록에 극도의 민감성이 요구되는 실험 도중에 실험 기기의 오작동을 유발할 수도 있다. 통상적인 해결책은 움직임을 유발하는 실험이 일어나는 공간을 일체의 움직임을 용인할 수 없는 연구원들의 공간과 격리하는 것이다.

일부 친숙한 구조는 따로 떼어놓고 볼 때에는 강하고 딱딱해 보이지만, 사용할 때에는 다른 행동을 보일 수 있다. 알루미늄 음료 캔은 공학자들이 압력 용기로 분류하는 구조다. 압력 용기의 설계 시 첫 번째 고려 사항은 새거나 폭발하지 않도록 탄산음료를 용기에 담는 것이다. 두 번째 고려 사항은 새지 않으면서 캔을 쉽게 열 수 있는 장치를 꼭대기에 설치하는 것이다. 추가적인 고려 사항은 캔을 가능한 한 가볍게 만들어 최소한의 재료를 사용함으로써 제조 및 유통 비용을 상대적으로 저렴하게 하는 것이다. 강도와 강성 사이의 어느 지점을 중도로 선택하는 결정은 캔 제조 회사와 음료 회사, 소매상, 소비자의 판단에 달린 문제이다. 캔 구조를 설계하는 공학자는 모든 이해 당사자에게 주의를 기울여야 한다. 만약 그들의 생각이 팽팽히 맞선다면, 공학자는 교묘하게 수정한 설계를 제시해 수용 가능한 절충안을 제공할 수 있다. 벽을 두껍게 하거나 강도를 희생하지 않고 강성을 어느 정도 얻는 한 가지 방법은 캔 벽에 작은 주름을 여러 개 도입하는 것이다. 이것은 몇 년 전에 제조업체들이 시도했지만, 비정통적인 다면 캔은 너무 쉽게 움푹 찌그러져서 무엇보다 외관이 중요한 시장에서 살아남지 못했다.

아주 단순해 보이지만 실제로는 미치도록 복잡한 알루미늄 음료 캔 같은 구조의 설계는 공학자에게 여전히 어려운 도전 과제로 남을 것이다. 겉보기에 만족스러운 해결책이 발견되더라도 캔 벽의 두께를 훨씬 얇게 만들어야 하는 후속 과제가 생길 수 있다. 그러면 용기가 약해져서 손으로 쥐는 힘에 취약해질 수 있고, 그 결과로 폭발하거나 너무 쉽게 찌그러지는 캔이 탄생할 수 있다. 이러한 실패가 나타나면 새로운 설계는 받아들여질 수 없겠지만, 그래도 발명가와 창의적인 설계자는 대안을 찾는 노력을 멈추지 않을 것이다. 대안 중 하나는 두께는 더 얇으면서 높이는 더 높은 캔이다. 이렇게 하면 작은 지름으로 강도를 유지할 수 있지만, 더 긴 상단과 하단 사이의 거리 때문에 강성이 약해지는 것을 감수해야 한다. 유연성 문제는 캔에 강화 링이나 세로 홈을 집어넣어 해결할 수 있지만, 이런 캔은 일반 음료 캔의 익숙한 비율과 모양에서 벗어나기 때문에 소비자가 거부감을 느낄 가능성이 있다. 설령 익숙하지 않은 비율과 모양에 거부감을 느끼지 않더라도, 캔을 따거나 내려놓을 때 나는 낯선 소리에 거부감을 느낄 수 있다.

구조와 시스템의 설계에는 항상 과학과 예술의 저글링이 필요하다. 재료의 강도에 관한 공학으로 공학자는 구조의 강도와 강성을 계산할 수 있지만, 강도나 강성이 너무 약해졌을 때 그것을 보고 느끼고 듣기 위해 예리한 눈과 예민한 귀의 뛰어난 판단이 필요하다. 한 요소를 다른 요소보다 중요시한 나머지 그 결과가 손이나 눈, 귀 어느 것에도 매력적이지 않은 경우에는 특히 그렇다. 캔이든 그 밖의 어떤 것이든, 공학자가 약하고 무르고 서투른 설계를 피하는 최선의 방법은 힘을 느끼는 훌륭한 감각과 선을 보는 훌륭한 눈, 소리를 듣는 훌륭한 귀를 동시에 발달시키는 것이다.

끝맺는 말

기적의 해

대역병으로 알려진 선페스트(흔히 흑사병이라 부르는) 유행이 1665년에 런던에서 발생하여 2년 동안 지속되었다. 그때 시골로 탈출할 여력이 있는 시민은 그렇게 했다. 일부 사람들은 북쪽으로 100km쯤 떨어진 케임브리지로 피신했는데, 그곳 대학교는 휴교에 들어갔다. 이 때문에 그곳 주민 중 일부는 진원지에서 더 멀리 떨어진 곳으로 피신했다.

그런 사람 중에 23세의 아이작 뉴턴도 있었다. 뉴턴은 이제 막 대학교 과정을 마치고 자신의 모교에서 학생을 가르치고 있었는데, 흑사병 때문에 그다음 2년을 케임브리지에서 북서쪽으로 약 80km 떨어진 고향 울즈소프에서 보냈다. 이때가 그의 지적인 삶에서 최전성기였는데, 자신의 회상에 따르면 그때가 가장 생산적이고 창의적인 시기였다고 한다. 실제로 과학사가 로버트 팔터Robert Palter에 따르면, 뉴턴이 "적분을 개발하고, 빛의 복합적 성질을 실험으로 확인하고, 계산을 통해 지구의 중력이 달을 제 궤도에 유지한다고 확신할 만큼 중력 이론을 다듬은 일"은 링컨셔주의 고향에 머물던 시절에 일어났다. 이러한 천재성 폭발 중 대부분이 1666년 단 한 해 동안에 일어났기 때문에 학자들은 이 해를 뉴턴의 안누스 미라빌리스annus mirabilis, 즉 '기적의 해'라고 부른다. 약간의 과장은 있을 수 있지만, 팔터는 그해를 "확실히 인간 사상사에서 결정적인 전환점을 상징적으로 나타내는 지점으로 간주할" 수 있다고 생각한다.

뉴턴이 자신의 머리에 떨어지는 사과에 영감을 받아 중력 이론을 생각해냈다는 이야기는 출처가 의심스럽지만, 그렇다고 해서 그것이 연상케 하는 보편적인 '아하!' 순간까지 부인할 수는 없다. 뉴턴은 실제로 사과에 맞은 것이 아니라 단지 나무에서 떨어지는 사과를 목격한 것으로 보인다. 그럼에도 불구하고 뉴턴이 물리적으로 사과에 맞았다는 개념은 중력 이론을 공식화하는 데 영감을 준 미적분과 광학과 계산(모두 정치인들이 효과적으로 도용한 용어들이다)을 포함한 기술적 설명보다 일상어를 사용해 매력적인 대안을 제시한다. 떨어지는 사과에 머리를 맞는 장면을 상상하지 못할 사람이 있겠는가? 화가 나 씩씩대며 사과를 집어 들고 나무에서 멀리 떨어진 곳으로 던지는 모습을 상상하지 못할 사람이 있겠는가? 사과가 퇴비 더미를 향해 날아가는 동안 지구를 향해 다시 떨어지는 것을 보지 못할 사람이 있겠는가? 이것이 지구 주위의 궤도를 도는 달을 상상하는 데 영감을 주었을 수도 있다는 사실을 인정하지 않을 사람이 있겠는가?

뉴턴 이전에 살았던 사람들 중에도 나무에서 떨어지는 과일이나 적에게 던진 돌을 관찰한 사람이 많았을 것이다. 또한 나무 밑에 앉아 있다가 혹은 분쟁이 벌어졌을 때 부적절한 시간에 부적절한 편에 섰다가 좋지 못한 물리적 결과를 경험했을 수도 있다. 하지만 관찰하고 느낀다고 해서 반드시 그 감각을 내면화해 영감을 떠올리는 데 성공하는 것은 아니다. 갈릴레이는 대포에서 수평으로 발사한 공의 운동과 탑에서 떨어지는 공의 운동을 연결함으로써 중력을 폭넓게 이해하는 데 가까이 다가갔다. 뉴턴은 대포를 높은 산꼭대기에 올려놓고 거기서 발사한 포탄이 아주 빠른 속도로 날아가면, 호를 그리며 결국 땅으로 떨어지는 대신에 지구 주위를 빙 돌 것이라고 상상함으로써 그 이미지를 더 발전시켰다. 1675년에 로버트 훅에게 보낸 편지에서 "내가 더 멀리 보았다면, 그것은 내가 거인들의 어깨 위에 서 있었기 때문입니다"라고 썼을 때, 뉴턴은 보편적인 개념을 표현하는 데 이미지와 은유가 지닌 가치를 잘 보여주었다. 이 표현은 지금까지도 과학의 발전을 상징적으로 표현할 때 자주 쓰인다. 하지만 자주 인용되는 이 발언을 달리 해석하는 주장이 있다. 뉴턴과 훅은 중력 이론에 대한 우선권을 놓고 치열하게 싸웠다. 한 견해에 따르면, 뉴턴이 거인의 어깨를 언급한 발언은 허리가 구부러지고 키가 작아 거인과는 거리가 먼 훅을 의도적으로 폄하한 것이었다고 한다.

특히 역학적 힘의 영역에서 발전은 과거를 버리라고 요구하지 않는다. 우리가 뉴턴과 공감할 수 있는 이유는 오늘날 우리가 일상생활과 관련된 힘을 느낄 때, 그것이 17세기에 뉴턴과 그 동료들이 느꼈던 것과 다르다고 상상할 수 없기 때문이다. 더 나아가 그들은 그들의 조상과 같은 방식으로 힘을 경험했다. 1300여 년 전에 아우구스티누스와 그의 친구들이 열매를 따기 위해 배나무를 흔들었을 때, 우리가 가을에 마지막 잎새를 그만 포기하라고 어린 나무를 흔들 때 완강한 저항을 느끼는 것과 똑같은 방식으로 그들은 휘어지는 나무줄기에서 저항을 느꼈을 것이다.

이 책에서 설명한 힘들은 항상 세계의 일부였다. 철학자들이 힘과 변화를 일으키는 힘의 역할을 명확하게 이야기하는 데에는 시간이 좀 걸렸겠지만, 분명히 실재하는 우주의 이 존재들을 맨 처음 경험하거나 발견한 사람들이 반드시 심오한 사상가였다고 말할 수는 없다. 그것을 처음 발견한 것은 오늘날 우리가 힘이라고 부르는 것이 다양한 형태로 발현되면서 세계를 빚어내고 때로는 알쏭달쏭한 세계의 행동 뒤에 숨어 있다는 사실을 일상생활 속에서 느낀 개인들과 그들이 모여 만들어진 문화였다.

장인과 공예가, 발명가, 공학자가 자연의 힘을 이용하기 위해 이론적 기초가 꼭 필요한 적은 없었다. 그들은 주어진 맥락에서 효과적이라는 사실을 발견할 때마다 자연의 힘을 활용했다. 분별 있는 사람들은 단단한 돌로 무른 돌을 두들겨 깨는 법을 발견했다. 고대 이집트에서 익명의 노동자들은 바로 이 방법으로 예리한 날에서부터 오벨리스크에 이르기까지 모든 것을 만들었다. 르네상스 시대의 조각가들은 나무망치로 단단한 끌을 내리치면서 돌덩어리를 아름다운 조각상으로 만들었다. 16세기의 피렌체에서 미켈란젤로는 바로 이 방법으로 대리석 덩어리를 다듬어 다비드 상을 만들었다. 오늘날 문제를 해결하는 사람들은 부드러운 종이 위에서 단단한 연필(어쩌면 컴퓨터와 그 출력물의 형태로)을 사용해 세계를 재구성한다. 공학자들은 1km가 넘는 다리에서부터 바깥쪽 행성들로 날아가는 행성 간 탐사선, 그리고 어쩌면 언젠가 우주비행사를 그곳으로 실어갈 우주선에 이르기까지 모든 것을 설계할 때 그렇게 했다. 처음에는 문제가 아무리 해결하기 어려워 보이더라도, 목표를 달성하기 위해 힘을 응용하는 방법을 느끼고 실행하고 생각함으로써 배우는 것은 바로 사람이다. 계속 이어지는 세대들이 하는 일은 그들의 조상이 수천 년 동안 해온 일과 오늘날 아이들이 하는 일을 더 큰 규모로 하는 것에 불과하다. 그러한 기본적인 활동이 결국 그다지 주목을 끌지 않게 된 것은 시간과 공간 속에서 그러한 활동이 보편적으로 일어나기 때문일 것이다.

뉴턴의 기적의 해 이후 350년이 지나는 동안 일상적인 힘 개념은 우리에게 큰 도움을 주었으며, 앞으로도 계속 그럴 것이라고 기대할 수 있다. 중력을 시공간 연속체에 생긴 비틀림으로 설명하는 아인슈타인의 상대성 이론과 모든 것의 이론을 찾기 위한 양자역학의 지속적인 탐구에도 불구하고, 뉴턴의 힘 개념은 일상생활과 공학의 주류로 남아 있을 뿐만 아니라, 아직 완전히 형성되지 않은 세계에 있는 목적지로 날아갈 환상의 여행을 실현시킬 과학의 주류로 남아 있다.

뉴턴의 기적의 해가 페스트가 창궐했을 때 찾아왔다는 사실로부터 코로나 팬데믹의 유산이 반드시 예술과 과학과 기술의 발전에 장기적으로 부정적 영향만 끼치지는 않으리라고 위안할 수 있다. 설령 우리의 현재 경험 중 많은 것이 후손에게 잊히거나 상상할 수 없는 것이 된다 하더라도, 우리 세계에서 일어나는 기적의 해들은 수 세기는 아니더라도 수십 년 동안 지적으로 분석되고 재분석될 가능성이 높다. 하지만 사려 깊은 22세기의 시민들은 조잡하게 설계된 마스크를 쓰고, 사회적 거리 두기를 실천하고, 손으로 얼굴을 만지는 행동을 삼가면서 살아가는 삶이 어떤 것인지 재현할 수 있어야 한다. 과거를 느낄 수 있어야만 미래를 맞이할 준비를 더 잘할 수 있다.

참고문헌

들어가면서: 우리가 느끼는 것들

Bedient, Calvin. "Wanted: An Original Relation to the Universe." *New York Times*, December 22, 1974.

Earnest, Mark. "On Becoming a Plague Doctor." *New England Journal of Medicine* 383 (2020): e64. https://doi.org/10.1056/nejmp2011418.

Emerson, Ralph Waldo. *Nature*. Boston: James Munroe, 1836.

Fletcher, Robert. *A Tragedy of the Great Plague of Milan in 1630*. Baltimore: Lord Baltimore Press, 1898.

Halstead, John. "The Transcendentalists: An Original Relation to the Universe." *Naturalistic Paganism*, July 21, 2015. https://naturalisticpaganism.org/2015/07/21/the-transcendentalists-an-original-relation-to-the-universe-by-john-halstead.

Lohner, Svenja. "Test the Strength of Hair: A Hairy Science Project from Science Buddies." *Scientific American*, November 28, 2019. www.scientificamerican.com/article/test-the-strength-of-hair.

Matuschek, Christiane, et al. "The History and Value of Face Masks." *European Journal of Medical Research* 25 (2020): 23. https://doi.org/10.1186/s40001-020-00423-4.

Mussap, Christian J. "The Plague Doctor of Venice." *Internal Medicine Journal* 49, no. 5 (2019): 671–76.

Palter, Robert, ed. *The Annus Mirabilis of Sir Isaac Newton*. Cambridge, Mass.:

MIT Press, 1971.

Sitter, John E. "About Ammons' 'Sphere.'" *Massachusetts Review* 19, no. 1 (1978): 201–12.

Strasser, B. J., and Thomas Schlich. "A History of the Medical Mask and the Rise of Throwaway Culture." *Lancet* 396, no. 10243 (2020): 19–20.

Thilmany, Jean. "High Standards: As Elevators Advance, So Do Their Safety Codes." *Mechanical Engineering*, July 2013, 46–49.

Thoreau, Henry David. *Walden and Civil Disobedience*. New York: Barnes and Noble, 2005.

Vence, Tracy. "Here to Help: How to Defog Glasses When Wearing a Mask." *New York Times*, March 25, 2021.

Wikipedia. "Plague Doctor." https://en.wikipedia.org/wiki/Plague_doctor.

_______. "Plague Doctor Costume." https://en.wikipedia.org/wiki/Plague_doctor_costume.

_______. "Surgical Mask." https://en.wikipedia.org/wiki/Surgical_mask.

1장 밀기와 당기기

Faraday, Michael. *A Course of Six Lectures on the Chemical History of a Candle*. Edited by William Crookes. London: Griffin, Bohn, 1861.

______. *A Course of Six Lectures on the Various Forces of Matter and Their Relations to Each Other*. Edited by William Crookes. London: Richard Griffin, 1860.

Galileo. *Dialogues Concerning Two New Sciences*. Translated by Henry Crew and Alfonso de Salvio. New York: Dover, [1954].

Hammack, William S., and Donald J. DeCoste. *Michael Faraday's "The Chemical History of a Candle": With Guides to Lectures, Teaching Guides and Student Activities*. Urbana, Ill.: Articulate Noise Books, 2016.

Huxley, Thomas Henry. "On a Piece of Chalk." *Macmillan's Magazine*, 1868. Reprinted as *On a Piece of Chalk*. New York: Scribner, 1967.

Jammer, Max. *Concepts of Force: A Study in the Foundations of Dynamics*. New

York: Harper Torchbooks, 1962.

Krulwich, Robert. "Thinking Too Much About Chalk." *NPR*, July 12, 2012. www.npr.org/sections/krulwich/2012/07/12/156629934/thinking-too-much-about-chalk.

Royal Institution. "Complete List of Christmas Lectures." *Royal Institution of Great Britain*, undated. www.rigb.org/docs/christmas_lecturers_18252015_0.pdf.

Wolfle, Dael. "Huxley's Classic of Explanation." *Science* 156, no. 3776 (1967): 815-16.

2장 중력

Babson, Roger W. *Actions and Reactions: An Autobiography of Roger W. Babson*. New York: Harper and Brothers, 1935.

"Babson's Boulders: A Millionaire's Odd Dogtown Legacy." *New England Historical Society*, last updated 2021. www.newenglandhistoricalsociety.com/babsons-boulders-millionaires-odd-dogtown-legacy.

Bernstein, William J. *Masters of the Word: How Media Shaped History*. New York: Grove Press, 2013.

Corn, Alfred. "Gravitational." *New Yorker*, November 30, 2020, 54-55.

Dunavin, Davis. "The Man Who Defied Gravity." *WHSU Public Radio*, March 20, 2020. www.wshu.org/post/man-who-defied-gravity#stream/0.

Emory University. "History and Traditions: Gravity Monument." Undated. https://emoryhistory.emory.edu/facts-figures/places/landmarks/gravity.html.

Gardner, Martin. *Fads and Fallacies in the Name of Science*. New York: Dover, 1957.

Gravity Research Foundation. "Founding of the Gravity Research Foundation." Undated. www.gravityresearchfoundation.org/historic.

______. "2021 Awards for Essays on Gravitation." Undated. www.gravityresearchfoundation.org/competition.

Hopkins, Pamela. "A Grave for Gravity: How Tufts Pranksters 'Helped' with AntiGravity Research." Tufts University, Digital Collections and Archives, November 18, 2016. http://sites.tufts.edu/dca/2016/11/18/a-grave-for-gravity-how-tufts-pranksters-helped-with-anti-gravity-research/.

Jammer, Max. *Concepts of Force: A Study in the Foundations of Dynamics*. New York: Harper Torchbooks, 1962.

Johnson, George. "Still Exerting a Hold on Science." *New York Times*, June 24, 2014.

Kaiser, Dave, and Dean Rickles. "The Price of Gravity: Private Patronage and the Transformation of Gravitational Physics After World War II." *Historical Studies in the Natural Sciences* 48, no. 3 (2018): 338–79.

Kaku, Michio. *The God Equation: The Quest for a Theory of Everything*. New York: Doubleday, 2021.

McCloskey, Michael, Alfonso Caramazza, and Bert Green. "Curvilinear Motion in the Absence of External Forces: Naive Beliefs About the Motion of Objects." *Science* 210, no. 4474 (1980): 1139–41.

M. J. L. "Defying Gravity." Emory Magazine 77, no. 3 (2001). www.emory.edu/EMORY_MAGAZINE/autumn2001/enigma.html.

Newman, James R., ed. The World of Mathematics. Vol. 3. Mineola, N.Y.: Dover, 2000.

Pynchon, Thomas. *Gravity's Rainbow*. New York: Viking, 1973.

Thompson, D'Arcy Wentworth. *On Growth and Form*. Rev. ed. New York: Dover, 1992.

Thomson, James A. "Beyond Superficialities: Crown Immunity and Constitutional Law." *Western Australia Law Review* 20, no. 3 (1990): 710–25.

"What the Heck Is a Hammerschlagen?" Darien Cornfest (website), undated. http://dariencornfest.us/?p=270.

Wolchover, Natalie. "How One Man Waged War Against Gravity." *Popular Science*, March 15, 2011. www.popsci.com/science/article/2011-03/gravitys-sworn-enemy-roger-babson-and-gravity-research-foundation.

3장 자기

Brake, Walter J. "Magnetic Novelty." U.S. Patent No. 2,249,454 (1941).

Norton, Quinn. "A Sixth Sense for a Wired World." *Wired*, July 6, 2006. www.wired.com/2006/06/a-sixth-sense-for-a-wired-world/.

Sklar, Mikey. "A Reasonably Priced Sixth Sense." Holy Scrap (blog), December 30,

2011. http://blog.holyscraphotsprings.com/2011/12/reasonably-priced-sixth-sense.html.

Taub, Eric A. "Hyperloop Technology Reaches a Milestone with Passenger Test." *New York Times*, November 10, 2020.

4장 마찰

Acharya, R., et al. "The Ultrafast Snap of a Finger Is Mediated by Skin Friction." *Journal of the Royal Society Interface*, November 17, 2021. doi: 10.1098/rsif.2021.0672.

Azadeh, Payam. "Fingerprint Changes Among Cancer Patients Treated with Paclitaxel." *Journal of Cancer Research and Clinical Oncology* 143, no. 4 (2017): 693-701.

Belluck, Pam. "Cat Shows Survivor Instincts in 200-Mile Journey Home." *New York Times*, January 20, 2013.

Branch, John. "The Science Behind the Squeak." *New York Times*, March 18, 2017.

Bubola, Emma. "After Slips and Falls, Venice Gets a Grip on a Star Architect's Bridge." *New York Times*, January 3, 2022.

Galileo. *Dialogues Concerning Two New Sciences*. Translated by Henry Crew and Alfonso de Salvio. New York: Dover, [1954].

Gladwell, Malcolm. "Complexity and the Ten-Thousand-Hour Rule." *New Yorker*, August 21, 2013.

______. Outliers: The Story of Success. New York: Little, Brown, 2008.

Harmon, Christy. "First Weave a Classic Gag, Then Find a Victim." *New York Times*, January 24, 2021.

Hertz, Heinrich. *The Principles of Mechanics Presented in a New Form*. Translated by D. E. Jones and J. T. Walley. New York: Dover, 1956.

Walker, Alissa. "Venice Bridge Will Be De-Calatrava'd to Keep Pedestrians from Face-planting." New York: Curbed, January 2022. www.curbed.com/2022/01/venice-calatrava-slippery-bridge-fixed.html.

5장 괴팍한 힘

Fitzpatrick, Tony, and Roger Ridsdill Smith. "Stabilising the London Millennium Bridge." *Ingenia Online*, August 2001. www.ingenia.org.uk/Ingenia/Articles/3340e992-d4c5-485f-996b-e3c827856452.

Foderaro, Lisa W. "A New Bridge Bounces Too Far and Is Closed Until the Spring." *New York Times*, October 4, 2014.

______. "Repairs Coming for Bridge That Bounced Too Much." *New York Times*, July 14, 2016.

______. "Rhythmically but Safely: That's the Way the Bridge Bounces." *New York Times*, April 18, 2017.

Galileo. *Dialogues Concerning Two New Sciences*. Translated by Henry Crew and Alfonso de Salvio. New York: Dover, [1954].

McCann, Michael J. "Engineered for Trust: American Scientist." Email message to the author, June 14, 2021.

McCullough, David. *The Great Bridge*. New York: Simon and Schuster, 1972.

Ouellette, Jennifer. "New Study Challenges Popular Explanation for London's Infamous 'Wobbly Bridge.'" *Arstechnica*, December 20, 2021. doi: 10.1038/s41467-021-27568-y.

Petroski, Henry. "Problematic Pedestrian Bridges." *American Scientist*, November–December 2017, 340–43.

Sheikh Zayed Grand Mosque Center. *Spaces of Light* (Season 2): Sheikh Zayed Grand Mosque in Photographs. Abu Dhabi: Sheikh Zayed Grand Mosque Center, 2012.

Sudjic, Deyan. *Blade of Light: The Story of London's Millennium Bridge*. London: Penguin Press, 2001.

6장 지레와 외팔보

Aristotle. *Minor Works*. Translated by W. S. Hett. Cambridge, Mass.: Harvard University Press, 1980.

Bloomfield, Samuel. "Can Opener." U.S. Patent No. 2,412,946 (1946).

Coates, John F. "The Trireme Sails Again." *Scientific American* 260, no. 4 (1989): 96 – 105.

Darqué, Etienne Marcel. "Tin-Box Opener." U.S. Patent No. 1,082,800 (1913).

Elson, Henry W. *Modern Times: And the Living Past*. New York: American Book, 1921.

Epstein, Marcelo, and Walter Herzog. "Aspects of Skeletal Muscle Modelling." *Philosophical Transactions of the Royal Society of London B 358* (2003): 1445 – 52.

Foster, Renita. "The Greatest Army Invention Ever." *Pentagram*, August 18, 1986, 11.

Galileo. *Dialogues Concerning Two New Sciences*. Translated by Henry Crew and Alfonso de Salvio. New York: Dover, [1954].

Gugliotta, Guy. "The Ancient Mechanics and How They Thought." *New York Times*, April 1, 2005.

Hirschfeld, N. E. "Appendix G: Trireme Warfare in Thucydides." In The *Landmark Thucydides: A Comprehensive Guide to the Peloponnesian War*. Edited by R. B. Strassler. New York: Free Press, 1996.

Petroski, Henry. "Bottle and Can Openers as Levers." *American Scientist*, March – April 2017, 90 – 93.

______. "The Cantilever." *American Scientist*, September – October 2007, 394 – 97.

______. *Invention by Design: How Engineers Get from Thought to Thing*. Chapter 5. Cambridge, Mass.: Harvard University Press, 1996.

______. *Small Things Considered: Why There Is No Perfect Design*. Pages 168 – 71. New York: Alfred A. Knopf, 2003.

______. "Uncomfortable but Comforting." *Metropolis Magazine*, April 2007, 60, 62.

Salvadori, Mario. *Why Buildings Stand Up: The Strength of Architecture*. New York: McGraw-Hill, 1982

Sampson, D. F., and J. M. Hothersall, "Container Opener." U.S. Patent No. 1,996,550 (1935).

Schlitz Beer. "Some Day All Beer Cans Will Open This Easy!" Advertisement. *Playboy*, 1962.

Speaker, John W. "Pocket Type Can Opener." U.S. Patent No. 2,413,528 (1946).

Strengberg, Dewey M. "Can Opener." U.S. Patent No. 1,669,311 (1928).

Szalay, Alexander. "Lever Adapter for Door Knobs." U.S. Patent No. 4,783,883 (1988).

Weiner, Eric. *The Geography of Genius: Lessons from the World's Most Creative Places*. New York: Simon and Schuster, 2016.

Witz, Billy. "How Judge Built a Mighty Swing." *New York Times*, July 17, 2017.

7장 모든 곳에 존재하는 힘

Grecco, Pasquale. "Retrofit Lever Handle Used by a Disabled Person for Turning a Door Knob." U.S. Patent No. 4,971,375 (1990).

Greve, Frank. "Doorknob's Days Are Numbered." Herald-Sun (Durham, N.C.), December 27, 2007.

Jones, Robert L., Jr. "Lever Action Retrofit Door Handle." U.S. Patent No. 5,231,731 (1993).

Leopoldi, Norbert. "Lever Adapter for Door Knobs." U.S. Patent No. 4,877,277 (1989).

Perry, Eugene H. "Lever Door Handle." U.S. Patent No. 4,502,719 (1985).

Petroski, Henry. "Opening Doors." *American Scientist*, March-April 2012, 112-15.

United States Access Board. "ADA Accessibility Guidelines for Buildings and Facilities." Section 4.13.9. 2002. www.access-board.gov/adaag-1991-2002.html.

Walls, Laura Dassow. *Henry David Thoreau: A Life*. Chicago: University of Chicago Press, 2017.

8장 관성 모멘트

Chokshi, Niraj. "Why Cargo Ships Grew So Big." *New York Times*, March 31, 2021.

Flegenheimer, Matt. "In Expansion of No. 7 Line, One Problem: An Elevator." *New York Times*, May 30, 2014.

Goetz, Alisa, ed. *Up Down Across: Elevators, Escalators, and Moving Sidewalks*. London and Washington, D.C.: Merrell and National Building Museum,

2003.

Goldstein, Richard. "Fighter Ace and Test Pilot Embodied 'the Right Stuff.'" *New York Times*, December 9, 2020.

Goodman, Peter S. "Pileup at Port Is Becoming a Quagmire." *New York Times*, October 11, 2021.

Harris, Elizabeth A. "Supply Issues Are Causing Book Delays." *New York Times*, October 5, 2021.

Hertz, Heinrich. *The Principles of Mechanics Presented in a New Form*. Translated by D. E. Jones and J. T. Walley. New York: Dover, 1956.

Kareklas, Kyriacos, Daniel Nettle, and Tom V. Smulders. "Water-Induced Finger Wrinkles Improve Handling of Wet Objects." *Biology Letters* 9 (2013): 2.

Levinson, Marc. *The Box: How the Shipping Container Made the World Smaller and the World Economy Bigger*. Princeton, N.J.: Princeton University Press, 2006.

Penney, Veronica. "How Coronavirus Has Changed New York City Transit Ridership." *New York Times*, March 10, 2021.

Petroski, Henry. *Paperboy: Confessions of a Future Engineer*. New York: Alfred A. Knopf, 2002.

Swanson, Ana, Joanna Smialek, and Jim Tankersley. "Biden, Fighting Supply Chain Woes, Announces Port Will Operate 24/7." *New York Times*, October 14, 2021.

"A Tumbling T-Handle in Space: The Dzhanibekov Effect." *Rotations* (blog), March 25, 2021. https://rotations.berkeley.edu/a-tumbling-t-handle-in-space.

Veritasium. "The Bizarre Behavior of Rotating Bodies, Explained." Video, September 19, 2019. www.youtube.com/watch?v=1VPfZ_XzisU&feature=youtu.be.

Wikipedia. "Tennis Racket Theorem." https://en.wikipedia.org/wiki/Tennis_racket_theorem.

Yee, Vivian. "Suez Canal Bottleneck Disrupts Global Deliveries, Prompting Syria to Ration Fuel." *New York Times*, March 29, 2021.

Yee, Vivian, and James Glanz. "How a Massive Ship Jammed the Suez Canal." *New York Times*, July 18, 2021, 8-9.

Yee, Vivian, and Peter S. Goodman. "Suez Canal Blocked After Giant Container Ship Gets Stuck." *New York Times*, March 25, 2021.

9장 힘에 대한 착각

Bernoulli, Daniel. Hydrodynamics. Translated by T. Carmody and H. Kobus. New York: Dover, 1968.

"The Challenger Disaster." RichardFeynman.com (blog), undated. www.feynman.com/science/the-challenger-disaster.

Faraday, Michael. "On a Piece of Chalk." *Macmillan's Magazine* 18 (1868): 396–408.

Feltman, Rachel. "A Famous Physicist's Simple Experiment Showed the Inevitability of the Challenger Disaster." *Washington Post*, January 27, 2016.

Hertz, Heinrich. *The Principles of Mechanics Presented in a New Form*. Translated by D. E. Jones and J. T. Walley. New York: Dover, 1956.

Hewitt, Paul G. "The Pulled Spool—Which Way Does It Roll?" *Science Teacher*, April/May 2020. www.youtube.com/watch?v=DkkqhzatasI.

John Wiley and Sons. Promotional flyer for *Engineering Mechanics*, Third Edition, by J. L. Meriam and L. G. Kraige. [1992.]

Klinger Scientific Apparatus Corp. *Experiments in Optics, Part 2*. Bulletin 101-2. Jamaica, N.Y.: Klinger, [1963].

Lohner, Svenja. "Test the Strength of Hair: A Hairy Science Project from Science Buddies." *Scientific American*, November 28, 2019. www.scientificamerican.com/article/test-the-strength-of-hair.

Meriam, J. L., and L. G. Kraige. *Engineering Mechanics*. 3rd ed. New York: Wiley, 1992.

Palmer, A. N. *Palmer's Guide to Business Writing*. Cedar Rapids, Iowa: Western Penmanship, 1894.

Petroski, Henry. "Impossible Points, Erroneous Walks." *American Scientist*, March–April 2014, 102–5.

______. *The Pencil: A History of Design and Circumstance*. New York: Alfred A. Knopf, 1990.

______. *To Engineer Is Human: The Role of Failure in Successful Design*. New York: St. Martin's Press, 1985.

______. "Work and Play." *American Scientist*, May – June 1999, 208 – 12.

Rothman, Joshua. "Jambusters." *New Yorker*, February 12 and 19, 2018, 42 – 46.

Stoffer, Jim. "The Mail: All Jammed Up." Letter. *New Yorker*, February 26, 2018.

"Tom Brady Suspension Case Timeline." *NFL.com*, July 15, 2016. www.nfl.com/news/tom-brady-suspension-case-timeline-0ap3000000492189.

Weingardt, Richard G. *Circles in the Sky: The Life and Times of George Ferris*. Reston, Va.: ASCE Press, 2009.

Whewell, William. *An Elementary Treatise on Mechanics*. Cambridge: J. Deighton & Sons, 1819.

Wikipedia. "Royal Institution Christmas Lectures." https://en.wikipedia.org/wiki/Royal_Institution_Christmas_Lectures

10장 물리학에서 신체적인 것으로

Bialik, Carl. "There Could Be No Google Without Edward Kasner." *Wall Street Journal Online*, November 30, 2016. www.wsj.com/articles/SB108575924921724042.

Holmes, Oliver Wendell. "The Deacon's Masterpiece, or the Wonderful 'One-HossShay': A Logical Story." *Atlantic Monthly*, September 1858.

______. *The Wonderful "One-Hoss-Shay" and Other Poems*. New York: Frederick A. Stokes, 1897.

Kasner, Edward, and James R. Newman. *Mathematics and the Imagination*. New York: Simon and Schuster, 1940.

Laplace, Pierre Simon. *A Philosophical Essay on Probabilities*. Translated by F. W. Truscott and F. L. Emory. New York: Dover, 1951.

McCloskey, Michael, Alfonso Caramazza, and Bert Green. "Curvilinear Motion in the Absence of External Forces: Naive Beliefs About the Motion of Objects." *Science* 210, no. 4474 (1980): 1139 – 41.

Thompson, D'Arcy Wentworth. *On Growth and Form*. Rev. ed. New York: Dover, 1992.

Thomson, James A. "Beyond Superficialities: Crown Immunity and Constitutional Law." *Western Australia Law Review* 20, no. 3 (1990): 710 – 25

11장 빗면에 작용하는 힘

Ames, Nathan. "Revolving Stairs." U.S. Patent No. 25,076 (1859).

Baker, Nicholson. The Mezzanine: A Novel. New York: Weidenfeld and Nicolson, 1988.

Goetz, Alisa, ed. *Up Down Across: Elevators, Escalators, and Moving Sidewalks*. London and Washington, D.C.: Merrell and National Building Museum, 2003.

Hitchens, Derek. "Pyramids Have Different Slopes." *Prof's Ancient Egypt*, undated. https://egypt.hitchins.net/pyramid-myths/pyramids-have-different.html.

"JFK Jr. Killed in Plane Crash." *History Channel*, undated. www.history.com/this-day-in-history/jfk-jr-killed-in-plane-crash.

Leonard, Eric. "Cause of Kobe Bryant's Helicopter Crash Finalized in NTSB Report." *NBC Los Angeles*, February 25, 2021. www.nbclosangeles.com/news/national-international/kobe-bryant-helicopter-crash-cause-finalized-ntsb-report/2536402.

Reno, Jesse W. "Endless Conveyer or Elevator." U.S. Patent No. 470,918 (1892).

Wikipedia. "Great Pyramid of Giza."

12장 잡아 늘이기와 누르기

Baltzley, Louis E. "Paper-Binding Clip." U.S. Patent No. 1,139,627 (1915).

Bittman, Mark. "Eat: Slawless." *New York Times Magazine*, March 17, 2013, 46 – 47.

Freeman, Mike. "Clarence Saunders: The Piggly Wiggly Man." *Tennessee Historical Quarterly* 51, no. 3 (1992): 161 – 69.

Hales, Linda. "A Big Clip Job? Think Washington." *Washington Post*, May 20, 2006.

Hamblin, Dora Jane. "What a Spectacle! Eyeglasses, and How They Evolved." *Smithsonian*, March 1983, 100 – 112.

Hooke, Robert. *Lectiones Cutlerianae; or, A Collection of Lectures: Physical, Mechanical, Geographical, and Astronomical*. London: Royal Society, 1679.

Ilardi, Vincent. "Eyeglasses and Concave Lenses in Fifteenth-Century Florence and Milan: New Documents." *Renaissance Quarterly* 29, no. 3 (1976): 341–60.

Jardine, Lisa. *The Curious Life of Robert Hooke: The Man Who Measured London*. New York: HarperCollins, 2004.

Letocha, Charles E. "The Origin of Spectacles." *Survey of Ophthalmology* 31, no. 3 (1986): 185–88.

Petroski, Henry. "The Evolution of Eyeglasses." *American Scientist*, September–October 2013, 334–37.

______. "Shopping by Design." *American Scientist*, November–December 2005, 491–95.

______. *Small Things Considered: Why There Is No Perfect Design*. New York: Alfred A. Knopf, 2003.

Rosen, Edward. "The Invention of Eyeglasses." *Journal of the History of Medicine and Allied Sciences* 11 (1956): 13–46, 183–218.

Rubin, M. L. "Spectacles: Past, Present, and Future." *Survey of Ophthalmology* 30, no. 5 (1986): 321–27.

Rucker, C. Wilbur. "The Invention of Eyeglasses." Proceedings of the Staff Meetings of the Mayo Clinic 35, no. 9 (1960): 209–16.

Saunders, Clarence. "Self-Serving Store." U.S. Patent No. 1,242,872 (1917).

13장 정사각형 상자 속의 둥근 케이크

Beck, Dilman A., and Susan E. Beck. "Combination Food Server and Container Lid Support." U.S. Patent No. 4,877,609 (1989).

Coomes, Steve. "Thinking Round the Box." *Pizza Marketplace*, March 23, 2005. www.pizzamarketplace.com/news/thinking-round-the-box/.

Fisk, James, Jr. "Pizza Box with Wedgeshaped Break-down Spatula-plates." U.S. Patent No. 5,476,214 (1995).

Grynbaum, Michael M. "A Fork? De Blasio Is Mocked for the Way He Eats Pizza."

New York Times, January 11, 2014.
Levinson, Marc. *The Box: How the Shipping Container Made the World Smaller and the World Economy Bigger*. Princeton, N.J.: Princeton University Press, 2006.
Lukas, Paul. "A Large Pepperoni, and Don't Skimp on the Cheese." Uni Watch, February 1, 2013. www.uni-watch.com/2013/02/01/a-close-look-at-the-little-doohickey-in-the-center-of-a-delivery-pizza.
Maultasch, Jonathan, and Bruce Maultasch. "Combined Pizza Box Lid Support and Cutter." U.S. Patent No. 5,480,031 (1996).
Nelson, David C., and John J. Andrisin. "Pizza Box Lid Support and Serving Aid." U.S. Patent No. 7,191,902 (2007).
Petroski, Henry. "A Round Pie in a Square Box." *American Scientist*, July–August 2011, 288–92.
_____. *Small Things Considered: Why There Is No Perfect Design*. New York: Alfred A. Knopf, 2003.
Ramzy, Austin. "Olympic Beds Are Cardboard, Yes. But Sturdy. Just Trust Us." *New York Times*, July 20, 2021.
Ronan, Alex. "A Pile of Scrap Cardboard Inspired Frank Gehry's Iconic Collection." *Dwell*, March 19, 2015. www.dwell.com/article/a-pile-of-scrap-cardboard-inspired-frank-gehrys-iconic-collection-947ebba0.
Vitale, Carmela. "Package Saver." U.S. Patent No. 4,498,586 (1985).
Voves, Mark A. "Pizza Cutting and Eating Tool." U.S. Patent No. Des. 425,376 (2000).
Walsh, Savannah. "Watch Diana Meet the Queen in The Crown Season 4 Trailer: 'If She Doesn't Bend, She Will Break.'" *Elle*, October 29, 2020. www.elle.com/culture/movies-tv/a34519836/the-crown-season-4-trailer-diana-meets-the-queen.
Wiener, Scott. *Viva La Pizza! The Art of the Pizza Box*. Brooklyn, N.Y.: Melville House, 2013.
Wikipedia. "Pizza Saver." https://en.wikipedia.org/wiki/Pizza_saver.

14장 전개형 구조

Boroughs, Don. "Folding Frontier." *ASEE Prism*, January 2013, 24-29.

Brown, William G. "Coilable Metal Rule." U.S. Patent No. 3,121,957 (1964).

Calladine, C. R. "The Theory of Thin Shell Structures, 1888-1988." *Proceedings of the Institution of Mechanical Engineers* 202, A3 (1988): 141-49.

Li, Shih Lin. "Tape Rule with an Elaborate Buffer." U.S. Patent No. 6,148,534 (2000).

Love, A. E. H. *A Treatise on the Mathematical Theory of Elasticity*. 4th ed. New York: Dover, 1944.

Pellegrino, S., ed. *Deployable Structures*. Vienna: Springer, 2001.

Pellegrino, S., and S. D. Guest, eds. *IUTAM-IASS Symposium on Deployable Structures: Theory and Applications. Proceedings of the IUTAM Symposium Held in Cambridge, U.K., 6-9 September 1998*. Dordrecht: Kluwer, 2000.

Petroski, Henry. "Deployable Structures." *American Scientist*, March-April 2004, 122-26.

Ramirez, Anthony. "Turning Profits Hand over Wrist." *New York Times*, October 27, 1990.

Sturman, Catherine. "Dubai's Dynamic Tower Hotel: Top 7 Facts." *Construction*, May 16, 2020. www.constructionglobal.com/construction-projects/dubais-dynamic-tower-hotel-top-7-facts.

Timoshenko, Stephen P. *History of Strength of Materials: With a Brief Account of the History of Theory of Elasticity and Theory of Structures*. New York: Dover, 1983.

Vogel, Steven. *Cats' Paws and Catapults: Mechanical Worlds of Nature and People*. New York: W. W. Norton, 1998.

Volz, Frederick A. "Coilable Rule." U.S. Patent No. 2,156,907 (1939).

Wedesweiler, Madeleine. "World's First Rotating Skyscraper Planned for Dubai." *Commercial Real Estate*, April 16, 2019. www.commercialrealestate.com.au/news/worlds-first-rotating-skyscraper-planned-for-dubai-34567.

15장 의인화 모형

Åkesson, Björn. *Understanding Bridge Collapses*. London: Taylor and Francis, 2008.

Baker, Benjamin. "Bridging the Firth of Forth." *Engineering*, July 29, 1887, 114, 116.

______. "Bridging the Firth of Forth." *Proceedings of the Royal Institution* 12, no. 81 (1887): 142–49.

______. *Long-Span Railway Bridges; Comprising Investigations of the Comparative, Theoretical and Practical Advantages of the Various Adopted or Proposed Type Systems of Construction, etc*. Philadelphia: Henry Carey Baird, 1868.

______. *Long Span Railway Bridges*. Rev. ed. London: E. and F. N. Spon, 1873.

Baker, William. "Burj Khalifa: A New Paradigm." Gordon H. Smith Lecture, Yale School of Architecture, January 26, 2012. http://video.yale.edu/video/burj-khalifa-new-paradigm.

______. "Princeton Engineering Lectures: Tall Buildings Lectures: Bill Baker." Video, February 4, 2014. www.youtube.com/watch?v=cSShh6bOFMk.

"Canadian." "The Quebec Bridge and the Forth Bridge." *Engineering News*, October 10, 1907, 391.

Frontinus, Sextus Julius. *The Two Books on the Water Supply of the City of Rome*. Translated by Clemens Herschel. Boston: New England Water Works Association, 1973.

Gray, Michael, and Angelo Maggi. *Forth Bridge: Evelyn George Carey*. Milan: Federico Motta, 2009.

Isaacson, Walter. *Leonardo da Vinci*. New York: Simon and Schuster, 2017.

Kuprenas, John. *101 Things I Learned in Engineering School*. New York: Grand Central, 2013.

Mackay, Sheila. *The Forth Bridge: A Picture History*. Edinburgh: HMSO, 1993.

McCullough, David. *The Great Bridge*. New York: Simon and Schuster, 1972.

Mueller, Benjamin, Marc Santora, and Cora Engelbrecht. "Discovering How Temperature and Touch Can Signal Nervous System." *New York Times*, October 5, 2021.

"A Novel Illustration of the Cantilever Principle." *Engineering News*, June 11, 1887, 385.

Paxton, Roland, ed. *100 Years of the Forth Bridge*. London: Thomas Telford, 1990.

Petroski, Henry. "An Anthropomorphic Model." *American Scientist*, March–April 2012, 103–7.

_____. "Dorton Arena: On the Occasion of Its Fiftieth Anniversary." *American Scientist*, November–December 2002, 503–7.

_____. *To Engineer Is Human: The Role of Failure in Successful Design*. New York: St. Martin's Press, 1985.

Phillips, Philip. *The Forth Railway Bridge; Being the Expanded Edition of The Giant's Anatomy*. Edinburgh: R. Grant and Son, 1890.

_____. *Sketches of the Forth Bridge; or, The Giant's Anatomy, from Various Points of View*. Edinburgh: R. Grant and Son, 1888.

Vitruvius. *The Ten Books on Architecture. Translated by Morris Hicky Morgan*. New York: Dover, 1960.

Webster, Nancy, and David Shirley. *A History of Brooklyn Bridge Park: How a Community Reclaimed and Transformed New York City's Waterfront*. New York: Columbia University Press, 2016.

Westhofen, W. "The Forth Bridge." *Engineering*, February 28, 1890, 213–83.

Wills, Elspeth. *The Briggers: The Story of the Men Who Built the Forth Bridge*. Edinburgh: Birlinn, 2009.

Yeomans, David. *How Structures Work: Design and Behaviour from Bridges to Buildings*. Oxford: Wiley-Blackwell, 2009.

16장 보이는 손과 보이지 않는 손

Agrawal, Roma. *Build: The Hidden Stories Behind Our Structures*. New York: Bloomsbury, 2018.

Anagnos, Thalia, Becky Carroll, Shannon Weiss, and David R. Heil. "Public Works for Public Learning: A Case Study." ASEE Annual Conference & Exposition, Atlanta, June 2013.

Baker, B. Letter to W. C. Unwin, dated December 1, 1887. Transcription by Roland

Paxton.

Barnard, Jeff. "Lawn Chair Balloonists Recount Harrowing Flight over Oregon." *USA Today*, July 18, 2012.

Barry, Mark. "The Official Site of 'The Lawn Chair Pilot.'" www.markbarry.com/lawnchairman.html.

Bleys, Olivier. *The Ghost in the Eiffel Tower*. Translated by J. A. Underwood. London: Marion Boyars, 2004.

Brooke, David. "Book Review: One Hundred Years of the Forth Bridge." *Journal of Transport History*, September 1992, 200 – 201.

"Building Big: Educators' Guide." *PBS*, undated. www.pbs.org/wgbh/buildingbig/educator/index.html.

Chandler, Alfred D., Jr. *The Visible Hand: The Managerial Revolution in American Business*. Cambridge, Mass.: Harvard University Press, 1977.

Chang, Kenneth. "Balloon Ride to Offer Expansive View, for a Price." *New York Times*, October 23, 2013.

Consortium of Universities for Research in Earthquake Engineering. "December: The Golden Gate Bridge Outdoor Exhibition." In *2013 CUREE Calendar*. Richmond, Calif.: CUREE, 2013.

Gillispie, Charles Coulston. *The Montgolfier Brothers and the Invention of Aviation, 1783 – 1784*. Princeton, N.J.: Princeton University Press, 1983.

Golden Gate Bridge Highway and Transportation District. "Resisting the Twisting." Undated. www.goldengate.org/exhibits/resisting-the-twisting.

Guerrero, Susana. "Marin Wanted a BART Connection." *SFGATE*, July 16, 2021. www.sfgate.com/local/article/How-BART-almost-connected-to-Marin-by-way-of-the-16309661.php.

Klotz, Irene. "Ride with a View: U.S. Firm to Offer Balloon Excursions to Stratosphere." Reuters, October 22, 2013. www.reuters.com/assets/print?aid=USBRE99L1BU20131022.

Kuhn, Thomas S. *The Structure of Scientific Revolutions*. 4th ed. Chicago: University of Chicago Press, 2012.

Levy, Matthys. *Why the Wind Blows: A History of Weather and Global Warming*. Hinesburg, Vt.: Upper Access, 2007.

Lewis, E. E. *How Safe Is Safe Enough? Technological Risks, Real and Perceived*. New York: Carrel Books, 2014.

Lewis, Peter R. *Beautiful Railway Bridge of the Silvery Tay: Reinvestigating the Tay Bridge Disaster of 1879*. Stroud, U.K.: Tempus, 2004.

Lund, Jay R., and Joseph P. Byrne. "Leonardo da Vinci's Tensile Strength Tests: Implications for the Discovery of Engineering Mechanics." *Civil Engineering and Environmental Systems* 18, no. 3 (2001): 243–50.

Macaulay, David. *Building Big*. New York: Houghton Mifflin, 2000.

Martin, T., and I. A. MacLeod. "The Tay Rail Bridge Disaster Revisited." *Proceedings of the Institution of Civil Engineers: Bridge Engineering* 157 (2004): 187–92.

Morgenstern, Joseph. "The Fifty-Nine-Story Crisis." *New Yorker*, May 25, 1995, 45–53.

Petroski, Henry. *To Engineer Is Human: The Role of Failure in Successful Design*. New York: St. Martin's Press, 1985.

Phillips, Philip. *The Forth Railway Bridge: Being the Expanded Edition of The Giant's Anatomy*. Edinburgh: R. Grant and Son, 1890.

Roberts, Siobhan. *Wind Wizard: Alan G. Davenport and the Art of Wind Engineering*. Princeton, N.J.: Princeton University Press, 2013.

Salvadori, Mario. *Why Buildings Stand Up: The Strength of Architecture*. New York: McGraw-Hill, 1980.

Smith, Adam. *An Inquiry into the Nature and Causes of the Wealth of Nations*. Dublin: Printed for Messrs. Whitestone, Chamberlaine, Watson, et al., 1776.

TA Corporation. "Golden Bridge." Undated. https://web.archive.org/web/20190409231746/http://talavn.com.vn/en/golden-bridge.

Vitruvius. *The Ten Books on Architecture*. Translated by Morris Hicky Morgan. New York: Dover, 1960.

Walker, E. G. *The Life and Work of William Cawthorne Unwin*. Sydney, Australia: G. Allen and Unwin, 1947.

Weidman, Patrick, and Iosif Pinelis. "Model Equations for the Eiffel Tower Profile: Historical Perspective and New Results." *Comptes Rendus Mécanique* 332 (2004): 571–84.

17장 아치 건축의 문제점

Kaplan-Leiserson, Eva. "Engineering Solutions." *PE Magazine*, March 2011, 20-23.

Macaulay, David. *Building Big*.$ New York: Houghton Mifflin, 2000.

Mainstone, Rowland J. *Developments in Structural Form*. Cambridge, Mass.: MIT Press, 1975.

Mannix, Nicholas C. "What Lies Beneath." *Structural Engineer*, August 2012, 44-46.

Mark, Robert. *Light, Wind, and Structure: The Mystery of the Master Builders*. Cambridge, Mass.: MIT Press, 1990.

National Academy of Engineering. NAE Grand Challenges for Engineering. Washington, D.C.: NAE, 2017.

Paterson, Mike, et al. "Maximum Overhang." Working paper, Dartmouth College. https://math.dartmouth.edu/~pw/papers/maxover.pdf.

Petroski, Henry. "Arches and Domes." *American Scientist*, March-April 2011, 111-15.

______. "Overarching Problems." *American Scientist*, November-December 2012, 458-62.

Rosenberger, Homer T. "Thomas Ustick Walter and the Completion of the United States Capitol." *Records of the Columbia Historical Society* 50 (1948-50): 273-322.

Taylor, Rabun. *Roman Builders: A Study in Architectural Process*. Cambridge: Cambridge University Press, 2003.

Tortorello, Michael. "Life with Pebbles and Bam Bam." *New York Times*, July 18, 2013.

18장 피라미드, 오벨리스크, 아스파라거스

Acocella, Joan. "What the Stone Said." *New Yorker*, November 29, 2021, pp. 80-85.

Brien, James H. "Imhotep: The Real Father of Medicine? An Iconoclastic View." *Healio*, October 6, 2014. www.healio.com/news/pediatrics/20141203/

imhotep-the-real-father-of-medicine-an-iconoclastic-view.

Brier, Bob. "How to Build a Pyramid." *Archaeology* 60, no. 3 (2007). www.archaeology.org/0705/etc/pyramid.html.

Brier, Bob, and Jean-Pierre Houdin. *The Secret of the Great Pyramid: How One Man's Obsession Led to the Solution of Ancient Egypt's Greatest Mystery*. New York: HarperCollins, 2008.

Curran, Brian A., Anthony Grafton, Pamela O. Long, and Benjamin Weiss. *Obelisk: A History*. Cambridge, Mass.: Burndy Library, 2009.

Dibner, Bern. *Moving the Obelisks*. Norwalk, Conn.: Burndy Library, 1991.

Edwards, James Frederick. "Building the Great Pyramid: Probable Construction Methods Employed at Giza." *Technology and Culture* 44, no. 2 (2003): 340-54.

Fontana, Domenico. *Della trasportatione dell'obelisco vaticano*. Rome, 1590.

Galileo. *Dialogues Concerning Two New Sciences*. Translated by Henry Crew and Alfonso de Salvio. New York: Dover, [1954].

Gorringe, Henry H. *Egyptian Obelisks*. New York: Published by the author, 1882.

Hadingham, Evan. "A Nova Crew Strains, and Chants, to Solve the Obelisk Mystery." *Smithsonian*, January 1997, 22-32.

Houdin, Jean-Pierre, and Henri Houdin. *La construction de la pyramide de Khéops: Vers la fin des mystères? Annales des ponts et chaussées 101*. Paris: Ingénieur Science Société, 2002.

______. *La pyramide de Khéops*. Paris: Éditions du Linteau, 2003.

Isler, Martin. *Sticks, Stones, and Shadows: Building the Egyptian Pyramids*. Norman: University of Oklahoma Press, 2001.

Lehner, Mark. *The Complete Pyramids*. London: Thames and Hudson, 1997.

Lewis, M. J. T. "Roman Methods of Transporting and Erecting Obelisks." *Transactions of the Newcomen Society* 56 (1984-85): 87-110.

Petroski, Henry. "Moving Obelisks." *American Scientist*, November-December 2011, 448-52.

______. "Pyramids as Inclined Planes." *American Scientist*, May-June 2004, 218-22.

Risse, Guenter B. "Imhotep and Medicine—A Reevaluation." *Western Journal of*

Medicine 144, no. 5 (1986): 622–24.

Stewart, Ian. "Pyramid Power, People Power." *Nature* 383 (1996): 218.

Verner, Miroslav. *The Pyramids: The Mystery, Culture, and Science of Egypt's Great Monuments*.$ Translated by Steven Rendall. New York: Grove Press, 2001.

Wier, Stuart Kirkland. "Insight from Geometry and Physics into the Construction of Egyptian Old Kingdom Pyramids." *Cambridge Archaeological Journal* 6, no. 1 (1996): 150–63.

Williams, John J. *The Williams's Hydraulic Theory to Cheops's Pyramid*. Albuquerque, N. Mex.: Consumertronics, 2005.

19장 행성과 함께 움직이다

Binczewski, George J. "The Point of a Monument: A History of the Aluminum Cap of the Washington Monument." *JOM* 47 (1995): 20–25.

Bing, Richard. "George Washington's Monument." *Constructor* 58 (1976): 18–25.

Burch, Gary A., and Steven M. Pennington, eds. *Civil Engineering Landmarks of the Nation's Capital*. Washington, D.C.: Committee on History and Heritage, National Capital Section, American Society of Civil Engineers, 1982.

Hoyt, William D., Jr. "Robert Mills and the Washington Monument in Baltimore." *Maryland Historical Magazine* 34 (1939): 144–60.

Lemieux, Daniel J., and Terrence F. Paret. "Monumental Challenge." *Civil Engineering*, December 2012, 50–67.

Lewis, Bob, and Vicki Smith. "East Coast Earthquake Closes Washington Monuments." Associated Press, August 24, 2011.

National Building Museum. "National Building Museum Is Open After a PostEarthquake Inspection." Press release, August 25, 2011.

Petroski, Henry. "The Washington Monument." *American Scientist*, January–February 2012, 16–20.

_____. "Why Buildings Remain Standing." *ChildArt Magazine*, April–June 2018, 8–9.

Pollard, Justin. Buses, *Bankers & the Beer of Revenge: An Eccentric Engineer Collection*. Stevenage, U.K.: Institution of Engineering and Technology,

2012.

Thompson, Ginger. "Quake Leaves Cracks in Washington Monument, Closing It for Now." *New York Times*, Aug. 25, 2011, p. A16.

Torres, Louis. "To the Immortal Name and Memory of George Washington": *The United States Army Corps of Engineers and the Construction of the Washington Monument*.$ Washington, D.C.: Office of the Chief of Engineers, 1984.

The Washington Monument. Washington, D.C.: Society of American Military Engineers, 1923.

20장 느끼는 힘과 들리는 힘

American Society of Civil Engineers, Metropolitan Section. "Statue of Liberty." Undated. www.ascemetsection.org/committees/history-and-heritage/landmarks/statue-of-liberty.

Cliver, E. Blaine. "The Statue of Liberty: Systems within a Structure of Metals." *Bulletin of the Association for Preservation Technology* 18 (1986): 12–23.

Cox, Trevor. *The Sound Book: The Science of the Sonic Wonders of the World*. New York: W. W. Norton, 2013.

Khan, Yasmin Sabina. *Enlightening the World: The Creation of the Statue of Liberty*. Ithaca, N.Y.: Cornell University Press, 2010.

Kipling, Rudyard. *The Day's Work*. Oxford: Oxford University Press, 1987.

McGeehan, Patrick. "Statue of Liberty Is to Reopen, Fittingly, by the Fourth of July." *New York Times*, March 20, 2013.

Petroski, Henry. *To Forgive Design: Understanding Failure*. Cambridge, Mass.: Harvard University Press, 2012.

Thomas, Dylan. *18 Poems*. London: Sunday Referee and Parton Bookshop, 1934.

Waldman, Jonathan. *Rust: The Longest War*. New York: Simon and Schuster, 2015.

끝맺는 말

Augustinians of North America. "St. Augustine and the Pear Tree: A Lasting Story."

Augustinian Vocations (blog), January 19, 2017. https://beafriar.org/blog-archive/2017/1/19/st-augustine-and-the-pear-tree-a-lasting-story.

Fowler, Michael. "Discovering Gravity: Galileo, Newton, Kepler." Lecture notes, "Physics 152: Gravity," University of Virginia, 2002. https://galileo.phys.virginia.edu/classes/152.mf1i.spring02/DiscoveringGravity.htm.

Guicciardini, Niccolò. "Reconsidering the Hooke-Newton Debate on Gravitation: Recent Results." *Early Science and Medicine* 10, no. 4 (2005): 511–17.

Hall, A. Rupert. "'The Prime of My Age for Invention,' 1664–1667." In *Isaac Newton: Adventurer in Thought*,$ 30–64. Cambridge: Cambridge University Press, 1996.

Kaku, Michio. *The God Equation: The Quest for a Theory of Everything*. New York: Doubleday, 2021.

Keesing, Richard. "A Brief History of Isaac Newton's Apple Tree." Blog post, University of York, Department of Physics. www.york.ac.uk/physics/about/newtonsappletree.

Palter, Robert, ed. *The Annus Mirabilis of Sir Isaac Newton*. Cambridge, Mass.: MIT Press, 1971.

찾아보기